제2판

# 통계적 의사결정론

안성진 지음

자유아카데미

# 머리말

## ■ 개정판의 머리말

13년 만에 초판을 개정하게 되었습니다. 개정판에서는 초판의 체제를 그대로 유지한 채 설명이나 연결이 미흡한 부분을 보완하고자 하였습니다. 또한 각 장의 내용을 조금씩 보완하였으며, 비교적 내용이 크게 보강된 부분은 다음과 같습니다:

- 1.3.7 최적 의사결정규칙
- 1.6.4 정지규칙원리
- 3.3.9 위험평가와 위험에 대한 대처: 금융 관련 내용 보완
- 4.6.3 평점규칙
- 5.10.6 상트 페테르부르크 역설과 엔트로피: 보험 관련 내용 보완
- 9.7 불확실성하의 다속성 의사결정방법

그 밖에 각 장마다 예제, 과제 그리고 연습문제를 다소 보강하였습니다. 의사결정나무 분석과 베이지안 의사결정분석과 관련해서 Excel 애드인인 ORMM이 매우 유용한데 이를 내용에 반영하지 못한 것과 베이지안 추론 문제들을 WinBUGS로 해결하는 예제들을 수록하지 못한 것을 아쉬움으로 남겨둡니다. 출간 후 나올 수 있는 수정사항과 이 책에서 사용한 프로그램은 자유아카데미사의 홈페이지(www.freeaca.com)에서 얻을 수 있습니다.

끝으로 이 책의 개정판을 출판할 수 있도록 다시 기회를 주신 자유아카데미에 감사를 드립니다.

2020년 2월 26일
경상대학교 월천재에서 안성진 드림

## ■ 초판의 머리말

우리는 누구나 의사결정을 하며 살아간다－사적으로, 공적으로, 개인적으로, 또는 단체적으로. 우리는 누구나 좋은 의사결정을 하고 싶어 한다－그리고 자주 실패한다. 의사결정을 어렵게 만드는 요소는 여럿이지만 그 가운데서도 특히 의사결정의 결과가 불확실하거나 의사결정의 결과가 다차원적일 때 의사결정은 어려워진다. 이 책은 의사결정의 어려움의 본질을 이해하고, 이런 이해를 바탕으로 좋은 의사결정을 하기 위한 방법을 모색하려고 한다.

이 책은 학부의 통계적 의사결정론 강의록을 묶은 것이다. 이 책은 다음과 같은 주제들을 다룬다.

- 의사결정문제의 표현과 의사결정규칙
- 사전분포와 효용함수 부과
- 베이즈 결정분석과 정보가치
- 집단의사결정과 다속성 의사결정

이 책의 분량이 한 학기에 소화하기에는 다소 벅찬 감이 있으므로 모든 주제를 다 다룰 필요는 없을 것이다.

소프트웨어

의사결정나무 분석을 위해서는 엑셀 애드인 KADD를 사용하였고, 영향도를 위해서는 Netica를 사용하였다. 베이지안 계산을 위해서는 Minitab을 사용하였고, 다속성 의사결정에서는 SAS 매크로 프로그램을 사용하였다.

이 책의 출판을 흔쾌히 받아주신 자유아카데미사에 감사를 드린다. 수년간 이 책의 전신인 미완성 강의노트를 사용하여 통계적 의사결정론을 공부한 경상대학교 정보통계학전공 학생들에게 미안함과 감사를 표한다. 그리고 이 책의 편집에 도움을 준 경상대학교 대학원 정보통계학 전공의 임대철군과 학부 정보통계학 전공의 서성효군에게도 감사를 드린다. 이 책의 원고에 골몰하는 동안 격려하며 인내해준 아내 홍점에게 특히 감사하며...

2007년 1월 25일

경상대학교 월천재에서 안성진 드림

* 이 책에서 사용한 프로그램은 자유아카데미사의 홈페이지(www.freeaca.com)에서 얻을 수 있습니다.

CONTENTS

# 차 례

# 01 의사결정론이란?

## 1.1 서론

의사결정(decision making)이란 대안들 가운데 선택하는 것이다. 이때 의사결정이 필요한 아무 문제는 의사결정문제(decision problem, DP)가 된다. 의사결정론(decision theory)은 다양한 상황하에서 최적으로 의사결정을 하는 데 필요한 방법이나 기법을 개발한다. 그리고 특정한 의사결정문제에 의사결정론의 개념을 적용시키는 과정은 의사결정분석(decision analysis)이라고 일컬어진다.

통계적 의사결정론(statistical decision theory)은 의사결정문제에 개입된 불확실성을 부분적으로 밝혀 줄 수 있는 통계적 지식(즉 실험)이 더해진 상황에서 의사결정을 하는 문제를 다룬다. 우리는 이런 불확실성을 미지의 수치적 양이라고 가정할 것이고, 이것들을 $\theta$ −스칼라, 벡터 또는 행렬일 수도 있다−로 나타낼 것이다.

**예 1.1.1 진통제 문제**

새로운 진통제를 시판할 것인가를 결정해야 하는 한 제약회사가 직면한 상황을 고려하자. 우리는 이 결정에 영향을 끼칠 인자들 중 중요한 두 가지를 다음과 같이 꼽을 수 있다: 이 약품이 효과를 나타낼 시장 크기(즉, 인구 비율) $\theta_1$과 이 약품이 차지할 시장 비율 $\theta_2$. 일반적으로 $\theta_1$과 $\theta_2$는 모두 미지수들일 것이며, 통상 실험을 통해서 이들에 대한 정보를 얻을 수 있다. 이 문제는 바로 의사결정문제이다: 이 회사의 궁극적인 목적은 그 약품의 마케팅 예산과 시판 가격 등을 결정하는 것이다.

고전적 통계학은 표본정보를 이용하여 $\theta$에 대한 추론을 하는 데 초점을 맞추고 있다. 고전적 추론은 대부분 적용되는 상황과 무관하게 이루어진다. 의사결정론에서는 표본정보를 그 문제와 관련된 다른 정보, 즉 비표본정보들과 결합하여 최선의 결정을 내리려고 시도한다:

$$\text{정보} = \text{표본정보} + \text{비표본정보}$$

여기서 비표본정보는 또 다음과 같이 두 부분으로 나누어질 수 있다:

$$\text{비표본정보} = \text{의사결정 결과들에 대한 지식과 선호} + \theta\text{에 대한 사전정보}$$

먼저, 의사결정의 결과들에 대한 지식과 선호는 흔히 가능한 결정들과 가능한 $\theta$ 값들에 대해서 초래되는 손실들(losses) 또는 효용들(utilities)을 정함으로써 계량화된다. (경영학이나 경제학 분야에서는 손실보다는 이익(gain)이나 효용(utile)을 사용한다.) 이런 손실함수(loss function)를 통계학에서 본격적으로 논의하기 시작한 이는 Abraham Wald(1950)이다.

앞에서 예로 든 진통제 문제에서, 진통제 시판 여부에 대한 결정과 관련된 손실들은 $\theta_1$, $\theta_2$ 그리고 다른 여러 인자들의 복잡한 함수일 것이다. 문제를 단순화하기 위해 예컨대, 광고에서 사용하기 위해 $\theta_1$를 추정해야 하는 상황을 고려하자. $\theta_1$를 과소추정함으로써 입게 되는 손실은 그 제품을 실상보다 더 나쁘게 보이게 함으로써－즉, 판매에 부정적인 영향을 미침으로써－초래된다. $\theta_1$를 과대추정함으로써 입게 되는 손실은 과대광고에 대한 벌칙을 받을지 모르는 위험에 근거할 것이다.

$\theta$에 대한 사전정보는 일반적으로 유사한 $\theta$를 수반하는 유사한 상황에 대한 과거 경험으로부터 나온다. 진통제 문제에서 아마도 다른 유사한 진통제들로부터 $\theta_1$과 $\theta_2$에 대한 많은 정보가 축적되어 있을 것이다.

**예 1.1.2 Savage의 세 가지 통계적 실험**

Savage(1961)는 사전정보가 중요할 수도 있다는 것을 잘 보여주는 세 가지 통계적 실험들을 제시했다:

- 실험 1. 차에 우유를 넣어서 마시는 한 숙녀가 차와 우유를 부은 순서를 구별할 수 있다고 주장한다. 이 주장을 검증하기 위한 10번의 시행에서 그녀는 모두 적중한다.
- 실험 2. 한 음악 전문가는 모차르트와 하이든 악보의 첫 쪽을 구별할 수 있다고 주장한다. 이 주장을 검증하기 위한 10번의 시행에서 그는 모두 적중한다.
- 실험 3. 한 술 취한 친구가 동전 던지기 결과를 미리 알 수 있다고 주장한다. 이 주장을 검증하기 위한 10번의 시행에서 그는 모두 적중한다.

위 세 상황에서 모두 미지수 $\theta$는 그 사람이 올바르게 답변할 확률이다. 위 다양한 주장들에 대해 고전적 유의성 검증에서는 모두 영가설 $H_0: \theta = 0.5$(즉, 그 사람은 단순추측하고 있다.)를 고려할 것이다. 그리고 위 다양한 상황들에서 이 영가설의 (단측)유의확률 즉, p-값은 모두 $2^{-10}$이다. 따라서 위 실험들은 위 다양한 주장들이 타당하다는 강한 증거를 제공한다. 상황 2에서 우리는 이 결론을 의심할 아무런 이유가 없을 것이다. (이 결과는 우리의 사전 믿음에 잘 들어맞는다.) 상황 3에서 초감각적 지각(extrasensory perception, ESP)에 대한 믿음을 논외로 친다면, 이런 예측이 불가능하다는 우리의 사전 판단은 그 실험 증거를 억세게 운이 좋았던 것으로 치부하고 말 것이다. 상황 1에서는 어떻게 생각해야 할지 명확하지 않다. 사람들은 이 주장의 신빙성에 대한 그들의 사전 믿음에 따라서 다른 결론들을 내리게 될 것이다. 이 세 가지 동일한 통계적 상황에서 사전정보는 무시될 수 없다.

베이즈 분석(Bayesian analysis)은 공식적으로 사전정보를 이용하려고 하는 접근법이다. 그리고 (통계적) 의사결정론은 손실함수를 이용하려는 접근법이다. 이 책에서는 사전정보와 손실함수를 모두 고려하는 베이즈 의사결정론을 강조할 것이다. 그러나 우리는 비베이즈 의사결정론과 비의사결정론적인 베이즈 분석도 다루게 될 것이다.

## 1.2 의사결정문제의 스케치

한 의사결정자(decision maker, DM)가 가능한 대안들(alternatives, options) 또는 행동들(actions) 가운데 하나를 선택해야 하는 문제 즉, 의사결정문제를 고려하자. 그리고 이 행동의 결괏값들(consequences)은 값이 알려지지 않은 어떤 모수(parameter) $\theta$에 의존한다고 가정하자. 여기서 모수는 매우 폭넓은 뜻을 지닌 것으로 의사결정자에게는 그 값이 미지이지만 그의 결정과 관련이 있는 아무 변수나 양을 나타내는 말이다.

$\theta$는 때로 미지의 자연상태(unknown state of nature) 또는 간단히 상태(state)라고 불린다. $\theta$의 모든 가능한 값들의 집합 $\Omega_\theta$는 모수공간(parameter space) 또는 상태공간(state space)이라고 불린다. 일반적으로 $\theta$는 의사결정자의 통제 밖에 있다. 참고로 앞으로 우리는 $\theta$를 문맥에 따라 랜덤한 상태를 나타내는 랜덤변수(random variable, 확률변수)로도 쓰고, 한 특정한 상태를 나타내는 상수로 쓰기도 할 것이다. 여기서 랜덤하다는 것은 단순히 분포를 가진다는 뜻이다.

의사결정자가 선택할 수 있는 모든 가능한 행동들의 집합 $\Omega_a$는 행동공간(action space)이라고 불린다. 상태가 $\theta \in \Omega_\theta$일 때 의사결정자가 행동 $a \in \Omega_a$를 선택할 경우 의사결정자에게 미치는 결괏값을 $c(\theta, a)$로 나타내자. $\theta$와 $a$의 모든 가능한 쌍으로부터 얻어지는 모든 결괏값의 집합 $\Omega_c$는 결괏값공간(consequence space)이라고 불린다. 모수 $\theta$가 어떤 특정한 확률분포를 따를 때, 한 행동 $a$를 선택하면 결괏값공간 $\Omega_c$ 위에서 $c(\theta, a)$의 확률분포가 유도될 것이다. 따라서 의사결정자가 $\Omega_a$ 가운데 한 행동을 선택한다는 것은 $\Omega_c$ 위에서 다양한 확률분포 가운데 하나를 선택하는 것과 같은 것이다.

### 1.2.1 효용

의사결정자는 결괏값공간 $\Omega_c$의 각 값들에 대해 선호(preferences)를 가지고 있다. 어떤 문제에서는 결괏값이 금전적인 득실일 수도 있고, 다른 문제에서는 더 복잡하고 추상적인 양일 수도 있다. 일반적으로 결괏값공간 $\Omega_c$의 결괏값들에 대한 의사결정자의 선호는 결괏값공간 $\Omega_c$ 위의 가능한 확률분포들에 대한 그의 선호로 연결된다. 즉, 의사결정자가 어떤 특정한 확률분포를 따르는 랜덤과정에 의해 결괏값공간 $\Omega_c$의 한 결괏값을 얻었다면 그는 어느 분포가 사용되었는가에 대해 선호를 가진다.

$u$를 결괏값공간 $\Omega_c$ 위의 한 실함수(real function)−결괏값공간 $\Omega_c$의 각 값에 실수를 할당하는 함수−라 하자: 즉,

$$u(\cdot): \Omega_c \to R.$$

그리고 결괏값공간 $\Omega_c$ 위의 아무 확률분포 $p$에 대해 $E^p[u]$를 확률분포 $p$에 대한 $u$의 기대값이라 하자. 그러면 확률분포들에 대한 의사결정자의 선호의 일관성(coherence of preferences)과 관련한 어떤 조건들(즉 기대효용가설, 5.3절 참조) 아래에서 다음 두 명제가 동치가 되게 하는 함수 $u$가 존재한다는 것을 보일 수 있다:

- 명제 1: 아무 두 분포 $p_1$과 $p_2$에 대해, $p_1$는 $p_2$보다 선호되지 않는다.
- 명제 2: $E^{p_1}[u] \leq E^{p_2}[u]$.

이와 같은 성질을 가지는 함수 $u$는 효용함수(utility function)라고 불리며, 어떤 특정한 결괏값에 $u$가 할당하는 값은 그 결괏값의 효용이라 불린다. 위에서 언급한 기대효용가설에 따르면 의사결정자는 $E^p[u]$를 가능한 한 크게 해주는 분포 $p$를 선호한다. 다시 말해 의사결정자는 결괏값의 기대효용이 최대가 되는 분포를 선호한다.

그런데 주어진 문제에서 사용될 수 있는 효용함수는 유일한 것이 아니다. 만일 $u$가 한 효용함수라면 $t = au + b$(여기서 $a$와 $b$는 각각 $a > 0$, $-\infty < b < \infty$인 상수들이다)도 또한 효용함수이다(왜?). 이러한 임의성은 두 극단 결괏값에 0과 1 또는 0과 100 등의 준거값(reference value)을 할당함으로써 제거될 수 있다.

**예 1.2.1**

결괏값 공간이 $\Omega_c = \{0, 10, 20\}$로 주어져 있다. $p_1 = (0.5, 0.0, 0.5)$, $p_2 = (0, 1, 0)$에 대해 위 두 명제가 동치가 되게 하는 한 효용함수는 다음과 같이 주어진다: $r > 0.5$에 대해

$$u(c) = \begin{cases} 0, & c = 0, \\ r, & c = 10, \\ 1, & c = 20. \end{cases}$$

이런 효용함수 $u$에 대해 효용공간은 $\Omega_u = \{0, r, 1\}$로 주어진다. 이때 $E^{p_1}[u] = 0.5 < E^{p_2}[u] = r$. [그림 1.2.1]은 $r = 0.7$일 때의 효용함수 그래프이다.

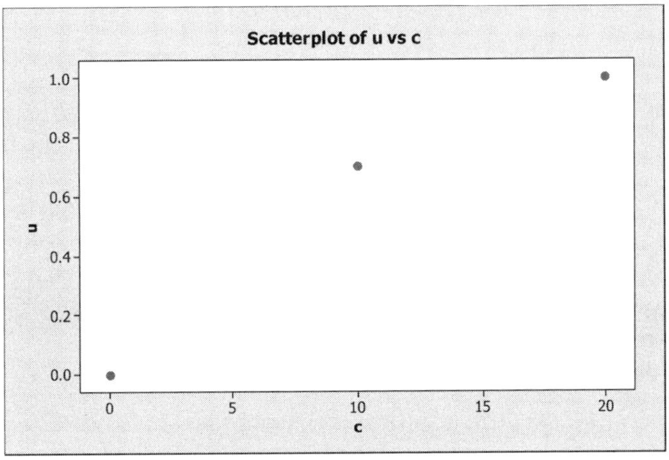


[그림 1.2.1] 효용함수의 한 예

**참고** 우리는 상황에 따라 효용함수 $u$가 다음과 같은 두 가지 형태 중 한 가지를 나타내는 것으로 사용할 것이다:

- $u(\cdot, \cdot): (\Omega_\theta, \Omega_a) \rightarrow R$,
- $u(\cdot): \Omega_c \rightarrow R$.

전자는 각 (상태, 행동) 조합에 효용을 할당하고 있고, 후자는 각 결괏값에 효용을 할당하고 있다. 각 (상태, 행동) 조합은 한 결괏값을 낳으므로 이 둘은 사실상 같은 표현이다.

**참고** **결괏값에 대한 선호와 행동에 대한 선호**

- 확실한 상황에서 의사결정자는 결괏값들에 대해 선호를 가진다.
- 불확실한 상황에서 의사결정자는 결괏값공간 $\Omega_c$ 위의 분포들 $p$에 대해 선호를 가진다. 기대효용원리에 의하면, 이 선호는 결괏값들의 기대효용에 의해 평가될 수 있다: $E^p[u(c)]$.
- 의사결정자는 상태공간 $\Omega_\theta$ 상의 분포 $\pi$에 대한 선호를 토대로 행동을 선택－즉, 의사결정을－한다: $E^\pi[u(\theta, a)]$.

### 1.2.2 의사결정문제의 구성

이제 원래의 의사결정문제로 돌아가자. 각 상태 $\theta \in \Omega_\theta$와 행동 $a \in \Omega_a$에 대해 결괏값 $c(\theta, a)$의 효용을 $u(\theta, a)$로 나타내기로 하자. 우리는 $u(\theta, a)$를 상태가 $\theta$이고 의사결정자가 행동 $a$를 선택할 때 그가 받는 효용이라고 생각할 수 있을 것이다. 상태 $\theta$가 확률분포 $\pi()$를 가진다고 가정하면 의사결정자는 기대효용원리에 따라 기대효용 $E^\pi[u(\theta, a)]$가 최대가 되는 행동 $a^*$를 선택할 것이다. 그런 결정은 분포 $\pi$에 대한 최적 결정(optimal decision) 또는 베이즈 결정(Bayes' decision)이라고 불린다.

어떤 의사결정문제에서는 효용함수 자체보다 효용함수의 음의 개념인 손실함수(loss function)를 다루기도 한다. 손실함수 $L(\theta, a)$는 상태가 $\theta$이고 의사결정자가 행동 $a$를 선택할 때 그가 받는 반효용(disutility)이다. 분포 $\pi$에 대한 베이즈 결정은 기대손실 $E^\pi[L(\theta, a)]$가 최소가 되는 행동 $a^*$가 될 것이다.

따라서 의사결정문제의 구성요소는 모수공간 $\Omega_\theta$, 행동공간 $\Omega_a$ 그리고 손실함수 $L(\theta, a)$이다. 상태 $\theta$의 주어진 분포 $\pi$에 대해서 기대손실 $\rho(\pi, a) = E^\pi[L(\theta, a)]$는 행동 $a$의 베이즈 기대손실이라고 불린다. 모든 $a \in \Omega_a$에 대해 베이즈 기대손실 $\rho(\pi, a)$가 최소가 되게 하는 행동 $a^*$가 베이즈 결정이 된다.

### 1.2.3 주관적 확률

어떤 의사결정문제들에서는 의사결정자가 $\theta$에 할당하는 확률분포 $\pi$가 다량의 경험적 데이터나 이론적인 빈도분포를 기반으로 하고 있을 것이다. 그런 경우에 분포 $\pi$는 객관적－같은 문제에 직면한 다른 의사결정자들도 같은 분포를 할당할 것이라는 점에서－일 것이다. 그러나 대부분의 의사결정문제들에서 분포 $\pi$는 주관적 분포－최소한 부분적으로 $\theta$의 값이 무엇이 될지에 대한 개인적 정보와 믿음을 기초로 한－가 될 것이다.

주관적 확률의 존재는 $\theta$의 값들의 여러 부분집합의 상대적 가능성에 대한 의사결정자의 판단의 일관성(coherence of judgements)에 관련한 조건들－예컨대, 새비지(Savage)의 공리체계－에 기초하고 있다. 이런 조건들이 만족될 때 모수공간 $\Omega_\theta$ 위에서 확률공리들을 만족시키는 유일한 확률분포 $P$가 존재한다는 것을 보일 수 있으며, 더욱이 이 분포는 다음 두 명제를 동치로 만든다:

- 아무 두 부분집합 $A \subset \Omega_\theta$와 $B \subset \Omega_\theta$에 대하여 $P(A) \leq P(B)$.
- 의사결정자는 $\theta$의 값이 $B$보다 $A$에 속할 가능성이 더 크다고 믿지 않는다.

주관적 확률과 효용이란 개념은 의사결정론에 통일된 관점을 제공한다. 의사결정자의 주관적 확률은 그의 지식과 신념을 대변하고, 의사결정자의 효용은 그의 취향과 선호를 반영한다. 의사결정자는 이 두 개념을 혼동하지 말아야 한다: 의사결정자는 그가 바라는 $\theta$의 값과 그가 예상하는 $\theta$의 값을 혼동해서는 아니 된다. 즉, 의사결정자는 효용이 그의 주관적 확률 부과에 영향을 미치지 못하도록 하고, 거꾸로 그의 주관적 확률이 효용에 영향을 미치지 못하도록 해야 한다. 그 후에 의사결정자는 그의 주관적 기대효용을 최대화시키는 또는 동일하게 그의 주관적 기대손실을 최소화시키는 행동을 선택한다.

### 1.2.4 통계적 의사결정문제

많은 의사결정문제들에서 의사결정자는 행동공간 $\Omega_a$에서 한 행동 $a$를 선택하기 전에 모수 $\theta$와 관련된 랜덤변수 또는 랜덤벡터 $X$를 관찰할 기회가 있다. $X$를 관찰함으로써 의사결정자가 좋은 결정을 내리는 데 도움을 줄 수도 있는 정보를 얻는다. $X$의 특정한 실현값을 $x$로 나타내기로 하자. $X$의 모든 가능한 결과의 집합 $\Omega_x$는 표본공간(sample space)이라 불린다. 물론 $X$의 확률분포는 모수 $\theta$의 값에 의존할 것이다. 우리는 $\theta$가 주어졌을 때 $X$의 조건부분포가 모든 $\theta \in \Omega_\theta$에 대해서 명시될 수 있다고 가정한다. 이런 유형의 문제는 통계적 의사결정문제(statistical decision problem, SDP)라고 불린다.

따라서 통계적 의사결정문제의 구성요소는 모수공간 $\Omega_\theta$, 행동공간 $\Omega_a$, 손실함수 $L(\theta, a)$ 그리고 실험 $X$－그 값은 의사결정자가 한 행동을 선택할 때 이용할 수 있다－의 조건부 밀도함수족 $f(x|\theta)$이다. 통계적 의사결정문제에서 $\theta$의 확률분포 $\pi()$는 사전분포(prior distribution)라고 불리는데, 이는 $X$가 관측되기 전에 얻어진 $\theta$의 분포이기 때문이다. 같은 맥락으로, 관측값 $X= x$가 주어졌을 때의 $\theta$의 조건부분포 $\pi(|x)$는 $\theta$의 사후분포(posterior distribution)라고 불린다.

## 1.3 의사결정문제의 구성요소

이제 의사결정문제의 구성요소들에 대해 살펴보자: 행동, 상태, 그리고 결과. 통계적 의사결정문제는 위 세 요소들에 실험이라는 요소가 더해진다.

### ● 구분(distinction)

한 집단 또는 집합—예컨대, 행동공간, 상태공간 또는 결과공간—을 작은 하위집단들로 분리할 때 우리는 여러 다른 종류의 구분들(kinds of distinctions)을 얻을 수 있다. 이때 하위집단들은 구분의 정도(degrees of distinction)라고 불린다.

우리는 구분의 수준(levels of distinction)을 다음과 같이 분류해 볼 수 있다:

- 명확한 구분(clear distinction): 천리안이 어떤 구분의 정도가 발생했는지를 구별할 수 있는 구분. 즉, 투명성 검증(clarity test) 또는 천리안 검증(clairvoyant test)을 통과한 구분
- 관찰 가능한 구분(observable distinction): 우리가 어떤 구분의 정도가 발생했는지를 구별할 수 있는 구분
- 유용한 구분(useful distinction): 우리가 의사결정 상황을 이해하는 데 도움이 되는 구분

일반적으로 구분이 명확하지만 관찰 가능하지 않더라도 유용할 수 있다. 그러나 의학적 검사와 같은 구분은 관찰 가능해야만 유용할 것이다. 만일 한 구분이 관찰 가능하지 않다면 그것과 관련된 다른 관찰 가능한 구분을 고려할 수 있을 것이다.

한 구분의 정도들과 관련해서, 우리는 앞으로 다음과 같은 개념을 자주 언급할 것이다:

[정의 1.3.1] 하위집단들 가운데 기껏해야 하나가 발생할 수 있다면, 그 구분은 상호 배반적(mutually exclusive)이라고 불린다.

[정의 1.3.2] 하위집단들 가운데 적어도 하나가 반드시 발생한다면, 그 구분은 집합적으로 포괄적(collectively exhaustive)이라고 불린다.

위 정의들로부터 상호 배반적이고 집합적으로 포괄적인 구분에서는 하위집단들 가운데 정확히 하나가 반드시 발생한다.

### 1.3.1 행동

의사결정자(decision maker, DM)에게 선택이 맡겨진 이 대안들은 행동(actions, decisions, alternatives, 또는 options)이라고 불린다.

- 모든 행동들의 집합은 행동공간(action space) $\Omega_a$ 이라고 불린다. 이 행동들은 상호 배반적이고, 집합적으로 포괄적이어야 한다.

### 1.3.2 자연상태

각 행동은 가까운 또는 먼 미래에 어떤 결과(outcome)를 낳는다. 그 미래의 자연상태(state of nature)에 따라 가능한 여러 결과 중 하나가 행동의 결과로 나타나는 것이다.

- 자연상태는 상태 또는 모수(parameter)라고도 불리며 흔히 $\theta$ 로 표기된다. 의사결정자는 자연상태에 대한 통제력을 가지고 있지 못하다.
- 가능한 상태들의 집합은 상태공간(state space) $\Omega_\theta$ 이라고 불린다. 이 상태들 역시 상호 배반적이고, 집합적으로 포괄적이어야 한다.

#### ● 자연상태의 불확실성

의사결정자는 대개의 경우 자연상태가 어떤지에 대해 확신을 가지고 있지 못하다.

- 의사결정자는 그 자연상태에 대한 어떤 형태의 지식이나 사전정보를 가지고 있을 수 있다.
- 항상 자연상태에 대해 (주관적) 확률분포를 부과할 수 있다고 여기는 사람들은 베이지안(Bayesian)이라고 불린다.

### 1.3.3 결과

우리는 행동들의 가능한 결과(outcome)들을 의사결정표(decision table)로 정리할 수 있다. 의사결정표란 [표 1.3.1]과 같이 가로에 행동들을, 세로에 상태들을 그리고 각 칸에는 해당하는 행동－상태의 결과를 나타낸 이차원표이다.

- 이 결과들은 일차적으로 말로 서술될 것이다.
- 행동들의 모든 가능한 결과들의 집합은 결과공간(outcome space)이라고 불린다.

[표 1.3.1] 의사결정표

| 상태 / 행동 | $\theta_1$ | $\theta_2$ | $\cdots$ | $\theta_J$ |
|---|---|---|---|---|
| $a_1$ | 결과 | | $\cdots$ | 결과 |
| $a_2$ | | 결과 | | |
| $\vdots$ | $\vdots$ | | $\ddots$ | $\vdots$ |
| $a_I$ | 결과 | | $\cdots$ | 결과 |

● 결괏값(consequence)

결과들을 어떤 측도(measure)나 평가단위(evaluation unit)로 평가한 값들은 결괏값들이라고 불린다. 평가단위로 가장 흔히 사용되는 측도는 돈이다.

- 모든 결괏값들의 집합은 결괏값공간(consequence space) $\Omega_c$이라고 불린다.
- 우리는 의사결정표에 결과들 대신 결괏값들 $c(\theta, a)$을 표시할 수도 있다. 결괏값이 돈으로 표시된 의사결정표는 흔히 수익표(payoff table) 또는 이익행렬(gain matrix)이라고 불린다.

● 효용함수(utility function)

의사결정자는 각 결괏값에 대해 다른 선호를 가진다. 이 선호는 그의 가치체계와 위험에 대한 태도인 모험성(risk attitude)과 관련된다. 결괏값들을 의사결정자의 선호척도(preference scale)로 평가한 값들은 효용들(utilities 또는 utiles)이라고 불린다.

- 우리는 의사결정표에 결괏값들 대신 효용들을 표시할 수 있다. 우리는 이때의 의사결정표를 효용함수 $u(\theta, a)$로 부를 수 있다. 실제로 이 효용함수가 우리가 원하는 최종 의사결정표이다.
- 노이만-모겐스턴(Neumann-Morgenstern)의 기대효용이론(Expected Utility Theory)에 따르면, 최적 행동은 단순히 기대효용이 최대가 되는 행동이다.
- 효용값이 결괏값과 같은 의사결정자는 기대치 의사결정자(Expected Value Decision Maker, EVDM)라고 불린다. 특히 결괏값이 돈으로 표시된 경우의 기대치 의사결정자는 기대화폐가치 의사결정자(Expected Monetary Value Decision Maker, EMVDM)라고 불린다.

지금까지 논의한 것을 요약하면 $\text{DP} = \{\Omega_a, \Omega_\theta, u(,)\}$, 여기서

- 행동 공간 $\Omega_a$는 모든 가능한 행동들의 집합이다.
- 상태 공간 $\Omega_\theta$는 모든 가능한 상태들의 집합이다.
- 효용 함수 $u(\theta, a)$는 각 상태와 결과를 의사결정자의 선호체계를 통해 맺어주는 연결 고리이다.

### 1.3.4 실험

통계적 의사결정문제(statistical decision problem, SDP)는 위 세 요소들에 실험이라는 요소가 더해진다. 의사결정자는 상태 $\theta$에 의존하는 랜덤변수 $X$에 대한 실험을 통해 자연상태에 대한 추가정보를 얻을 수 있는 경우가 있다.

- 이 실험 $X$는 상태에 의존해야 한다. 우리는 $X$의 밀도함수인 우도(likelihood, 가능도)를 $f(x|\theta)$로, 그리고 $X$의 공간인 표본공간을 $\Omega_x$로 나타낼 것이다.
- 일반적으로 이 실험에는 정보비용(information costs)이 초래된다.

<과제 1.3.1> 현시점에서 자기 자신에게 가장 중요한 의사결정문제를 제시하라.

**예 1.3.1 유전탐사 문제**

장이사는 연안 지역의 유전탐사를 담당하고 있는데, 한 특정 지역에서 시추를 해야 할지 여부를 결정해야 한다. 그 지역을 조사하고 전문가들과 의견을 나눈 후에 장이사는 그 지역의 시추 결과로 대규모 유전을 발견할 확률, 소규모 유전을 발견할 확률 그리고 허탕을 칠 확률을 각각 20 %, 40 %, 40 %로 판단하게 되었다. 그리고 세 경우에 유전 개발로 인한 총수입은 각각 10억 원, 4억 원, 0원으로 추산되고, 시추 비용은 2억 원이다. 따라서 세 경우 이익은 각각 8억 원, 2억 원, −2억 원으로 추산된다.

□ 행동들

장이사는 다음 두 행동 가운데 하나를 선택해야 한다: $a_1$ = 시추한다, $a_2$ = 시추하지 않는다.

□ 자연상태

장이사는 다음 세 가지 상태들 가운데 하나를 만나게 될 것이다: 대규모 유전, 소규모 유전 그리고 맨땅. 이들은 장이사가 통제할 수 없는 불확실한 사건들이다.

□ 행동의 결과들과 결괏값들

장이사가 각 행동을 선택할 때 맞이할 결과들과 그에 대응되는 결괏값들은 다음과 같다:

$a_1$ : 대박－대규모 유전 발견(8억 원), 소박－소규모 유전 발견(2억 원), 쪽박－허탕(－2억 원)

$a_2$ : 여전(0원)

□ 의사결정표

[표 1.3.2]는 행동-상태 칸에 결괏값들을 표시하고 자연상태의 사전확률을 함께 나타낸 의사결정표이다.

[표 1.3.2] 의사결정표: 유전탐사 문제

| 행동 \ 자연상태 | 대규모 유전 | 소규모 유전 | 맨땅 |
|---|---|---|---|
| 시추한다 | 8억 원 | 2억 원 | －2억 원 |
| 시추하지 않는다 | 0원 | 0원 | 0원 |
| 자연상태의 확률 | 0.2 | 0.4 | 0.4 |

□ 실험

장이사는 유전의 규모에 대한 추가정보를 얻기 위해 지질검사(seismic test, 탄성파탐사)를 실시할 것을 고려하고 있다. 지질검사를 시행하면 배상구조(dome)에 대한 표본정보 $X$－"긍정적: 배상구조 있음" 또는 "부정적: 배상구조 없음"－를 얻을 수 있다. 지질검사의 정확도 즉 우도 $f(x|\theta)$는 [표 1.3.3]에 제시되어 있다. 이 지질검사의 비용은 2천만 원이다.

[표 1.3.3] 실험(지질검사) $X$의 우도: 유전탐사문제

| $\theta$ \ $x$ | $f(x\|\theta)$ | | 합 |
|---|---|---|---|
| | "긍정적" | "부정적" | |
| 대규모 유전 | 0.9 | 0.1 | 1.0 |
| 소규모 유전 | 0.6 | 0.4 | 1.0 |
| 맨땅 | 0.1 | 0.9 | 1.0 |

## 1.3.5 의사결정에 대한 접근법

우리는 의사결정에 대한 접근법을 다음과 같이 세 가지로 분류해 볼 수 있다:

- 직관적 접근법(intuitive approach)은 의사결정자가 그의 직관대로 또는 본능적으로 결정을 내리는 것이다. 이 방법은 즉각적으로 결정을 내려야만 하는 긴박한 의사결정 문제들에서 타당성을 찾을 수 있다.
- 정형적 접근법(programmed approach)은 의사결정자가 미리 정한 방침 또는 정책대로 결정을 내리는 것이다. 이 방법은 유사한 의사결정 문제들이 반복적으로 발생하는 경우에 효과적이다.
- 분석적 접근법(analytical approach)은 주어진 의사결정 문제에 대해 의사결정자가 어떤 의미에서 "최적" 결정을 내리려는 체계적인 시도이다. 이 책은 바로 이 분석적 접근법에 관해 다루고 있다. 분석적 접근법에 의해 얻어진 최적 결정이 후일에 프로그램(정형)으로 전환될 수도 있다.

### 1.3.6 의사결정규칙과 기대손실

#### (1) 의사결정규칙(decision rule)

한 간단한 예−이 소절에서 이 예를 [간단 예]라 부를 것이다−를 통해서 의사결정규칙들을 살펴보기로 하자. 먼저 행동공간 $\Omega_a$과 표본공간 $\Omega_x$이 각각 이원적이라고 하자: 즉,

$$\Omega_a = \{a_1, a_2\},\ \Omega_x = \{x_1, x_2\}.$$

그러면 실험결과에 따라 행동을 결정하는 규칙인 의사결정규칙으로는 다음의 네 가지가 가능하다:

$$\delta_1(x_1) = a_1, \delta_1(x_2) = a_1;$$
$$\delta_2(x_1) = a_1, \delta_2(x_2) = a_2;$$
$$\delta_3(x_1) - a_2, \delta_3(x_2) = a_1;$$
$$\delta_4(x_1) = a_2, \delta_4(x_2) = a_2.$$

이런 의사결정규칙은 확정적 의사결정규칙(nonrandomized decision rule, NDR)이라고 불린다. 이런 확정적 의사결정규칙들의 집합을 $\Omega_\delta$로 나타내자. 즉,

$$\Omega_\delta = \{\delta_1,\ \delta_2,\ \delta_3,\ \delta_4\}.$$

[우리는 $\delta_i \in \Omega_\delta$이면 $\delta_i(x) \in \Omega_a$ 임을 확인할 수 있다.] 이제 확률은 다음과 같은 두 가지 방식으로 의사결정규칙 선택에 개입할 수 있다.

첫째, $\Omega_\delta$ 위의 확률분포들을 담고 있는 공간을 $\Omega_\delta^*$로 나타내자. 즉,

$$\Omega_\delta^* = \left\{(p_1, p_2, p_3, p_4) \mid p_i \geq 0,\ \sum_{i=0}^{4} p_i = 1\right\},$$

여기서 $p_i$는 $\delta_i$가 선택될 확률이다. 그러면 우리는 다음과 같이 랜덤하게 행동을 선택할 수 있다: 한 $\delta^* \in \Omega_\delta^*$를 선택한다; $\delta^*$에 맞추어 랜덤하게 $\delta \in \Omega_\delta$를 선택한다; 그리고 $x$값에 따라 $\delta(x)$에 의해 $a$를 선택한다. [우리는 $\delta^* \in \Omega_\delta^*$이면 $\delta \in \Omega_\delta$이고 $\delta(x) \in \Omega_a$ 임을 확인할 수 있다.] 이런 의사결정규칙은 랜덤화 의사결정규칙(randomized decision rule, RDR)이라 불린다.

둘째, $\Omega_a$ 위의 확률분포들－이들을 열벡터로 표현하기로 하자－을 담고 있는 공간을 $\Omega_a^*$로 나타내자. 즉,

$$\Omega_a^* = \left\{\begin{bmatrix}\pi \\ 1-\pi\end{bmatrix} \mid 0 \leqq \pi \leqq 1\right\},$$

여기서 $\pi$는 행동 $a_1$을 선택할 확률이고 $1-\pi$는 행동 $a_2$를 선택할 확률이다. $\delta^+ = (\pi_1, \pi_2)$ 또는 이와 동일하게 $\delta^+ = \left(\begin{bmatrix}\pi_1 \\ 1-\pi_1\end{bmatrix}, \begin{bmatrix}\pi_2 \\ 1-\pi_2\end{bmatrix}\right)$가 실험결과에 따라 다음과 같이 행동선택 확률을 지시한다고 하자: 즉,

$$\delta^+(x_1) = \begin{bmatrix}\pi_1 \\ 1-\pi_1\end{bmatrix},\ \delta^+(x_2) = \begin{bmatrix}\pi_2 \\ 1-\pi_2\end{bmatrix}.$$

이제 가능한 $\delta^+$들의 집합을 $\Omega_\delta^+$로 나타내자. 즉,

$$\Omega_\delta^+ = \{(\pi_1, \pi_2) \mid 0 \leqq \pi_1 \leqq 1,\ 0 \leqq \pi_2 \leqq 1\}.$$

그러면 우리는 다음과 같이 랜덤하게 행동을 선택할 수 있다: 한 $\delta^+ \in \Omega_\delta^+$를 선택한다;

$x$ 값에 따라 $\delta^+(x)$에 의해 랜덤하게 $a$를 선택한다. [우리는 $\delta^+ \in \Omega_\delta^+$ 이면 $\delta^+(x) \in \Omega_a^*$ 임을 확인할 수 있다.] 이런 의사결정규칙은 행동적 의사결정규칙(behavioral decision rule, BDR)이라 불린다. 예컨대, 한 BDR $\delta^+ = (0.3, 0.6)$는 $\delta^+(x_1) = \begin{bmatrix} 0.3 \\ 0.7 \end{bmatrix}$, $\delta^+(x_2) = \begin{bmatrix} 0.6 \\ 0.4 \end{bmatrix}$를 뜻한다.

<과제 1.3.2> [간단 예]에서 최적 RDR이 $\delta^* = (0.1, 0.5, 0.1, 0.3)$라 하자. 그러면 이에 대응되는 최적 BDR은 $\delta^+ = (0.6,\ 0.2)$임을 보여라.

[관찰 1.3.1] $\dim(\Omega_\delta^+) < \dim(\Omega_\delta^*)$.

요약 $\delta \in \Omega_\delta$는 확정적 의사결정규칙(nonrandomized decision rule, NDR)이라 불린다. $\delta^* \in \Omega_\delta^*$는 랜덤화 의사결정규칙(randomized decision rule, RDR)이라 불리며, $\delta^+ \in \Omega_\delta^+$는 행동적 의사결정규칙(behavioral decision rule, BDR)이라 불린다.

[정의 1.3.1] 한 의사결정규칙 $\delta()$는 $X$의 가능한 각 값 $x \in \Omega_x$에 대해 한 행동 $\delta(x) \in \Omega_a$를 할당하는 함수이다.

실제로 이 정의는 확정적 의사결정규칙에 대한 정의이다. 그러나 우리는 이 책에서 더는 랜덤 의사결정규칙들을 다루지 않을 것이므로 이 정의로 충분할 것이다.

### (2) 기대손실(expected loss)

우리는 몇 가지 서로 다른 기대손실들을 정의할 수 있다.

#### ● 베이즈 기대손실

[정의 1.3.2] 의사결정 시점에서 $\pi()$가 $\theta$의 확률분포로 믿어진다면, 한 행동 $a$의 베이즈 기대손실(Bayes expected loss) $\rho(\pi, a)$는 손실함수 $L(\theta, a)$를 $\pi$로 평균을 낸 것이다. 즉,

$$\rho(\pi, a) = E^\pi[L(\theta, a)].$$

이때, 베이즈 기대손실을 최소화해주는 행동은 베이즈 행동(Bayes' action)이라 불린다.

[간단 예]에서 손실함수 $L(\theta, a)$가 다음과 같이 주어졌다고 하자:

[표 1.3.4] 손실함수 $L(\theta, a)$와 $\theta$의 분포 $\pi(\theta)$: [간단 예]

| $L(\theta, a)$ | $\theta_1$ | $\theta_2$ | $\rho(\pi, a)$ |
|---|---|---|---|
| $a_1$ | 1 | 4 | 3.4 |
| $a_2$ | 3 | 2 | 2.2 |
| $\pi$ | 0.2 | 0.8 | 베이즈 기대손실 |

그러면 각 행동의 베이즈 기대손실 $\rho(\pi, a)$는 다음과 같이 주어진다:

$$\rho(\pi, a_1) = 0.2 \times 1 + 0.8 \times 4 = 3.4;\ \rho(\pi, a_2) = 0.2 \times 3 + 0.8 \times 2 = 2.2.$$

따라서 베이즈 기대손실을 최소화해주는 (사전) 베이즈 행동은 $a_2$이다.

## 빈도주의자 위험과 베이즈 위험

[정의 1.3.3] 한 주어진 상태 $\theta$에 대해 우리가 동일한 의사결정규칙 $\delta()$를 반복해서 사용할 때의 평균적인 손실은 빈도주의자 위험(frequentist's risk) 또는 단순히 위험(risk) $R(\theta, \delta)$이라고 정의된다. 즉,

$$R(\theta, \delta) = E^f\left[L(\theta, \delta(X))\right],$$

여기서 $f$는 $X$의 (조건부) 밀도함수 즉, 우도 $f(x|\theta)$를 나타낸다.

실제로 상태 $\theta$는 의사결정 시점에서 확률분포 형태로 주어진다. 이때 한 행동 $a$의 베이즈 기대손실 $\rho(\pi, a)$이 상수인 반면에, 한 의사결정규칙 $\delta()$의 위험 $R(\theta, \delta)$는 함수－이는 위험함수(risk function)라고 불린다－이며 데이터 획득 전의 기대손실(pre-data expected loss)을 나타낸다. 따라서 의사결정규칙들을 비교하려면 우리는 위험함수에 대한 기대치를 구할 필요가 있다.

[간단 예]에서 우도가 다음과 같이 주어진다고 하자:

[표 1.3.5] 우도함수 $f(x|\theta)$: [간단 예]

| $f(x\|\theta)$ | $\theta_1 = 0.9$ | $\theta_2 = 0.4$ |
|---|---|---|
| $x_1 = 0$ | 0.1 | 0.6 |
| $x_2 = 1$ | 0.9 | 0.4 |
| $\pi$ | 0.2 | 0.8 |

즉, 우도는 베르누이 분포로 기술된다: $x|\theta \sim BER(\theta)$, $\theta = 0.9, 0.4$. 그러면 의사결정 규칙들 $\delta_1, \delta_2, \delta_3, \delta_4$의 위험함수 $R(\theta, \delta)$는 다음과 같이 주어진다:

[표 1.3.6] 위험함수 $R(\theta, \delta)$와 $\theta$의 분포 $\pi(\theta)$: [간단 예]

| $R(\theta, \delta)$ | $\theta_1 = 0.9$ | $\theta_2 = 0.4$ | $r(\pi, \delta)$ |
|---|---|---|---|
| $\delta_1$ | 1 | 4 | 3.4 |
| $\delta_2$ | $0.1\times1+0.9\times3 = 2.7$ | $0.6\times4+0.4\times2 = 3.2$ | 3.1 |
| $\delta_3$ | $0.1\times3+0.9\times1 = 3.0$ | $0.6\times2+0.4\times4 = 2.8$ | 2.48 |
| $\delta_4$ | 3 | 2 | 2.2 |
| $\pi$ | 0.2 | 0.8 | 베이즈 위험 |

[정의 1.3.4] 한 의사결정규칙 $\delta()$의 베이즈 위험(Bayes' risk) $r(\pi, \delta)$은, $\delta()$의 위험함수 $R(\theta, \delta)$를 $\theta$의 확률분포 $\pi()$로 평균을 낸 것이다. 즉,

$$r(\pi, \delta) = E^{\pi}[R(\theta, \delta)].$$

이때 베이즈 위험을 최소화해주는 규칙은 베이즈 규칙(Bayes' rule)이라 불린다.

[간단 예]에서 사전분포 $\pi$에 대한 의사결정 규칙들의 베이즈 위험 $r(\pi, \delta)$는 다음과 같이 주어진다:

$$r(\pi, \delta_1) = 0.2\times1+0.8\times4 = 3.4;\ r(\pi, \delta_2) = 0.2\times2.7+0.8\times3.2 = 3.1;$$
$$r(\pi, \delta_3) = 0.2\times1.2+0.8\times2.8 = 2.48;\ r(\pi, \delta_4) = 0.2\times3+0.8\times2 = 2.2.$$

따라서 베이즈 위험을 최소화해주는 베이즈 규칙은 $\delta_4$ 이다. 이와 같은 베이즈 결정 분석은 정규형(normal form)이라 불린다.

한편 [간단 예]에서 사후분포 $\pi(\theta|x)$는 다음과 같이 주어진다:

[표 1.3.7] 사후분포 계산과정: [간단 예]

| 상태 $\theta$ | 사전분포 $\pi(\theta)$ | 우도 $f(x\|\theta)$ | | 사전분포×우도 | | 사후분포 $\pi(\theta\|x)$ | |
|---|---|---|---|---|---|---|---|
| | | $x_1(=0)$ | $x_2(=1)$ | $x_1$ | $x_2$ | $x_1$ | $x_2$ |
| $\theta_1=0.9$ | 0.2 | 0.1 | 0.9 | 0.02 | 0.18 | 0.04 | 0.36 |
| $\theta_2=0.4$ | 0.8 | 0.6 | 0.4 | 0.48 | 0.32 | 0.96 | 0.64 |
| 합 | 1.00 | 주변분포 $m(x)$ | | 0.50 | 0.50 | 1.0000 | 1.000 |

따라서 각 행동의 사후 베이즈 기대손실 $\rho(\pi(\theta|x),a)$은 다음과 같이 주어진다:

[표 1.3.8] 사후 베이즈 기대손실 $\rho(\pi(\theta|x),a)$와 $x$의 주변분포 $m(x)$: [간단 예]

| $\rho(\pi(\theta\|x),a)$ | $x_1=0$ | $x_2=1$ |
|---|---|---|
| $a_1$ | 0.04×1+0.96×4 = 3.88 | 0.36×1+0.64×4 = 2.92 |
| $a_2$ | 0.04×3+0.96×2 = 2.04 | 0.36×3+0.64×2 = 1.36 |
| $m(x)$ | 0.5 | 0.5 |

이로부터 사후 베이즈 행동은 실험 결과 $x$에 관계없이 $a_2$가 된다. 이와 같은 베이즈 결정 분석은 전개형(extensive form)이라 불린다. 그리고 이는 당연히 베이즈 규칙이 $\delta_4$라는 정규형 분석의 결과와 일맥상통한다. 사후 결정 분석에 대해서는 6.3.1을 참조하라.

<과제 1.3.3> 위의 예들을 토대로 베이즈 결정분석에서 정규형 분석과 전개형 분석이 어떤 점에서 차이가 있는지를 식별하여 보자.

### 1.3.7 최적 의사결정규칙

우리는 통계적 의사결정론의 근본적 문제를 다음과 같이 제기할 수 있다: 한 통계적 의사결정문제에서 의사결정자는 어떤 의사결정규칙 $d$를 사용해야 하는가? 이 질문에 대해서 다음과 같은 해결책들이 제시될 수 있을 것이다.

① 최량 의사결정규칙(a best decision rule)을 탐색하는 것은 자연스러운 반응이다. 최량 의사결정규칙이란 자연상태가 무엇이든 간에 최소 위험을 가지는 규칙이다.

- 최량 의사결정규칙이 존재하는 상황은 매우 드물고 흥미 거리가 되지 못한다. 일반적으로 최량 행동은 자연상태에 따라 다르다.

[정의 1.3.5] (의사결정규칙의 우월과 동치) 모든 $\theta$에 대해 다음 부등식이 성립하고 어떤 $\theta$에 대해서는 다음 부등식이 협의로 성립한다면, 한 의사결정규칙 $\delta_0$는 $\delta$보다 R-우월하다(R-better, R-dominant)고 일컬어진다:

$$R(\theta, \delta_0) \leq R(\theta, \delta).$$

그리고 모든 $\theta$에 대해 다음 등식이 성립한다면, 한 의사결정규칙 $\delta_0$는 $\delta$와 R-동치이다(R-equivalent)라고 일컬어진다:

$$R(\theta, \delta_0) = R(\theta, \delta).$$

[정의 1.3.6] (허용가능 의사결정규칙) 어떤 다른 의사결정규칙도 그 의사결정규칙보다 R-우월하지 않다면, 그 의사결정규칙은 허용가능하다(admissible)고 일컬어진다. 만일 R-우월한 의사결정규칙이 존재한다면, 그 의사결정규칙은 허용불가능하다(inadmissible)고 일컬어진다.

**예 1.3.2 진통제 문제**

다음은 한 무데이터 의사결정문제(no-data decision problem)의 손실함수이다. (무데이터 문제에서 위험은 단순히 손실이다.)

[표 1.3.9] 손실함수: 무데이터 문제의 위험함수

| 상태 / 행동 | $L(\theta, a)$ | | |
|---|---|---|---|
| | $\theta_1$ | $\theta_2$ | $\theta_3$ |
| $a_1$ | 1 | $-1$ | 4 |
| $a_2$ | 3 | 5 | 5 |
| $a_3$ | 4 | 5 | 1 |

- 규칙(또는 행동) $a_1$는 $a_2$보다 R-우월하다. 따라서 $a_2$는 허용불가능하다.
- $a_1$과 $a_3$는 비교가능하지 않다. 따라서 $a_1$과 $a_3$는 허용가능하다.

허용불가능 의사결정규칙이 사용되지 말아야 한다는 것은 자명하다. 왜냐하면 위험이 더 적은 의사결정규칙이 찾아질 수 있기 때문이다. 불행히도 한 특정한 문제에 대해서 대개 매우 커다란 허용가능규칙들의 류(class)가 존재한다.

[정의 1.3.7] (본질적 완비류, essentially complete class) 한 의사결정규칙 $\delta \notin C$에 대해 그보다 R-우월하거나 R-동치인 $\delta_0 \in C$가 존재한다면, 의사결정들의 한 류 $C$는 본질적으로 완비하다고 일컬어진다.

[정의 1.3.8] (완비류, complete class) 한 의사결정규칙 $\delta \notin C$에 대해 그보다 R-우월인 $\delta_0 \in C$가 존재한다면, 의사결정들의 한 류 $C$는 완비하다고 일컬어진다.

[정의 1.3.9] (최소 완비류, minimal complete class) 만일 의사결정규칙들의 한 류 $C$가 완비이고 $C$의 어떤 진부분집합도 완비가 아니라면, $C$는 최소 완비류라고 불린다.

[관찰 1.3.1] 한 완비류는 모든 허용가능한 의사결정규칙들을 포함해야 한다.

[관찰 1.3.2] 만일 한 허용가능한 의사결정규칙 $\delta$가 한 본질적 완비류 $C$에 속하지 않는다면, $\delta$와 R-동치인 한 의사결정규칙 $\delta_0 \in C$가 존재한다.

[관찰 1.3.3] (완비류 정리, complete class theorem) 한 최소완비류 $C$가 존재한다면, 이것은 정확히 허용가능한 의사결정규칙들의 류이다.

완비류 정리에 의하면 아무 허용가능 의사결정규칙은 어떤 사전분포와 손실함수를 가지는 한 베이즈 의사결정규칙과 R-동치이다. 허용가능성이 한 의사결정규칙이 가져야 할 바람직한 성질이라고 할 수는 있지만 그것이 그 의사결정규칙이 합리적이라는 것을 보장해주지는 못한다.

**예 1.3.3 진통제 문제**

$X$가 $N(\theta, 1)$이고, $\theta$를 제곱오차 손실함수 $L(\theta, a) = (\theta - a)^2$를 이용하여 추정하려 한다. 의사결정규칙들 $\delta_c(x) = cx$를 고려하자. 명백히 위험함수 $R(\theta, \delta_c)$는 다음과 같이 주어진다:

$$R(\theta, \delta_c) = E^f[L(\theta, \delta_c(X))] = E^f[(\theta - cX)^2] = E^f[c(\theta - X) + (1-c)\theta]^2$$
$$= c^2 + (1-c)^2\theta^2$$

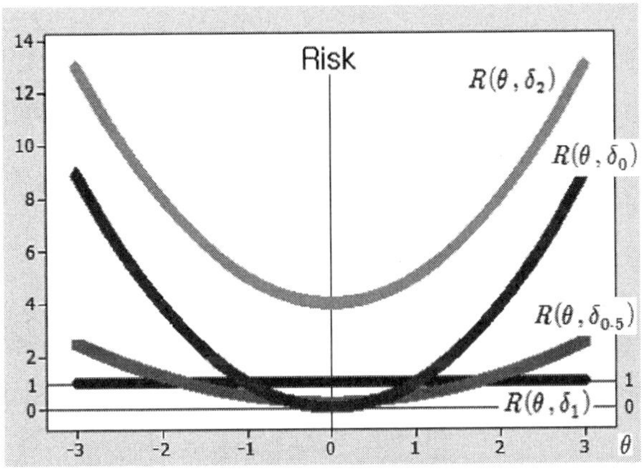


[그림 1.3.1] 상태에 다른 위험들의 비교

- $c > 1$에 대해 $R(\theta, \delta_1) = 1 < c^2 + (1-c)^2\theta^2 = R(\theta, \delta_c)$. 예컨대, [그림1.3.1]에서 보듯이 $\delta_2$의 위험함수는 항상 $\delta_1$의 위험함수보다 위에 있다. 즉, $c > 1$에 대해 $\delta_1$은 $\delta_c$보다 R-우월하다. 따라서 $c > 1$에 대해 $\delta_c$는 허용불가능하다.
- $0 \leqq c \leqq 1$에 대해 이 의사결정규칙들은 비교할 수 있지 않다. 예컨대, [그림 1.3.1]에서 보듯이, $\delta_1$과 $\delta_{0.5}$의 위험함수들은 서로 교차한다. 실제로 $0 \leqq c \leqq 1$에 대해 $\delta_c$는 모두 허용가능하다. 따라서 "합리적인" 추정량 $\delta_1$은 허용가능하다. 그러나 "어리석은" 추정량 $\delta_0 - x$에 관계없이 $\theta$를 0으로 추정한다 - 도 허용가능하다.

<과제 1.3.4> [예 1.3.3]에서 $\theta$의 사전분포 $\pi(\theta)$가 $N(0, \tau^2)$로 주어질 때 $\delta_c$의 베이즈 위험 $r(\pi, \delta_c)$을 구하고, 이로부터 베이즈 규칙을 찾아라.

② 때때로 문제가 너무 복잡해서 의사결정자는 합리적 의사결정규칙(a reasonable decision rule)을 찾는 것으로 만족해야 한다. 합리적인 규칙이란 단순추측(just guessing)보다는 더 나은 규칙이다. 의사결정자가 실험의 관측된 결과에 의존하지 않는 규칙을 사용할 때 그는 단순추측을 하는 것이다.

- 대부분의 상황에서 합리적인 추정값을 얻기 위한 일반적인 방법은 최우법(maximum likelihood method)이다. 가설검정 상황에서 일반적으로 합리적인 규칙을 끌어내 주는 방법은 우도비법(likelihood ratio method)이다.

③ 상당히 좋은 의사결정규칙이 존재할 때도 빠르고 쉬운 의사결정규칙들이 적용과 평가가 쉽거나 설명과 변호가 쉬우므로 사용되기도 한다.

- 복잡한 분석보다 그래프가 선호되는 것이 한 예가 된다.

④ 의사결정론은 어떤 의미에서 최적인 최적 의사결정규칙(optimal decision rules)을 발견하는 문제를 다룬다. 의사결정규칙에 도달하는 방법은 크게 둘로 나누어 볼 수 있다.

첫째는 가용규칙을 제한하는 것이다. 예컨대, 추정문제에서 우리는 다음과 같은 성질들을 만족하는 규칙들만을 고려할 수 있을 것이다:

- 불편성
- 불변성(대칭성)

둘째는 어떤 규칙이나 원리에 의해 의사결정들의 순서를 매기는 것이다. 예컨대 우리는 다음과 같은 원리들을 사용할 수 있을 것이다:

- 베이즈 원리(Bayes principle)는 베이즈 기대손실을 최소화해주는 의사결정규칙 즉, 베이즈 규칙을 추구한다.
- 가설검정에서 사용되는 Neyman-Pearson 기준은 베이즈 기준의 한 형태로서 베이즈 원리에 의해 유도될 수 있다.
- 최소최대 원리(Minimax principle)는 최대 위험을 최소화해주는 의사결정 규칙 즉, 최소최대 규칙을 추구한다.
- 최대엔트로피 원리(Maximum Entropy, or Maxent, principle)는 엔트로피를 최대화해주는 의사결정 규칙을 추구한다.

### 1.3.8 혼동하기 쉬운 의사결정관련 용어들

의사결정과 관련해서 혼동하기 쉬운 용어들을 정리해 보자.

① (자연)상태와 불확실한 사건(uncertain event)은 동일하게 "여러 값들(즉 상태들이나 사건들)을 가질 수 있는 (랜덤)변수"라는 뜻으로 사용된다. 상태라는 용어는 의사결정표에서 그리고 불확실한 사건이라는 용어는 의사결정나무에서 주로 사용된다.

**참고** 의사결정론에 관한 국내 일부 저작에서는 "uncertain event"를 "불확실(한) 상황"이라는 말로 번역하고 있다. 그러나 "event"를 "상황"으로 번역하는 것은 event(사건)란 용어의 일반적인 뜻이나 확률론적인 뜻에 비추어 볼 때 다소 어색하다고 판단된다. 우리는 상황이란 말을 이 말의 일반적인 뜻대로(즉 "situation"으로) 사용할 것이다. (2.2절 참조)

② 우리는 이 책에서 결과(outcome)라는 용어와 세 가지 맥락으로 만나게 된다. 먼저는 의사결정(행동)의 결과이다. 다음은 불확실한 사건(또는 상태)의 결과이다. 나중은 상태에 대해 추가적인 정보를 얻기 위한 실험의 결과이다. 일단계 의사결정 문제들만을 고려하면 행동의 결과와 불확실한 사건(또는 상태)의 결과는 같은 뜻으로 사용될 수 있다. 그러나 다단계 의사결정 문제들에서는 단계별로 행동들과 불확실한 사건들이 나타날 수 있으므로 결과라는 용어가 어떤 단계에서 사용되고 있는지 주의해야 한다. 우리는 용어의 혼동을 피하고 가독력을 높이기 위해 결과라는 용어는 주로 행동의 결과라는 맥락에서 사용할 것이다.

③ 행동의 결과(outcome), 결괏값(consequence), 효용(값)(utility) 등은 구분 없이 쓰이기도 하지만 우리는 다음과 같이 구분하여 쓸 것이다.

- 의사결정자의 행동은 여러 가능한 결과들(outcomes) 가운데 하나를 야기한다. 예컨대, 유전탐사 문제에서 특정 지역을 시추한다는 결정이 가져올 수 있는 결과들은 {대유전 발견, 소유전 발견, 허탕}이다.
- 의사결정자는 다양한 결과와 관련된 결괏값(consequence)에 흥미가 있다. 한 결과의 결괏값은 어떤 측도(measure)나 평가단위(evaluation unit)를 써서 나타낸다. 예컨대, 유전탐사 문제에서 특정 지역을 시추한다는 결정이 가져올 수 있는 결괏값은 {8억 원, 2억 원, −2억 원}이다.
- 각 결괏값이 선호척도나 효용함수를 통하면 효용 또는 효용값이 된다. 예컨대, 유전탐사 문제에서 의사결정자가 결괏값들을 0−1 척도로 잰 효용들은 {1, 0.3, 0}이다.

④ 좋은 결정과 좋은 결과, 의사결정자의 행동 결과가 불확실할 때(즉 자연상태에 불확실성이 있을 때), 좋은 결정과 좋은 결과를 구분하는 것이 중요하다. 좋은 결과란 우리가 다른 결과들보다 상대적으로 더 높이 평가하는 미래의 결과(행동의 결과, 즉 이익 또는 손실)이고, 좋은 결정이란 우리가 파악한 대안들, 우리가 가지고 있는 정보 그리고 우리가 느끼는 선호들과 논리적으로 일관성을 가지고 있는 우리의 행동이다. 좋은 결정이 좋은 결과를 보장해주는 것은 아니다.

- 의사결정의 질(quality of decision making)은 얼마나 "좋은 결정"을 내렸는가에 좌우되는 것이다.

## 1.4 의사결정문제의 분류

우리는 의사결정문제들을 관점에 따라 아래와 같이 몇 가지 방식으로 분류해 볼 수 있다.

### 1.4.1 정보량에 따른 분류

의사결정문제는 의사결정자의 행동이 야기할 결과에 대한 지식 정도나 정보량(또는 동일하게 자연상태에 대한 지식 정도나 정보량)에 따라 크게 두 가지로 분류될 수 있다: 확실성하의 의사결정(decision making under certainty)과 불확실성하의 의사결정(decision making under uncertainty).

① 의사결정자의 행동들이 야기할 결과들이 완전하게 알려져 있는(즉 행동들과 결과들이 확실하게 연결된) 상황에서 의사결정을 내려야 할 때, 그는 확실성하의 의사결정문제를 다루고 있어야 한다. 이때 그가 해야 할 일은 단순히 어떤 결과가 가장 바람직한지를 정하는 것이다. 이 일이 항상 쉬운 것은 아니지만 이 책에서는 이런 의사결정문제를 다루지 않을 것이다.

② 의사결정자의 행동들이 야기할 결과들이 완전하게 알려지지 않은(즉 행동들과 결과들이 확실하게 연결되어 있지 않은) 상황에서 의사결정을 내려야 할 때, 그는 불확실성하의 의사결정문제를 다루고 있어야 한다. 이런 상황은 다시 두 가지로 분류될 수 있다(Knight, 1921): 위험하의 의사결정(decision making under risk)과 무지하의 의사결정(decision making under ignorance).

□ 의사결정자의 각 행동이 야기할 수 있는 모든 결과들에 대해서 확률분포가 부과될 수 있다면, 그는 위험하의 의사결정문제에 직면해 있는 것이다. 즉, 위험하의 의사결정문제는 알려진 미지(known unknowns)를 다룬다.

- 그의 행동의 결과가 위험 즉 변동성(variability)을 가지고 있으므로 이 문제는 소위 "위험관리(risk management)" 문제이다: 위험(risk)이란 불확실성에 노출된 상태를 말한다. 불확실성의 각 원천은 위험인자(risk factor)라고 불리며 랜덤변수로 다루어진다. 위험관리의 요체는 각 대안의 위험을 평가한 후 이를 토대로 위험이 감당할 만한 수준으로 유지될 수 있도록 장치 – 예컨대, 포트폴리오(portfolio) 구성 등 – 를 마련하는 것이다.

□ 무지하의 의사결정문제란 의사결정자가 각 행동이 야기할 수 있는 모든 결과들에 대해서 완전한 확률분포를 부과할 수 있을 만큼의 정보를 가지고 있지 못한 의사결정문제를 가리킨다. 즉, 무지하의 의사결정문제는 알려지지 않은 미지(unknown unknowns)를 다룬다. 이 경우에도 우리는 다음과 같이 두 가지로 나누어 생각해 볼 수 있다:

- 부분적 무지 – 불완전한(부분적인) 확률분포를 부과할 수 있다.
- 전적 무지 – 확률분포를 전혀 부과할 수 없다.

그런데 이런 분류는 다음과 같은 점에서 철학적으로 논쟁이 되기도 한다:

- 확실성은 수학과 논리학에서만 가능하다.
- 행동의 결과에 대해서 전적으로 무지할 수가 없다. 즉, 주관적 확률은 항상 부과될 수 있다.

**참고** 일부 저작에서는 불확실성하의 의사결정문제가 무지하의 의사결정문제의 동의어로 사용되기도 한다. 그러나 이런 용법은 불확실성이란 용어의 일반적인 용례에 비추어 볼 때 다소 어색하다고 판단된다.

### 1.4.2 실험이 가능한지 여부에 따른 분류

불확실성하의 의사결정문제에서 자연상태에 대한 추가정보를 얻을 수 있는 실험이 가능한지 여부에 따라 의사결정문제는 다음과 같이 분류될 수 있다:

- 사전정보만을 이용하여 행동을 결정해야 하는 의사결정문제에서는 무실험 또는 무데이터 의사결정이 내려진다. 이때의 의사결정분석은 사전분석(prior analysis)이라고 불린다.
- 실험이 있는 의사결정은 실험으로 추가정보를 얻은 후에 행동을 결정할 수 있는 의사결정문제이다. 이는 또 다음과 같이 분류될 수 있다: 단일실험 의사결정과 순차실험 의사결정.

실험으로 추가정보를 얻은 후에 실시되는 의사결정분석은 사후분석(posterior analysis)이라고 불린다. 사전정보만을 이용하여 의사결정을 내릴지 아니면 실험을 실시하여 추가정보를 얻은 후에 의사결정을 내릴지 여부를 분석하는 절차는 사전사후분석(preposterior analysis)이라고 불린다.

### 1.4.3 의사결정 상대에 따른 분류

우리는 지금까지 자연을 상대로 한 의사결정문제들을 다루어 왔다. 그러나 때로 의사결정자는 지적인 존재(즉, 사람이나 조직)를 상대로 의사결정을 내려야 한다. 의사결정의 상대가 지적일 때의 의사결정문제는 게임(game)이라 불리며, 게임이론(game theory)은 이런 의사결정문제를 다룬다. 2인 영합 게임(two-person zero-sum game)에서는 의사결정자가 그와 반대의 목적을 가진 지적인 상대(intelligent opponent)를 가지고 있는 반면, 의사결정론에서는 의사결정자가 단지 자연(nature)을 상대로 하고 있다는 것이다. 따라서 게임이론에서 중심적 역할을 하는 최소최대 의사결정규칙(minimax decision rule)이 의사결정론에서는 그다지 중요한 위치에 있지 않다.

### 1.4.4 의사결정의 구조에 따른 분류

일단계 의사결정문제에서는 단 한 번의 의사결정이 필요하다. 그리고 다단계 의사결정문제에서는 시간에 걸쳐서 일련의 결정들이 내려져야 한다.

### 1.4.5 속성(attributes)의 수에 따른 분류

단일속성 의사결정문제에서는 의사결정의 결과가 하나의 평가단위로 서술될 수 있다. 한 결과의 여러 측면이 중요하게 여겨질 때 우리는 그 결과의 여러 속성들(attributes)을 다루게 된다. 이러한 다속성 의사결정문제에서는 속성별로 평가단위가 필요해진다.

### 1.4.6 의사결정자의 수에 따른 분류

개인 의사결정문제(individual decision problem)에서는 의사결정자가 한 명이다. 반면에 집단 의사결정문제(group decision problem)에서는 의사결정자가 여러 명이다. 예컨대, 우리나라를 비롯한 대부분의 나라에서 대통령 선택은 다수결(majority rule)에 의해 결정된다.

## 1.5 의사결정분석

공항을 어디에 세울지를 결정하는 것과 같이 극도로 복잡한 의사결정문제들의 경우에는 의사결정자가 의사결정론의 개념을 적용시키는 데 어려움을 겪게 된다. 의사결정자가 특정한 의사결정문제에 의사결정론의 개념을 적용시키는 과정은 의사결정분석(decision analysis)이라고 불린다. 모수 $\theta$ 의 모든 적절한 차원을 찾을 때, 모든 가능한 모수값들의 모수공간 $\Omega_\theta$ 과 행동들의 행동공간 $\Omega_a$ 를 정할 때, 특히 의사결정자의 주관적 확률과 효용을 정할 때 의사결정자에게 도움을 주는 의사결정분석 기법들이 개발되어 왔다.

의사결정분석이란 의사결정을 규범적으로 실행하는 것을 말한다. 의사결정분석은 일련의 투명한 단계들에 의해 불투명한 의사결정문제를 투명한 의사결정문제로 변환시키려는 절차이다. 이를 통해 의사결정분석은 의사결정자에게 혼동을 넘어서서 바람직한 행동방향으로의 통찰을 얻을 가능성을 제공한다. 의사결정분석의 기본 전략은 분해(decomposition) 즉, 분할점령(divide and conquer)이다.

- 분해의 첫 수준은 의사결정문제를 모형작성 단계와 선택 단계로 나누는 것이다. 모형은 대안을 결괏값에 연결시켜주고 선택과정은 결괏값을 개인적 선호와 연결시켜준다.

의사결정문제 해결 단계는 다음과 같은 네 단계로 정리될 수 있다(Keeney, 1982):

[단계 1] 의사결정문제의 틀을 잡는다.

- 대안을 생성하고 목표들과 속성들을 명시한다.

[단계 2] 대안들의 영향을 가늠한다.

- 생성된 대안들의 영향의 크기와 가능성을 정하고, 대안의 결괏값들을 서술한다.

[단계 3] 의사결정자의 선호를 정한다.

- 의사결정자의 가치를 틀 잡고 계량화한다.

[단계 4] 최적 대안을 선정한다.

- 제안된 대안들을 평가하고 민감도 분석을 한다.

## 1.6 통계적 의사결정론과 통계적 추론의 기초

통계적 의사결정론이나 통계적 추론의 기초(foundations, 토대)가 되는 원리들의 집합을 찾으려는 수많은 시도가 있었다. 원리(principle)란 믿음이나 행동의 한 체계를 위한 토대가 되는 근본적인 진실이나 명제(proposition)를 가리킨다. 여기서는 그 가운데 몇 개의 원리를 소개하려 한다.

한 실험 $E$와 이 실험으로부터 나온 데이터 $x$를 고려하자. 여기서 실험 $E$는 모수 $\theta$에 대한 정보를 얻기 위한 요소들 $\{X, \theta, f(x|\theta)\}$로 구성된다. 그리고 $E$와 $x$에 의해 제공되는 $\theta$에 대한 모든 정보 또는 증거(evidence)를 $\mathrm{Ev}(E, x)$로 나타내기로 하자. 우리는 $\mathrm{Ev}(E, x)$를 통해서 이 실험 데이터를 토대로 모수 $\theta$에 대해 추론할 것이다.

### 1.6.1 우도 원리

우도 원리(likelihood principle, LP)는 베이지안과 빈도주의자간에 논쟁이 끝나지 않았다: 한 주어진 실험 $E$에 대해서 $x$가 관측된 후에 $\theta$에 관한 추론이나 결정을 할 때, 모든 관련된 실험 정보(증거)는 전적으로 관측된 $x$에 대한 우도함수에 들어 있다.

[정의 1.6.1] (우도 원리, LP) $E_1$과 $E_2$가 $\theta$에 대한 추론을 하기 위해 수행된 두 개의 서로 다른 통계적 실험들이고 $x_1$과 $y_1$가 이로부터 나온 데이터들이라고 하자. 그리고 이들의 우도가 비례한다고 하자. 즉,

$$L(\theta; x_1, E_1) = h(x_1, y_1) L(\theta; y_1, E_2), \ \theta \in \Omega_\theta.$$

그러면 (강) 우도 원리(strong likelihood principle)는 다음과 같이 진술한다:

$$\mathrm{Ev}(E_1, x_1) = \mathrm{Ev}(E_2, y_1).$$

따라서 우도 원리에 의하면 $\theta$에 관한 추론이나 결정에서 표본공간과 같은 그 실험의 모든 다른 특징들은 아무 관련이 없어야 한다. 즉, 우리가 우도 원리를 받아들인다면 빈도주의자 검정과 신뢰구간들을 버려야 한다. 우도 원리로부터 다음과 같은 성질이 유도될 수 있다:

[성질 1.6.1] (우도 원리) 두 실험 $E_1$과 $E_2$이 각각 공통 모수 $\theta$와 공통 모수공간 $\Omega_\theta$를 가지는 밀도함수들 $f(x|\theta)$와 $g(y|\theta)$를 가진다고 하자. 그리고 $E_1$의 한 특정한 결과 $x_1$과 $E_2$의 한 특정한 결과 $y_1$에 대해서 다음 관계가 성립한다고 하자:

$$f(x_1|\theta) = h(x_1, y_1) g(y_1|\theta), \ \forall \ \theta \in \Omega_\theta,$$

여기서 $h(x_1, y_1) > 0$. 그러면 결과들 $x_1$과 $y_1$는 $\theta$에 관한 동일한 추론을 제공해야 한다.

때로 이 성질이 우도 원리의 정의로 사용되기도 하는데 실제로 이 두 가지 진술은 동일한 것이다. 우도원리는 우도함수로부터 증거가 어떻게 확정되어야 하는지를 말하고 있지 않다는 점에서 불완전하다. "완전한(complete)" 우도 원리를 구성하기 위한 추가적인 원리는 다음과 같이 기술되는데 이는 우도율(the law of likelihood)이라고 불린다(Edwards, 1972):

[정의 1.6.2] (우도율) 한 실험이 주어졌을 때, 한 결과 $x$에 의해 제공되는 모수 $\theta$의 서로 다른 값들 $\theta_0, \theta_1, \theta_2, \ldots$에 대한 증거는 $\theta_0, \theta_1, \theta_2, \ldots$에서 우도함수의 값들, 즉 $\theta_0, \theta_1, \theta_2, \ldots$의 우도들에 비례한다.

우도 원리는 우도율과 결합해서 전우도 원리(the total likelihood principle, TLP)를 이룬다. 그러나 관습적으로 LP만이 우도 원리라고 일컬어진다. 두 우도함수들이 $\theta$의 함수로서 서로 비례한다면, 그들은 $\theta$에 대한 같은 정보를 담고 있다.

**예 1.6.1 동전 던지기 실험: 이항 모형과 음이항 모형**

한 편향되어 있을지도 모르는 동전의 앞면이 나올 확률 $\theta$에 대해 다음과 같은 가설쌍을 검정하려고 한다:

$$H_0:\ \theta = 1/2 \quad 대 \quad H_1:\ \theta > 1/2.$$

한 실험에서 앞면이 9번 뒷면이 3번 관찰되었는데 $f(x|\theta)$를 특정하려면 이 정보만으로는 충분하지 않다. 라쇼몽식의 분석이 이어진다.

- 시나리오 1: 시행횟수가 $n = 12$로 미리 정해졌다. 그러면 12번의 시행에서 앞면(성공)의 수 $X$는 이항분포 $BIN(12, \theta)$를 따르며 빈도주의자 p-값인 유의확률은 다음과 같이 주어진다:

$$P\{X \geq 9 | \theta = 0.5\} = \sum_{x=9}^{12} \binom{12}{x} 0.5^x (1-0.5)^{12-x} = 0.073.$$

  따라서 유의수준 $\alpha = 0.05$에서 $H_0$는 기각되지 않는다.

- 시나리오 2: 뒷면(성공)의 수 $s = 3$이 미리 정해졌다. 그러면 3번 뒷면이 나올 때까지의 시행횟수 $Y$는 음이항분포 $NB(3, \theta)$를 따르며, 빈도주의자 p-값은 다음과 같이 주어진다:

$$P\{Y \geq 12 | \theta = 0.5\} = 1 - \sum_{y=3}^{11} \binom{y-1}{3-1} 0.5^3 (1-0.5)^{y-3} = 0.0327.$$

  따라서 유의수준 $\alpha = 0.05$에서 $H_0$는 기각된다.

이 두 시나리오의 차이는 실험설계뿐이다. 전자는 미리 시행횟수를 정하였고, 후자는 성공횟수를 미리 정하였다. 결과는 두 경우에 동일하다. 따라서 우도 원리는 다음과 같이 다시 기술될 수도 있다: 추론은 실험의 설계(the design of the experiment))에가 아니라 실험의 결과(the outcome of the experiment)에만 의존해야 한다.

베이지안 통계학에서 강조되는 우도 원리는 무엇보다도 데이터 수집과 관련한 정지규칙

(stopping rule)은 데이터 해석과 무관해야 한다는 것을 함의한다. 조건부 전망(conditional perspective)과 빈도주의자 전망(frequentists' perspective)의 차이는 다음과 같은 말로 압축된다(Jeffreys, 1961): "사실일지도 모르는 한 가설이 발생하지 않은 관찰 가능한 결과를 예측하지 않았기 때문에 기각될지도 모른다."

[관찰 1.6.1] 첫째, 비례적인 우도함수로부터 정보의 대응은 두 우도함수가 같은 모수에 대한 것일 때만 적용된다. 둘째, 우도 원리는 $\theta$에 대한 모든 정보가 $L(\theta)$에 담겨 있다고 말하는 것이 아니라, 모든 실험 정보가 $L(\theta)$에 담겨있다고 말하는 것이다.

### 1.6.2 충분성 원리

충분성 원리(sufficiency principle)는 논쟁의 여지가 없으며 빈도주의자나 베이지안이 모두 받아들이고 있다: 한 분포족의 모수와 관련된 추론이 한 충분통계량(sufficient statistic)을 허용한다면, 이 추론에는 그 충분통계량이 사용되어야 한다. 이 동의는 철학적이라기보다는 수학적이다.

[정의 1.6.3] (충분통계량) 랜덤변수 $X$의 분포가 미지의 모수 $\theta$에 의존한다고 하자. 한 통계량 $T$는 만일 $T(X)=t$가 주어졌을 때 $X$의 조건부 분포가 $\theta$에 무관하다면, $\theta$의 충분통계량이라고 불린다.

[정의 1.6.4] (약 충분성 원리, weak sufficiency principle) $E$가 한 통계적 실험이고 $y_1$, $y_2$가 이 실험으로부터 관찰된 데이터셋들이라고 하자. 그리고 $T=T(y)$가 이 모형하에서 $\theta$에 대한 충분통계량이라고 하자. 그러면 약 충분성 원리는 다음과 같이 진술한다:

$$T(y_1)=T(y_2) \quad \Leftrightarrow \quad \mathrm{Ev}(E, y_1)=\mathrm{Ev}(E, y_2).$$

즉, $y_1$과 $y_2$를 토대로 한 $\theta$에 대한 추론은 동일해야 한다.

충분통계량에 대한 Fisher-Neyman의 인수분해 정리(factorization theorem)에 의하면 우도는 다음과 같이 표현될 수 있다:

$$L(\theta)=f(x|\theta)=h(x)g(T(x)|\theta).$$

즉, 우도 함수는 $g(T(X)|\theta)$에 비례한다: $L(\theta) \propto g(T(x)|\theta)$. 따라서 만일 우도 원리가 채택된다면, $\theta$에 관한 모든 추론은 충분통계량들에 의존해야 한다.

우도 원리는 $\theta$에 관한 모든 결정과 추론은 충분통계량 $T$를 통해서 이루어질 수 있다는 것을 함의한다.

### 1.6.3 조건부 원리

조건부 원리(conditionality principle)는 데이터에 특정한(data specific) 정확성 측도들을 보고하는 것과 관련된다: 만일 $\theta$에 대한 추론과 관련된 한 실험이 가능한 실험들의 한 집합으로부터 $\theta$와 무관하게 선택된다면, 선택되지 않은 실험들은 그 추론과 무관하다. 조건부 전망에서는 빈도주의자 전망에서와는 달리 통계적 절차의 성능이 관찰된 데이터를 토대로 평가된다. 두 전망의 차이는 다음 예를 통해서 극명하게 드러난다.

**예 1.6.2**

다음과 같은 모형에서 두 관측들 $X_1$과 $X_2$를 토대로 $\theta$를 추정하려고 한다:

$$P_\theta\{X=\theta-1\} = P_\theta\{X=\theta+1\}, \quad \theta \in R.$$

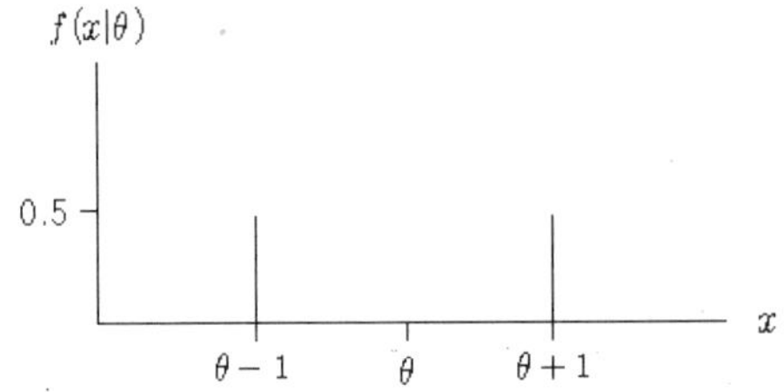


**[그림 1.6.1]** $X$의 분포

$\theta$에 대한 추정을 위해 다음과 같은 절차가 제안되었다:

$$b(X) = \begin{cases} (X_1+X_2)/2, & X_1 \neq X_2 \\ X_1 - 1, & X_1 = X_2 \end{cases}.$$

이 절차는 빈도주의자에게 모든 $\theta$에 대해 75 %의 신뢰를 보고한다:

즉, $P\{b(X)=\theta\}=0.75$. 조건주의자는 만일 두 관측이 다르면 100 %의 신뢰를 보고하고, 같으면 50 %의 신뢰를 보고한다.

[관찰 1.6.2] 위 예에서 $S = |X_1 - X_2|$로 두면, 이 추론은 통계량 $S$에 대한 조건부 추론 (conditional inference)으로 볼 수 있다. 즉 $S=2$이면 100 %의 신뢰를 보고하고, $S=0$이면 50 %의 신뢰를 보고한다. 이로부터 우리가 어떤 통계량을 토대로 조건부 추론을 해야 하는가라는 문제가 제기된다. 이에 대한 한 가지 답은 보조통계량(ancillary statistics)이다. 보조통계량은 $\theta$에 의존하지 않는 분포를 가지는 통계량이다. $S$는 보조통계량의 한 예이다.

데이터가 관측된 후 오도하는 것으로 판명된 실험 전 정확도를 보고하는 것이 의미가 있는가? 우리가 $\theta$에 관한 두 실험 $E_1$, $E_2$ 중 아무 하나라도 수행할 수 있고, 실제 수행되는 실험은 먼저 각각 확률 1/2로 $\theta$와는 무관하게 $J=1$ 또는 2를 선택하고, 그다음에 실험 $E_J$를 수행하는 혼합 실험이라고 가정하자. 조건부 원리에 의하면, 전체 혼합 실험으로부터 획득되는 $\theta$에 관한 실제 정보는 실제로 수행된 실험 $E_j$에만 의존해야 한다.

[정의 1.6.5] (약 조건부 원리, weak conditionality principle) $E$가 두 단계로 이루어지는 한 통계적 실험이라고 하자: 첫째, 알려진 분포−$\theta$와는 무관한−를 가지는 랜덤변수 $A$가 값 $a$를 가지는 것으로 관찰되었다. 둘째, 우리는 한 성분 실험(component experiment) $E_a$로부터 $y_a$를 관찰하였다. 그러면 조건부 원리는 다음과 같이 진술한다:

$$\mathrm{Ev}(E, (a, y_a)) = \mathrm{Ev}(E_a, y_a).$$

즉, $\theta$에 대한 추론은 실제로 관찰된 성분 실험을 토대로 이루어져야 한다.

다음은 Cox(1958)에서 제시된 예를 Berger(1985)가 각색한 것이다.

**예 1.6.3**

한 물질이 분석을 위해서 캘리포니아에 있는 실험실이나 뉴욕에 있는 실험실 둘 중의 어느 한 곳에 보내져야 한다. 두 실험실은 동등한 설비와 능력을 갖추고 있으며 동전을 던져서 어느 한 실험실을 선택하려고 한다. 동전을 던지니 뒷면이 나왔고 캘리포니아 실험실이 선택되었다. 분석 결과가 통보된 후에 동전에서 앞면이 나오지 않았고 뉴욕 실험실이 선택될 수도 있었다는 사실이 보고서에 반영되어야 하는가? 상식과 조건부 입장은 "아니오"라고 말한다. 그러나 빈도주의자 접근은 뉴욕 데이터를 포함한 모든 가능한 데이터들에 걸쳐서 평균을 내도록 요구한다.

조건부 원리는 어떤 추론이라도 우리가 관찰했을지도 모르는 다른 결과들에가 아니라 관찰된 결과들에만 의존해야 한다는 우도 원리의 함의를 명확히 해준다. 이는 Neyman-Pearson의 우도 추론법(the method of likelihood inference)을 포함한 빈도주의자 접근법과 극명한 대조를 이룬다.

[정리 1.6.1] (Birnbaum, 1962) 약 충분성 원리와 약 조건부 원리는 우도 원리를 함의한다.

따라서 충분성 원리와 조건부 원리는 논쟁의 여지가 없는 것처럼 보이지만 그들을 받아들이는 것은 빈도주의자 검정들과 신뢰구간들을 버리는 것을 수반한다.

### 1.6.4 정지규칙 원리

관측들 $x_1$, $x_2$, $\cdots$이 밀도 $f(x|\theta)$로부터의 랜덤표본이라 하고 다음과 같은 기호를 정의하자:

$$\boldsymbol{x}^{(m)} = (x_1, x_2, \ldots, x_m),\ \overline{x}_m = \sum_{i=1}^{m} x_i / m.$$

[정의 1.6.6] (정지시간, stopping time) 다음과 같은 두 조건을 만족하는 랜덤변수 $s$는 정지시간이라고 불린다:

- $s$가 확률 1로 유한한 자연수들(1, 2, 3⋯.)을 값으로 가진다.
- 사건 $\{s=m\}$ 또는 동일하게 $\{s>m\}$의 발생여부는 전적으로 $\boldsymbol{x}^{(m)}$에만 의존한다.

[정의 1.6.7] (비정보적 정지규칙, noninformative stopping rule) $s$가 정지시간인 한 순차실험(sequential experiment) $E$에서 우리가 값들 $x_1$, $x_2$, $\cdots$, $x_s$를 관찰하면 정지한다. 이런 정지규칙은 특히 비정보적(noninformative)이라 불린다.

$s$의 분포에 대한 이런 제약은 우리가 정지하기로 결정할지 여부가 미래의 관측들이 아니라 현재까지 가용한 관측들에만 의존해야 한다는 것을 의미하는 것이다. ({베이지안에게} 한 정지규칙이 정보적(informative)이기 위한 필요충분조건은 그 정지규칙이 $\boldsymbol{x}^{(m)}$이외의 경로를 통하여 사전분포나 우도함수에 영향을 미치는 것이다.)

$100를 가지고 룰렛 게임에 참여한 한 도박가를 예로 들어보자:

- 그가 돈을 모두 잃을 때까지 또는 100회에 도달할 때까지만 게임에 참여한다면 이는 정지규칙이다.
- 그가 돈이 두 배가 될 때까지 게임에 참여한다면 이는 정지규칙이 아니다.
- 그가 돈이 두 배가 될 때까지 또는 돈이 바닥이 날 때까지 게임에 참여한다면 이는 정지규칙이다.

때로 정지시간에 대한 위의 정의에서 두 번째 조건은 다음과 같이 좀 더 약한 형태로 제시되기도 한다:

- 사건 $\{s=m\}$의 발생여부가 $x_{m+1}, x_{m+2}, x_{m+3}, \ldots$에 확률적으로 독립이다.

[정의 1.6.7] (정지규칙 원리, stopping rule principle) 순차실험에서 만일 정지시간의 관측값이 $m$이라면, $\theta$의 값에 대해 이 실험에서 제공된 증거 $\mathrm{Ev}(E, \boldsymbol{x}^{(m)})$는 비정보적 정지규칙에 의존하지 않아야 한다.

정지규칙 원리는 "중요한 것은 실험자의 의도가 아니라 실제로 발생한 것"이라는 것을 의미한다.

[정리 1.6.2] 정지규칙 원리는 우도 원리에 의해 함의된다.

[증명] $x_i$들이 이산적일 때, 우도는 다음과 같이 주어진다:

$$L(\theta ; \boldsymbol{x}^{(s)})=f(x_1|\theta) f(x_2|\theta) \cdots f(x_s|\theta).$$

이 우도는 명백히 정지규칙에 의존하지 않는다.

베이지안 접근법은 우도 원리를 받아들이므로 정지규칙 원리는 베이지안 접근법의 논리적 귀결이다. 고전적인 추론절차에서는 실험 전에 정지규칙을 선택하고 이를 정확히 따르도록 요구한다. 그러나 현실은 때때로 이상과 괴리된다. 예컨대, 데이터가 충분히 좋아 보이기 때문에 또는 시간이나 돈이 없어서 실험이 중지되기도 한다. 그리고 이런 실험 데이터가 마치 고정된 표본 크기를 가진 것처럼 취급되고 분석이 이루어지기도 한다. 어떤 이유들로 인한 정지는 아무런 해가 없을 수도 있다. 그러나 데이터가 좋아 보여서 정지하고-이런 정지는 선택적 정지(optional stopping) 또는 최적 정지(optimal stopping)라고 불린다-이 데이터에 대해 고전적인 분석이 이루어진다면 중대한 오류가 초래될 수 있다.

정지규칙과 관련하여 마팅게일(martingale)로 알려진 랜덤과정(random processes)-랜덤변수들의 열-을 살펴볼 필요가 있다.

[정의 1.6.8] (마팅게일)

① (이산시간) 마팅게일은 현재까지의 모든 관측들이 주어졌다는 조건하에서 다음과 같은 조건(즉 다음 관측의 조건부 기대치가 마지막 관측과 동일하다는)을 만족하는 이산시간 랜덤과정 $X_1, X_2, \ldots$이다: 모든 $n$에 대해,

$$E[X_{n+1} | X_1, \ldots, X_n] = X_n.$$

② 또 더욱 일반적으로, 다음 조건을 만족하는 랜덤과정 $Y_1, Y_2, \ldots$는 다른 랜덤과정 $X_1, X_2, \ldots$에 관한 마팅게일(martingale with respect to another sequence)이라고 불린다: 모든 $n$에 대해,

$$E[Y_{n+1} | X_1, \ldots, X_n] = Y_n.$$

③ 서브 마팅게일(submartingale)이 마팅게일과 다른 점은 랜덤변수의 현재값이 미래의 기댓값보다 작거나 같다는 것이다:

$$X_n \leqq E[X_{n+1} | X_1, \ldots, X_n].$$

④ 수퍼 마팅게일(super martingle)이 마팅게일과 다른 점은 랜덤변수의 현재값이 미래의 기댓값보다 크거나 같다는 것이다:

$$X_n \geqq E[X_{n+1} | X_1, \ldots, X_n].$$

마팅게일의 예를 들어보자.

- (D'Alembert 시스템) 앞면과 뒷면이 나올 확률이 동일한 "공정한" 동전을 고려하자. 이 동전을 던져 올려서 앞면이 나오면 $1를 따고 뒷면이 나오면 $1를 잃는 내기에서 $n$번 던져 올린 후의 도박가의 재산을 $X_n$이라 하자. 즉,

$$X_{n+1} = \begin{cases} X_n + 1, & (n+1)\text{번째 결과가 앞면}, \\ X_n - 1, & (n+1)\text{번째 결과가 뒷면}. \end{cases}$$

그러면 $\{X_n, n = 1, 2, \ldots\}$은 마팅게일이며 D'Alembert 시스템이라고 불린다. 또 이로부터 새로운 랜덤과정 $\{Y_n, n = 1, 2, \ldots\}$을 다음과 같이 정의하자: $Y_n = X_n^2 - n$. 그러면 이도 마팅게일이다.

- (de Moivre의 마팅게일) D'Alembert 시스템에서 앞면의 확률이 $p$이고 뒷면의 확률이 $q = 1 - p$인 "불공정한" 동전을 사용하였다고 하자. $n$번 던져 올린 후의 도박가의 재산 $X_n$과 관련하여 새로운 랜덤변수 $Z_n$을 다음과 같이 정의하자: $Z_n = (q/p)^{X_n}$. 그러면 $\{Z_n, n = 1, 2, \ldots\}$은 $\{X_n, n = 1, 2, \ldots\}$에 관한 마팅게일이다.

- (우도비 통계량) 한 모집단이 밀도 $f$ 또는 $g$에 따라 분포하는 것으로 간주되고 있다. 이 모집단으로부터 랜덤표본 $X_1, \ldots, X_n$이 뽑혔다. $Y_n$을 다음과 같은 우도비로 정의하자:

$$Y_n = \prod_{i=1}^{n} \frac{g(X_i)}{f(X_i)}.$$

만일 모집단이 $g$가 아니라 $f$에 따라 분포하다면, $\{Y_n, n = 1, 2, \ldots\}$은 $\{X_n, n = 1, 2, \ldots\}$에 관한 마팅게일이다.

- 모든 마팅게일은 서브 마팅게일이며 수퍼 마팅게일이다. 역으로 서브 마팅게일이기도 하고 수퍼 마팅게일이기도 한 랜덤과정은 마팅게일이다.

- 한 마팅게일의 아래로 볼록 함수(convex function)는 서브 마팅게일이다. 한 마팅게일의 위로 볼록 함수(concave function)는 수퍼 마팅게일이다.

- 앞면의 확률이 $p$이고 뒷면의 확률이 $q=1-p$인 동전을 고려하자. 이 동전을 던져 올려서 앞면이 나오면 \$1를 따고 뒷면이 나오면 \$1를 잃는 내기에서, $n$번 던져 올린 후의 도박가의 재산을 $X_n$이라 하자. 즉,

$$X_{n+1}=\begin{cases} X_n+1, & (n+1)\text{번째 결과가 앞면}, \\ X_n-1, & (n+1)\text{번째 결과가 뒷면}. \end{cases}$$

그의 재산상태가 마팅게일인지 여부는 $p$의 값에 따라 다음과 같이 나뉜다:

① 만일 $p=1/2$이면, $\{X_n,\ n=1,2,,\cdots\}$는 마팅게일이다.
② 만일 $p<1/2$이면, $\{X_n,\ n=1,2,,\cdots\}$는 수퍼 마팅게일이며 그는 평균적으로 잃는다.
③ 만일 $p>1/2$이면, $\{X_n,\ n=1,2,,\cdots\}$는 서브 마팅게일이며 그는 평균적으로 딴다.

어떤 조건들하에서 한 마팅게일의 기대치는 그의 초기치와 동일하다. 다음 정리를 보자.

[정리 1.6.3] (선택적 정지 정리, optional stopping theorem) $X_1$, $X_2$,$\cdots$가 한 마팅게일이고, $s$가 $X_1$,$X_2$,$\cdots$에 대하여 정지시간이라 하자. 만일 (a) $P\{s<\infty\}=1$, (b) $E[s]<\infty$ 그리고 (c) 모든 $i$에 대하여 $|X_{i+1}-X_i|\le c$를 만족하는 한 상수 $c$가 존재한다면 $E[X_s]=E[X_1]$.

- 성공적인 도박전략의 불가능성

선택적 정지 정리에 의하면 유한한 수명과 내기에 대한 하우스 한계를 가지는 도박가는 성공적인 베팅 전략을 세울 수 없다. 이 도박가가 공정한 동전을 던져 올려서 앞면이 나오면 내기에 건 금액만큼 따고 뒷면이 나오면 그 금액을 잃는 내기에서 매 판에 $c$달러까지 내기에 걸 수 있다고 하자. 이 도박가는 그가 원하면 아무 때라도 그만둘 수 있으나 아직 발생하지 않은 내기 판들의 결과를 미리 알 수는 없다고 가정하자. 그러면 이 도박가의 시간에 걸친 재산은 한 마팅게일이며 그가 그만두기로 결정한 (또는 돈이 바닥이 나서 그만두어야만 하는) 시간 $\tau$는 한 정지시간이다. 따라서 선택적 정지 정리에 의해,

$$E[X_\tau]=E[X_1].$$

즉, 이 도박가는 평균적으로 그가 시작할 때와 같은 금액을 가지고 판을 떠난다.

▪ 난보(random walk. 랜덤 워크)

① 한 난보가(random walker)가 $m$개의 계단으로 이루어진 층계에서 처음에 $a$번째 층계에 있다. 그는 동일한 확률로 위 층계나 아래 층계로 이동하며 그가 맨 아래 층계(0번째 층계)나 맨 위 층계($m$번째 층계)에 도달하면 정지한다고 가정하자. 이런 일이 처음으로 발생하는 시간은 한 정지시간이다. 명백히 시간에 따른 이 난보가의 위치는 마팅게일이다. 우리는 마코브 연쇄이론으로부터 이 보행이 끝나는 기대시간이 유한하다는 것을 안다. 따라서 선택적 정지 정리로부터 그가 정지하는 기대 위치는 처음 위치 $a$와 동일하다. 우리가 0에 도달하기 전에 $m$에 도달할 확률을 $p$라 하자. 그러면

$$a = pm + (1-p)0.$$

이로부터

$$p = a/m.$$

② 한 난보가가 지상으로 $m$개의 계단과 지하로 $m$개의 계단으로 이루어진 층계에서 처음에 중간(위치 0)에 있다. 그는 동일한 확률로 위 층계나 아래 층계로 이동하며 그가 맨 아래 층계(위치 $-m$)나 맨 위 층계(위치 $m$)에 도달하면 정지한다고 가정하자. $n$이 시간을 나타내고, $X_n$은 시간 $n$에서 이 난보가의 위치라고 할 때, $X_n$들은 마팅게일이다. D'Alembert 시스템에서 파생된 마팅게일로 소개했던 대로 $Y_n = X_n^2 - n$도 마팅게일이다. 그가 처음으로 $\pm m$에 도달하는 시간을 $\tau$로 나타내자. 명백히 $\tau$는 한 정지시간이다. 그러면

$$0 = E[Y_1] = E[Y_\tau] = m^2 - E[\tau].$$

이로부터

$$E[\tau] = m^2.$$

- 마팅게일 중심극한정리(Martingale central limit theorem)

  마팅게일 중심극한정리는 중심극한정리를 마팅게일로 확장한 것이다. 마팅게일 중심극한 정리의 한 형태는 다음과 같이 제시된다: $X_1, X_2, \ldots$이 한 마팅게일이라고 하자. 즉, $E[X_{t+1} - X_t | X_1, \ldots, X_t] = 0$. 그리고 마팅게일 분산 $\sigma_t^2$과 이와 관련된 한 정지시간 $\tau_v$을 다음과 같이 정의하자:

$$\sigma_t^2 = E[(X_{t+1} - X_t)^2 | X_1, \ldots, X_t],$$
$$\tau_v = \min\left\{t: \sum_{i=1}^{t} \sigma_t^2 \geq v\right\}.$$

  그러면

$$\frac{X_{\tau_v}}{\sqrt{v}} \xrightarrow{d} N(0,1).$$

### 1.6.5 불변성 원리

불변성(invariance)은 다음과 같은 두 가지 개념으로 구성된다:

- 측정 불변성(measurement invariance): 추론이 사용된 측정 척도(measurement scale)에 의존하지 않아야 한다.
- 형식적 불변성(formal invariance): 두 개의 추론문제들이 동일한 형식적 구조(formal structure)를 가진다면, 두 경우에 동일한 추론절차가 사용되어야 한다.

[정의 1.6.8] (불변성 원리, invariance principle) 만일 $Y = g(X)$가 $Y$에 대한 모형이 $X$에 대한 모형에서와 동일한 형식적 구조를 가지도록 하는 측정 척도의 변환이라면, 추론절차는 측정 불변성과 형식적 불변성을 모두 가져야 한다.

예컨대, 동일한 벼들의 한 집단에 대해 A는 줄기의 높이를 인치로 측정하였고, B는 센티미터로 측정하였다고 가정하자. A와 B가 동일한 통계적 추론절차를 사용하여 각각 $I_A$와 $I_B$라는 추론 결과를 얻었다면 변환 $g: x \to 2.54x$에 의해 다음 관계가 성립한다:

$$g(I_A) = I_B.$$

<과제 1.6.1> $X \sim B(n, p)$라 하고 $T = t(X)$가 $p$에 대한 추정량이라 하자. 다음 추정량 들 가운데 변환 $g: x \to n - x$에 불변인 추정량은 무엇인가?

| |
|---|
| ① $t_1(x) = x/n$ |
| ② $t_2(x) = (x+0.5)/(n+1)$ |
| ③ $t_3(x) = 0.9x/n + 0.1 \times 0.5$ |
| ④ $t_4(x) = 0.9x/n + 0.1 \times 0.1$ |

위치불변/척도불변 사전분포에 대해서는 4.7절을 참고할 수 있을 것이다.

## 1.7 사례연구

### 사례연구 1.

다음은 월간중앙 1999년 9월호 "심층진단: 한국의 수학 실력과 국가경쟁력"에서 발췌 인용한 글이다. 여기에는 두 개의 의사결정 문제가 서술되어 있다. 각 의사결정문제의 구성요소들을 밝히고, 의사결정표로 표현하라.

#### (1) "북쪽 루트를 봉쇄하라."

1944년 일본 함대의 이동을 추적, 격침시킨 미군의 무용담은 수학자들의 논리적 사고와 분석력의 개가였다. 아직 컴퓨터도 보급되지 않았던 시절이었다. 2차 세계대전이 막바지로 치닫던 무렵. 미국 태평양 해군사령부 지휘부는 절대절명의 결단을 내려야 했다. 당시 미국은 남지나해에서 일본의 오키나와에 걸친 긴 전선(前線) 위의 섬들을 하나하나 점령해 나가면서 일본을 압박하는 이른바 '징검다리 작전'을 전개했다. 다수의 섬을 분산, 점령하고 있던 일본군은 이런 미국의 공격에 역부족이었다. 섬이 하나씩 무너지면서 미군은 오키나와를 향해 한 걸음씩 접근했다.

대본영은 미군을 저지하기 위해 전선에 흩어져 있는 일본군에 대대적인 병력과 병참(兵站)을 지원해야 했다. 함대를 동원한 지원 루트는 두 가지. 하나는 일본 본토를 출발해 중국 해안을 따라 동지나해를 거쳐 가는 북(北)루트, 다른 하나는 그보다 훨씬 아래쪽 해상로를 통하는 남(南)루트였다. 지원작전은 물론 미군에 들키지 않도록 극비보안 속에 진행돼야 했다. 준비가 시작됐다. 그러나 언제, 어떤 루트를 따라 함대가 이동할 것인가는 수뇌부만의 비밀이었다.

미군 측이 넋 놓고 앉아 있을 리 만무했다. 전황(戰況) 분석과 일본군이 주고받는 암호 해독을 통해 미군 사령부는 일본 대본영이 남양(南洋)의 일본군에 대규모 지원을 할 것이라는 사실을 포착했다. 그러나 대본영 수뇌부 몇 사람만 알고 있던 함대 이동의 '시기'와 '루트'는 오리무중이었다. 만약 일본이 지원작전에 성공하고 반격태세로 나서면 전세는 또다시 미궁(迷宮) 상태에 빠진다. 감시위성도 없던 시절이었다.

당시 미 해군사령부가 보유하고 있던 공군의 능력으로는 양쪽 루트를 24시간 감시할 수도, 또 양쪽 루트를 동시에 공격할 수도 없는 상황이었다. 적절한 시기에 한 루트를 골라 초계(哨戒)하고 공격해야 했다. 사령부는 국가보안국(NSA)에 지원을 요청했다.

NSA는 알려진 것처럼 수학자들의 거대한 집합체(지금도 산하에 수천여 명의 수학자로 구성된 NCSC, 즉 전산망 보안센터를 두고 있다)로, 수집된 첩보와 정보를 분석해 일정한 결론을 이끌어내는 데 세계 최강의 실력을 지닌 것으로 평가되는 기관이다. 전선(前線)과 전황, 대본영의 움직임 등 동원할 수 있는 모든 정보가 집결됐다. 해류(海流)의 방향과 일대의 기상 관련 자료들도 포함됐다.

만약 일본군이라면? 가장 직접적으로 자신들의 작전을 방해할 미 공군을 염두에 두고 모든 작전을 진행할 것이다. 따라서 미 전투기가 가장 비행하기 어려운 시점을 우선 택할 것이다. 그러나 역으로 일본이 가장 전투기가 뜨기 좋은 시점과 루트를 선택할 수도 있다. 그러나 만에 하나 '발각될 경우'를 감안해, 그래도 역시 전투기가 가장 공격하기 어려운 상황을 D데이로 잡을 가능성이 크다….

그것은 암호 해독과는 차원이 다른 고도의 확률 게임이었다. 언제, 어떤 루트를 택할 것이냐에 대해서는 숱한 '경우의 수'가 있었다. 그 경우의 수를 하나하나 지워 나가는 작업이 바로 수학자들의 몫이었다. 이들은 '그럴 확률이 더 낮은'것부터 하나하나 지워 나갔다. 최종적으로 다음과 같은 결론이 도출됐다. '몇월 몇일 몇시부터 같은 달 몇일 몇시 사이 유력. 이동 루트는 북쪽이 좀더 가능성이 높지만 권고할 만한 차이는 아님.' 일본 함대는 과연 어느 길로 갈 것인가. 이윽고 '자료'에서 제시한 시기가 임박했다. 지휘부는 결단해야 했다. "북쪽 루트를 봉쇄하라."

'자료'에서 제시된 기간 내내 북쪽 루트에 대한 집중 초계(哨戒)와 공격 태세가 준비됐다. 결과는? NSA의 분석과 지휘부의 결단은 멋진 작품(?)으로 완결됐다. 북쪽 루트로 들어섰던 일본의 지원 함대는 미 전투기들의 공격을 받고 침몰했다. 지원작전은 좌절됐다. 일본군은 고립됐고 남방(南方) 전선은 미군의 손안에 들어왔다. 대본영은 각 섬에 흩어져 있던 일본 부대에 '최후 항전으로 옥쇄(玉碎)하라'는 전문을 타전하고 손을 놓아야 했다.

### (2) "인질 테러범과는 어떤 협상도 하지 않는다"

인질 테러범들에 대한 미국 정부의 '절대 협상 불가'방침은 수학이 어떻게 리스크를 관리하면서 최종 결론을 분석해 내고, 국가의 전략적 행동을 도출시키는지 보여주는 한 사례가 될 수 있다.

72년 뮌헨올림픽 개최 하루 전인 9월 5일 팔레스타인 무장게릴라 테러범들이 선수촌을 습격, 이스라엘 선수단을 몰살시키는 사건이 일어났다. 이른바 '검은 9월단'사건이다. 67년 팔레스타인과 이스라엘의 '6일 전쟁'이후 본격화된 아랍-이스라엘 진영의 갈등이 불러온 최대의 비극이었다.

레바논의 베이루트에 본부를 두고 있던 '검은 9월단'은 그로부터 몇달 뒤 현 이스라엘 총리인 에후드 바락 특공대의 공격으로 전멸됐다. '범인'은 응징됐지만, 이 사건은 서방세계, 특히 이스라엘을 뒤받치고 있던 미국에 커다란 고민을 안겨 주었다. 미국과 서방세계에 대한 테러가 잇따를 것으로 예상됐기 때문이었다. 사람들은 미국의 반응에 주목했다.

'검은 9월단'사건 얼마 후 미국의 닉슨 행정부는 국제적인 테러문제에 대한 미국의 입장을 공식 천명했다. 그것이 바로 저 유명한 '어떤 상황에서도 인질 테러범과의 협상은 없다'는 것이었다. 인질 테러범에 대해서는 어떤 요구도 들어주지 않겠다는 것을 공식화한 것이다.

사람들은 의아해했다. 전통적으로 미 행정부는 어느 정도 희생을 감수하더라도 인명(人命)을 살리는 데 최우선의 가치를 뒀다. 그러나 '테러와의 협상은 없다'는 말은 곧 '인질의 희생도 감수하겠다'는 뜻이다. 국민의 생명을 가장 앞장서서 보호해야 할 국가가 어떻게 이처럼 잔인한 입장을 내세운 것일까.

흔히 지도자의 고뇌와 결단의 정수(精粹)처럼 비쳐지는 이 말도 사실은 치밀한 수학적 과정을 통해 추출된 것이다. 검은 9월단 사건 이후 태스크포스로 조직된 미 행정부 내의 수학자팀이 온갖 경우의 수를 따져 그들을 가장 효과적으로 압박하면서, 미래의 테러 사건 예방 효과까지 겨냥해 만들어낸 것이었다.

수학자들은 ①테러범들의 요구를 모두 들어주고 인질들이 살지 못하는 경우 ②테러범들의 요구를 들어주고 인질을 살리는 경우 ③테러범들의 요구를 들어주지 않고 인질들이 살지 못하는 경우 ④테러범들의 요구를 들어주지 않고 인질들이 살지 못하는 경우로 매트릭스를 설정했다. 이번에는 거꾸로 테러범의 입장에서도 ①우리의 입장을 알아달라 ②정치적 요구(가령 동료석방)를 들어달라 ③안전한 퇴각을 보장하라 ④요구가 받아들여지지 않으면 인질을 살해하겠다는 상황을 설정했다.

이 두 가지의 매트릭스를 기본으로 여기에 다시 발생 가능한 기타 상황들이 가외변수로 추가됐다. 미국 정부의 태도에 따라 테러범들이 어떻게 반응할 것인가, 또는 어떤 심리상태가 될 것인가에 대한 수십 가지의 '경우의 수'가 만들어졌다. 수학자들은 그 가운데 '그럴 가능성이 더 적은'것부터 하나씩 제거해 나갔다. 거기서 끝까지 남은 것이 바로 '테러범과는 어떤 협상도 하지 않는다'는 것이었다.

이러한 강경 방침이 실제로 효과를 발휘한 것일까. 80년대 이후 인질테러 사건은 이전에 비해 거의 사라졌다. 이후 30여 년 동안 이러한 입장은 미국, 나아가 세계의 대테러 원칙으로 자리 잡았고 테러를 가하는 쪽이든 당하는 쪽이든 뇌리에 깊이깊이 각인됐다.

"정보수집보다 분석에 비중"

국가는 또는 국가지도자는 싫든 좋든 일반인들보다 자주 중대한 '결단의 순간'에 직면한다. 위의 사례는 미국의 지도자가 어떻게 그런 결단의 순간을 헤쳐나가는지 잠복된 메커니즘을 알게 한다. 그것은 결단이라기보다 냉철한 판단에 가깝다.

미국은 이런 전통 아래 수학의 실용적 가치와 필요성을 가장 먼저 인정하고 대처해온 나라다. 97년 클린턴 대통령은 연두교서를 통해 21세기 미국의 수학교육을 대폭 강화하겠다고 선언했다. 세계적 통신회사인 루슨트 테크놀로지의 연구원 중 20 %가 수학자다.

무질서하게 흩어져 있는 자료에서 일정한 규칙을 발견하거나 일정한 배열, 수식, 진전된 정보를 도출해내기 위해서는 고도의 훈련된 두뇌가 필수적으로 요구된다. 정보화사회에서 수학이 차지하는 자리는 바로 거기에 있다. 수학은 '리스크 관리'와 '정보분석'의 핵심도구인 것이다.

주먹으로 책상을 치며 뜨거운 가슴과 주먹구구로 '이것이다'라고 결정하는 것이 아니다. 관련된 모든 정보를 수집하고, 그것들을 뒤섞어 생겨날 수 있는 최대의 '경우의 수'를 설정한다. 그리고 거기서 가장 가능성이 적은 것을 하나하나 제거해 나간다. 마지막에 하나가 남든, 둘이 남든 그런 과정을 거쳐 '가장 적절한 전략적 행동'을 선택하게 되는 것이다.

## 사례연구 2.

다음은 동아일보 2008년 3월 10일자 "[이지논술/역사에서의 길찾기] 원폭투하"라는 제목의 기사에서 발췌한 내용이다. 이로부터 이차대전 막바지 일본에 대한 미국의 작전선택이라는 의사결정문제의 구성요소들을 밝히고, 의사결정표로 표현하라.

### (1) "日패전 확실한데 왜 미국은 굳이 원폭투하 했을까"

태평양전쟁이 막판으로 치닫던 1945년 8월, 미국은 B-29 폭격기를 이용해 8월 6일과 9일 히로시마와 나가사키에 각각 15급 kt(킬로톤·1kt은 TNT 1000t의 폭발력) 원자폭탄 '리틀 보이'와 21kt급 '패트 맨'을 투하했다. 원폭투하로 인해 히로시마에서 14만 명, 나가사키에서는 7만 명이 숨졌다. 부상 및 방사능에 노출되어 생긴 유전자 변형으로 대를 이어 고통받는 사람

역시 수만 명에 이른다. 엄청난 사상자 수에 놀란 일왕은 8월 15일 연합국에 무조건 항복하였고 15년 동안 지속된 태평양전쟁은 완전히 막을 내리게 되었다.

의문의 대상이 되는 것은 '왜 미국은 일본의 패전이 확실한 상황에서 원폭투하라는 극약처방을 내린 것일까'이다. 원폭투하 결정은 과연 전술적으로 꼭 필요한 것이었나, 아니면 고사 직전의 일본에 대한 가혹한 보복성 처사였던 것인가. 이 문제에 관하여 다른 시각이 나타나게 된 배경에는 핵무장 반대 운동이 있다. 시간이 지나면서 원폭투하가 낳은 참상이 널리 알려지고, 냉전 구도 속에서 강대국들의 핵무기 개발 경쟁이 더욱 뜨거워지면서 전 세계적으로 핵무장을 반대하는 운동이 더욱 활발해진 것이 계기가 된 것이다. 특히 피폭국인 일본과 유럽의 운동가들은 '일본에 대한 원폭투하가 과연 불가피했는가'라는 의문을 제기했다.

이들의 주장을 살펴보기에 앞서 일본에 대한 원폭투하가 정당한 것이었다는 입장을 살펴보자. 1945년 6월 18일 해리 트루먼 당시 미 대통령이 출석한 가운데 일본 본토 상륙작전에 관한 미군 합동참모본부 회의가 열렸다. 이 회의에서 본토 상륙작전을 감행했을 때 발생할 미군 사상자 예상치가 논의됐다. 육군과 해군의 여러 전문가 및 고관들은 다양한 예측을 내놓았지만 최소한 25만 명의 미군이 전사·부상·실종당하고, 전쟁이 16개월 이상 더 연장될 것이라는 예측이 제기되었다.

제2차 대전에서 실제 미군 총사망자 수가 약 30만 명이라는 점을 생각해보면 이것은 당시의 미국으로서 도저히 견뎌낼 수 없는 부담이었다. 그런 점에서 원폭투하를 주장했던 사람들이 내세운 강력한 근거는 만약 미국이 계획했던 일본 본토 상륙작전이 그대로 진행되었다면 원폭으로 인한 사상자보다 훨씬 많은 생명이 희생될 것이라는 점이다. 즉 미국의 일본 본토 상륙작전은 그 규모나 시일로 보아 수백만 명의 일본인이 희생되었을 것이며, 미군 사상자 또한 수십만 명에 이를 것이라 예상된다는 것이다. 이러한 관점에서는 원폭투하가 결과적으로 불필요한 희생을 줄인 것이고 당연히 정당성을 갖게 된다.

원폭투하를 주장한 사람들의 또 다른 이유는 당시 일본의 전쟁 양상을 중요한 요인으로 꼽는다. 미국은 1945년 2월 일본 본토 가까이에 있는 이오지마 섬에 상륙했고, 4월부터는 오키나와에 상륙하려고 했으나 일본인들은 15만 명이라는 엄청난 인명피해를 감수하면서 처절한 서항을 한다. 게다가 일본은 전세를 되돌러 놓고자 그 유명한 가미카제(神風) 공격을 실행한다. 이와 같은 방식의 일본의 저항은 재래식 군사 수단으로는 감당하기 어려웠고, 그런 면에서 원폭투하는 정당성을 지닌다는 것이다.

이러한 설명과 달리 원자폭탄 투하가 부당했다고 보는 사람들은 다른 근거를 제시한다. 먼저 이들은 2차 대전의 주범인 독일이 핵폭탄을 개발하지 못할 것이라는 것을 미국이 알고 있었다고 지적한다. 히틀러와 나치스는 1944년 6월 6일 노르망디 상륙작전 이후 완전히 패색이 짙어가고 있었다. 게다가 미국이 핵폭탄을 만들기에 충분한 우라늄과 플루토늄을 마련한 1945년 5월에는 독일이 항복을 하자 정작 독일에 원자폭탄을 투하할 명분이 없어져 버렸다.

그렇지만 원자폭탄을 사용하겠다는 야심을 버리지 않은 미국은 아직 항복하지 않은 일본을 희생양으로 선택했다는 것이다.

원폭투하가 부당하다고 보는 이들은 또 다른 이유로, 미국이 원폭을 투하하기로 한 결정이 전쟁을 빨리 끝내서 더 이상의 인명 살상을 막겠다는 인도적 동기보다는 원자폭탄이라는 새로운 무기의 성능을 실험하기 위한 목적에서 이루어졌다고 본다.

이러한 주장의 중요한 근거는 미국이 원폭의 엄청난 살상 능력을 이미 잘 알고 있었음에도 가장 많은 인명이 살상될 수 있는 곳에 원폭을 투하했다는 점이다. 실제로 원폭투하의 목표로 잡힌 도시들은 수도인 도쿄를 제외한 주요 군사산업 시설이 있는 곳이었는데, 그 가운데도 특히 히로시마와 나가사키가 선정된 이유는 인구밀집도가 높아서 인명 살상력을 테스트할 수 있고, 산과 같은 지형적 장애물이 적은 평야라서 그 파괴력이 미치는 범위를 알기에 가장 좋은 곳이었다는 것이다.

미국이 원자폭탄의 위력을 충분하게 인지하고 있었다는 것은 이미 잘 알려져 있다. 당시 핵개발에 직간접적으로 참여한 과학자들이 핵폭탄의 파괴력을 보고 핵무기에 반대하게 되었다고 한다. 물리학자 레오 질라드는 독일보다 먼저 핵폭탄을 개발해야 한다고 알베르트 아인슈타인을 끈질기게 설득했으나, 최초의 핵폭탄 실험을 본 뒤 핵폭탄을 투여하는 것은 씻을 수 없는 죄를 짓는 것이라며 반대했다.

또, 맨해튼 프로젝트를 지휘했던 로버트 오펜하이머는 유명인사가 됐지만, 핵폭탄으로 받은 충격에서 헤어나지 못했다. 그는 트루먼 대통령을 만난 자리에서 "내 손에는 피가 묻어 있다"고 말해, 트루먼 대통령으로부터 "그 얼간이를 다시는 이곳에 부르지 말라"는 책망을 듣기도 했다. 또한 원폭투하가 아인슈타인에게 미친 영향도 엄청났다. 그는 자신의 이론이 낳은 이 엄청난 재앙에 놀라 2차 대전 종전 후 바로 원자폭탄 사용을 반대하는 과학자들과 함께 원자력위원회 의장으로 선출되어 핵무기 개발과 사용을 중지시키기 위해 노력했다. 그가 느낀 죄책감은 그가 한 말에서도 엿볼 수 있다. "만약 독일이 원자폭탄을 성공적으로 생산해내지 못하리라는 것을 조금이라도 알았더라면, 나는 결코 손가락 하나도 까딱하지 않았을 걸세, 결단코!"

원폭투하의 부당성에 대한 주장 중에는 미국의 원폭투하가 포츠담 선언에서 대일본전 참전을 결정한 소련이 동아시아에서 세력을 확장하는 것을 막기 위한 것이었다고 보는 시각도 있다. 소련은 8월 9일 일본에 선전포고를 하고 극동 지역 일본군과 싸워 신속하게 일본군을 밀어붙이고 있었고, 홋카이도 섬에 상륙할 작전까지 세워놓고 있었으며, 실제로 일본의 항복 이후 신속하게 한반도 이북 지역을 점령하였다. 트루먼은 이처럼 신속한 소련군의 전진에 놀라 동북아시아에서 소련의 패권이 확장되는 것을 막기 위해 일본에서 미국의 힘을 과시할 필요가 있다고 생각했다는 것이다.

마지막으로 1945년 4월에 이탈리아의 무솔리니가 살해당하면서 이탈리아가 항복하고, 히틀러가 자살하면서 5월 독일이 무조건 항복을 선언한 상태에서, 일본을 항복시키기 위해 원자폭탄이라는 극단적인 수단을 동원할 필요는 없었다는 점에서 원폭투하가 부당했다고 보는 견해도 있다. 그들은 미군 합동군사참모회의에서 제시된 희생자 예상 통계치가 지나치게 과장돼 신뢰하기 어렵다고 본다.

60여 년이 지난 지금 미국의 원자폭탄 투하를 어떻게 볼 것인가에 대한 상반된 주장이 팽팽하게 대립하고 있다. 하지만 여전히 남는 문제는 "수백만 명을 구하기 위해서 지금 당장 수십만 명을 희생시켜야 한다"는 주장을 어떻게 받아들어야 하는가라는 근본적인 물음이다.

# 02 의사결정문제의 표현

## 2.1 의사결정문제의 기본 틀

한 의사결정은 둘 또는 그 이상의 대안들 또는 행동들 간의 한 선택을 수반하며 각 행동은 여러 결과들 가운데 하나를 낳는다. 예를 들어, 당신이 휘발유 냄새가 나는 한 어두운 실내에 막 들어섰다고 가정하자. 전등 스위치를 손으로 더듬어 찾기에 실패한 후, 당신은 성냥불을 켜려고 할 것이다. 그러나 성냥불을 켜면 폭발이 일어날지도 모르기 때문에 당신은 망설일 것이다. 당신이 고려하고 있는 행동들은 다음과 같다: 성냥불을 켠다, 성냥불을 켜지 않는다. 당신이 성냥불을 켜지 않으면, 오직 하나의 결과만 있을 것이다: 즉, 폭발이 일어나지 않는다. 한편 당신이 성냥불을 켜면, 두 개의 결과들이 가능하다: 폭발이 일어난다, 아무런 폭발도 일어나지 않는다. 당신의 결정은 자명하지 않은데, 왜냐하면 당신이 성냥불을 켤 때 폭발이 있을지 확실치 않기 때문이다. 그것은 실내에 휘발유 가스의 양과 분포에 달려 있을 것이다. 즉, 당신의 행동의 결과는 그 행동이 취해진 환경의 상태에 의존할 것이다.

이 예가 보여주듯이 의사결정문제들은 세 가지 구성요소들－행동들, 상태들, 결과들－을 수반한다. 한 의사결정문제를 분석할 때, 의사결정분석가(decision analyst, DA)는 의사결정문제를 특정하기 위해 행동들, 상태들, 결과들의 적절한 집합들을 확정해야 한다. 이 성냥불 예에서 성냥불을 켜지 않는다는 행동은 다음과 같이 더욱 세분화될 수도 있을 것이다: 손전등을 사용한다, 한 시간 후에 돌아온다, 실내를 환기시킨다. 마찬가지로 당신은 결과들을 다음과 같이 서술할 수도 있을 것이다: 폭발(무 손상), 폭발(가벼운 손상), 폭발(중간 정도의 손상), 폭발(심한 손상). 끝으로 이 예에서 상태들은 실내의 휘발유 가스－대－공기 비의 관점에서 서술될 수도 있었을 것인데, 이것은 무한히 많은(즉, 연속적인) 상태들을 낳았을 것이다. 우리는 이 예에 대한 원래의 분석을 [표 2.1.1]의 의사결정표로 나타낼 수 있다.

[표 2.1.1] 의사결정표: 성냥불 문제

| 행동 \ 상태 | 폭발적인 가스 수준 | 비폭발적인 가스 수준 |
|---|---|---|
| 성냥불을 켠다 | 폭발 | 무 폭발 |
| 성냥불을 켜지 않는다 | 무 폭발 | 무 폭발 |

우리는 행동들, 상태들, 결과들의 집합들을 특정함으로써 또는 한 의사결정표나 의사결정 나무를 그림으로써 한 의사결정문제 특정을 확정한다. 위 성냥불 예에서 얻을 수 있는 한 가지 교훈은 여러 문제 특정들이 동일한 의사결정 상황에 적절할 수도 있다는 것이다. 그런 경우에는 의사결정분석가가 적용하기에 적절한 문제 특정을 선택해야 한다.

### 2.1.1 의사결정문제 특정과 관련된 철학적 문제들

문제 특정(problem specification)을 선택하는 것은 의사결정론을 적용하는 과정 즉 의사결정분석 과정에서 맞이하는 문제이다. 우리는 이 책에서 그런 문제들을 피할 것이며 따라서 상호 배반적이고 집합적으로 포괄적인 상태들을 가지는 문제 특정들을 다루고 있다고 가정할 것이다. 그러나 문제 특정 선택에 관련된 몇 가지 흥미로운 철학적 문제들이 있다. 여기서는 그 가운데 두 가지를 언급할 것이다: 적절성(propriety)과 관련성(relevancy).

우리는 상태들을 서술할 때 적어도 다음 두 가지 물음을 염두에 두어야 한다:

#### (1) 상태 서술이 적절한가(proper)?

아무 의사결정문제는 의사결정자가 다른 결과들보다 더 낫다고 여기는 어떤 결과들을 수반한다. 그렇지 않다면 의사결정을 할 가치가 없을 것이다. 따라서 아무 의사결정은 다음과 같은 상태 서술들의 입장에서 특정될 수 있는 것처럼 보인다: "일이 잘 풀린다, 풀리지 않는다."

**예 2.1.1 월드컵 축구**

당신이 월드컵 축구경기의 결승전에서 브라질과 프랑스에 거는 내기들 가운데 하나를 선택하도록 제안받았다고 가정하자. 브라질에 걸어서 이기면 $5를 받고 프랑스에 걸어서 이기면 $3을 받는다. 각각의 내기에서 지면 $2를 지불해야 한다. 우리는 이 의사결정문제를 [표 2.1.2]로 표현할 수 있다.

[표 2.1.1] 의사결정표: 성냥불 문제

| 행동 \ 상태 | 브라질이 승리한다 | 프랑스가 승리한다 |
|---|---|---|
| 브라질에 건다 | +$5 | −$2 |
| 프랑스에 건다 | −$2 | +$3 |

당신은 두 나라 중 어느 한 나라의 열렬한 팬이 아니므로 당신의 선택은 당신이 브라질이 승리할 가능성을 얼마로 보느냐에 달려 있다. 그러나 당신이 [표 2.1.3]을 의사결정표로 사용한다고 가정하자.

[표 2.1.3] 다른 의사결정표: 축구경기 내기문제

| 행동 \ 상태 | 내가 내기를 이긴다 | 내가 내기를 진다 |
|---|---|---|
| 브라질에 건다 | +$5 | −$2 |
| 프랑스에 건다 | +$3 | −$2 |

그러면 당신은 브라질에 걸면 각 상태에서 같거나 더 많이 받을 수 있으므로 브라질에 거는 내기를 선택한다−이 논리는 우월 원리(the dominance principle)라 불린다.

그런데 [표 2.1.3]의 의사결정표를 다시 검토해보면, 내가 내기를 이길 확률은 선택한 내기에 따라 변한다. 따라서 우월 원리에 의한 추론은 이 내기문제에 적용될 수 없다. 이 예는 우월 원리는 행동이 상태들의 확률에 영향을 미치지 않을 때만 적용된다는 것을 보여준다. (우월 원리는 3장에서 자세히 논의될 것이다.) 그렇다면 이 내기문제에서 잘못된 것은 우월 원리를 잘못 적용한 것뿐인가? 이 문제는 그 이상으로 불합리한 문제특정의 한 사례이다. "내가 이긴다" 또는 "일이 잘 풀린다"와 같은 상태들을 사용하는 아무 의사결정표에서 우리는 결과들을 바꿀 필요 없이 "내가 올바른 결정을 내린다"와 같은 상태 서술로 바꿀 수 있다. 그러나 "내가 올바른 결정을 내린다, 내리지 못한다"는 상태 서술들을 가지는 의사결정표를 사용해서 선택을 내린다는 것은 분명히 무의미한 일이다. 만약 우리가 이미 올바른 결정을 알고 있다면, 무엇 때문에 의사결정표를 작성하는 수고를 하는가? 실제 문제는 "올바른 결정"이라는 말의 뜻이 행동에 따라 달라진다는 것이다. 만일 내가 브라질에 건다면, 나는 브라질이 이길 때 그리고 이길 때만 올바른 결정을 내린다. 프랑스에 거는 경우도 마찬가지이다. 따라서 "내가 올바른 결정을 내린다, 내리지 못한다"와 같은 표현은 상태 서술로 적절하지 못하다. 왜냐하면, 그들은 행동이 무엇이든 하나의 동일한 상태를 집어내지 못하기 때문이다. 이런 논지는 "내가 이긴다"나 "일이 잘 풀린다"와 같은 표현들에도 그대로 적용된다.

그러나 한 상태 서술이 적절한지 여부가 항상 명확한 것은 아니다. 예를 들어 당신이 대학에 진학할 때 법학과와 경영학과 중에서 선택해야 한다고 가정하자. 당신은 "내가 성공한다"나 "기회가 좋다"와 같은 상태 서술을 사용하려고 할지도 모른다. 그러나 이 표현들은 "내가 올바른 선택을 한다"의 변형에 불과하며 따라서 부적절하다. 불행히도 아직은 한 상태 서술이 적절한지 여부를 판정할 수 있는 알고리듬이 존재하지 않는다.

### (2) 상태 집합이 행동(결정)과 관련성이 있는가(relevant)?

한 상태들의 집합이 행동과 관련성이 있는지 여부도 판단하기가 쉽지 않다. 다시 당신이 대학에 진학할 때 법학과와 경영학과 중에서 선택해야 한다고 가정하자. "강수량이 향후 3년 동안 평균보다 높다, 그렇지 않다"라는 상태들은 명백히 당신의 결정과 관련성이 없다. 그러나 "향후 3년 동안 경제가 불황이다, 그렇지 않다"라는 상태 서술은 어떤가? 아마도 변호사들은 불황기에 잘 나갈 것이다; 반면에 경영대 졸업생들은 실업자로 남아있게 될 것이다. 따라서 이런 상태들은 이 의사결정과 관련성이 있는 것으로 보인다. 안타깝게도 한 상태 서술이 당면한 의사결정과 관련성이 있는지 여부를 판정할 수 있는 알고리듬이 존재하지 않는다.

□ 상태 서술이 적절하고 관련성이 있다는 전제에서 우리는 다음 물음에 답해야 한다:

- 궁극적으로 어떤 의사결정표를 사용할 것인가? 즉, 어떤 행동공간을 사용할 것인가? 좀더 세밀한 행동들을 고려할 것인가? 아니면 좀 더 투박한 행동들을 고려할 것인가를 결정해야 한다. 이는 의사결정문제 특정에 대한 의사결정문제라고 볼 수 있으며 의사결정문제의 무한 회귀를 초래한다. 어느 단계에선가 즉각적인 결정이 내려질 수 있어야만 그런 무한회귀를 피할 수 있다.

상태공간과 행동공간이 특정되면 결과공간이 자동으로 정해진다. 따라서 사용할 행동공간을 특정하는 문제는 결과공간에 대한 검토와 맞물린다. 우리는 이 문제를 다음 소절에서 논의할 것이다.

## 2.1.2 의사결정문제의 결과공간에 대한 논의

우리는 한 의사결정문제에서 여러 결과공간들을 정의할 수 있다. 결과공간은 세밀하게 정의될 수도 있고 투박하게 정의될 수도 있다.

● 결과공간의 적정성(adequacy of the outcome space)

**예 2.1.2 동전 두 개 던지기**

두 개의 동전을 던져서 드러나는 면들을 관찰하는 한 랜덤 실험(현상)을 고려하자. 이 불확실한 사건에 대해 동일하게 적절한 두 가지 결과공간들이 정의될 수 있다:

$$\Omega_A = \{동전1\ 앞면\ 그리고\ 동전2\ 앞면\ (H_1, H_2),$$
$$동전1\ 앞면\ 그리고\ 동전2\ 뒷면\ (H_1, T_2),$$
$$동전1\ 뒷면\ 그리고\ 동전2\ 앞면\ (T_1, H_2),$$
$$동전1\ 뒷면\ 그리고\ 동전2\ 뒷면\ (T_1, T_2)\},$$
$$\Omega_B = \{앞면\ 둘\ (2H),\ 앞면\ 하나\ 뒷면\ 하나\ (HT),\ 뒷면\ 둘\ (2T)\}.$$

[정의 2.1.1] 결과공간 $\Omega_1$의 어떤 결과가 발생했는지 알면 항상 결과공간 $\Omega_2$의 결과를 정할 수 있을 때, 우리는 $\Omega_1$가 $\Omega_2$보다 더 세밀하다(finer)고 또는, $\Omega_2$가 $\Omega_1$보다 더 투박하다(coarser)고 말한다.

**예 2.1.3 (예 2.1.2 계속)**

위의 동전 두 개 던지기 예에서, 우리는 쉽게 $\Omega_A$가 $\Omega_B$보다 더 세밀함을 알 수 있다.

다음 정리는 정보경제학(information economics)의 한 기본적 결과이다(Demski, 1980).

[정리 2.1.1] 블랙웰(Blackwell)의 정리. 정보비용(information costs)이 없다면 더 세밀한 결과공간이 나쁠 게 없다.

그러나 대부분은 특히 실험을 통해 추가적인 정보를 얻어야 하는 상황에서는 정보비용이 무시될 수 없다. 따라서 우리는 모형작성 관점에서 볼 때 결과공간의 적정성에 관한 다음 두 가지 실용적(operational) 조건들을 만족시키도록 결과공간을 정의해야 할 것이다: 확률부과 적정성과 평가단위 적정성.

### ● 평가단위 적정성

[정의 2.1.2] 평가단위 적정성(evaluation-unit adequacy). 한 결과 공간의 각 점들에 대해 평가단위들을 적용할 수 있을 때 그 결과 공간은 평가단위 적정성을 가지고 있다고 일컬어진다.

평가단위 적정성의 기본 발상은 결과공간의 서술은 평가단위가 각 결과에 할당될 수 있을 정도로 충분히 세밀해야 한다는 것이다.

**예 2.1.4** (예 2.1.2 계속)

동전 두 개 던지기 예에서, 동전 1이 앞면일 때의 평가단위는 \$1, 동전 2가 앞면일 때의 평가단위는 \$2, 그 밖의 경우의 평가단위는 \$0이라고 하자. 그러면 $\Omega_A$ 는 평가단위 적정성을 가지고 있고, $\Omega_B$는 평가단위 적정성이 결여되어 있다.

**예 2.1.5** (예 2.1.2 계속)

동전 두 개 던지기 예에서, 평가단위가 앞면 한 개 당 \$1이라 하자. 그러면 $\Omega_A$와 $\Omega_B$는 모두 평가단위 적정성을 가진다.

● 확률부과 적정성

[정의 2.1.3] 확률부과 적정성(probability-assessment adequacy). 한 결과 공간의 각 점들에 대해 의사결정자가 확률들을 부과할 수 있을 때 그 결과 공간은 확률부과 적정성을 가지고 있다고 일컬어진다.

확률부과 적정성의 기본 발상은 결과공간은 각 결과에 확률이 할당될 수 있는 구조를 가져야 한다는 것이다.

**예 2.1.6** (예 2.1.2 계속)

동전 두 개 던지기 예에서, 고전적 확률개념을 적용하여 확률을 할당한다고 가정하자. $\Omega_B$의 각 점은 등확률적이 아니다. 따라서 $\Omega_B$는 확률부과 적정성이 결여되어 있다. 물론 $\Omega_A$ 의 각 점은 등확률적이므로 확률부과 적정성을 가지고 있다.

## 2.1.3 의사결정모형

### (1) 모형화

분석적인 의사결정을 내리기 위해서는 의사결정문제에 대한 모형화가 필수적이다. 일반적으로, 모형은 인풋과 아웃풋 간의 관계를 계량적으로 표현하는 수단이다. 우리는 모형을 통해서 문제의 본질을 더욱 잘 이해할 수 있게 되고, 더 나아가 더 좋은 해를 발견할 수 있게 된다. 따라서 모형은 기본적으로 명료성, 단순성, 분석가능성(tractability), 확장성 등을 갖추어야 한다.

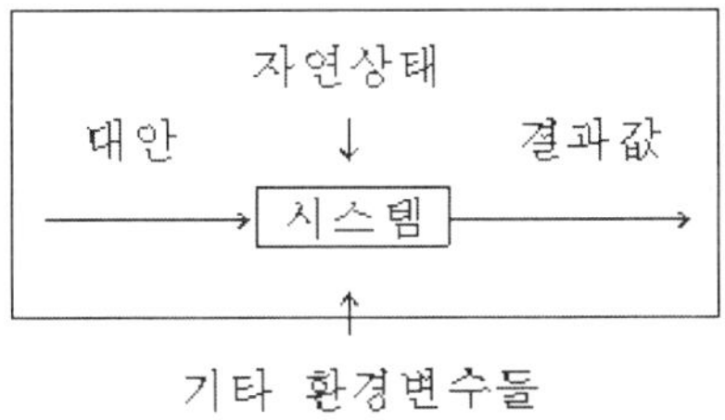


[그림 2.1.1] 의사결정모형

의사결정문제에서 인풋은 의사결정자가 통제할 수 있는 대안들이고, 아웃풋은 의사결정의 결과(값)이다. 자연상태는 의사결정자가 통제할 수는 없지만 의사결정모형에서 명시적으로 고려하고 있는 불확실한 사건이다. 그리고 외생인풋은 의사결정의 결괏값에 영향을 미치지만 의사결정자의 통제 밖에 있는 상태를 제외한 의사결정 환경변수들이다. 한마디로 의사결정모형은 대안들을 결괏값들에 연결시킨다.

의사결정모형을 만들 때 모든 의사결정 관련자들－의사결정자(DM), 의사결정분석가(DA), 영역 전문가들(domain experts, DE)－이 참여하여 머리 맞대기(brainstorming)를 해야 한다는 것은 두말할 필요가 없을 것이다.

### (2) 의사결정모형의 분류

우리는 의사결정모형을 서술적 모형과 규범적 모형으로 구분할 수 있다:

- □ 서술적 모형(descriptive model) 또는 실증적 모형(positive model)은 이 세계에서 보통 사람들에 의해 이루어지고 있는 행동을 가치 판단 없이 서술한다. 따라서 이 모형은 실험적이고 실제적이다. 예컨대, 카네만-트베르스키(1982)의 유망이론(prospect theory, 전망이론)은 서술적 모형이다. 그들은 인간의 행동에서 세 가지 규칙성을 발견하였다: ① 손실이 이익보다 크게 다가온다. ② 사람들은 절대 효용보다는 효용의 변화에 민감하다. ③ 주관적 확률부과는 고착(anchoring)에 의해 편향된다. (4.6.1절 참조)

유망이론에 의하면 인간은 이익이 예상되는 상황에서는 위험을 회피할 수 있는 안전한 대안을 선택하지만 손해가 예상되는 상황에서는 기꺼이 모험적인 선택을 한다. 이와 같이 인간의 '예측 가능한' 비합리성에 토대를 둔 행동경제학(behavioral economics)은 의사결정대안의 선택설계(decision architecture)를 통해 더 좋은 의사결정을 유도하는 등의 가시적 성과를 올리고 있다. (선택설계는 개별 의사결정자의 전망(perspective)과 함께 공공기관의 재량적 결정(discretionary decision-making)을 행사하는 현실적인 틀을 제공한다.)

□ 규범적 모형(normative model) 또는 처방적 모형(prescriptive model)은 이상적으로 합리적인 사람의 행동이 어떠해야 하는가를 다룬다. 따라서 이 모형은 추상적이다. 예컨대, 노이만-모겐스턴(1953)의 기대효용이론(expected utility theory)은 규범적 모형이다(5장 참조). 이 책은 주로 이 규범적 모형에 대해 다루고 있다. 의사결정지원시스템(decision support system, DSS)은 이런 맥락에서 의사결정을 돕기 위한 소프트웨어도구이다.

### (3) 모형화에 대한 점진적 접근법

의사결정을 위한 모형 구축을 위해 의사결정자는 대개 의사결정분석가의 도움을 필요로 한다. 이때 의사결정분석가는 점진적으로 모형화에 접근해야 한다. 즉, 처음에는 의사결정자가 충분히 이해할 수 있는 단순한 모형으로부터 시작해서 점진적으로 모형에 세부적인 사항들을 추가해 나가는 것이다. 이러한 점진적 접근법(progressive, or bootstrapping, approach)은 의사결정 모형의 성공적인 구현을 이끌어 내는 데 중요한 요소가 될 뿐 아니라 모형의 타당성 검증에도 도움이 된다.

### (4) 모형화의 세부사항들

의사결정표 사용에 대한 전제는 우리가 각 행동-상태 쌍에 대해 단 하나의 결과를 할당할 수 있다는 것이다. 따라서 우리는 각 행동-상태 쌍이 유일한 결과를 할당한다고 가정할 것이다. 이런 가정 아래에서 우리는 한 의사결정 상황에서 직면하는 모든 불확실성의 초점을 개재된 상태들에 맞출 수 있다. 더욱이 위험하의 의사결정에서는 확률들이 결과가 아니라 상태들에 할당될 것이다.

[정의 2.1.4] 한 주어진 행동하에서 어떤 상태의 조건부 확률이 그 상태의 무조건 확률과 같을 때 (즉, $f(\theta|a) = f(\theta)$), 우리는 그 상태가 주어진 행동과 독립이라고 말한다.

**예 2.1.7** **(예 2.1.1 계속)**

월드컵 축구 문제를 다시 고려하자. [표 2.1.2]의 의사결정표로 표현된 문제특정에서 상태는 행동과 독립이다. 반면에 [표 2.1.3]의 의사결정표로 표현된 문제특정에서 상태는 행동과 독립이 아니다.

위험하의 의사결정에서 어떤 상태들이 행동들과 독립이 아니라면, 우리는 그 행동조건 아래에서 상태들에 대한 조건부 확률들을 사용해야 할 것이다. 물론 무조건 확률을 선호하는 이들은 상태들이 행동들과 독립이 되도록 의사결정 문제를 다시 모형화할 수도 있을 것이다.

행동들이 상태들의 확률에 영향을 주지 않도록 상태들이 서술되면 이후의 분석이 좀더 단순해질 수 있다.

## 2.2 의사결정문제의 표현

불확실성이 개재된 의사결정문제를 모형화하는데 흔히 쓰이는 세 개의 도구는 의사결정나무(decision tree)와 의사결정표(decision table) 그리고 영향도(influence diagram)이다. 이들은 가능한 대안들과 가능한 결과들을 그래프로 또는 표로 나타낸 것에 불과하다.

의사결정나무는 다단계 의사결정문제를, 그리고 의사결정표는 일단계 문제의 가능한 결과를 모형화하는데 주로 쓰인다. 영향도는 원래 의사결정 관련자들이 머리 맞대기를 하여 의사결정 모형을 확정하는 데 사용하기에 적합한 시각적 도구로 출발하였으나 지금은 최적 의사결정을 찾는 데도 사용되고 있다.

의사결정 모형화 도구는 결정들과 불확실한 사건들의 관계를 올바로 표현할 수 있어야 하고, 의사결정자가 판단들을 삽입하기가 용이해야 한다.

### 2.2.1 의사결정나무

불확실성이 개재된 의사결정문제는 의사결정(decisions)과 불확실한 사건(uncertain, aleatory, or chance, events)으로 구성된다. 의사결정나무에서 직사각형(□)은 의사결정을 나타내고, 원(○)은 불확실한 사건을 나타내며, 각각 의사결정마디(decision node)와 사건마디(event node, or chance node)라고 불린다. 의사결정마디에서 나오는 가지는 의사결정대안들을 나타내며 사건마디에서 나오는 가지들은 가능한 사건들 또는 상태들을 나타낸다. 불확실한 사건은 랜덤변수인 위험인자를 가리킨다.

**참고** 우리는 이 책에서 세 종류의 나무들을 만나게 된다: 의사결정나무(decision tree), 확률나무(probability tree), 그리고 제비나무(lottery tree).

● 의사결정나무의 바람직한 형태

- 나무는 균형을 유지해야 한다－혜택(benefit, 편익)과 비용(cost) 간의 절충.
- 사건마디는 두 가지만을 가지는 편이 좋다－민감도 분석, 상호 배반성과 집합적 포괄성.
- 의사결정마디는 은닉되지(embedded) 않는 편이 좋다－민감도 분석, 다단계 의사결정 문제.
- 가지들은 연결되어야 한다－확률과 결과에 의해.
- 나무는 대칭성을 가져야 한다.
- 순서는 중요하지 않다.

**예 2.2.1 (예 1.3.1 계속)**

1.3절에서 소개한 유전탐사문제는 [그림 2.2.1]과 같은 의사결정나무로 표현될 수 있다.

[그림 2.2.1] 유전탐사문제에 대한 의사결정나무

● 의사결정나무의 형태구성

① 당면한 의사결정과 그 대안을 찾는다.

② 당면한 의사결정의 결괏값들의 평가 시점을 정한다.

- 각 대안에 따라 비용이나 이익이 다른 시점에 발생할 경우에는 현가(present worth, PW)를 사용함으로써 시간적 가치를 고려할 수 있다.

③ 당면한 의사결정의 각 대안들에 직접 영향을 줄 수 있는 모든 불확실한 사건을 찾아낸다.

**예 2.2.2** **(예 1.3.1 계속) 확장된 유전탐사문제**

1.3절의 유전탐사문제에서 자연상태에 추가적인 정보를 얻기 위해 지질검사를 실시할지 여부를 고려한다고 하자. 그러면 의사결정나무는 [그림 2.2.2]와 같이 주어진다. 여기서 Ⓐ는 [그림 2.2.1]의 의사결정마디를 나타낸다.

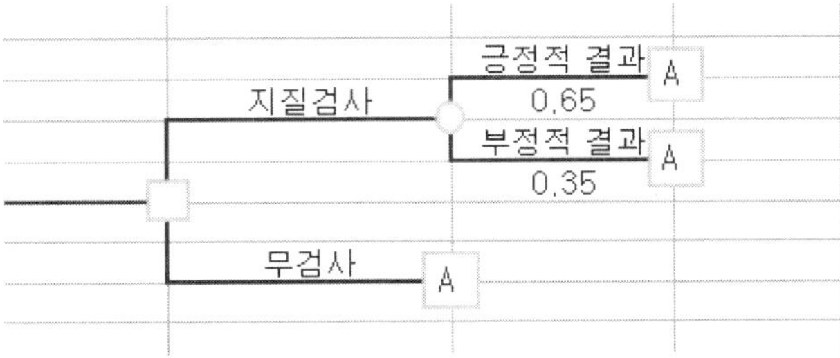


[그림 2.2.2] 수정된 유전탐사문제에 대한 의사결정나무

④ 당면한 의사결정의 각 대안들의 결괏값에 직접 영향을 줄 수 있는 모든 미래의 의사결정을 찾아낸다.

⑤ 어떤 미래의 의사결정에라도 영향을 줄 수 있는 정보를 제공할지도 모르는 모든 불확실한 사건을 찾아낸다.

- 어떤 마디에서도 결과들과 대안들은 상호 배반적이고 집합적으로 포괄적이어야 한다. 한 마디에서 다른 한마디로 들어가는 가지는 하나뿐이어야 한다. 지배당하는 하위 대안들은 제거될 수 있다.

⑥ 불확실한 사건들과 의사결정들을 시간순서로 그려나간다. (의사결정자가 결과를 아는 시점 또는 의사결정자가 의사결정을 내려야 하는 시점을 이용한다. 의사결정마디 앞에 오는 사건마디의 불확실성은 그 의사결정시점까지는 해소되어야 한다.)

- 의사결정마디로 분리되지 않은 사건마디들이나 사건마디로 분리되지 않은 의사결정마디들은 그 순서가 바뀔 수 있다.

**예 2.2.3** **날씨와 날씨 예보기**

날씨가 위험인자인 한 의사결정문제에서는 [그림 2.2.3]과 같이 예보기 사건마디와 날씨 사건마디의 순서가 바뀔 수 있다.

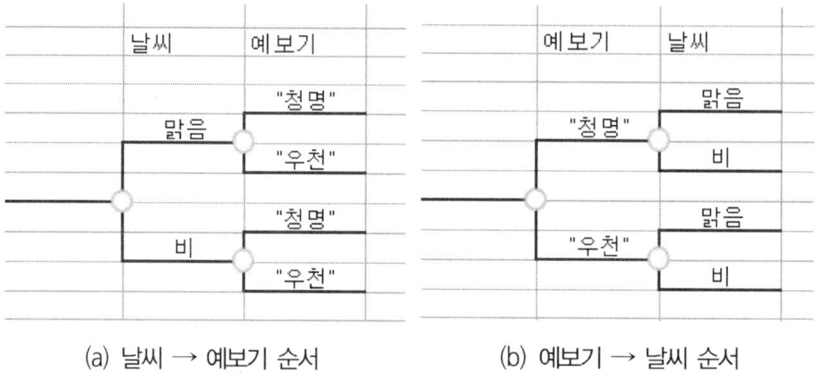


[그림 2.2.3] 예보기와 날씨 사건마디의 표현

- 불확실한 사건마디의 결과가 연속적이거나 의사결정마디의 대안이 연속적일 때는 [그림 2.2.4]에서와 같이 부채꼴로 표현한다. (이때 불확실한 사건마디에는 분포의 평균값을 대표값으로 부과한다. 물론 연속분포를 등확률구간 근사법이나 랜덤변수축 직접선택법을 사용하여 이산분포로 근사시킬 수도 있다. 이에 대한 내용은 4장을 참고하라.)

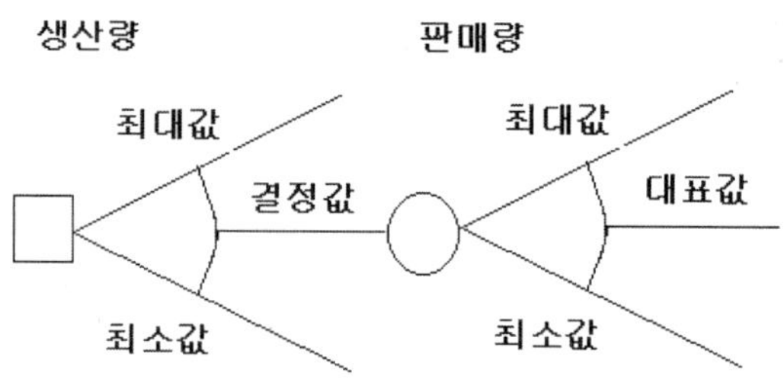


[그림 2.2.4] 연속적 의사결정마디와 사건마디의 표현

● 수치(결괏값과 확률) 부여

⑦ 모든 최종점에 평가단위로 측정된 기여(contribution)를 부여한다. 평가단위는 보통 화폐가치로 표현된다. 현금유출들과 현금유입들은 그것이 발생한 시점에 해당하는 가지에 적절히 표시하고, 기여는 최종점에 표시한다. 기여는 각 대안들과 관련된 순현금유입과 순현금유출의 차이다.

- 자본흐름분석은 별도로 실시하여 기록하는 편이 좋다. 시간이 장기간에 걸칠 때는 돈의 시간가치를 고려하여 현가로 기록하는 편이 좋다.
- 기회비용(opportunity cost)은 현금유출입이 아니므로 의사결정나무에 포함시키지 않는다.

> **참고** 이처럼 목적함수의 가치들이 최종 마디 즉 말단 마디들에만 나타나도록 하는 방법은 최종마디법 또는 기여법이라고 불린다. 한편 목적함수의 가치들이 중간의 마디들이나 가치들 위에 나타나도록 할 수도 있는데, 이때는 풀이과정이 관련된 마디들과 가지들을 지나갈 때 마디와 가지의 가치들이 누적된다. 이 방법은 가지법이라고 일컬어진다.

⑧ 각 사건마디의 결과 가지들에 괄호()를 사용하여 확률을 부과한다.

● 대안평가와 의사결정

⑨ 의사결정나무모형이 완성되었다면, 우리는 적절한 의사결정규칙을 사용한 단계별 의사결정의 역산과정(folding-back procedure)을 통하여 최종 의사결정에 도달할 수 있다.

**예 2.2.4 주말문제**

당신이 이번 주말에 해변에 갈 것인가 아니면 집에 머물 것인가를 결정해야 한다고 가정하자. 당신이 해변에 간다면, 비가 올지 여부를 판정하기 위해 기다려야 할 것이다. 만일 비가 온다면, 낚시하러 갈지 아니면 실내에 머물지를 결정할 것이다. 만일 당신이 낚시하러 가고 낚시가 잘 된다면, 당신은 만족할 것이다; 만일 낚시가 잘 안 된다면, 당신은 실망할 것이다. 만일 당신이 실내에 머문다면, 당신은 약간 실망스럽게 느낄 것이다. 한편 비가 오지 않는다면, 당신은 일광욕을 즐기고 매우 만족할 것이다. 끝으로 당신이 집에 머문다면, 당신은 그저 그렇게 느낄 것이다.

**단계 1** 우리는 이 의사결정문제에 대한 의사결정나무의 형태를 아래 [그림 2.2.5]와 같이 그려볼 수 있다.

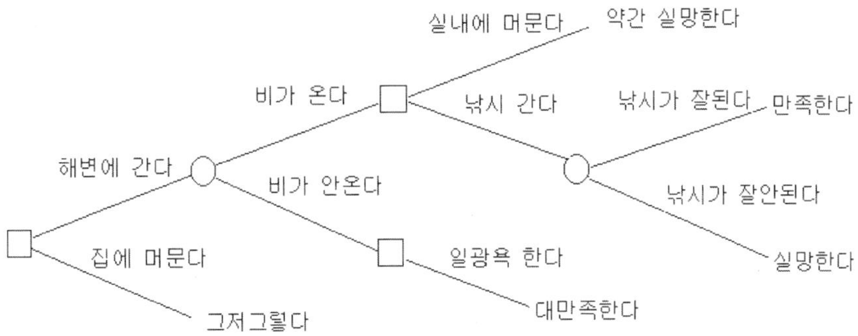


[그림 2.2.5] 주말문제에 대한 의사결정나무: 형태구성

(단계 2) [그림 2.2.6]은 결과들을 평가단위로 평가한 결괏값들과 불확실한 사건들에 확률들을 부여한 의사결정나무이다.

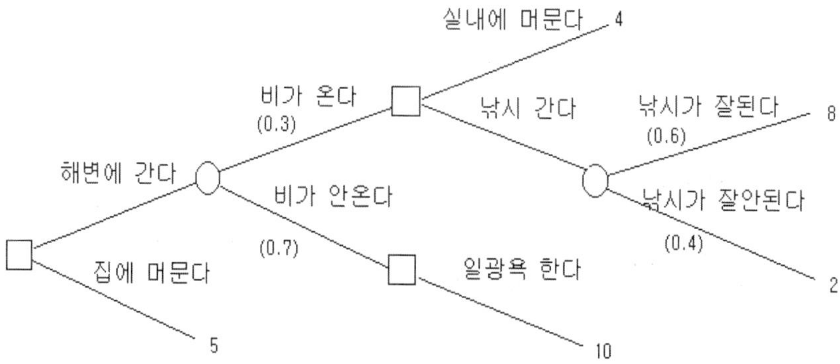


[그림 2.2.6] 주말문제에 대한 의사결정나무: 결괏값과 확률부여

(단계 3) 우리가 기대가치 의사결정자라고 가정하자. 그러면 역산과정에 의해 [그림 2.2.7]과 같은 대안평가 결과를 얻을 수 있다. 이 그림에서 선택에서 탈락된 의사결정대안은 \로 가지치기가 되어있다.

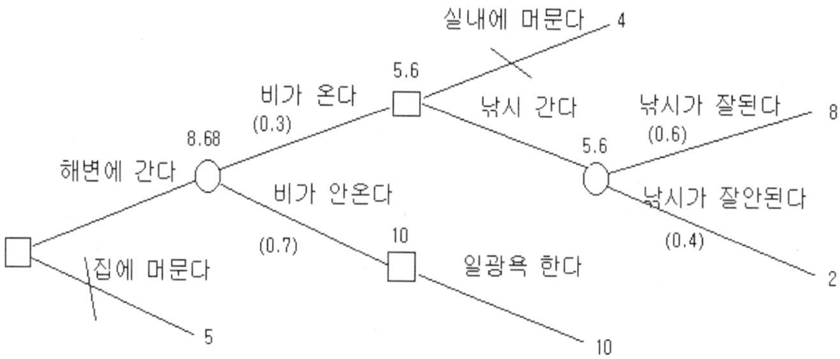


[그림 2.2.7] 주말문제에 대한 의사결정나무: 역산과정에 의한 대안평가

이로부터 우리의 주말문제는 다음과 같은 최적 의사결정규칙을 가진다: 우리는 해변에 간다; 비가 오지 않으면 일광욕을 하고, 비가 오면 낚시를 한다.

**예 2.2.5** (예 1.2.1 계속)

확장된 유전탐사 문제를 의사결정나무로 표현하고 최적 대안을 추천해보자. [표 2.2.1]이나 [그림 2.2.8]로부터 최적 대안(전략)은 다음과 같이 주어진다: 지질검사를 실시한다; 지질검사 결과가 긍정적이면 시추를 하고 부정적이면 시추를 하지 않는다. (이는 엑셀 애드인 KADD를 사용한 결과이다.)

[표 2.2.1] 최적의사결정-의사결정표: 확장된 유전탐사문제

INPUT: (Please fill in Shaded Areas)

| Sample Results | Cost of Sample = | 0.2 |
|---|---|---|
| 긍정적 | | |
| 부정적 | | |

| States of Nature | Priors | Likelihoods 긍정적 | 부정적 |
|---|---|---|---|
| 대유전 | 0.2 | 0.9 | 0.1 |
| 소유전 | 0.4 | 0.6 | 0.4 |
| 맨땅 | 0.4 | 0.1 | 0.9 |

| Actions | Payoffs 대유전 | 소유전 | 맨땅 |
|---|---|---|---|
| 시추함 | 8 | 2 | -2 |
| 시추안함 | 0 | 0 | 0 |

TABULAR FORMAT:

Sample Result = 긍정적

| States of Nature | Prior | Likelihood | Prior*Likelihood | Posterior |
|---|---|---|---|---|
| 대유전 | 0.2 | 0.9 | 0.18 | 0.3913 |
| 소유전 | 0.4 | 0.6 | 0.24 | 0.5217 |
| 맨땅 | 0.4 | 0.1 | 0.04 | 0.0870 |
| | | Marginal = | 0.46 | |

Sample Result = 부정적

| States of Nature | Prior | Likelihood | Prior*Likelihood | Posterior |
|---|---|---|---|---|
| 대유전 | 0.2 | 0.1 | 0.02 | 0.0370 |
| 소유전 | 0.4 | 0.4 | 0.16 | 0.2963 |
| 맨땅 | 0.4 | 0.9 | 0.36 | 0.6667 |
| | | Marginal = | 0.54 | |

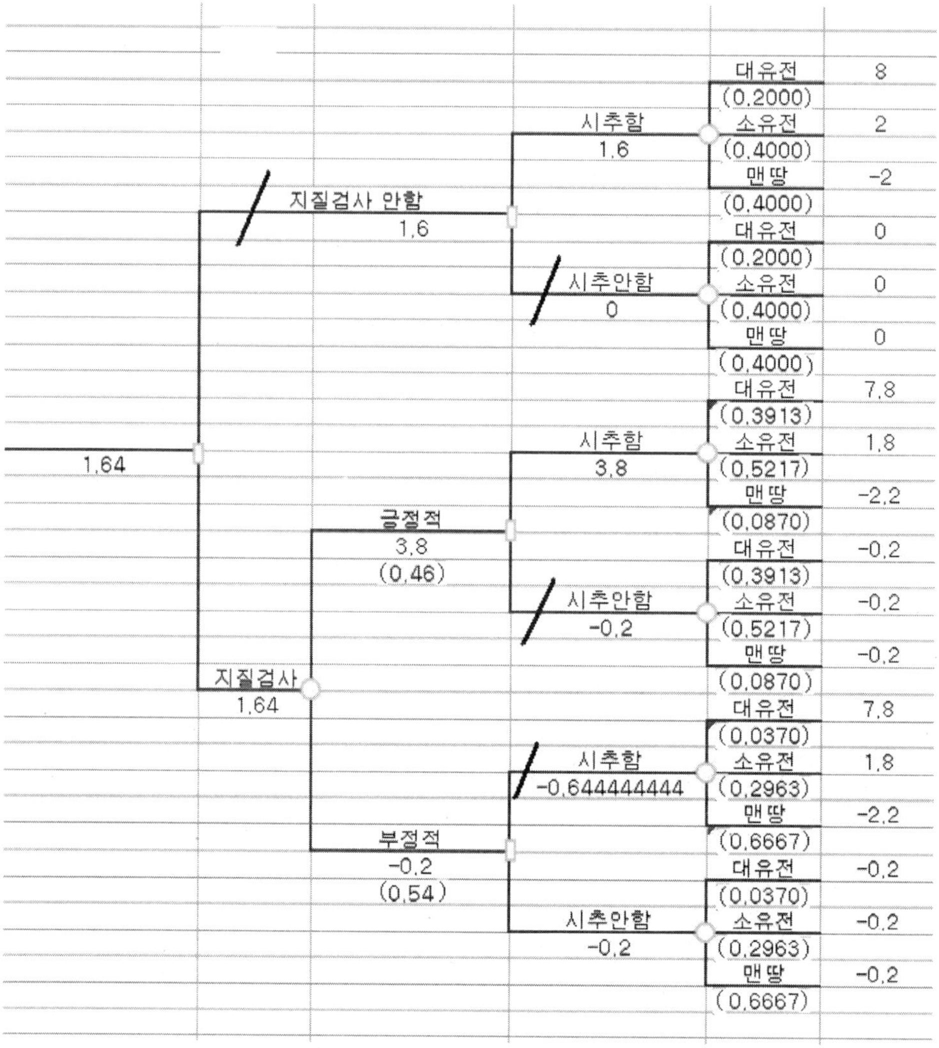


[그림 2.2.8] 최적 의사결정–의사결정나무: 확장된 유전탐사문제

### 2.2.2 의사결정표

한 번의 의사결정으로 끝나는 일단계 의사결정문제는 의사결정나무보다는 의사결정표로 표현하는 편이 사용하기 쉬울 때가 있다. 모든 의사결정표는 의사결정나무로 전환될 수 있다.

<과제 2.2.1> [표 2.1.1]에 제시된 성냥불 문제의 의사결정표를 의사결정나무로 표현해 보아라.

한 문제에 대한 의사결정나무가 한 의사결정표로 전환될 수 있는지 여부가 더 흥미롭고

중요하다. 결론적으로, 아무 의사결정문제에 대한 의사결정나무는 동등한 의사결정표로 변환될 수 있다. 의사결정나무를 의사결정표로 전환시킨다는 것은 다단계 의사결정 문제를 일단계 의사결정문제로 전환시킨다는 것이다.

우리는 일련의 의사결정들을 완전한 전략들(complete strategies)로 묶음으로써 이를 성취할 수 있다. 한 완전한 전략은 첫 단계의 선택과 그 첫 단계의 결정을 뒤따르는 후속 단계의 결정들에 대한 선택들을 기술한다. 즉, 완전한 전략이란 모든 관련된 사건들 아래에서 한 의사결정자의 선택들을 확정하는 한 규칙 또는 계획이다. 예컨대, [예 2.2.4]의 최적 의사결정규칙 "우리는 해변에 간다; 비가 오지 않으면 일광욕을 하고, 비가 오면 낚시를 한다."는 하나의 완전한 전략이다.

**예 2.2.6** **(예 2.2.4 계속)**

[그림 2.2.5]에 표현된 주말문제에 대한 의사결정나무를 의사결정표로 표현해 보자.

□ 먼저 전략들은 세 가지로 나타난다:

$S_1$ : 나는 해변에 갈 것이다; 만일 비가 오면, 나는 낚시를 할 것이다; 만일 비가 오지 않으면, 나는 일광욕을 할 것이다.

$S_2$ : 나는 해변에 갈 것이다; 만일 비가 오면, 나는 실내에 머물 것이다; 만일 비가 오지 않으면, 나는 일광욕을 할 것이다.

$S_3$ : 나는 집에 머물 것이다.

□ 상태들도 세 가지로 나타난다:

$\theta_1$ = 비가 오고 낚시가 잘된다, $\theta_2$ = 비가 오고 낚시가 잘 되지 않는다, $\theta_3$ = 비가 오지 않는다

□ 우리는 이로부터 [표 2.2.2]와 같은 의사결정표를 구성할 수 있다:

[표 2.2.2] 의사결정나무([그림 2.2.5])로부터 변환된 의사결정표

| 상태 / 전략 | $\theta_1$ | $\theta_2$ | $\theta_3$ |
|---|---|---|---|
| $S_1$ | 만족한다 | 실망한다 | 대만족한다 |
| $S_2$ | 약간 실망한다 | 약간 실망한다 | 대만족한다 |
| $S_3$ | 그저 그렇다 | 그저 그렇다 | 그저 그렇다 |

<과제 2.2.2> [예 2.2.5]의 확장된 유전탐사문제를 의사결정표로 표현하라.

<과제 2.2.3> 교통수단선택과 관련된 다음 의사결정나무를 의사결정표로 표현하라.

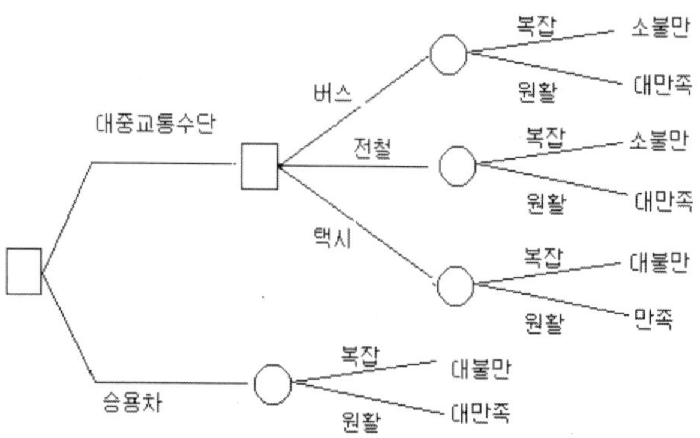


## 2.2.3 영향도

영향도(influence diagram)는 원래의 불투명한 문제로부터 명쾌한 의사결정기반까지 다리를 놓아주는 도구 가운데 하나이다. 의사결정문제를 명확히 하려면 모든 의사결정 관련자들이 의견을 교환할 필요가 있다. 영향도는 바로 이런 목적을 위해 사용될 수 있는 시각적 도구이다. 영향도는 원 또는 타원, 직사각형, 둥근 직사각형, 육각형(또는 마름모나 팔각형) 그리고 화살표로 구성되는 DAG(directed acyclic graph, 방향성 비순환적 그래프)이다.

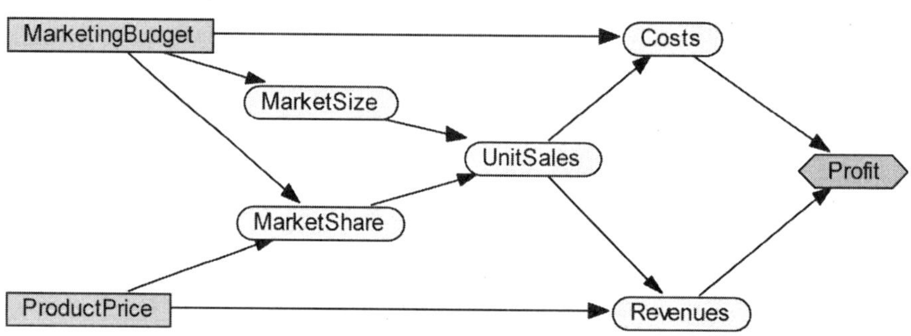


[그림 2.2.9] 진통제 문제에 대한 영향도

[그림 2.2.9]은 [예 1.1.1]에서 다룬 진통제 문제를 영향도로 표현한 것이다. 이제 마디와 화살표의 의미를 살펴보자.

## 마디(nodes)

□ 직사각형(□)으로 표현되는 의사결정마디(decision node)는 DM의 통제 아래 있는 의사결정변수를 나타낸다.

□ 원(○)이나 타원(⬭)은 상태마디(nature node)를 나타낸다. 상태마디에는 우연 마디(chance node)와 확정적 마디(deterministic node)가 있다.

- 확정적 마디는 둥근 직사각형(▢)이나 이중 타원(◎)으로 나타내기도 한다. 이는 이것이 영향을 받는 양들의 한 확정적 함수이다.
- 우연마디는 불확실한 사건 즉 랜덤변수를 나타낸다.
- 1차적 우연마디(a priori chance node)는 다른 우연마디에 의존하지 않는 우연마디를 가리킨다.
- 2차적 우연마디(a posteriori chance node)는 다른 우연마디에 의존하는 우연마디를 가리킨다.

□ 육각형(⬡)으로 표현되는 효용 마디(utility, or value, node)는 DM이 최적화하려는 양적 기준 즉 목적변수를 나타낸다.

- 효용 마디는 단순히 타원으로 표기되기도 한다.

## 화살(arcs, arrows, or directed links)

□ 화살은 영향을 나타낸다.

- "A가 B에 영향을 준다"는 것은 A를 안다는 것이 B의 값에 대한 우리의 믿음이나 기대치에 직접 영향을 줄 것이라는 것을 의미한다.
- 영향은 관련성(relevancy)에 대한 지식과 시간 순서를 표현하는데, 이것이 필연적으로 인과관계나 물질, 데이터 또는 돈의 흐름을 함의하는 것은 아니다.

□ 마디들은 관계를 표현하기 위해 화살로 연결된다.

- 화살의 시작부분에 있는 마디는 부모마디(parent node) 또는 직접선행마디(immediate predecessor)라 불린다.
- 화살의 끝에 있는 마디는 자식마디(child node) 또는 직접후속마디(immediate successor)라 불린다.

□ 화살은 자식마디가 무엇인가 따라 두 종류의 관계를 나타낼 수 있다.

- 자식마디가 의사결정마디일 때 화살은 시간순서(time sequence)를 나타내며 정보화살(informational arc)이라고 불린다. 이는 그 의사결정 시점에서 부모 마디의 값이 의사결정자에게 알려질 것이라는 것을 나타낸다.
- 자식마디가 의사결정마디가 아닐 때 화살은 관련성을 나타내며 조건부 화살(conditional arc)이라고 불린다. 이는 우리가 부모들의 값에 조건부로 자식의 값에 대한 분포를 평가하게 될 것이라는 것을 나타낸다.

### 영향도의 가정

□ 우리는 영향도에서 의사결정마디들간의 완전한 순서성(total ordering)과 물망성(勿忘性, no-forgetting property)을 가정한다.

□ 물망성은 의사결정자가 한 의사결정마디에서 의사결정을 할 때 이전 단계의 의사결정에서 선택한 행동들과 가용했던 모든 정보들을 여전히 기억하고 있음을 함의한다.

- 한 주어진 영향도에서 한 의사결정마디와 그의 모든 부모마디들이 또한 시간 순서에서 뒤에 나오는 의사결정마디들의 부모마디들이 된다면, 이 영향도는 물망 영향도라고 불린다.
- 따라서 물망성은 묵시적인 정보 화살을 수반한다. 예컨대, 물망성은 [그림 2.2.9]에서 AmountOfOil로부터 Drill로 묵시적 정보화살(implicit informational arc)이 있음을 의미한다.

### 영향도의 정보구조

□ 의사결정마디로 들어오는 화살은 정보영향(informational influence)을 나타낸다.

- 의사결정 마디로 들어오는 화살은 그 의사결정 시점에서 가용한 정보이다.

□ 상태마디로 들어오는 화살은 조건영향(conditioning, or conditional, influence)을 나타낸다.

- 우연마디로 들어오는 화살은 그 우연마디 안의 양이 화살의 꼬리에 있는 것들에 확률적으로 종속됨을 나타낸다.
- 확정적 마디로 들어오는 화살은 그 확정적 마디 안의 양이 화살의 꼬리에 있는 것들에 함수적으로 종속됨을 나타낸다.

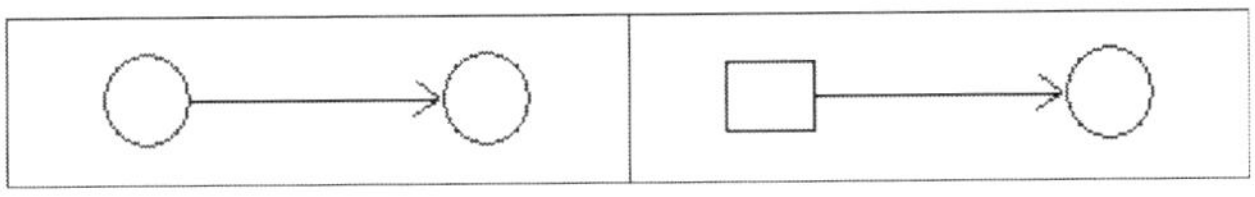

● 영향도의 수준

□ 영향도는 다양한 수준으로 의사결정문제를 표현할 수 있다.

- 먼저 관계 수준에서 영향도는 변수들과 그들 간의 관계－(조건부)독립이나 종속 또는 확률적 또는 확정적 함수관계 등－를 보여준다.
- 그리고 수치 수준에서 영향도는 각 변수에 대해 정의된 상세한 수치적 정보－확률분포와 비용 또는 가치－를 나타낸다.

● 변수

□ 외생변수(exogenous variable)는 영향도에서 직접적인 또는 간접적인 선행마디들에 의사결정변수가 전혀 개재되어 있지 않은 변수를 가리킨다.

□ 우연(또는 랜덤) 변수는 불확실하며 DM이 직접 조절할 수 없다.

- 한 랜덤변수에 의해 영향을 받는 아무 변수도 랜덤변수이다.

□ 의사결정변수는 DM이 조절할 수 있는 변수이다.

□ 결괏값 (또는 목적) 변수는 DM이 최적화하려고 하는 양적 기준이다.

□ 확정적 변수는 부모 마디에 있는 양들의 한 확정적 함수이다.

● 영향도를 풀기

영향도를 푼다는 것은 각 의사결정마디에 대한 의사결정함수를 찾는 것에 다름 아니다. 한 영향도의 여러 의사결정마디에 대응되는 의사결정함수의 집합은 전략(strategy) 또는 정책(policy)이라 불린다. 즉 정책이란 불확정 계획(contingent plan)이다. 우리는 영향도로부터 바로 최적 대안을 찾을 수도 있고, 이로부터 의사결정나무나 의사결정표를 유도하여 최적 대안을 찾을 수도 있다.

[그림 2.2.10]는 [예 2.2.5]에서 다룬 확장된 유전탐사 문제에 대한 영향도이다.

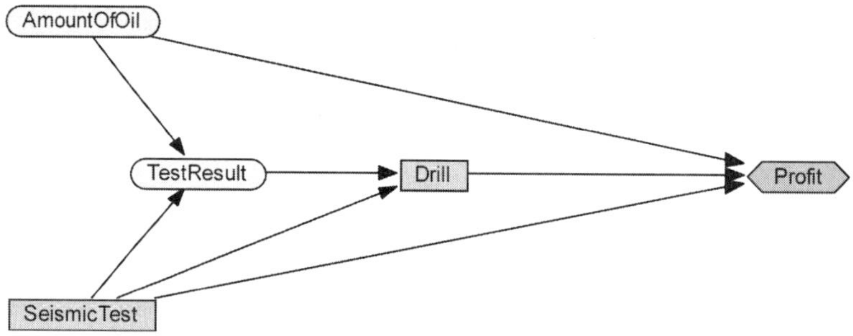


[그림 2.2.10] 확장된 유전탐사문제에 대한 영향도

영향도에서 바로 최적 정책을 구하는 데는 주로 동적계획법(dynamic programming, DP)이 사용된다. [그림 2.2.11]은 이 영향도에 대한 풀이과정을 나타내고 있다. 이 그림에서 $O$는 AmountOfOil을 나타내고 $R$은 TestResult를 나타낸다. (이는 영향도와 베이즈 망 소프트웨어인 Netica를 사용한 결과이다.)

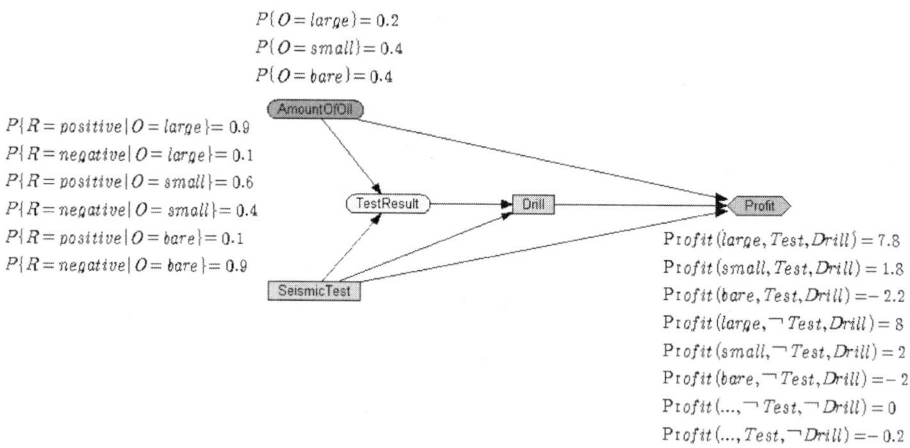


[그림 2.2.11(1)] 확장된 유전탐사문제의 영향도에 대한 풀이과정(1)

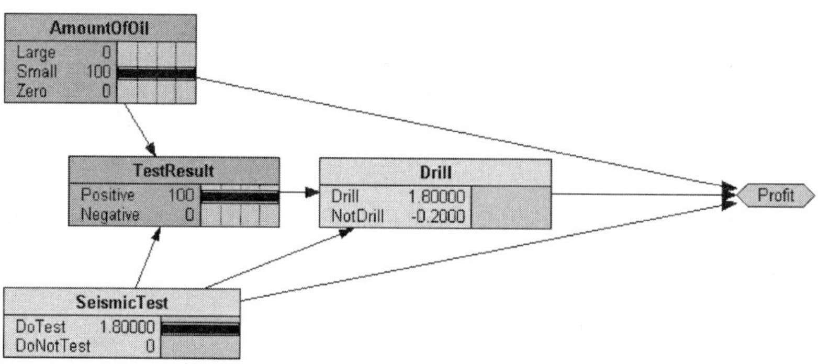


[그림 2.2.11(2)] 확장된 유전탐사문제의 영향도에 대한 풀이과정(2)

<과제 2.2.1> [예 2.2.2]에서 다룬 주말 문제에 대한 영향도를 작성하고 이를 풀어라.

**참고** 우리는 영향도를 그래프 모형화의 관점에서 볼 수 있다.

□ 영향도는 마디들-사건마디, 의사결정마디, 결과마디- 간의 관계를 나타내는 DAG(directed acyclic graph)이다.

□ DN(decision network, 의사결정망)은 다음 두 가지 조건을 만족하는 영향도이다.

- 모든 의사결정마디에 순서가 부여되어 있어야 한다.
- 각 의사결정마디와 그 의사결정마디에 직접 영향을 주는 마디들은 모든 후속 의사결정마디들에게 직접 영향을 주어야 한다.

□ DTN(decision tree network, 의사결정나무망)은 다음 조건을 만족하는 DN이다.

- 각 의사결정마디에 영향을 미치는 모든 선행 (우연) 마디들은 모두 직접 선행마디이어야 한다.

□ DT(decision tree, 의사결정나무)

□ 베이즈 망(Bayesian network, BN)은 사건마디들만으로 구성된 영향도 또는 DAG이다.

[그림 2.2.12]는 한 간단한 영향도와 이에 대응되는 의사결정나무를 나타내고 있다.

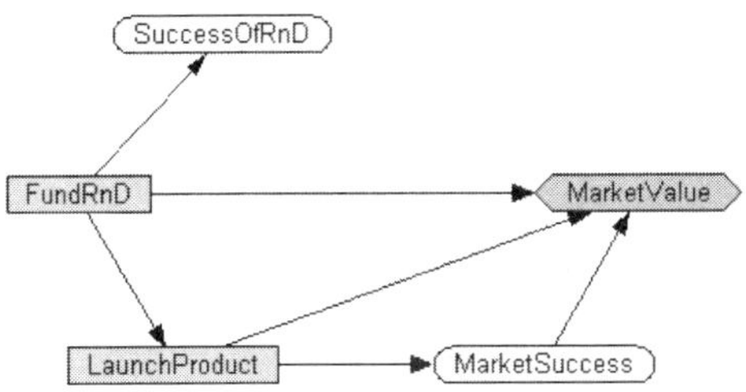


(a) 영향도

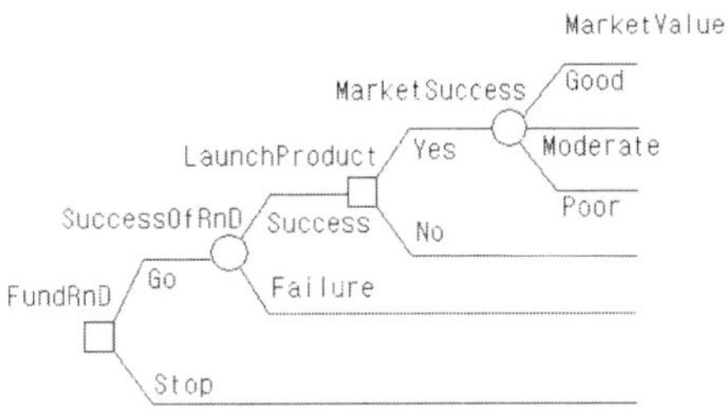


(b) 의사결정나무

[그림 2.2.12] 영향도와 대응되는 의사결정나무

● 영향도와 의사결정나무간의 관계

한 영향도는 논리적으로 동일한 다른 형태의 영향도로 변환될 수 있다. 두 영향도가 논리적으로 동일하다는 것은 모든 랜덤변수들의 정보상태가 동일하며 의사결정마디에서 동일한 최적 대안과 기대치를 가진다는 의미이다.

□ 영향도에서 행해질 수 있는 조작

① 화살표 추가

- 확률적으로 독립인 사건마디 사이에 편의상 화살표를 추가할 수 있다.

② 화살표 방향 전환

- 영향도에서 두 사건마디 사이의 화살표는 방향이 바뀔 수 있다.

□ 영향도로부터 의사결정나무를 유도할 때 지켜야 할 두 조건

- 영향도의 순서를 유지해야 한다.
- 부모마디가 아닌 상태마디가 의사결정마디의 선행마디가 돼서는 아니 된다.

□ 영향도를 의사결정나무로 변환시키는 과정

[단계 0] 주어진 영향도가 DTN인가?
참이면 [단계 3]으로 간다.
거짓이면 [단계 1]로 간다.

[단계 1] DTN 조건에 어긋나는 마디들에 화살표를 추가하거나 화살표의 방향을 바꾸어 본다. 특히 화살표가 바뀌는 두 랜덤변수는 공통적인 정보를 가져야 하므로 필요한 화살표를 추가하고 상응하는 확률분포를 구한다.

[단계 2] 각 의사결정마디가 DTN 조건을 만족하는가?
참이면 [단계 3]으로 간다.
거짓이면 [단계 1]로 간다.

[단계 3] 완성된 DTN의 화살표들을 제거하면 의사결정나무의 일반적 형태—마디들의 순서—가 얻어진다.

[단계 4] DTN의 마디에 포함된 정보를 이용하여 의사결정나무의 구체적 형태—마디들과 가지들—를 완성한다.

**예 2.2.7**

GS 정유는 어떤 지역에 대한 유전탐사 여부(A)를 결정하려고 한다. 이 의사결정의 결과(C)에 영향을 미치는 주된 불확실성은 지질구조(S)이다. GS 사는 탄성파 탐사(T)를 실시한 결과(O)를

의사결정에 이용할지 여부를 고려하고 있다. 먼저 이 의사결정문제를 영향도로 나타내고 이를 의사결정나무로 전환해 보자.

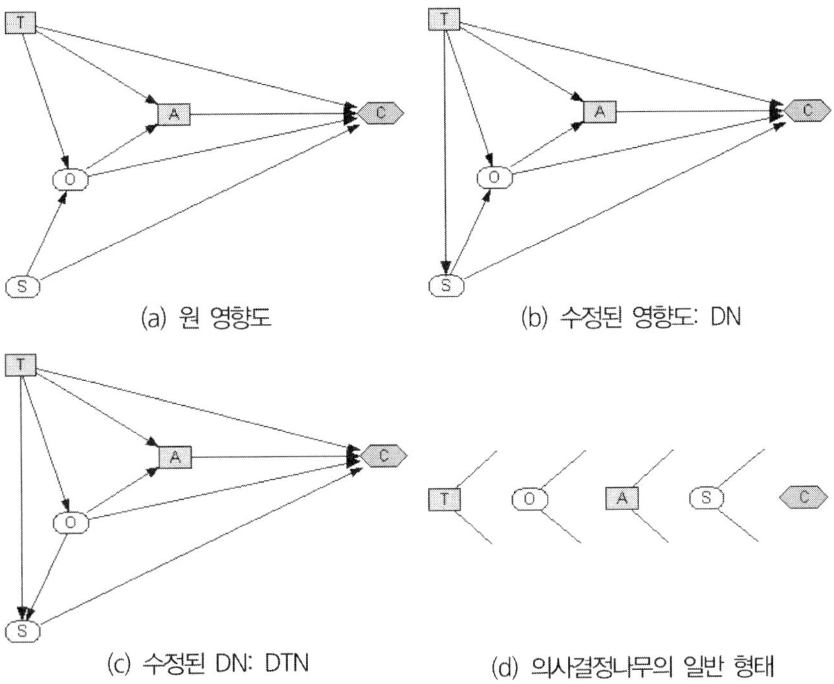


● 영향도와 의사결정나무의 비교

□ 의사결정나무는 가능한 경로나 시나리오를 왼쪽에서 오른쪽으로 분지해 나가는 일련의 마디들과 가지들 그리고 수치들－확률, 비용, 이익－로서 나타낸다.

- 의사결정나무는 때로 너무 상세하다.
- 의사결정나무는 반복되는 정보를 담고 있다.
- 의사결정나무는 의사결정마디나 사건마디의 수가 증가함에 따라 지수적으로 크기가 증가한다.
- 의사결정나무에서는 현실적으로 모든 변수를 이산변수로 다루어야 한다.

□ 영향도는 간결하고 다양한 수준으로 모형을 나타낼 수 있다.

- 영향도는 의사결정에 영향을 미치는 중요한 요소들 간의 관계를 의사결정나무에 비해 더욱 명백히 나타낸다.

# 연습문제

**01** 김서방은 진주에 있는 한 소프트웨어 개발회사의 사장이다. 김서방은 요즘 보험회사용의 맞춤식 컴퓨터 프로그램을 개발하기 위한 두 가지 계획안들 가운데 선택하는 문제로 씨름하고 있다. 첫 번째 계획안(A)은 김서방에게 8억 원의 수입을 보증한다. 두 번째 계획안(B)은 한 중요한 입법 개정안이 국회에서 통과되는지 여부에 따라 김서방에게 5억 원 또는 15억 원의 수입을 제공한다. 그 입법 개정안이 통과되면, 계획안 B에 따라 개발된 소프트웨어가 매우 유용하게 되고 김서방은 15억 원을 받게 될 것이다. 그 입법안이 통과되지 못하면, 김서방의 수입은 5억 원이 될 것이다. 김서방은 그 입법안이 국회를 통과할 가능성을 50－50으로 보고 있다. 소프트웨어 개발비용은 그 두 가지 계획안들에 대해 거의 동일하게 4억 원 정도로 예상되고 있다. 이 의사결정문제에 대한 의사결정표를 작성하되, 확률은 괄호(　　) 안에 표시하라.

**02** 남부지방의 한 제약회사인 종남사는 이태리에 한 제품을 내놓을지를 고려하고 있다. 이 제품을 내놓으려면 종남사는 그들의 이태리 공장에 생산공간을 증설해야 한다. 의사결정은 다음 두 가지 대안들로 좁혀졌다: (A) 중규모 증설 또는 (B) 대규모 증설. 이런 두 가지 대안들에 의해 생성되는 수익의 순현재가치(net present value, NPV)는 그 제품에 대한 미래의 수요가 불확실하기 때문에 상당히 변동적이다. 종남사는 가능한 수요를 "높다, 보통이다, 또는 낮다"로 분류하기로 정했다. 그들이 추정하기로는, 그 세 가지 수요들이 맞을 가능성은 각각 30 %, 50 %, 그리고 20 %이다. [아래 표]에 이런 정보들이 정리되어 있다.

(1) 이 의사결정문제에 대한 의사결정나무를 작성하되, 확률은 괄호(　　) 안에 적어 넣어라.

(2) (1)의 의사결정나무를 의사결정표로 변환하라.

[아래 표] 종남사의 이태리 투자에 대한 정보들

| 증설규모 | 수요 | 순현재가치 (단위:백만ITL) | 확률 |
|---|---|---|---|
| 중규모 | 높다 | 728 | 0.3 |
| | 보통이다 | 421 | 0.5 |
| | 낮다 | 114 | 0.2 |
| 대규모 | 높다 | 1,043 | 0.3 |
| | 보통이다 | 428 | 0.5 |
| | 낮다 | －185 | 0.2 |

**03** 길산이 일으킨 교통사고로 인해 부상을 입은 길동은 길산의 보험회사에 보상을 청구했다. 그 보험회사는 1천만 원을 주겠다고 제의했고, 길동은 5천만 원을 요구하기 위하여 한 변호사를 고용할 것을 고려하고 있다. 만일 길동이 한 변호사를 고용하여 5천만 원을 요구하면, 길산의 보험회사는 다시 1천만 원을 제의하던가 아니면 2천5백만 원을 제의할 것이다. 만일 그들이 2천5백만 원을 제의하면, 길동은 이를 받아들일 계획이다. 만일 그들이 1천만 원을 제의하면, 길동은 소송을 걸지 여부를 결정해야 한다. 길동이 소송을 걸지 않기로 결정하면, 그는 1천만 원을 받게 될 것이다. 만일 길동이 소송을 걸기로 결정하면, 그는 이기거나 질 것이다. 만일 길동이 이기면, 그는 5천만 원을 받을 것이다. 만일 길동이 지면, 그는 아무것도 받지 못할 것이다. 문제를 단순화하기 위해, 변호사 고용비용 1백만 원과 길동의 소송비용 5백만 원을 제외한 나머지 정서적, 시간적, 또는 그 밖의 비용들을 무시하라.

(1) 이 의사결정문제에 대한 의사결정나무를 작성하고, 이로부터 최적 대안을 추천하라. (단, 모든 사건마디에서 확률은 50:50으로 예상한다.)

(2) 이 의사결정나무를 의사결정표로 변환하고, 이로부터 최적 대안을 추천하라.

**04** 공연 기획사인 GS 기획은 이번 시즌에 한 브로드웨이 작품을 지원할 것을 고려하고 있다. 지원 대상 후보는 다음 두 작품으로 압축되었다: 뮤지컬인 분노의 포도와 멜로드라마인 대부. 브로드웨이 공연들에 대한 과거 자료로부터 GS 기획은 뮤지컬 작품들은 20 % 정도가 성공을 거두었고 멜로드라마는 30 % 정도가 성공적이었다는 것을 알아내었다.

GS 기획의 현재 자금 사정은 7억5천만 원을 투자할 수 있는 정도이다. 따라서 이번 시즌에는 한 작품만을 후원할 수 있다. GS 기획은 이 작품들 중 하나를 뉴헤이븐에서 먼저 무대에 올려 볼 수 있는 선택권을 가지고 있다. 시즌이 임박해 있으므로 GS 기획은 두 작품 모두를 뉴헤이븐의 무대에 올려볼 수는 없다. GS 기획은 뉴헤이븐 공연 결과를 토대로 브로드웨이 공연 작품을 선택할 수 있다.

이 두 작품과 관련된 비용과 수입은 다음과 같다(단위: 100만 원). 뉴헤이븐의 사전공연으로부터는 어떤 수입도 기대할 수 없다.

| 비용 / 작품 | 뉴헤이븐 사전공연비용 | 브로드웨이 본 공연비용 | 브로드웨이 개막공연비용 | 성공적일 때의 수입 | 실패적일 때의 수입 |
|---|---|---|---|---|---|
| 분노의 포도 | 200 | 500 | 600 | 4,000 | 300 |
| 대부 | 75 | 275 | 325 | 1,000 | 100 |

GS 기획은 뉴헤이븐을 거쳐서 브로드웨이로 간 작품들에 관한 다음과 같은 기록을 가지고 있다: 브로드웨이에서 성공한 뮤지컬들 가운데 80 %는 뉴헤이븐에서 성공을 거두었었고, 브로드웨이에서 실패한 뮤지컬들 가운데 40 %는 뉴헤이븐에서 실패를 거두었었다; 브로드웨이에서 성공한 멜로드라마 가운데 90 %는 뉴헤이븐에서 성공을 거두었었고, 브로드웨이에서 실패한 멜로드라마 가운데 60 %는 뉴헤이븐에서 실패를 거두었었다.

GS 기획이 안고 있는 의사결정문제를 의사결정나무와 의사결정표로 모형화하라.

**05** 당신은 특정한 모형의 중고차를 사야만 한다. 네 군데의 중고차 시장($n$ =1, 2, 3, 4)이 이런 모형을 한 대씩 보유하고 있는 것으로 조사되었다. 차의 상태는 상(1), 중(2), 하(3)로 분류되는데, 중고차 시장을 직접 방문하기 전에는 차의 상태를 알 길이 없다. 각 중고차 시장이 보유하고 있는 차의 상태가 $i$ ($i$ =1, 2, 3)일 확률은 1/3로 동일하다. 한 중고차 시장을 방문하는데 들어가는 비용은 2만 원이며, 한 번 방문한 중고차 시장을 다시 방문할 수는 없다. 차를 구입하여 얻는 효과는 차의 상태에 따라 다음 표와 같이 달라진다. 기대 구입 효과를 최대화시키는 구입 전략을 찾아라. 편의상 중고차 시장 방문 순서는 1, 2, 3, 4라고 하자. [참고: 우리는 각 중고차 시장을 방문하기 전에 미리 그 중고차 시장의 자동차를 구입하기로 결정할 수도 있고, 그 중고차 시장을 방문한 후에 구입을 결정할 수도 있다.]

| 차의 상태, $i$ | 사전 확률 | 구입 효과(단위: 만원) |
|---|---|---|
| 상(1) | 1/3 | 10 |
| 중(2) | 1/3 | 5 |
| 하(3) | 1/3 | 0 |

**06** 의사결정문제 특정에서, 결과공간의 적정성을 판정할 수 있는 실용적 기준들에 대해 논의하라.

# 03 의사결정기준

의사결정문제가 특정되었으면 의사결정자의 선호를 반영하는 의사결정기준에 따라 의사결정을 내려야 한다. 의사결정기준은 확률을 고려한 경우와 고려하지 않은 경우로 분류해볼 수 있다. 여기서는 의사결정의 결괏값들이 클수록 선호되는 "이익"개념이라고 간주될 것이다.

## 3.1 결괏값에 대한 선호와 순서화 조건

결괏값들에 대한 선호와 관련해서 이상적으로 합리적인 의사결정자가 만족해야 하는 조건들의 최소 집합을 제시해 보자. 이 조건들은 일관성(coherence), 일치성(consistency), 합리성(rationality) 조건 등으로 불리고 있는데, 이런 이름들은 논란의 여지가 있으므로 우리는 이 조건들을 단순히 순서화 조건(ordering condition)이라 부를 것이다.

우리는 편의상 한 의사결정과 관련된 결괏값들 $x$와 $y$에 대해 "$x > y$"를 "의사결정자가 $x$를 $y$보다 선호한다"는 뜻으로, 그리고 "$x \sim y$"를 "의사결정자가 $x$와 $y$에 대해 무차별하다"는 뜻으로 사용할 것이다. 그리고 어떤 진술이나 명제에 대한 부정을 나타내기 위해 그 진술 앞에 ¬(logical not)를 붙일 것이다. (우리는 여사건(complementary event)에 대해서도 그 사건 앞에 ¬를 붙일 것이다.)

[정의 3.1.1] 아무 의사결정과 관련된 결괏값들 $x, y, z$에 대한 다음 조건들은 집합적으로 순서화 조건이라 불린다:

O1. 민일 $x > y$이면, $\neg(y > x)$.
O2. 만일 $x > y$이면, $\neg(x \sim y)$.
O3. 만일 $x \sim y$이면, $\neg(x > y)$이고 $\neg(y > x)$.
O4. $x > y$ 이거나 $y > x$ 이거나 $x \sim y$.
O5. 만일 $x > y$이고 $y > z$이면, $x > z$.
O6. 만일 $x > y$이고 $x \sim z$이면, $z > y$.
O7. 만일 $x > y$이고 $y \sim z$이면, $x > z$.
O8. 만일 $x \sim y$이고 $y \sim z$이면, $x \sim z$.

여기서 O1-O3는 의사결정자의 선호들 가운데 다양한 비대칭성(asymmetries)이 성립한다는 것을 나타낸다. O4는 아무 두 결괏값이라도 의사결정자의 선호들을 통해서 연결되어 있다는 것을 나타내며 흔히 연결성 조건(connectivity condition)이라 불린다. O5-O8는 이행성 조건(transitivity conditions)이라 불린다.

의사결정자의 선호들이 위 O1-O8을 만족하면 결괏값들은 무차별계급(indifference classes)이라 불리는 계급들로 나뉜다. 우리는 의사결정자의 무차별계급들에 대해 선호관계에 따라 순위를 매길 것이다. 예컨대, 아무개가 10개 항목－q, r, s, t, u, v, w, x, y, z－에 대해 다음과 같은 선호들을 가지고 있다고 가정하자:

$$q \sim r,\ q > s,\ s > t,\ t \sim u,\ u \sim v,\ v \sim w,\ t > x,\ x \sim y,\ y > z$$

이 선호들과 순서화 조건으로부터 우리는 이 10 항목들을 [표 3.1.1]과 같이 5개의 무차별계급들로 나눌 수 있다. (이 표에서 [ ] 안의 순위 값은 작을수록 선호순위가 앞선다.)

[표 3.1.1] 무차별계급들과 순위

| 무차별계급 | 선호순위 |
|---|---|
| q, r | [1] |
| s | [2] |
| t, u, v, w | [3] |
| x, y | [4] |
| z | [5] |

일단 결괏값 공간이 무차별계급들로 나뉘고 순위가 매겨지면, 계급에 속하는 결괏값에 대한 의사결정자의 상대적 가치(중요성 또는 효용)를 반영하는 수가 각 계급에 할당될 수 있다. (예외적으로 무차별계급들의 수가 무한개라면 가치할당이 가능하지 않을 수도 있다.) 의사결정론에서는 순위가 높은 결괏값들에 큰 수들을 할당하는 것을 약속으로 하고 있으며, 그밖에는 자유로이 수들을 선택할 수 있다.

선호순서에 있는 항목들에게 수를 할당하는 다양한 방법들은 가치함수(value function) 또는 가치척도(value scale)라 불린다. (더 정확히는, 함수들은 선호순서들과 수들을 관련지어 주는 다양한 방법들이고, 척도들은 사용된 수열들이다. 그러나 두 용어를 섞어 쓰더라도 무방하다.)

항목 $x$에 할당되는 수－$x$의 가치 $u(x)$라고 불린다－는 다음 두 조건을 만족하기만 하면 된다: 순위가 매겨진 모든 항목 $x$와 $y$에 대해,

$$① \ u(x) > u(y) \Leftrightarrow x > y,$$
$$② \ u(x) = u(y) \Leftrightarrow x \sim y.$$

여기서 ⇔는 필요충분조건을 나타낸다. 위 두 조건 ①과 ②를 만족하는 가치함수들은 순서(또는 서수)효용함수(ordinal utility functions)라고도 불린다. 가치함수는 직접 부과하거나 중간치 분리법(mid-value splitting method)으로 부과할 수 있다.(5.5절 참조) [그림 3.1.1]은 가치함수의 한 예를 나타내고 있다.

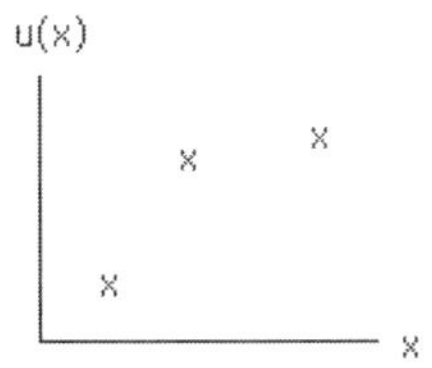


(a) 이산형 가치함수

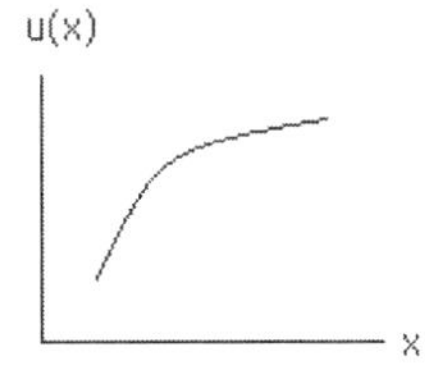


(b) 연속형 가치함수

[그림 3.1.1] 가치함수의 예

**참고** 우리는, 위험하의 의사결정에서 모험선호를 고려한 효용함수 즉 구간효용함수(interval utility function)와 구별하기 위해, 무지하나 확실성하의 순서효용함수를 가치함수(value function)라고 부르고 있다. 우리는 구간효용함수와 효용함수를, 그리고 순서효용함수와 가치함수를 같은 뜻으로 섞어 사용할 것이다.

한 타당한 순서척도를 변환시켰을 때 그 변환된 척도가 위의 관계를 보존하고 있다면, 이 새로운 척도도 그의 선호들에 대해 동일하게 타당한 순서척도가 된다. $t(u(x))$가 [그림 3.1.2]에서와 같이 $u$-척도로 측정된 $x$의 가치를 $t(u)$-척도의 수로 바꿔주는 변환이라고 하자. 이 새로운 척도는 다음 조건이 성립하면 타당한 순서척도가 된다:

$$③ \ u\text{-척도상의 모든 } v\text{와 } w\text{에 대해, } v \leq w \Leftrightarrow t(v) \leq t(w).$$

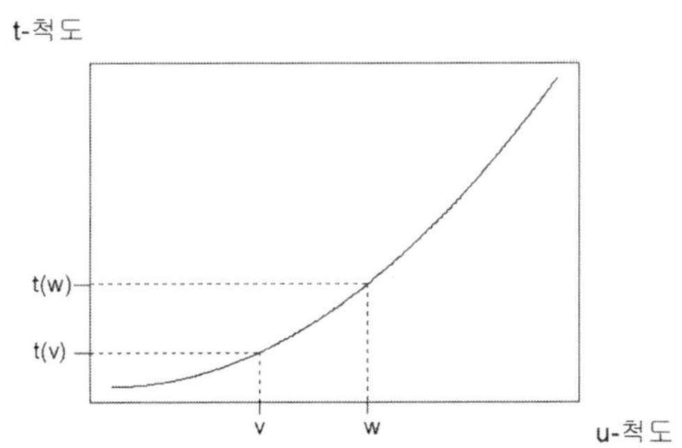


[그림 3.1.2] 척도 간의 순서변환

왜냐하면 $t(u)$-척도 역시 조건들 ①과 ②를 만족시킬 것이기 때문이다. 조건 ③을 만족시키는 변환들은 순서변환(ordinal transformations)이라고 불린다. (실제로 순서변환은 단조증가 변환에 다름 아니다.) 따라서 순서효용함수는 순서변환에 대해 불변적이다.

<과제 3.1.1.> 조건 ③을 만족시키는 $t(u)$-척도가 조건들 ①과 ②를 만족시킴을 보여라.

<과제 3.1.2> 아무 단조 증가함수는 순서변환임을 보여라.

<과제 3.1.3> 순서변환의 다른 예들을 들어보아라.

순서척도들은 의사결정자의 선호들의 범위 안에 있는 항목들의 상대적인 순서만을 나타낸다. 그들은 얼마나 많은 항목들이 두 항목들 사이에 있는지에 관한 정보나 의사결정자의 선호들의 강도에 대한 정보를 제공하지 못한다. 그러나 그들은 우리가 의사결정방법들을 더욱 편리하게 모형화할 수 있도록 해준다.

## 3.2 무지하의 의사결정: 미지의 것에 대한 태도

우리는 이 절에서 상태(또는 불확실한 사건)에 대해 완전히 무지한 상황－즉, 상태에 대해 아무런 확률분포가 부과될 수 없는 상황－에서 적용될 수 있는 의사결정기준을 다룰 것이다. 우리는 의사결정표에 표현된 결괏값 $c(a,\theta)$이 의사결정자의 가치(즉, 순서효용)함수를 나타낸다고 간주할 것이다.

**예 3.2.1**

[표 3.2.1]과 같은 의사결정표에 의해 특정되는 한 의사결정문제를 고려하자. 어떤 행동을 선택해야 할 것인가?

[표 3.2.1] 한 의사결정표

| 행동 \ 상태 | $\theta_1$ | $\theta_2$ | $\theta_3$ |
|---|---|---|---|
| $a_1$ | 1 | 14 | 13 |
| $a_2$ | −1 | 17 | 11 |
| $a_3$ | 0 | 20 | 6 |
| $a_4$ | 0 | 13 | 12 |

우리는 상태의 발생 가능성에 대한 확률적 정보가 전혀 없는 무지한 상황에서 의사결정을 내려야 한다. 이때 의사결정은 순수하게 미지의 것에 대한 그의 태도에 토대를 두게 된다. 이와 같은 상황에서 사용될 수 있는 의사결정 기준들을 살펴보자.

### 3.2.1. 우월

우월 기준(principle of dominance)은 아무 두 행동 중 모든 상태에서 가치가 같거나 낮은 행동이 있으면 그 행동을 제거하도록 추천한다. 구체적으로,

- 행동 $a$의 가장 낮은 가치가 행동 $b$의 가장 높은 가치보다 작지 않을 때 행동 $a$는 행동$b$보다 우월하다.
- 행동들 $a$와 $b$가 동일한 불확실한 사건을 수반하고, 불확실한 사건의 각 경우마다 행동 $a$의 가치가 행동 $b$의 가치보다 작지 않을 때 행동 $a$는 행동$b$보다 우월하다.

**예 3.2.2** **(예 3.2.1 계속)**

[예 3.2.1]에서 $a_1$은 $a_4$보다 우월하다. 이로부터 [표 3.2.1]의 의사결정표는 [표 3.2.2]와 같이 줄어든다.

[표 3.2.2] 줄어든 의사결정표

| 행동 \ 상태 | $\theta_1$ | $\theta_2$ | $\theta_3$ |
|---|---|---|---|
| $a_1$ | 1 | 14 | 13 |
| $a_2$ | $-1$ | 17 | 11 |
| $a_3$ | 0 | 20 | 6 |

□ 우월 기준의 성질

- 우월 기준은 최적 행동을 추천하는데 보다는 열등한 행동을 걸러내는데 적합하다.
- 우월 기준은 순서변환에 불변적이다.
- 우월 기준은 행동이 상태확률에 영향을 미치지 않을 때(즉 행동과 상태가 독립일 때) 적용될 수 있다.

다음 핵 비무장 문제에 관한 예는 우월 기준은 행동이 상태의 확률에 영향을 미치지 않을 때만 적용된다는 것을 보여준다.

**예 3.2.3 핵 비무장 문제**

냉전 시대에 핵 비무장 문제를 둘러싼 비둘기파와 매파간의 논쟁을 살펴보자. 비둘기파는 전쟁이 있건 없건 비무장이 더 선호된다고 주장한다. 왜냐하면 전쟁이 없고 우리가 비무장이라면, 더 많은 돈이 사회 프로그램을 위해 쓰일 수 있다; 전쟁이 있고 우리가 비무장이라면, 죽는 것보다는 적화되는 편이 더 낫다. 이 주장은 의사결정표 [표 3.2.3]를 낳는다. 죽는 것보다는 적화되는 것이 더 낫다는 입장을 가진다면 비무장이 우월한 결정이다.

[표 3.2.3] 핵 비무장문제의 의사결정표

| 행동 \ 상태 | 전쟁이 일어남 | 전쟁이 일어나지 않음 |
|---|---|---|
| 무장 | 죽음 | 현상 유지 |
| 비무장 | 적화됨 | 사회복지가 개선됨 |

매파는 비둘기파의 의사결정표에 드러난 어떤 것에도 의문을 제기하지 않는다. 그들은 단지 비무장은 거의 확실히 저쪽이 우리를 공격하도록 유도할 것이고, 반면에 계속 무장을 하면 전쟁이 일어날 가능성은 매우 희박해진다고 응대할 뿐이다. 실제로 비둘기파는 이점을 고려에 넣지 않았다. 즉, 그들은 이 경우에 우리가 선택하는 행동이 상태의 확률에 영향을 미친다는 점을 고려하지 않았다.

<과제 3.2.1> (파스칼의 내기의 변형: 인간의 기원에 대한 신념체계와 믿음의 결과)

인간{그리고 만물}의 기원에 대한 신념체계{또는 이론}은 두 가지로 나누어진다: 진화론과 창조론. 이 두 이론에 의한 사후의 결과가 [아래 표]에 제시되어 있다. 이 의사결정표에 우월원리를 적용하여 최적 행동을 선택하는 것이 타당한지에 대해 논의하라.

[아래 표] 진화론과 창조론에 의한 사후의 결과: 파스칼의 내기

| 행동 \ 참 상태 | 진화 | 창조 |
|---|---|---|
| 진화론을 믿음 | 흙 | 둘째 사망 |
| 창조론을 믿음 | 흙 | 영원한 생명 |

### 3.2.2. 최대최소

최대최소 기준(principle of Maximin)은 최소가치를 최대화해주는 행동을 추천한다:

$$a_i^* = \max_{a_i} \min_{\theta_j} c(a_i, \theta_j)$$

**예 3.2.4** (예 3.2.1 계속)

[표 3.2.4]에서 $a_1$의 최소가치는 1, $a_2$의 최소가치는 $-1$, 그리고 $a_3$의 최소가치는 0이다. 따라서 최대최소 행동은 $a_1$이다.

[표 3.2.4] 최대최소 행동

| | $\theta_1$ | $\theta_2$ | $\theta_3$ | 최소가치 |
|---|---|---|---|---|
| $a_1$* | 1 | 14 | 13 | 1* |
| $a_2$ | $-1$ | 17 | 11 | $-1$ |
| $a_3$ | 0 | 20 | 6 | 0 |

□ 최대최소 기준의 성질

- 최대최소 기준은 지나치게 비관적이다. 그러나 게임이론에서와 같이 상태가 지적인 상대의 행동 대안을 나타내는 경우에 이 기준은 합리적인 기준이 된다.
- 최대최소 기준은 순서변환에 불변적이다.
- 두 행동이 맞설 때 사전적(lexical) 최대최소 기준으로 이를 깰 수 있다. 사전적 기준이란 맞서는 행동들 가운데 가장 앞에 나오는 행동을 선택하는 것을 말한다.

### 3.2.3. 최대최대

최대최대 기준(principle of Maximax)은 최대가치를 최대화해주는 행동을 추천한다:

$$a_i^* = \max_{a_i} \max_{\theta_j} c(a_i, \theta_j)$$

**예 3.2.5** (예 3.2.1 계속)

[표 3.2.5]에서 $a_1$의 최대가치는 14, $a_2$의 최대가치는 17, 그리고 $a_3$의 최대가치는 20이다. 따라서 최대최대 행동은 $a_3$이다.

[표 3.2.5] 최대최대 행동

| | $\theta_1$ | $\theta_2$ | $\theta_3$ | 최대가치 |
|---|---|---|---|---|
| $a_1$ | 1 | 14 | 13 | 14 |
| $a_2$ | $-1$ | 17 | 11 | 17 |
| $a_3$* | 0 | 20 | 6 | 20* |

□ 최대최대 기준의 성질

- 최대최대 기준은 지나치게 낙관적이다.
- 최대최대 기준은 순서변환에 불변적이다.

이제부터 지나치게 비관적인 최대최소기준과 지나치게 낙관적인 최대최대 기준을 절충하는 기준을 살펴보자.

## 3.2.4. 허어윗즈의 낙관–비관 절충

허어윗즈 기준(Hurwicz's principle of $\alpha$-optimism-pessimism)은 최대최소 기준과 최대최대 기준의 한 절충이다: 주어진 낙관지수(optimism index) $\alpha\,(0 \leq \alpha \leq 1)$에 대해,

$$a_i^* = \max_{a_i}\left\{\alpha \max_{\theta_j} c(a_i, \theta_j) + (1-\alpha)\min_{\theta_j} c(a_i, \theta_j)\right\},$$

여기서 { }안의 값－이 값을 $H(a_i, \alpha)$로 나타내기로 하자－은 각 행동 $a_i$에 대한 $\alpha$-지수라고 불린다.

**예 3.2.6** (예 3.2.1 계속)

$\alpha$ =0.4일 때, 각 행동의 0.4-지수들은 [표 3.2.6]과 같이 주어진다: $a_1$ 의 0.4-지수는 6.2, $a_2$ 의 0.4-지수는 6.2, 그리고 $a_3$ 의 0.4-지수는 8이다. 따라서 $\alpha$ =0.4일 때, 허어윗즈 행동은 $a_3$ 이다.

[표 3.2.6] 허어윗즈 행동($\alpha$ =0.4)

| | $\theta_1$ | $\theta_2$ | $\theta_3$ | $H(a_i, 0.4)$ |
|---|---|---|---|---|
| $a_1$ | 1 | 14 | 13 | 6.2 |
| $a_2$ | −1 | 17 | 11 | 6.2 |
| $a_3$* | 0 | 20 | 6 | 8.0* |

□ 허어윗즈 기준의 성질

- 허어윗즈 기준은 순서변환에 불변적이지 않다. 즉 허어윗즈 기준은 순서효용척도보다 더 높은 수준의 효용척도−즉, 구간효용함수−를 필요로 한다.
- 허어윗즈 기준은 양선형변환(positive linear transformation)에 불변적이다. 한 척도 $x$ 에 대해 $y = ax + b$ $(a>0)$는 $x$ 의 한 양선형변환이라고 일컬어진다. 구간효용함수는 양선형변환에 불변적이다.

## 3.2.5. 새비지의 최대후회최소

새비지의 최대후회최소 기준(Savage's principle of Minimax regret)은 후회표(regret table)라는 새로운 의사결정표에 최소최대 기준을 적용한 것이다. 후회 $r(a_i, \theta_j)$는 한 주어진 미래 상태 $\theta_j$에 대응되는 최선의 선택 대신에 $a_i$를 선택함으로써 의사결정자가 하게 될 후회 즉, 기회손실(opportunity loss) 또는 기회비용(opportunity cost)을 나타낸다:

$$r(a_i, \theta_j) = \max_{a_k} c(a_k, \theta_j) - c(a_i, \theta_j)$$

따라서 최대후회최소 기준은 최대후회를 최소화해주는 행동을 추천한다:

$$a_i^* = \min_{a_i} \max_{\theta_j} r(a_i, \theta_j)$$

**예 3.2.7** **(예 3.2.1 계속)**

[표 3.2.7]에서 보듯이 최대후회최소 기준은 $a_2$를 최적행동으로 추천한다.

**[표 3.2.7] 후회표**

| | $\theta_1$ | $\theta_2$ | $\theta_3$ | 최대후회 |
|---|---|---|---|---|
| $a_1$ | 0 | 6 | 0 | 6 |
| $a_2$* | 2 | 3 | 2 | 3* |
| $a_3$ | 1 | 0 | 7 | 7 |

□ 최대후회최소 기준의 성질

- 최대후회최소 기준은 과거 지향적 기준이지만 최대최소 기준보다는 덜 비관적이다.
- 두 행동이 맞설 때 사전적 최대후회최소 기준으로 이를 깰 수 있다.
- 최대후회최소 기준은 순서변환에 불변적이지 않다.
- 최대후회최소 기준은 양선형변환에 불변적이며 따라서 구간 효용척도를 필요로 한다.
- 원 행동들보다 더 선호된다고 간주되지 않는 한 행동을 추가할 때, 최대후회최소 기준이 추천하는 최적 행동이 바뀔 수 있다. 이것은 최대후회최소 기준을 사용하는 것을 거리끼게 만든다. 다음 예를 보자.

**예 3.2.8**

다음 [표 3.2.8]의 의사결정표에 의해 특정된 의사결정문제에 대한 후회표는 [표 3.2.9]와 같이 주어진다. 따라서 최대후회최소 기준에 의한 최적 행동은 $a_1$이다.

**[표 3.2.8] 의사결정표**

| | $\theta_1$ | $\theta_2$ | $\theta_3$ |
|---|---|---|---|
| $a_1$ | $-3$ | 5 | $-1$ |
| $a_2$ | 0 | $-3$ | 5 |

**[표 3.2.9] 후회표**

| | $\theta_1$ | $\theta_2$ | $\theta_3$ | 최대후회 |
|---|---|---|---|---|
| $a_1$* | 3 | 0 | 6 | 6* |
| $a_2$ | 0 | 8 | 0 | 8 |

다른 한 행동 $a_3$가 행동 대안으로 덧붙여진 수정된 의사결정표 [표 3.2.10]을 고려하자. 명백히 (?) 최대후회최소 기준은 $a_1$과 $a_3$ 가운데 $a_1$을 추천하고, $a_2$와 $a_3$ 가운데 $a_2$를 추천한다. 즉 최대후회최소 기준에 의하면 $a_3$는 $a_1$이나 $a_2$보다 선호되지 않은 행동 대안이다. 그러나 수정된 후회표 [표 3.2.11]을 보라. 이 수정된 후회표에서 최대후회를 최소화해주는 행동은 $a_2$이다. 어느 경우에도 선택되지 않을 행동(즉, $a_3$)을 덧붙인 것이 최적행동에 변화를 가져온다는 것은 무언가 꺼림칙한 일이다.

[표 3.2.10] 수정된 의사결정표

| | $\theta_1$ | $\theta_2$ | $\theta_3$ |
|---|---|---|---|
| $a_1$ | −3 | 5 | −1 |
| $a_2$ | 0 | −3 | 5 |
| $a_3$ | 7 | −6 | −4 |

[표 3.2.11] 수정된 후회표

| | $\theta_1$ | $\theta_2$ | $\theta_3$ | 최대후회 |
|---|---|---|---|---|
| $a_1$ | 10 | 0 | 6 | 10 |
| $a_2$* | 7 | 8 | 0 | 8* |
| $a_3$ | 0 | 11 | 9 | 11 |

- 어떤 상황에서는 최대후회최소 기준이 부적절해 보인다. 예컨대, [표 3.2.12]에 주어진 의사결정표와 이에 대한 후회표 [표 3.2.13]을 고려하자. 최대후회최소 행동은 $a_2$이다. 그러나 대부분의 사람들은 이와 같은 상황에 최대후회최소 기준을 적용하는 것을 탐탁하지 않게 여길 것이다.

[표 3.2.12] 의사결정표

| | $\theta_1$ | $\theta_2$ | $\theta_3$ | ⋯ | $\theta_{100}$ |
|---|---|---|---|---|---|
| $a_1$ | 0 | 99.9 | 99.9 | ⋯ | 99.9 |
| $a_2$ | 100 | 0 | 0 | ⋯ | 0 |

[표 3.2.13] 후회표

| | $\theta_1$ | $\theta_2$ | $\theta_3$ | … | $\theta_{100}$ | 최대후회 |
|---|---|---|---|---|---|---|
| $a_1$ | 100 | 0 | 0 | … | 0 | 100 |
| $a_2$* | 0 | 99.9 | 99.9 | … | 99.9 | 99.9* |

## 3.2.6. 라플라스의 불충분이유

라플라스의 불충분이유 기준(Laplace's principle of insufficient reason)은 다음과 같이 주장한다: 우리가 전혀 무지하다면, 각 상태는 가능성이 동일하며 우리의 선택과는 무관한 것으로 간주되어야 한다. 이런 맥락에서 불충분이유 기준은 기대가치가 가장 큰 행동을 추천한다:

$$a_i^* = \max_{a_i}\left\{\frac{1}{n}\sum_{j=1}^{n} c(a_i, \theta_j)\right\}.$$

**예 3.2.9** (예 3.2.1 계속)

[표 3.2.2]에서 상태들 $\theta_1, \theta_2, \theta_3$의 확률이 모두 1/3로 주어지므로 행동들 $a_1, a_2, a_3$의 기대가치는 각각 28/3, 27/3, 26/3이다. 따라서 불충분이유 기준은 $a_1$를 최적 대안으로 추천한다.

□ 불충분이유 기준의 성질

- 불충분이유 기준은 양선형변환에 불변적이며 따라서 구간 효용함수를 전제로 한다.
- 이 기준에 대한 한 철학적 반대는 다음과 같이 제기된다: 한 특정 확률분포를 할당할 아무런 이유가 없으므로 모든 상태가 동일한 확률들을 가진다는 가정도 정당화될 수 없다.

## 3.2.7. 상충하는 최적행동들에 대한 해결책

위 기준들이 서로 다른 행동들을 추천할 때는 어떻게 할 것인가? 우리가 살펴본 예에서 여러 의사결정기준들은 서로 다른 행동들을 추천하고 있다. 이런 경우에 우리는 어떤 행동을 선택해야 하는가? 우리는 다음 조건들을 적용하여 행동들을 좁혀나갈 수 있을 것이다. 그러나 우리는 기본적으로 위 기준들은 적용되기에 적절한 상황이 서로 다르다는 것을 인식해야 한다.

### (1) 다수결 조건

- 다수결 조건(majority-rule condition)은 여러 기준들에 의해 가장 많이 추천된 행동을 선택한다.

**예 3.2.10** (예 3.2.1 계속)

우리가 최대최소 기준, 허어윗즈 기준, 그리고 불충분이유 기준들을 고려할 때 [표 3.2.1]의 의사결정표로부터 최적 행동들은 각각 $a_1$, $a_3$ 그리고 $a_1$ 이다. 다수결 조건은 이 모순적인 최적 행동들로부터 $a_1$ 을 추천한다.

- 때로 순환이 발생하여 다수결 조건에 의해 결론이 나지 않을 수 있는데, 이런 현상은 투표역설(voting paradox)이라 일컬어진다. 다음 예를 보자. 우리는 투표역설을 집단의사결정(8장)에서 다시 고려할 것이다.

**예 3.2.11** (예 3.2.1 계속)

우리가 지금까지 보아온 대로 [표 3.2.2]의 의사결정표에 대해 최대최소 행동은 $a_1$, 최대후회최소 행동은 $a_2$ 그리고 낙관지수가 0.5일 때의 허어윗즈 행동은 $a_3$ 이다. 우리는 다수결 조건에 의해 이 교착상황에서 벗어나려고 시도해 볼 수 있다. 각 행동 쌍들에 대한 의사결정 기준별 투표결과가 [표 3.2.14]에 정리되어 있다. (참고로 최대후회최소 기준을 적용할 때 우리는 원래의 세-행동 표 대신에 세 개의 두-행동 표를 사용해야 한다. 왜냐하면 우리가 [예 3.2.8]에서 살펴보았듯이 세-행동 표는 행동들의 쌍별 비교에는 타당하지 않기 때문이다.)

[표 3.2.14] 투표결과

| 기준 \ 대안행동들 | $a_1$ 대 $a_2$ | $a_2$ 대 $a_3$ | $a_3$ 대 $a_1$ |
|---|---|---|---|
| 최대최소 | $a_1$ | $a_3$ | $a_1$ |
| 최대후회최소 | $a_2$ | $a_2$ | $a_1$ |
| 허어윗즈 | $a_2$ | $a_3$ | $a_3$ |

다수결 조건은 이 교착상태를 풀어주지 못하고 투표 역설에 빠지고 만다: 즉, 다수결 조건은 $a_1$ 대$a_2$ 에서는 $a_2$ 를, $a_2$ 대$a_3$ 에서는 $a_3$ 를 그리고 $a_3$ 대$a_1$ 에서는 $a_1$ 를 추천하는 순환을 형성한다.

- 다수결 조건이 순환을 형성하지 않더라도 우리가 이 조건을 의사결정 기준들의 모순적인 최적행동들을 타개하는데 타당성이 있다고 볼 특별한 근거는 없다. 기준들은 상충하는 이해를 조정해야 할 사람들이 아니다(이해의 조정 즉 협상에 대해서는 5.10.8절을 참조하기 바람). 따라서 각 기준의 특성을 파악하고 주어진 문제 상황에서 가장 타당한 기준을 정하는 것이 더 적절할 것이다. 때로는 절충(compromise)이나 상쇄(compensation)가 필요할 수도 있으며 이에 대해서는 9.6절을 참고하기 바란다.

[연구 3.2.1] 다수결 조건과 쌍별 비교 결과와의 관련성. [예 3.2.10]을 다시 고려하자. [표 3.2.15]에서 보듯이, 쌍별 비교의 결과도 $a_1$, $a_3$, $a_1$을 추천한다.

[표 3.2.15] 투표결과

| 기준 \ 대안행동들 | $a_1$ 대 $a_2$ | $a_2$ 대 $a_3$ | $a_3$ 대 $a_1$ |
|---|---|---|---|
| 최대최소 | $a_1$ | $a_3$ | $a_1$ |
| 허어윗즈 | $a_2$ | $a_3$ | $a_3$ |
| 불충분이유 | $a_1$ | $a_2$ | $a_1$ |

## (2) 혼합조건과 무관확장 조건

한 합리적인 인간이 무지한 상황에서 의사결정을 내릴 때 어떻게 행동들에 순위를 부여할지를 서술하기 위한 조건들을 살펴볼 필요가 있다. 혼합조건과 무관확장 조건은 그런 조건들 중의 하나이다.

[정의 3.2.1] 혼합조건(mixture condition). 한 합리적인 인간이 두 행동 사이에 무차별하다면, 그는 동전을 던져서 앞면이 나오면 첫 번째 행동을 취하고 뒷면이 나오면 두 번째 행동을 취하는 제3의 행동과 원 행동 간에 무차별할 것이다.

혼합조건에 의해 허어윗즈 기준은 제거된다. 다음 예를 보자.

**예 3.2.12**

다음과 같은 의사결정표를 고려하자. 허어윗즈 기준에 의하면 낙관지수 $\alpha$에 관계없이 $a_1$과 $a_2$는 무차별하다.

| | $\theta_1$ | $\theta_2$ | $H(a_i, \alpha)$ |
|---|---|---|---|
| $a_1$ | 1 | 0 | $\alpha$ |
| $a_2$ | 0 | 1 | $\alpha$ |

이제 흠 없는 동전을 던져서 앞면이 나오면 $a_1$ 을 선택하고, 뒷면이 나오면 $a_2$ 를 택하는 세 번째 행동 $a_3$ 를 행동공간에 추가하자. ($a_3$ 의 결괏값들은 각 상태에서의 가치가 흠 없는 동전에 대한 내기－맞으면 1, 틀리면 0을 받는－의 기대가치가 된다는 점에 착안해서 계산되었다.)

| | $\theta_1$ | $\theta_2$ | $H(a_i, \alpha)$ |
|---|---|---|---|
| $a_1$ | 1 | 0 | $\alpha$ |
| $a_2$ | 0 | 1 | $\alpha$ |
| $a_3$ | 0.5 | 0.5 | 0.5 |

이제 의사결정자가 이 세 행동들에 대해 무차별하게 되는 낙관지수 $\alpha$ 의 유일한 값은 0.5이다. 이것은 혼합조건에 어긋난다. 따라서 혼합조건은 허어윗즈 기준을 제거한다.

[정의 3.2.2] 무관 확장조건(irrelevant expansion condition). 원 행동들 각각에 비해 더 선호되지 않는 한 행동을 추가할 때, 한 합리적인 인간이 이 행동집합에 매긴 순위는 바뀌지 않을 것이다.

무관 확장조건에 의해 새비지의 최대후회최소 기준은 제거된다. [예 3.2.8]을 보라.

[연구 3.2.2] 사회 철학에서의 한 응용: 사회정의에 대한 논쟁(Resnik, 1988)

## (1) 공리주의(utilitarianism)

□ Bentham

- 벤담은 어떤 행위의 윤리적 평가는 동기와 상관없이 오로지 그 행위의 결과로 얼마나 개인과 사회의 행복이 증진되었는가에 따라야 한다고 주장한다.
- 사회정의 원리: 부에 의한 행복은 점차 감소한다(한계효용 체감의 원리). 따라서 부의 공평한 분배가 사회 전체의 행복을 증가시킨다.
- 최대최대 원리 주창: 최대 다수의 최대 행복

□ Mill

- 존 스튜어트 밀은 공리주의를 계승하면서 행복지수의 계산에 '쾌락의 질'의 개념을 포함시켜 인간의 품위를 살리려는 윤리적 열정을 보인다.

□ Harsanyi

- 사회정의 원리: 사회정의는 평균수준을 높임으로써 구현된다.
- 불충분이유 원리 주창

### (2) Rawls의 차이원리(difference principle): 자유주의

- 사회정의 원리: 극빈수준의 차이로 사회정의를 잴 수 있다.
- 최대최소 원리 주창: 최대 다수의 최소 불행

### (3) 공동체주의: 덕성 추구

## 3.3 위험하의 의사결정 기준들: 위험에 대한 태도

우리는 이 절에서 자연상태에 대해 확률분포를 부과할 수 있는 위험하의 의사결정문제들을 위한 의사결정기준들을 살펴볼 것이다. 이때 의사결정은 위험에 대한 그의 태도(즉 분포에 대한 그의 선호)에 토대를 두게 된다. 우리는 이 절에서 의사결정표에 표현된 값이 의사결정자의 효용(구간효용)으로 평가되기 전의 결괏값을 나타낸다고 간주할 것이다. 먼저 신제품 선정에 관한 한 예를 살펴보자.

**예 3.3.1 신제품 선정문제**

한 회사에서 개발이 완료된 세 수준의 신제품들 가운데 하나를 선정하여 생산 · 판매하려고 한다. 각 수준 제품에 대한 단위당 이익(단위: 만 원)과 시장조사 결과 얻어진 각 수준 제품의 예상 판매량(단위: 천 개)에 대한 확률분포는 [표 3.3.1]과 같다. [표 3.3.2]는 이로부터 계산된 요약 통계들이다. 우리는 이 의사결정문제를 [그림 3.3.1]과 같은 의사결정나무로 모형화해 볼 수 있다. 어떤 제품 수준을 선정해야 할까?

[표 3.3.1] 신제품 선정을 위한 기본 데이터

| 제품 수준 | 개당 이익 (단위:만원) | 판매량의 확률분포 | | | | | |
|---|---|---|---|---|---|---|---|
| | | 0 | 100 | 200 | 300 | 400 | 500 |
| A | 1 | 0.0 | 0.0 | 0.1 | 0.1 | 0.2 | 0.6 |
| B | 2 | 0.1 | 0.2 | 0.2 | 0.4 | 0.1 | 0.0 |
| C | 1.5 | 0.1 | 0.3 | 0.3 | 0.2 | 0.1 | 0.0 |

[표 3.3.2] 신제품 선정문제에 대한 요약 통계

| 제품 수준 | 최빈수 (단위: 만원) | 기대치 (단위: 만원) | 표준편차 (단위: 만원) | 변동계수 (단위: %) | SNR | SNR 구성비 |
|---|---|---|---|---|---|---|
| A | 500 | 430 | 100 | 23.2558 | 0.0430 | 0.5464 |
| B | 600 | 440 | 233 | 52.9545 | 0.01888 | 0.2401 |
| C | 150, 300 | 285 | 170 | 59.6491 | 0.01676 | 0.2135 |

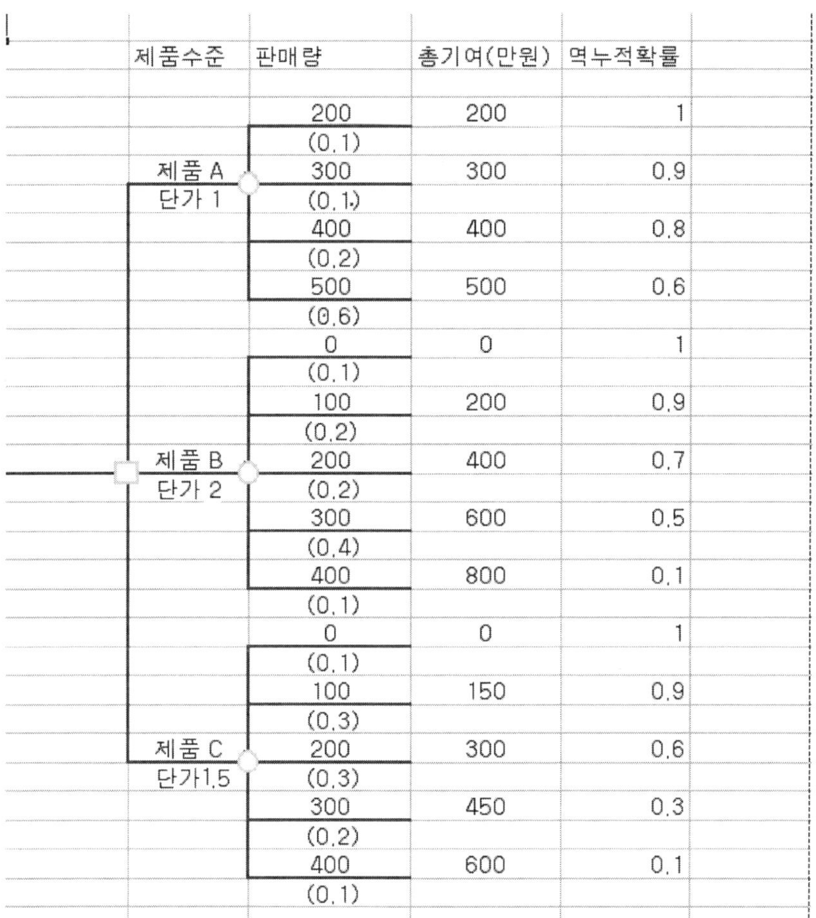


[그림 3.3.1] 신제품 선정문제에 대한 의사결정나무

### 3.3.1. 확률적 우월

확률적 우월 기준(principle of probabilistic dominance)은 다음과 같이 진술한다: 아무 결괏값에 대해 대안 $a$가 그 값 이상을 달성할 확률이 대안 $b$가 그 값을 달성할 확률보다 더 크거나 같다면, 대안 $a$는 확률적으로 대안 $b$보다 우월하다. (예외적으로, 만일 모든 결괏값들에 대해 그 확률들이 동일하다면, 두 대안은 동등하다.)

**예 3.3.2** (예 3.3.1 계속)

신제품 선정문제에서 우리는 [그림 3.3.1]의 의사결정나무로부터 각 제품의 기여(contribution) 즉 총수익에 대한 역누적확률분포를 [그림 3.3.2]와 [표 3.3.3]와 같이 작성할 수 있다. 우리는 이 역누적분포표로부터 제품 B를 생산하는 대안이 제품 C를 생산하는 대안보다 확률적으로 우월함을 알 수 있다.

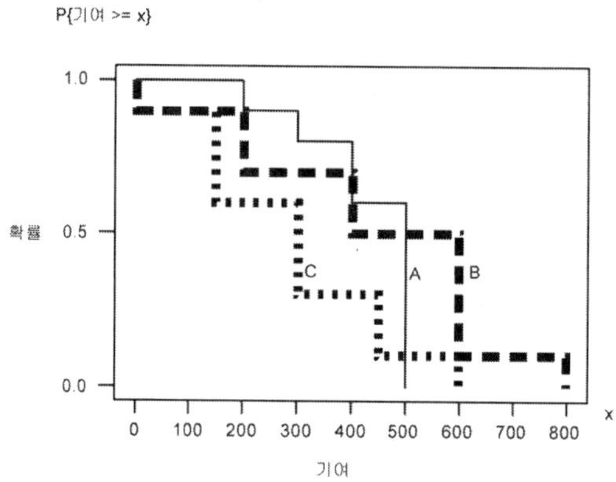


[그림 3.3.2] 기여에 대한 역누적분포도

[표 3.3.3] 기여에 대한 역누적분포표

| 역누적 확률 | A | B | C |
|---|---|---|---|
| 1.0 | 200 | 0 | 0 |
| 0.9 | 300 | 200 | 150 |
| 0.8 | 400 | ↓ | ↓ |
| 0.7 | ↓ | 400 | ↓ |
| 0.6 | 500 | ↓ | 300 |
| 0.5 | ↓ | 600 | ↓ |
| 0.4 | ↓ | ↓ | ↓ |
| 0.3 | ↓ | ↓ | ↓ |
| 0.2 | ↓ | ↓ | 450 |
| 0.1 | ↓ | 800 | 600 |

<과제 3.3.1> [예 3.3.1]의 신제품 선정문제를 의사결정표로 표현하라.

**참고** 위에서 제시한 확률적 우월 기준은 더 정확하게는 "제1차 확률적 우월 기준"이라고 불린다. 대안 $a$, $b$와 관련된 누적분포를 각각 $F(x)$, $G(x)$로 나타내자. 아무 비감소 함수 $u$에 대해 다음 조건을 만족하면 $F$는 $G$보다 제1차 확률적 우월하다(the 1st order stochastic dominant):

$$\int u(x)\,dF(x) \geq \int u(x)\,dG(x).$$

아무 비감소 위로볼록함수(concave function) $u$에 대해 다음 조건을 만족하면 $F$는 $G$보다 제2차 확률적 우월하다(the 2nd order stochastic dominant):

$$\int u(x)\,dF(x) \geq \int u(x)\,dG(x).$$

## 3.3.2. 최빈결괏값

최빈결괏값 기준(principle of modal consequence)은 최빈결괏값이 가장 큰 행동을 추천한다. 최빈결괏값 기준은 확률적 상황을 확정적 상황으로 즉, 불확실한 사건을 발생확률이 가장 높은 단일 값인 최빈결괏값으로 바꾼다.

- 이 기준은 많은 값들이 작은 확률들을 가지고 있을 때나 여러 값들이 동일한 확률을 가지고 있을 때는 적용하기가 곤란하다.

**예 3.3.3 (3.3.1 계속)**

신제품 선정문제에서, 제품 A, B, C의 최빈결괏값은 [표 3.3.2]에서 보듯이 각각 500만 원, 600만 원, 150만 원(또는 300만 원)이다. 따라서 최빈결괏값 기준에 의한 최적 행동은 제품 B를 생산하는 대안이다.

## 3.3.3. 기대치

기대치 기준(principle of expected value)은 기대결괏값을 최대화해주는 행동을 최적 행동으로 추천한다.

- 결괏값이 돈일 때 기대결괏값은 기대화폐가치(Expected Monetary Value, EMV)라 불린다.
- 기대치 기준은 분포의 중심위치만 고려하고 있으므로, 보험회사에서 보험정책(보험상품)을 개발하는 문제와 같은 주로 반복적이고 장기적인 의사결정에 제한적으로 적용될 수 있다.

**예 3.3.4** (예 3.3.1, 계속)

신제품 선정문제에서, 제품 A, B, C의 기대치는 [표 3.3.2]에서 보듯이 각각 430만 원, 440만 원, 285만 원이다. 따라서 기대치 기준에 의한 최적 행동은 제품 B를 생산하는 대안이다.

### 3.3.4. 기대후회

기대후회 기준(principle of expected regret)은 기대후회를 최소화해주는 행동을 최적 행동으로 추천한다.(7.3.1절 참조)

<과제 3.3.2> 기대후회 기준은 기대치 기준과 동일한 행동을 추천함을 보여라.

### 3.3.5. 기대치-표준편차

기대치-표준편차 기준(principle of mean-standard deviation)은 기대치는 크고 표준편차는 작은 행동을 추천한다.

- 기대치-표준편차 기준은 단기적인 의사결정문제에도 적용될 수 있도록 기대치 기준을 수정한 기준이다.
- 기대치-표준편차 기준은 분포가 대칭적일 때 의미가 있다.
- 기대치-표준편차 기준은 흔히 다음 두 가지 형태를 띠게 된다:

#### (1) 파레토 우월(Pareto dominance)

파레토 우월 기준(또는 기대치-표준편차 우월 기준)에 의하면, 기대치-표준편차 평면에서 한 행동은 그의 왼쪽-위쪽의 영역에 속하는 행동보다 우월하다. 파레토 우월 기준에 의해 제거되지 않고 남아 있는 행동들은 파레토 최적집합(Pareto optimal set) 또는 유효경계(efficient frontier)라고 불린다.

**예 3.3.5** **(예 3.3.1 계속)**

신제품 선정문제에서 제품 A를 판매하는 대안은, [그림 3.3.3]에서 보듯이 제품 C를 판매하는 대안보다 파레토 우월하다. 따라서 파레토 최적집합은 제품 A와 B로 이루어진다.

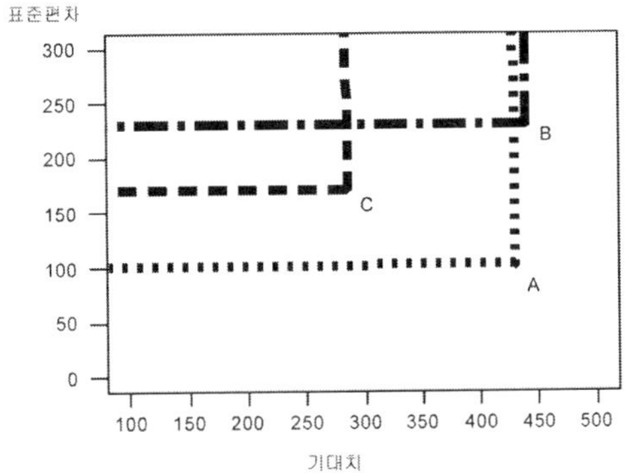


[그림 3.3.3] 파레토 최적집합

### (2) 기대치-k배의 표준편차

기대치-$k$배의 표준편차 기준은 기대치-$k$배의 표준편차가 큰 대안을 추천한다. $k$는 모험기피계수(risk aversion factor)로서 기대치에 대한 표준편차의 상대적 중요성을 나타내는 가중값 계수이다.

**예 3.3.6** **(예 3.3.1 계속)**

신제품 선정문제에서 $k=1$일 때 제품 A, B, C의 "기대치-$k$배의 표준편차"는 각각 330, 207, 115이다. 따라서 기대치-$k$배의 표준편차 기준에 의한 최적 행동은 제품 A를 판매하는 대안이다.

## 3.3.6. 갈망수준

갈망수준 기준(principle of aspiration level)은 갈망수준을 달성할 수 있는 가능성이 가장 큰 대안을 추천한다.

- 갈망수준이란 의사결정자가 도달하려고 하는 목표로서 그 목표를 넘어서는 것은 의사결정자에게 별 의미가 없다.
- 갈망수준 기준은 확률분포를 정확하게 정의할 수 없을 때도 적용될 수 있는 경우가 있다.

**예 3.3.7** (예 3.3.1 계속)

신제품 선정문제에서 갈망수준이 300만 원일 때 제품 A, B, C가 이를 달성할 확률은 각각 0.9, 0.7, 0.6이다. 따라서 갈망수준 기준에 의한 최적 행동은 제품 A를 생산하는 대안이다.

### 3.3.7. 기대효용

기대효용 기준(principle of expected utility)은 기대효용이 최대인 대안을 추천한다.

- 기대효용이란 대안들을 의사결정자의 효용척도 또는 선호척도로 측정한 효용들의 기대치이다. 효용척도와 효용함수는 5장에서 상세히 다루어질 것이다.

**예 3.3.8** (예 3.3.1 계속)

신제품 선정문제에서 효용함수－각 기여에 효용을 할당해주는 함수－가 [그림 3.3.4]와 같이 주어졌다면 제품 A, B, C를 판매하는 대안에 대한 기대효용은 각각 0.79, 0.67, 0.586이다. 따라서 기대효용 기준은 제품 A를 추천한다.

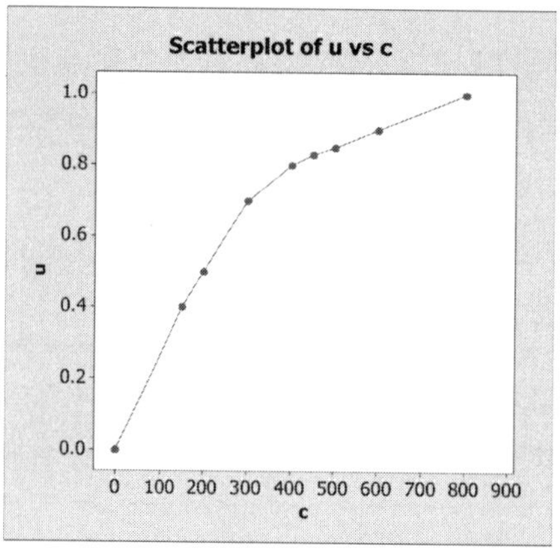


| 기여(c) | 효용(u) |
|---|---|
| 0 | 0 |
| 150 | 0.4 |
| 200 | 0.5 |
| 300 | 0.7 |
| 400 | 0.8 |
| 450 | 0.83 |
| 500 | 0.85 |
| 600 | 0.9 |
| 800 | 1.0 |

[그림 3.3.4] 신제품 선정문제에 대한 효용함수

### 3.3.8. 확실성등가

확실성등가 기준(principle of certainty equivalent)은 확실성등가가 최대인 대안을 추천한다.

- 확실성등가란 의사결정자가 불확실한 사건과 무차별하다고 생각하는 확실한 가치이다. 이는 추정이나 기대가 아니라 그의 판단 또는 결정이다. 확실성등가는 특정 보험정책에 대한 보험료의 적정성을 판단하는 것과 같이 불확실성하의 모험선호에 대한 주관적 평가이다.

- 단순한 불확실한 사건에 대해서는 확실성등가가 직접 부과될 수도 있다. 복잡한 불확실한 사건에 대해서는 분해를 통해 도출된 효용함수를 이용함으로써 확실성등가가 간접적으로 부과될 수 있다. 우리는 5장에서 확실성등가와 효용함수를 상세히 다룰 것이다.
- 확실성등가 기준은 기대효용 기준과 동일한 기준이다.

**예 3.3.9** **(예 3.3.1 계속)**

신제품 선정문제에서 [그림 3.3.4]와 같은 효용함수를 사용하면 제품 A, B, C를 판매하는 대안에 대한 확실성등가는 각각 390, 285, 243으로 주어진다. 따라서 확실성등가 기준에 의한 최적 행동은 제품 A를 판매하는 대안이다.

**예 3.3.10**

3장의 연습문제 1번을 고려하자. 이번에는 상태의 발생 가능성에 대한 확률 분포가 (0.2, 0.1, 0.3, 0.4)로 주어진 "위험한 상황"에서 의사결정을 내려보자.

(0) 준비. 우리는 이 의사결정문제에 대한 의사결정나무와 관련된 값들을 [그림 3.3.5]와 같이 작성할 수 있다.

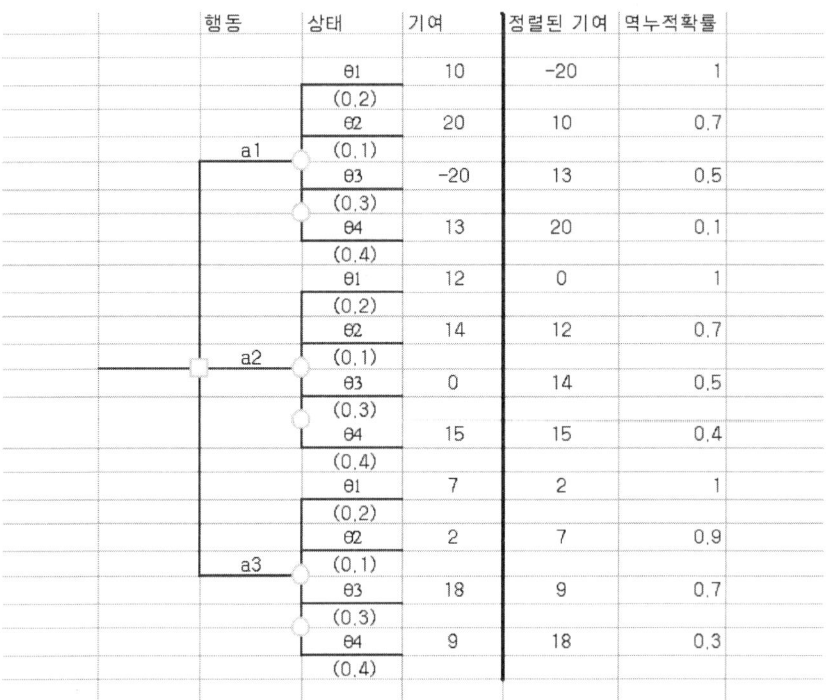


[그림 3.3.5] [예 3.3.2]의 의사결정나무

(1) 확률적 우월 기준에 의해 선정되는 또는 제거되는 행동이 있는가?

**풀이** [그림 3.3.6]으로부터 우리는 확률적 우월 기준에 의해 선정되는 또는 제거되는 행동이 없다는 것을 알 수 있다.

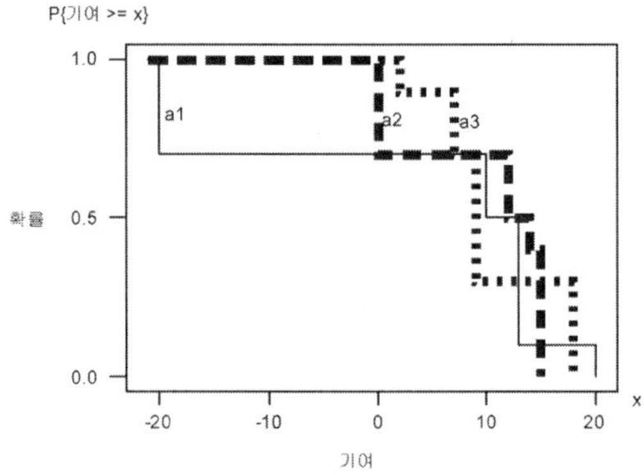


[그림 3.3.6] [예 3.3.2]에 대한 역누적분포도

(2) 기대치 기준에 의하여 선정되는 행동은?

**풀이** 세 행동들 a1, a2, a3의 기대치들은 각각 3.2, 9.8, 10.6이다. 따라서 최적 기대치 행동은 a3이다.

(3) 파레토 우월 기준이란 무엇인가? 파레토 최적집합을 찾아라.

**풀이** 세 행동들 a1, a2, a3의 표준편차들은 각각 15.4, 6.5, 5.2이다. 따라서 [그림 3.3.7]로부터 파레토 최적집합은 {a3}이다.

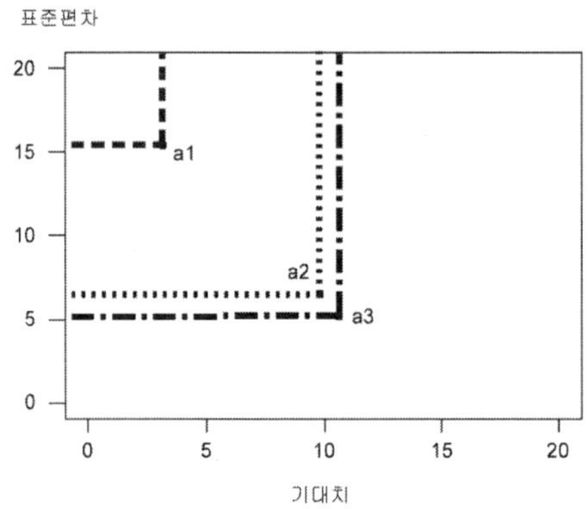


[그림 3.3.7] 파레토 최적집합: [예 3.3.2]

(4) 갈망수준이 10일 때, 갈망수준 기준에 의하여 선정되는 행동은?

**풀이** [그림 3.3.5]의 의사결정나무로부터 우리는 세 행동들 a1, a2, a3이 갈망수준 10에 도달할 확률들이 각각 0.7, 0.7, 0.3임을 알 수 있다. 그런데 a2의 경우는 확률 0.7이 실제로는 12에 도달할 확률이다. 따라서 a1과 a2 모두 최적 갈망수준 행동들이지만 a2를 선택하지 않을 이유가 없어 보인다.

## 3.3.9. 위험평가와 위험에 대한 대처

### (1) 위험평가

위험평가(risk assessment)란 위험을 기술하는 랜덤변수(확률변수)를 구축하는 절차를 의미한다. 즉, 위험평가란 의사결정의 결괏값들(또는 상태들)에 확률들을 연결하는 것이다. 이때 확률분포는 위험 측면(risk profile)이라고 불리고, 누적확률분포는 누적 위험 측면(cumulative risk profile)이라고 불린다.

위험지표(risk indicator)란 위험의 측도로써 의사결정의 질을 기술하는 수단이 된다. 금융 분야에서 위험지표는 흔히 변동성(volatility, 휘발성)이라고 불린다. 위험지표로는 흔히 표준편차나 변동계수(Coefficient of Variation, CV)−데이터가 모두 양수일 때−가 사용된다. 금융 분야에서 표준편차는 기본적으로 일 년 간의 로그 수익률들(logarithmic returns)−즉, 연속복리 수익률(continuously compounded returns)−의 표준편차이다.

① 표준편차 $SD = RMS\{X_i - \overline{X}, i = 1, \cdots, n\}$, 여기서 RMS는 제곱근 평균제곱(root mean square)을 나타낸다. 표준편차는 한 기간 동안의 수익률들의 불일치를 측정한다.

변동성은 시간이 증가함에 따라 증가한다. 구체적으로 변동성은 시간의 제곱근에 비례하여 증가하는 경향을 가진다. $SD$가 연간 변동성(annualized volatility)을 나타낸다면 기간 $T$ (단위: 년)에 대한 변동성 $SD_T$는 다음과 같이 정의된다:

$$SD_T = \sqrt{T}\, SD$$

예컨대, 일간 변동성이 $SD_{day} = 0.01$이고 일 년에 252 거래일이 있다면, 연간 변동성은 $SD = SD_{day} / \sqrt{1/252} = \sqrt{252}\, SD_{day} = 15.87 \times 0.01 = 0.1587$이다. 이로부터 월간 변동성은 $SD_{month} = \sqrt{1/12}\, SD = 0.0458$.

② 변동계수 $CV = SD / \bar{x} \times 100(\%)$

**예 3.3.11** (예 3.3.1 계속)

신제품 선정문제에서 세 제품 A, B, C에 대한 변동계수는 [표 3.3.2]에서 보듯이 각각 23.2558(%), 52.9545(%), 59.6491(%)이다. 따라서 변동계수 기준에 의하면 우리는 세 제품에 대해 다음과 같이 위험이 낮은 순으로 순위를 매길 수 있다: A < B < C.

**참고** 변동계수의 역수로 정의되는 신호잡음비(Signal-to-Noise Ratio, SNR)는 포트폴리오(portfolio) 구성에서와 같이 여러 단일 대안들의 혼합전략이 허용될 때 각 대안에 대한 투자비율을 정하는 기준으로 사용되기도 한다. 즉, 각 대안의 투자비율을 신호잡음비의 합 가운데 각 대안의 신호잡음비가 차지하는 비율로 정하는 것이다.

$$SNR = 1 / CV$$

**예 3.3.12** (예 3.3.1 계속)

신제품 선정문제에서 세 가지 제품 A, B, C에 대한 신호잡음비는 [표 3.3.2]에서 보듯이 각각 0.0430, 0.0189, 0.0168이다. 즉, 세 대안 A, B, C에 대해 각 신호잡음비가 차지하는 비율은 0.55, 0.24, 0.21이다. 따라서 우리는 이 비율에 의해 세 대안에 분산 투자할 수 있다.

금융 분야에서 변동성의 측도로 사용되는 다른 한 가지 기준은 회귀분석에 의해 계산되는 베타(beta)와 알파(alpha)이다. $X$가 특정 투자 대안의 수익률이고, $Y$가 시장 전체의 수익률 또는 투자 대안들의 결합 수익률－즉 기준(bench mark) 수익률－이라고 할 때, 베타는 다음과 같은 회귀모형의 기울기(slope)를 나타내며 알파는 절편(intercept)을 나타낸다:

- $X = \alpha + \beta Y + \epsilon$, 여기서 $\epsilon$은 오차항이다.
- $Y$에 대한 $X$의 베타 $\beta_{X;Y} = Cov[X, Y] / V[Y]$
- 이때 $\beta_{X;Y}\beta_{Y;X} = R^2_{X,Y}$

③ 베타는 시장에 비교한 초과 위험(excess risk)을 나타낸다.

- $\beta = 1$은 시장과 같은 수준의 위험을, $\beta < 1$은 시장보다 낮은 수준의 위험을 그리고 $\beta > 1$은 시장보다 높은 수준의 위험을 경험했음을 의미한다. 특히 $\beta < 0$은 수익동향이 시장과는 거꾸로 움직였음을 의미한다.

- 향후에 시장이 강세일(bullish) 것이라고 예측이 된다면, $\beta > 1$인 대안을 선택하면 시장보다 높은 수익을 거둘 공산이 크다. 반면에 향후에 시장이 약세일(bearish) 것이라고 예측이 된다면, $\beta < 1$인 대안을 선택하면 시장보다 가치하락이 적을 공산이 크다.

베타는 베타 비(beta ratio)나 베타 계수(beta coefficient)라고도 불린다. 우리는 베타에 비례하여 각 투자 대안들에 대한 포트폴리오를 구성할 수 있다. 베타는 특히 음 상관을 가지는 포트폴리오에 대해 적절하다.

④ 알파는 시장에 비교한 초과 수익(excess return)을 나타낸다.

- $\alpha = 0$은 시장과 같은 수준의 수익 성능을, $\alpha > 0$은 시장보다 높은 수준의 수익 성능을, 그리고 $\alpha < 0$은 시장보다 낮은 수준의 수익 성능을 경험했음을 의미한다.
- 파레토 우월규칙에 따르면, 바람직한 대안은 $\alpha$는 크고(높은 평균수익률) $\beta$는 작은(낮은 위험) 대안이 될 것이다.

⑤ 회귀모형의 결정계수 $R^2$은 기준 수익률 $Y$가 특정 투자 대안의 수익률 $X$와 얼마나 관련성이 있는지를 나타낸다. 이 값이 작다면 기준 수익률 $Y$의 변동이 $X$의 변동과 별 관련이 없음을 나타내므로 베타나 알파에 대한 신뢰성(trustability)이 떨어진다.

- $R^2$이 높다면 기준(bench mark)이 제대로 선택되었음을, 그리고 $R^2$이 낮다면 기준이 잘못 선택되었음을 시사한다.

**예 3.3.13**

금에 대한 투자와 유로화에 대한 투자를 통해 얻은 최근 4개월의 수익률(rate of return, ROR)이 [표 3.3.4]와 같다. 앞으로 1개월간 100만 원을 이 두 가지 대안에 분산 투자하려고 한다. 베타를 이용하여 투자비율을 추천하라.

[표 3.3.4] 최근 4개월간의 수익률(%)

| 대안 \ 기간 | 1 | 2 | 3 | 4 |
|---|---|---|---|---|
| 금 | 2 | 5 | 4 | 3 |
| 유로화 | 5 | −1 | 3 | 4 |
| 전체(시장) | 3.5 | 2 | 3.5 | 3.5 |

풀이

① 두 대안의 서로에 대한 베타계수는 다음과 같이 주어진다: $\beta$(금) = −1.9, $\beta$(유로화) = −0.458. 따라서 우리는 금과 유로화에 각각 80.6 %:19.4 %의 비율로 투자할 수 있을 것이다. [참고로 베타계수가 음수이고 결정계수가 0.87로 매우 크므로 이 두 대안은 서로 거꾸로 움직이고 있는 것으로 보인다. 따라서 이 경우에는 투자 대안들을 다양화할 필요가 있다.]

② 시장에 대한 두 대안의 베타계수는 각각 다음과 같이 주어진다: $\beta$(금) = −1.33, $\beta$(유로화) = 3.33. 또 이 두 대안의 시장에 비교한 초과수익률은 각각 다음과 같이 주어진다: $\alpha$(금) = 7.667, $\alpha$(유로) = −7.667. 이때 결정계수는 다음과 같이 주어진다: $R^2$(금) = 0.6, $R^2$(유로) = 0.904. 따라서 파레토 우월규칙에 따르면, $\alpha$ 즉, 수익률은 높고 $\beta$ 즉 위험이 낮은 금이 투자 대안으로 추천된다.

예 3.3.14

다음은 5년 평균수익률을 토대로 상위 10개의 mid-cap 성장 상호펀드의 수익률과 표준편차로 표현된 위험률이다. 파레토 최적 집합을 구하라.

| 번호 | Fund | Return(%) | Risk(%) |
|---|---|---|---|
| 1 | ICPAX | 10.99 | 20.91 |
| 2 | NEAGX | 10.95 | 19.55 |
| 3 | DCGTX | 10.95 | 22.37 |
| 4 | WTSLX | 10.15 | 20.87 |
| 5 | EISMX | 9.83 | 19.72 |
| 6 | BCMSX | 9.82 | 18.49 |
| 7 | ATHIX | 9.68 | 22.19 |
| 8 | EAASX | 9.58 | 24.19 |
| 9 | TWHIX | 9.46 | 22.17 |
| 10 | ERSMX | 9.27 | 19.68 |

우리는 아래 산점도로부터 {BCMSX, NEAGX, ICPAX}가 파레토 최적 집합임을 알 수 있다.

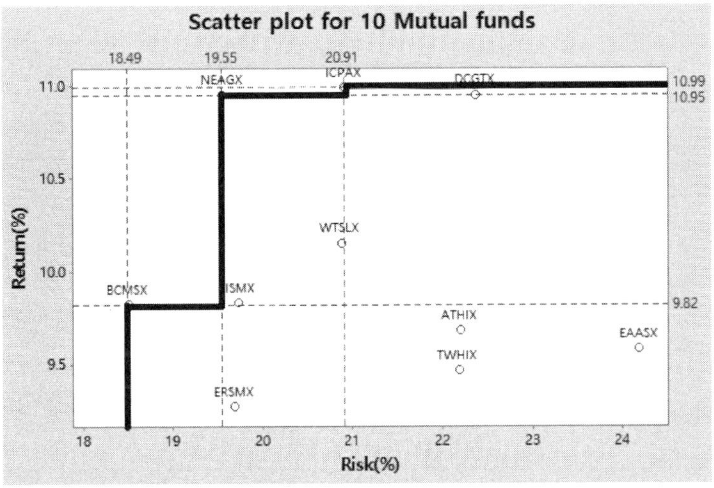


[그림 3.3.8] 상호펀드의 (risk, return) 산점도에 표현된 파레토 유효경계

**참고** **수익(return)과 수익률(rate of return)**

수익은 투자액(an investment)에 대한 이익(profit)을 나타낸다. 이익이 아닌 손실(loss)은 음의 수익이라고 표현된다. 두 번째 의미로 수익은 투자액에 대한 이익이 투자된 금액의 비율로 표현된 것을 가리키기도 한다. 이런 의미의 수익은 보유기간 수익(the holding period return)이라고도 불린다.

수익률은 한 기간에 걸친 투자액에 대한 이익이 초기투자액의 비율로 표현된 것을 가리킨다. 이 기간은 전형적으로 일 년인데, 이 경우에 수익률은 연 수익{률}(annual {rate of} return)이라고 일컬어진다. 수익률이나 두 번째 의미의 수익은 흔히 백분율로 제시된다.

□ 단일-기간 수익과 수익률

한 단일 기간에 대한 수익 $R$은 다음과 같이 정의된다:

$$R = (V_f - V_i)/V_i = V_f/V_i - 1,$$

여기서 $V_f$는 최종 가치를 나타내고 $V_i$는 초기 가치를 나타낸다. 이로부터

$$V_f/V_i = 1 + R.$$

예 3.3.15

초기 가치가 1000달러이고 최종 가치가 1030달러라면, 가치의 변화는 30달러이다. 따라서 수익은 30/1000*100 = 3(%)이다.

□ 단일-기간 수익{률}의 연율 환산(annualisation, 연율화)

① 재투자가 없는 경우에 길이가 $t$인 기간에 걸친 수익 $R$은 다음과 같은 수익률 $r$과 동등하다:

$$r = R/t.$$

예 3.3.16

초기 투자 100달러에 대해 20달러가 이익이라면, 수익은 20 %이다. 만일 이익 20달러가 아무런 재투자 없이 연 4달러씩 다섯 번의 할부로 지불된다면, 연 수익률은 (20/100)*100/5 = 20/5 = 4(%).

② 수익들이 재투자되는 경우에, 복리의 효과에 의해, 수익률 $r$과 길이 $t$인 기간에 걸친 수익 $R$의 관계는 다음과 같이 주어진다:

$$1 + R = (1 + r)^t.$$

이로부터

$$r = (1 + R)^{1/t} - 1.$$

예 3.3.17

세 달에 걸친 33.1 %의 수익은 재투자를 고려할 때 다음과 같은 월 수익률과 동등하다:

$$1.331^{1/3} - 1 = 0.1 = 10\ \%.$$

연율 환산은 수익 $R$을 연 수익률 $r$로 변환시키는 과정이다. 여기서 기간 $t$의 길이는 년(年)으로 측정되며 수익률 $r$은 년당이다.

□ 단일-기간 로그 수익 (연속 복리 수익)

로그 수익 또는 연속 복리 수익(continuously compounded return) $R^c$은 다음과 같이 주어진다:

$$R^c = \ln(V_f/V_i) = \ln(1+R) \approx R,\ \text{if}\ R \ll 1.$$

로그 수익은 이자력(force of interest)이라 불리기도 한다. 그리고 로그 수익률 또는 연속 복리 수익률은 다음과 같이 주어진다:

$$r^c = \ln(V_f/V_i)/t.$$

이는 다음과 같은 등식으로부터 도출될 수도 있다:

$$V_f = V_i e^{r^c t},$$

여기서 $r^c$은 로그 수익률이고, $t$는 시간의 길이이다.

<과제 3.3.3> $1/n$년 복리(1년에 복리를 $n$번 적용)에서 $n \to \infty$이면 연속 복리 수익 즉, 로그 수익이 유도되는 것을 보여라.

**예 3.3.18**

하루의 끝에 어떤 주식의 가격이 주당 3.570 달러이고 그 다음 날의 끝에 주당 3.575 달러이면, 로그 수익은 다음과 같이 주어진다:

$$\ln(3.575/3.570) = 0.0014 = 0.14(\%)$$

□ 단일-기간 로그수익{률}의 연율 환산(annualisation, 연율화)

재투자의 가정하에서 길이 $t$인 기간에 걸친 로그수익 $R^c$과 로그수익률 $r^c$간의 관계는 다음과 같이 주어진다:

$$R^c = r^c t.$$

따라서 $r^c = R^c/t$은 $t$가 년으로 측정될 때의 로그수익 $R^c$에 대해 연율화된 로그수익률이다.

**예 3.3.19**

한 증권의 거래일 당 로그수익률이 0.14 %라면 그리고 일 년에 250 거래일을 가정하면, 연율화된 로그수익률은 0.14 %/(1/250) = 0.14 %×250 = 35 %.

□ 다중-기간 수익과 수익률

수익들이 여러 기간에 걸쳐서 계산된다면, 그것들은 각 기간의 시작에서의 투자가치를 토대로 계산된다. $n$개의 부-기간들에 걸친 수익들이 $R_1$, $R_2$, …, $R_n$이라면, 전체 기간에 걸친 누적 수익 또는 총 수익은 다음과 같이 주어진다:

$$R_{overall} = (1+R_1)(1+R_2)\cdots(1+R_n)-1.$$

만일 수익들이 로그수익들이라면, 전체 기간에 걸친 로그수익은 다음과 같이 주어진다:

$$R^c_{overall} = R^c_1 + R^c_2 + \cdots + R^c_n.$$

□ 산술평균 수익{률}

동일한 길이의 $n$개의 기간들에 대한 수익률들이 $r_1$, $r_2$, …, $r_n$이라면, 이 $n$개의 기간들에 대한 산술평균 수익률은 다음과 같이 주어진다:

$$\bar{r}_{arith} = (1/n)(r_1 + r_2 \cdots + r_n)$$

- 만일 동일한 길이의 연이은 기간들에 걸쳐서 로그 수익률들이 주어져 있다면, 이 수익률들에 대한 적절한 평균은 산술평균 수익률이다.
- 만일 보통의 수익에 대해 재투자가 없고 손실들에 대해서는 벌충을 함으로써 매 하부-기간의 초에 액면 가치가 초기 가치로 환원된다면, 산술평균이 적절한 평균 수익이다.

□ 기하평균 수익{률}

동일한 길이의 $n$개의 기간들에 대한 수익률들이 $r_1, r_2, \cdots, r_n$이라면, 이 $n$개의 기간들에 대한 기하평균 수익률은 다음과 같이 주어진다:

$$\bar{r}_{geo} = [(1+r_1)(1+r_2)\cdots(1+r_n)]^{1/n} - 1$$

**예 3.3.20**

재투자를 가정할 때 년 수익들 50 %, −20 %, 30 % 그리고 −40 %에 대한 총수익 또는 누적 수익은 다음과 같이 주어진다:

$$R_{overall} = (1+0.5)(1-0.2)(1+0.3)(1-0.4) - 1 = -0.0640 = -6.40\ \%$$

이때 기하평균은 다음과 같이 주어진다:

$$\bar{r}_{geo} = ((1+0.5)(1-0.2)(1+0.3)(1-0.4))^{1/4} - 1 = -0.0164 = -1.64\ \%$$

이것은 연율화된 누적 수익과 동일하다:

$$(1-0.0640)^{1/4} - 1 = -0.0164 = -1.64\ \%$$

**예 3.3.21**

아래 표의 두 번째 열은 5일간의 어떤 증권의 일일 종가를 나타낸다. 이로부터 평균수익률과 연율화된 수익률을 산정해보자.

[아래 표]

| day $i$ | price $p_i$ | single-period (day) {rate of} return $R_i = (p_i - p_{i-1})/p_{i-1}$ | continuously compounded {rate of} return $R_i^c = \ln(p_i/p_{i-1})$ |
|---|---|---|---|
| 1 | 100 | - | - |
| 2 | 100.8 | (100.8−100)/100 = 0.0080000 | ln(100.8/100) = 0.0079682 |
| 3 | 100.3 | (100.3−100.8)/100.8 = −0.0049603 | ln(100.3/100.8) = −0.0049727 |
| 4 | 100.2 | (100.2−100.3)/100.3 = −0.0009970 | ln(100.2/100.3) = −0.0009975 |
| 5 | 100.03 | (100.03−100.2)/100.2 = −0.0016966 | ln(100.03/100.2) = −0.0016980 |
| Overall return | | $\prod_{i=1}^{4}(1+R_i)-1 = 0.000300$ | $\sum_{i=1}^{4} R_i^c = 0.000299$ |
| Average | | Geometric average $\prod_{i=1}^{4}(1+R_i)^{1/4}-1 = 0.000075$ | Arithmetic average $\sum_{i=1}^{4}(1/4)R_i^c = 0.000074989$ |
| SD | | 0.00555120 | 0.00554001 |
| Annualized return | | 일 년에 250 거래일을 가정하면, $\sqrt{250} \times 0.00555120 = 0.0877722$ | 일 년에 250거래일을 가정하면, $\sqrt{250} \times 0.00554001 = 0.0875952$ |

다음은 이 예를 위한 계산과정이다.

| ↓ | C1 | C2 | C3 | C4 | C5 |
|---|---|---|---|---|---|
| | i | p_i | p_i-1 | R_i | R_i^c |
| 1 | 1 | 100.00 | * | * | * |
| 2 | 2 | 100.80 | 100.00 | 0.0080000 | 0.0079682 |
| 3 | 3 | 100.30 | 100.80 | -0.0049603 | -0.0049727 |
| 4 | 4 | 100.20 | 100.30 | -0.0009970 | -0.0009975 |
| 5 | 5 | 100.03 | 100.20 | -0.0016966 | -0.0016980 |
| 6 | | * | 100.03 | * | * |

```
MTB > set c1
DATA> 1:5
DATA> end
MTB > set c2
DATA> 100 100.8 100.3 100.2 100.03
DATA> end
MTB > Let 'p_i-1' = lag('p_i', 1)
MTB > name c1 'i' c2 'p_i' c3 'p_i-1'
& c4 'R_i' c5 'R_i^c'
MTB > let 'R_i' =
('p_i'-'p_i-1')/'p_i-1'
MTB > Let 'R_i^c' = LN('p_i'/'p_i-1')
```

### (2) 위험에 대한 대처 방법

사람들은 다양한 방법으로 위험에 대처한다:

- 위험 기피(risk avoidance)란 위험이 큰 활동을 수행하는 것을 거절하는 것이다.
- 위험 예방(hazard prevention) 또는 손실 조절(loss control)이란 만일의 경우에 대비해서 위험을 제거(elimination of risks)하거나 위험을 경감(mitigation of risks)시킴으로써 손실이 발생할 가능성을 낮추는 것이다.
- 위험 공유(risk sharing, risk transfer)란 하청(outsourcing)이나 보험을 통해 위험을 외부로 부분적으로 이양함으로써 위험을 외부와 공유하는 것이다.
- 위험 부담(risk assumption, risk retention) 또는 자기보험(self-insurance)이란 불확실한 손실에 대처할 자금을 확보해 두는 것이다.
- 위험 감축(risk reduction) 또는 위험 최적화(risk optimization)란 예컨대, 포트폴리오의 다양화 등을 통해 위험을 분산시키는 것이다.

□ 도덕적 해이(moral hazard). 위험으로부터 단절된 측은 위험에 전적으로 노출되었을 경우에 취했을 행동과는 다른 방식으로 행동을 취하리라는 전망. 예컨대, 차량도난보험에 가입한 운전자는 자신의 차에 대한 도난방지에 주의를 덜 기울일지 모른다. 왜냐하면 차량이 도난당하면 보험회사가 {부분적으로} 부담할 것이기 때문이다.

도덕적 해이는 비대칭적 정보와 관련이 있다. 위험으로부터 절연된 측은 일반적으로 그 위험의 부정적인 결과들로 인한 손실을 부담할 측보다 자신의 행동과 의도에 대해 더 많은 정보를 가지고 있다. 도덕적 해이는 자신의 행동과 의도에 대해 더 많은 정보를 가지고 있는 측이 적게 가지고 있는 측의 전망에서 볼 때 부적절하게 행동하는 경향이나 보상(incentive)을 가질 때 발생한다.

## 연습문제

**01** 다음 의사결정표에 의해 특정되는 한 의사결정문제를 고려하자. 상태의 발생 가능성에 대한 확률적 정보가 전혀 없는 "무지한 상황"에서 의사결정을 내려보자. (각 칸은 가치를 나타낸다.)

| 행동 \ 상태 | $\theta_1$ | $\theta_2$ | $\theta_3$ | $\theta_4$ |
|---|---|---|---|---|
| $a_1$ | 10 | 20 | −20 | 13 |
| $a_2$ | 12 | 14 | 0 | 15 |
| $a_3$ | 7 | 2 | 18 | 9 |

(1) 결괏값 우월 기준에 의해 선정되는 또는 제거되는 행동은?

(2) 최대최소 기준에 의하여 선정되는 행동은?

(3) 새비지의 최대후회최소 기준에 의해 선정되는 행동은? (후회행렬을 명시하라.)

(4) 허어윗즈 기준($\alpha = 0.3$)에 의해 선정되는 행동은?

(5) 위 기준들이 서로 다른 행동들을 추천할 때는 어떻게 할 것인가?

**02** 다음 의사결정표에 의해 특정되는 한 의사결정문제를 고려하자. 상태의 발생 가능성에 대한 확률적 정보가 전혀 없는 "무지한 상황"에서 의사결정을 내려보자. (각 칸은 가치를 나타낸다.)

| 행동 \ 상태 | $\theta_1$ | $\theta_2$ | $\theta_3$ |
|---|---|---|---|
| $a_1$ | 2 | 15 | 14 |
| $a_2$ | 1 | 14 | 13 |
| $a_3$ | 0 | 18 | 12 |
| $a_4$ | 1 | 21 | 7 |

(1) 결괏값 우월 기준에 의해 선정되는 또는 제거되는 행동은?

(2) 최대최소 기준에 의하여 선정되는 행동은?

(3) 새비지의 최대후회최소 기준에 의해 선정되는 행동은? (후회행렬을 명시하라.)

(4) 허어윗즈 기준($\alpha = 0.4$)에 의해 선정되는 행동은?

(5) 위 기준들이 서로 다른 행동들을 추천할 때는 어떻게 할 것인가?

**03** 다음 의사결정표(각 칸은 이익)에 의해 특정되는 한 의사결정문제를 고려하자. 참고로, 여기서 상태들 ($\theta_1$, $\theta_2$, $\theta_3$, $\theta_4$)은 예상되는 수요량의 수준들(1, 2, 3, 4; 단위 10만 개)을 나타내고 행동들($a_1$, $a_2$, $a_3$)은 주문량(1, 3, 5; 단위 10만 개)을 나타낸다. 상태의 발생 가능성에 대한 확률적 정보가 전혀 없는 "무지한 상황"에서 의사결정을 내려보자. (각 칸은 이익을 나타내며, 단위는 천만 원이다.)

| 행동 \ 상태 | $\theta_1$ | $\theta_2$ | $\theta_3$ | $\theta_4$ |
|---|---|---|---|---|
| $a_1$ | 9 | 6 | 3 | 0 |
| $a_2$ | 3 | 8 | 13 | 10 |
| $a_3$ | 2 | 7 | 12 | 17 |

(1) 결괏값 우월 기준에 의해 선정되는 또는 제거되는 대안은?.
(2) 최대최소 기준에 의하여 선정되는 대안은?
(3) 새비지의 최대후회최소 기준에 의해 선정되는 대안은? (후회행렬을 명시하라.)
(4) 허어윗즈 기준($\alpha = 0.3$)에 의해 선정되는 대안은?
(5) 위 기준들이 서로 다른 대안들을 추천할 때는 어떻게 할 것인가?

**04** 위 문제 3을 다시 고려하자. 이번에는 상태의 발생 가능성에 대한 확률 분포가 (0.1, 0.2, 0.4, 0.3)로 주어진 "위험한 상황"에서 의사결정을 내려보자. 참고로, 이 때 세 대안의 (기대치, 표준편차)는 각각 다음과 같이 계산된다: (3.3, 2.830), (10.1, 3.048) 그리고 (11.5, 4.717).

(1) 확률적 우월 기준에 의해 선정되는 또는 제거되는 대안이 있는가?
(2) 기대치 기준에 의하여 선정되는 대안은?
(3) 파레토 우월 기준이란 무엇인가? 파레토최적집합을 찾아라.
(4) 갈망수준 기준에 의하여 선정되는 대안은? (갈망수준은 7(천만원)이다.)

**05** 위 문제 2를 다시 고려하자. 이번에는 상태의 발생 가능성에 대한 확률 분포가 (0.2, 0.5, 0.3)로 주어진 "위험한 상황"에서 의사결정을 내려보자. 참고로, 이 때 네 대안의 (기대치, 표준편차)는 각각 다음과 같이 계산된다: (12.1, 5.068), (11.1, 5.525), (12.6, 6.814) 그리고 (12.8, 8.459).

(1) 확률적 우월 기준에 의해 선정되는 또는 제거되는 행동이 있는가?
(2) 기대치 기준에 의하여 선정되는 행동은?
(3) 파레토 우월 기준이란 무엇인가? 파레토 최적집합을 찾아라.
(4) 갈망수준 기준에 의하여 선정되는 행동은? (갈망수준은 10이다.)

**06** 무지하의 의사결정에서, 상충하는 최적 대안들에 대한 타개책으로서 다음 기준들에 대해 논의하라.

(1) 혼합조건
(2) 무관확정조건
(3) 다수결 조건과 투표역설

# 04 사전분포와 주관적 확률

의사결정 문제의 중요한 요소들 가운데 하나는 상태 $\theta$에 관한 사전 정보이다. 이런 정보를 계량화하는 한 가지 편리한 방법은 상태공간 $\Omega_\theta$상의 확률분포로 표현하는 것이다. 이 장에서는 그러한 확률분포 작성 방법과 그에 관련되는 문제들을 논의할 것이다.

## 4.1 확률에 대한 논의

### 4.1.1. 확률에 대한 견해들

먼저 논의가 되어야 할 점은 $\Omega_\theta$의 부분 집합인 사건(event)의 확률이 무엇을 의미하는가에 관한 것이다. (우리는 앞으로 event를 사상이 아니라 사건이라고 부를 것이다.) 확률에 대한 고전적 견해는 대칭성 조건들과 불충분이유 원리에 근거한다. 대칭성은 어떤 다른 역정보(converse information)가 없다면, 모든 결과들이 동일한 발생 가능성이 있다고 주장할 논거가 된다는 것이 그 발상이다. 예를 들면 한 흠 없는 주사위를 던져서 드러나는 면을 관찰하는 실험을 고려하자. 주사위는 여섯 면이 동일하기 때문에 대칭성이 존재한다. 불충분이유 원리를 적용하면 각 면이 드러날 확률은 1/6씩이다.

확률에 대한 경험적 견해는 주어진 상황의 장기적인 반복을 수반한다. 예를 들어 한 흠 없는 동전을 던질 때 앞면이 나올 확률이 1/2이라는 것은 동전을 독립적으로 여러 차례 던져 보면 전체의 약 1/2에서 앞면이 나타날 것이라는 의미이다.

고전적 확률개념과 관련한 문제점은, 현실에서는 순수하게 대칭적인 상황을 찾아보기 어렵다는 것이다. 경험적 확률개념에 관련해서는 어떤 오차 한계, 예컨대, 확률의 참값의 1 % 내에 들려면 어느 정도나 관찰을 계속해야 할지 알 수 없다는 데 있다.

$\theta$에 관한 확률을 다룰 때는 불행히도 고전적 개념이나 경험적 개념이 충분치가 않다. 예를 들어 우리나라의 흡연자 비율 $\theta$를 확정하려는 문제를 고려하자. 다음과 같은 식은 무슨 의미를 가지는가: $P(0.3 < \theta < 0.35) = 0.5$. 여기서 $\theta$는 단순히 어떤 수로서 우리가 그 값을 알지 못할 뿐이다. 명백히 그 값은 (0.3, 0.35) 구간 안에 들어있거나 들어있지 아니하다. 여기에는 랜덤한 요소가 없다. 또 다른 예로 $\theta$가 내년의 실업률을 나타낸다고 하자. 미래는 불확실하므로 이번에는 $\theta$를 랜덤한 것으로 생각하기가 보다 용이하다. 그러나 어떻게 $P(3\ \% < \theta < 4\ \%)$를 경험적 확률이나 고전적 확률로 설명할 수 있겠는가? 내년의 실업 상황은 유일하고

한 번뿐인 사건인 것이다.

그밖에 확률에 대한 객관적 견해 가운데 경향 해석(propensity interpretation)은 단일 사건들이나 진술들에 대한 확률을 위해 칼 포퍼(Karl Popper, 1959)에 의해 고안되었으며 확률을 관련된 이론적 법칙들에 의해 예측된 상대빈도로 간주한다.

주관적 확률에 관한 이론은 고전적 관점이나 경험적 관점을 적용하기 어려운 상황에서도 확률을 다루기 위해 고안되었다. 주관적 확률의 주된 발상은, 사건의 확률이 사건의 발생기회에 대한 개인의 믿음이나 지식상태를 반영하도록 하자는 것이다. 그럼으로써 우리는 미래의 (랜덤한) 사건뿐 아니라 현재의 사건에 대해서도 확률을 부과할 토대를 마련할 수 있게 된다. 예를 들어 우리는 실업률 예제에서 $\theta$가 3 %와 4 % 사이에 있을 가능성에 대해 개인적인 느낌이나 판단을 가지고 있을 수가 있다. 실제로 우리는 종종 주관적 확률을 구사한다: 축구경기 결과에 대해 내기를 할 때, 내일 비가 올 가능성을 평가할 때, 그리고 그 밖의 여러 상황에서.

<과제 4.1.1> 확률개념들을 더 상세히 조사해 보자.

<과제 4.1.2> 확률개념의 적정성을 평가하기 위한 기준들에 대해 조사해 보자.

### 4.1.2. 확률론

확률에 대한 개념들은 다양하지만 모든 확률 연구는 확률의 공리시스템이라는 공통적인 기반을 가지고 있다. 콜모고로프(Kolmogorov)의 공리시스템 이래로 Rényi 시스템 등 몇 가지 공리시스템들이 제안되어 왔는데, 우리는 드휘네티(De Finetti)의 공리시스템을 사용할 것이다.

확률 공리시스템을 토대로 확률 계산법(probability calculus)이 구축된다. 확률계산법은 몇 가지 방식으로 전개될 수 있는데, 우리는 단순 진술들(simple statements, 단순 명제들)과 복합 진술들(compound statements, 복합 명제들)에 확률이 부여되는 방식을 사용할 것이다.

확률 계산법의 기본적 공식은 다음과 같은 형을 가질 것이다:

$$P(S) = a,$$

여기서 $S$는 한 진술이고 a는 숫자이다. $P(S) = a$는 "$S$(가 진실인 사건)의 확률은 $a$"라는 뜻이다. 주관적 확률개념에서 이는 $S$에 대한 믿음의 정도를 나타낸다. 이 형은 절대 확률

(absolute, unconditional, probability)을 나타낸다. 우리는 또한 조건부 확률(conditional probability)을 필요로 한다:

$$P(S|T) = a.$$

이것은 "$T$가 주어졌다는 조건하에서 $S$의 확률은 $a$"라고 읽힌다. 이는 주관적 확률개념에서 $T$가 참이라는 것을 안다는 조건하에서 $S$에 대한 믿음의 정도를 나타낸다.

[정의 4.1.1] 다음 조건이 성립하면 $S$는 $T$에 독립적(independent)이라고 일컬어진다:

$$P(S) = P(S|T).$$

<과제 4.1.2> 쌍별 독립성(pairwise independence)과 상호 독립성(mutual independence)은 어떻게 다른가?

S와 T가 상호 배반적이면, $P(S|T) = P(T|S) = 0$.

<과제 4.1.3> $S$와 $T$가 상호 배반적이면 그들은 상호 독립적이 될 수 없는가?

[정리 4.1.1] (드휘네티의 공리시스템) 드휘네티(De Finetti)에 의해 보완된 콜모고로프(Kolmogorov) 공리시스템은 다음과 같은 네 공리들로 이루어진다:

A1. (1) $0 \leqq P(S) \leqq 1$.
(2) $0 \leqq P(S|T) \leqq 1$.
A2. $S$가 확실하다면, $P(S) = 1$.
A3. $S$와 $T$가 상호배반이면, $P(S \text{ or } T) = P(S) + P(T)$.
A4. $P(S \text{ and } T) = P(S) \times P(T|S)$.

### 확률법칙들

먼저 부정된 진술의 확률을 위한 법칙을 유도해 보자. 3.1절에서 언급한 바와 같이 $S$의 부정(또는 여사건)을 $\neg S$로 나타내기로 하자.

L1. $P(S) + P(\neg S) = 1$.

두 동등한 진술(equivalent statements)은 함께 참이든가 함께 거짓이어야 한다.

L2. $S$와 $T$가 동등하다면 $P(S) = P(T)$.

이 법칙은 어떤 진술들이 등확률적(equiprobabilistic)이라는 것을 보이기 위해 수학이나 논리학에 의존하도록 한다. 다음 법칙은 이접(disjunction)의 확률에 관한 것이다.

L3. $P(S \text{ or } T) = P(S) + P(T) - P(S \text{ and } T)$.

L4. $P(S) \neq 0$이면 $P(S|T) = P(S \text{ and } T) / P(T)$.

이 법칙은 다음과 같이 표현될 수 있으며 이는 흔히 확률계산법의 근본법칙(the fundamental rule)이라고 불린다:

$$P(S \text{ and } T) = P(S|T)P(T).$$

L5. $T$가 $S$에 독립적이면 $P(S \text{ and } T) = P(S) \times P(T)$.

L6. $P(S)$와 $P(T)$가 모두 0이 아닐 때, $S$가 $T$에 독립적이기 위한 한 가지 필요충분조건은 $T$가 $S$에 독립적인 것이다.

이로부터 우리는 독립성이 대칭적인 개념이라는 것을 알 수 있다. 따라서 "$S$와 $T$가 독립적이다"라는 식으로 말할 수 있다.

L7. $S$와 $T$가 상호 배반적이고 $P(S)$와 $P(T)$가 모두 0이 아니면 $S$와 $T$는 독립이 아니다.

L8. (역확률 법칙) $P(S)$가 0이 아니면,

$$P(S|T) = [P(S) \times P(T|S)] / P(T).$$

L9. (전확률 법칙) $P(T) = P(S) \times P(T|S) + P(\neg S) \times P(T|\neg S)$

L10. (베이즈 법칙) $P(T)$가 0이 아니면,

$$P(S|T) = \frac{P(S) \times P(T|S)}{P(S) \times P(T|S) + P(\neg S) \times P(T|\neg S)},$$

여기서 $P(S)$는 사전확률이라 불리고, $P(S|T)$는 사후확률이라 불린다. 우리는 이 공식을 정보의 수정과정 즉, 증거추론(evidential reasoning)으로 해석할 수 있다.(이 공식의 다른 한 가지 해석은 인과추론(casual reasoning)이다.)

우리는 확률문제들을 해결하는데 확률나무(probability tree)를 이용할 수 있다. 확률나무는 확률문제들을 이해하고 해결하는 데 도움을 줄 수 있는 직관적이고 시각적인 도구이다. 확률나무는 의사결정나무의 사건마디들과 비슷한 형태를 가진다. 다음 예들을 통해서 확률나무의 사용법을 보도록 하자.

**예 4.1.1**

40명이 정원인 아무학과에서는 학생들이 39개의 흰 공과 1개의 붉은 공이 들어있는 항아리에서 학번순서대로 하나의 공을 꺼냈을 때 붉은 공을 꺼낸 학생이 학과대표로 정해진다고 한다. 아래 두 가지 경우에 확률나무를 이용하여 세 번째로 공을 꺼내는 학생이 학과대표가 될 확률을 구하여라.

(1) 한번 꺼낸 공을 다시 항아리에 넣는 경우

**풀이** 우리는 [그림 4.1.1]의 확률나무로부터 세 번째로 공을 꺼내는 학생이 학과대표가 될 확률이 $(39/40)^2(1/40)$임을 쉽게 알 수 있다.

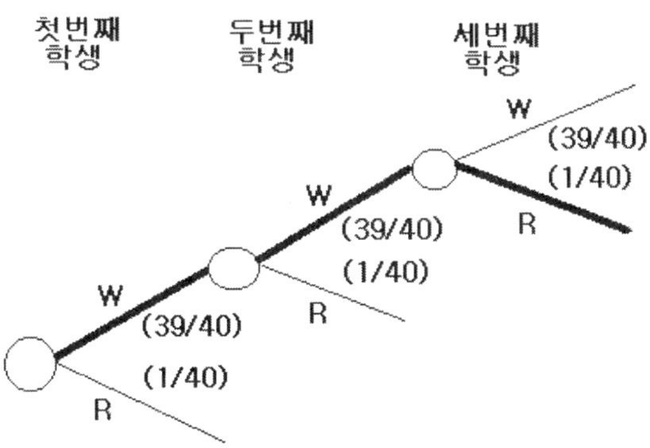


[그림 4.1.1] 확률나무-항아리에 나시 넣는 경우

(2) 한번 꺼낸 공을 다시 항아리에 넣지 않는 경우

**풀이** 우리는 [그림 4.1.2]의 확률나무로부터 세 번째로 공을 꺼내는 학생이 학과대표가 될 확률이 (39/40)(38/39)(1/38) = 1/40임을 쉽게 알 수 있다.

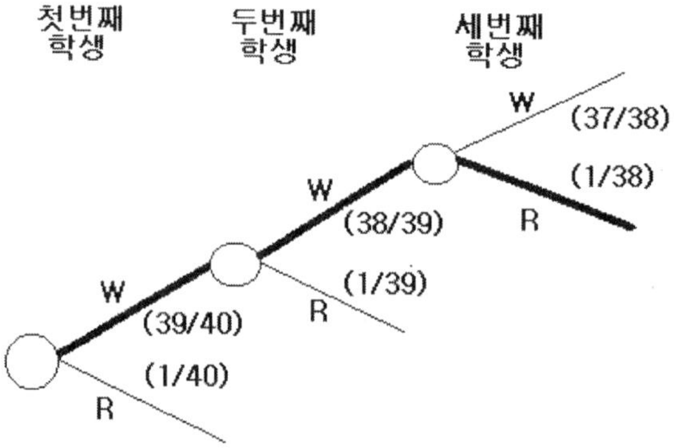


[그림 4.1.2] 확률나무–항아리에 다시 넣지 않는 경우

## 예 4.1.2 환자 진단

한 내과 의사가 폐결핵(TB)이나 폐암(LC) 중 어느 하나의(그러나 둘 다는 아닌) 병에 걸린 것이 확실한 한 환자를 진단하고 있다. 그는 이런 종류의 환자들은 최종적으로 20 %는 폐결핵 환자로, 80 %는 폐암 환자로 판명된다는 것을 알고 있다. 그는 이 환자 폐의 엑스레이에서 특정한 점(S)이 존재하는지를 검토하고 있다. 그는 폐결핵 환자들 가운데 90 %에서 그런 점이 나타나고 폐암 환자들 가운데 20 %에서 그런 점이 관찰된다는 것을 알고 있다.

(1) 이 환자에게서 그런 특정한 점이 발견될 확률을 구하여라.

(2) 이 환자에게서 그런 특정한 점이 관찰되었다는 조건하에서 이 환자가 폐결핵 환자일 확률을 구하여라.

**풀이** 이 진단문제에 대한 확률나무는 다음과 같이 작성될 수 있다.

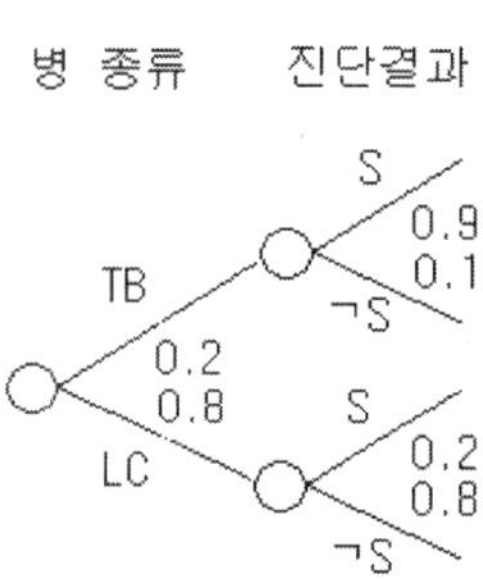

이로부터

$$P(S) = 0.2 \times 0.9 + 0.8 \times 0.2 = 0.34$$

$$P(TB|S) = \frac{0.2 \times 0.9}{0.34} \doteq 0.5294$$

**예 4.1.3 범죄사건**

어느 법정에서 한 범죄사건에 대하여 재판하는 과정을 생각해 보자. 이 재판에서 검사는 현장에 남아 있던 범인의 지문이 피고의 것과 동일하고 또한 그와 같은 지문을 가지는 사람은 100만 명 당 1명꼴이므로 피고가 유죄임이 거의 확실하다고 주장했다. 하지만 변호사 측에서는 그 시간에 현장에 있던 사람은 피고를 포함하여 모두 1000명이었으므로 검사의 주장은 옳지 않다고 주장했다. 피고인이 범죄를 저질렀을 확률은 얼마인가? (단, 현장에 있었던 1000명 중 피고 외에는 신원이 확인되지 않아 지문조사를 할 수 없었다.)

**풀이** 피고가 범인인 사건을 $G$로, 피고의 지문이 범인의 지문과 동일한 사건을 $E$로 나타내자. 그러면 우리는 이 범죄사건 문제를 다음과 같은 확률나무로 표현할 수 있다:

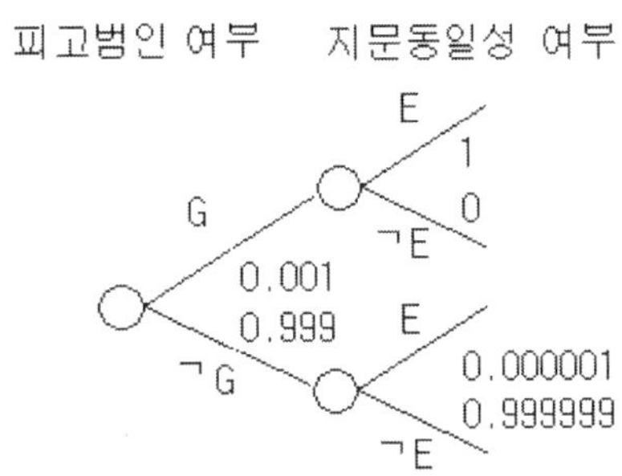


이로부터

$$P(G|E) = \frac{0.001}{0.001 + 0.999 \times 0.000001} = \frac{100000}{100999} \doteq 0.9901.$$

**예 4.1.4** Ward Edwards의 실험

칩이 들어있는 가방 두 개가 있다. "초록색" 가방(G)에는 초록색 칩 70개와 흰색 칩 30개가 들어있고, "흰색" 가방(W)에는 흰색 칩 70개와 초록색 칩 30개가 들어있다. 칩들은 색깔로만 구별되며 두 가방은 겉으로는 구별되지 않는다. 지금 가방 하나를 골랐다. 이 가방이 "초록색" 가방인지 여부에 대한 당신의 판단을 알아보고 싶다. 지금 당신이 이 가방에서 칩 한 개를 꺼내 보고 도로 집어넣는 방식으로(즉, 복원추출로) 12개의 칩을 꺼내 보았더니 8개는 초록색이고 4개는 흰색이었다. 이 가방이 "초록색" 가방일 가능성이 얼마인지 말해 보시오.

**풀이** Edwards의 실험에 대한 확률나무는 다음과 같이 작성될 수 있다.

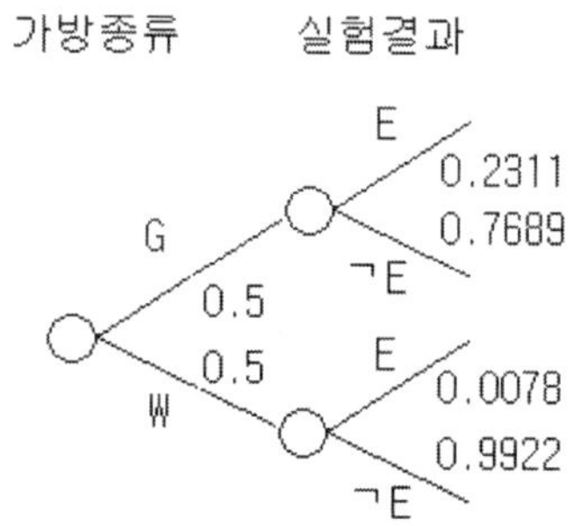


여기서 초록색 가방을 선택했을 때와 흰색 가방을 선택했을 때 관찰된 바와 같은 결과(초록색 칩이 8개 나오고 흰색 칩이 4개 나오는 사건－이를 E로 나타내기로 하자)가 나올 우도들은 각각 다음과 같이 계산된다:

$$P(E|G) = \binom{12}{8} 0.7^8 0.3^4 = 0.2311;\ P(E|W) = \binom{12}{8} 0.3^8 0.7^4 = 0.0078.$$

이로부터 $P(G|E) = 0.2311/(0.2311 + 0.0078) \doteq 0.9674.$

- 이 문제에 대해 일단의 변호사들이 확률적 증거능력에 대한 토론을 통해 도달한 합의점은 이 가방이 "초록색" 가방일 확률은 0.50 또는 기껏해야 0.55이라는 것이다.

위 예제는 Raiffa 교수의 일화(1968)로서 인간은 직관적으로 표본정보를 처리할 능력이 부족하다는 것을 보여주고 있다. 통계적 의사결정론을 수강하는 학생들도 직관에 의해 이 가방이 "초록색 가방"일 확률을 0.6에서 0.8 사이로 답하고 있다.

### ● 사전정보가 없을 때의 베이즈 공식

어떤 통계학자들이나 의사결정론자들은 사전정보가 전혀 없는 경우에도 우리의 육감을 사전확률로 사용해서 베이즈 공식에 적용해야 한다고 주장한다. 이들은 베이지안(Bayesians)이라고 불린다. 그 이유는 (다른 통계학자들이 그렇게 하려고 하지 않는 경우에도) 그들이 베이즈 공식을 사용하려고 할 뿐 아니라, 베이즈 공식을 토대로 그들의 입장을 변호하는 한 논법을 구축하였기 때문이다.

그들의 논법은 이렇다: 당신이 어떤 진술 $S$가 참일 사전확률을 추정하기 위해 당신의 육감을 사용해야 하는 상황에 처해 있다고 가정하자. 그다음 당신이 $S$의 진실성에 대한 정보를 담고 있는 새로운 데이터를 만나서 베이즈 공식을 적용하여 $S$의 진실성에 대한 사후확률을 구하고, 이처럼 새로운 데이터를 만날 때마다 사후확률을 새로운 사전확률로 사용하여 새로운 사후확률을 구하는 정보수정 과정을 반복적으로 적용하였다고 가정하자. 그러면 당신이 더욱 많은 데이터에 노출됨에 따라 당신의 확률 추정값들은 "객관적인" 또는 상대빈도적 확률들에 가까이 갈 것이다. 더욱이 여러 개인들이 관련되어 있다면, 그들 각각의 확률 추정값들은 서로에 수렴해 갈 것이다. 이것은, 실제로 $S$의 진실성에 대한 정보를 담고 있는 대량의 데이터는 서투른 초기 확률 추정값들을 씻어낼 수 있다는 것을 주장하는 것이다. (이는 수렴성 정리(convergence theorems)를 거칠게 표현한 것이다.)

**예 4.1.5 이상한 나라**

당신이 이상한 나라를 여행하고 있는데, 이 나라에서는 던져 올렸을 때 75 %는 앞면이 나오는 편향된 동전들(B)과 그렇지 않은 동전들이 섞여서 사용되고 있다고 가정하자. 당신이 한 동전을 손에 넣게 되었을 때, 당신은 그 동전이 편향되었는지 알아내려고 10번 던져 올렸더니 10번 모두 앞면이 나왔다. 당신은 이 동전이 편향되었다고 결론을 내릴 수 있는가? (편향된 동전의 사전확률로 0.01을 사용하라.)

**풀이** 이상한 나라 문제에 대한 확률나무는 다음과 같이 작성될 수 있다. 여기서 $B$는 동전이 편향된 사건을 나타내고, $E$는 10번의 시행 결과가 모두 앞면인 사건을 나타낸다.

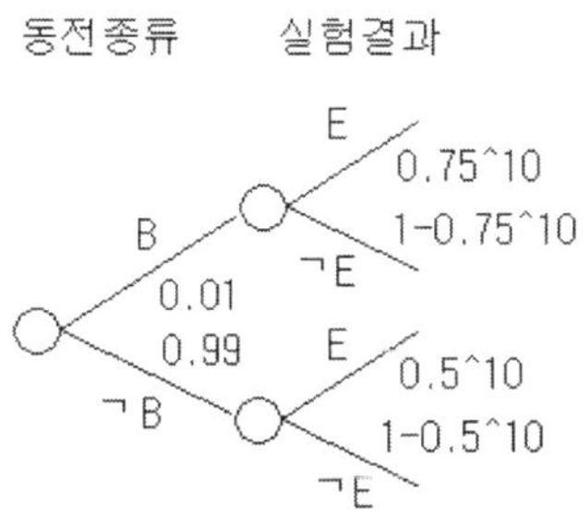

이로부터 편향의 아즈(odds, 확률비, 승산)들은 다음과 같이 얻어진다:

사전아즈 = 0.01:0.99 = 1/99 = 0.0101

우도아즈 = 0.75^10:0.5^10 = 0.75^10/0.5^10 = 57.665

사후아즈 = 0.368:0.632 = 0.368/0.632 = 0.582 ( =사전아즈×우도아즈)

데이터(우도아즈, 우도비)는 압도적으로 동전이 편향된 쪽을 지지하고 있지만 사전확률의 전폭적인 지지에 의해 사후아즈는 동전이 편향되지 않았다는 쪽을 지지한다.

## 4.2 주관적 확률

### 4.2.1. 주관적 확률론의 배경

확률에 대한 고전적 접근은 그것이 전제하고 있는 분석적 재료들이 결여되어 있는 상황들에서는 실패한다. 경험적 접근은 단일-사례 확률에는 실패한다. 경향 접근은 경향이 알려져 있지 않거나 의미가 없는 경우들에는 실패한다. 확률에 대한 1주관적 접근은 이 모든 도전들을 넘어서는 확률개념을 개발하기 위한 시도의 산물이다. 주관적 확률은 개인적 부과들이다. 우리는 종종 어떤 것이 사실일 확률에 대한 우리 자신의 추정값을 가질 수 있고 또 가진다. 그것이 한 단일-사례일 때 또는 그것에 관한 아무 이론이나 분석이 결여될 때조차도. 따라서 주관적 접근은 앞의 견해들에 대한 방해물들을 우회한다.

그러나 곧바로 확률에 대한 주관적 입장은 넘기 힘든 어려움에 맞닥뜨리게 된다. 개인적 확률부과가 과학자들이나 의사결정자들이 사용할 만한 확률들을 낳을 수 있는가? 주관적 확률들이 어떻게 측정될 수 있는가? 측정될 수 있다면, 확률공리들을 만족시킬 만큼 정확히 측정될 수 있는가? 지난 70여 년간 심리학자들, 철학자들, 논리학자들, 수학자들 그리고 통계학자들은 이런 문제들을 해결하는데 상당한 진전을 이루어왔다.

믿음, 바람, 행동 간의 연관성은 심리학자들과 철학자들에게는 잘 알려져 있다. 램지(Ramsey, 1929)는 이런 연관들을 이용하여 주관적 확률론의 바탕을 마련했다. 램지는 어떤 진술에 대한 믿음의 강도는 어떤 행동들－즉, 내기들(bets)－과 연관이 되어 있다는 것을 발견했다. 예컨대, 경마에서 사람들이 거는 내기는 그 경주 결과에 대한 그들의 개인적인 믿음을 반영한다. 따라서 이와 같은 사람들의 행동으로부터 주관적 확률이 추론될 수 있다. 즉, 당신이 어떤 말이 한 경주에서 이기리라고 확신한다면, 당신은 공평하지 못한 내기도 받아들일 것이다. 당신이 그 말이 이기리라고 확신하면 할수록, 당신은 덜 호의적인 승산(odds, 아즈, 확률비)을 받아들일 것이다. 당신이 기꺼이 받아들이려고 하는 승산을 당신의 개인적 확률로 간주한다면, 당신의 주관적 확률들을 측정할 수 있게 된 것이다. 램지는 이것을 주관적 확률들을 위한 완전한 논리로 발전시켰다.

우리는 경마, 축구, 선거 등과 같은 불확실한 사건들의 결과에 내기를 거는데 익숙하다. 그러나 우리가 진술들의 진실성에 내기를 걸지 못할 이유는 전혀 없다. 예를 들어 세 번째 경주에서 천리마에게 내기를 거는 대신에 우리는 "천리마가 세 번째 경주에서 승리한다"는 진술이 참이라는 것에 내기를 걸 수 있다. 만일 우리가 충분한 진술들에 승산들을 설정할 용의가 있고 또 어떤 방식으로 그렇게 한다면, 우리의 승산들이 그러한 진술들에 대한 확률부과들을 이루며 확률공리들을 따른다는 것이 증명될 수 있다. 우리는 이에 대한 램지의 증명보다는 드휘네티(De Finetti, 1937)의 증명을 소개할 것인데 그 이유는 램지는 확률과 효용을 함께 묶어서 다루고 있기 때문이다.

### 4.2.2. 내기와 더치북

● 내기

한 사건{또는 진술} $E$에 관한 한 내기(a bet on an event {or a statement} $E$)는 갑은 그 사건에 반하여(즉, 그 사건이 일어나지 않는다는 것에) 내기를 걸고 을은 그 사건에 찬하여(즉, 그 사건이 일어난다는 것에) 내기를 걸기로 하는 한 계약이다:

- 갑은 사건 $E$가 일어나면 을에게 $\$x$를 지불하기로 약속한다.
- 을은 사건 $E$가 일어나지 않으면 갑에게 $\$y$를 지불하기로 약속한다.
- 이 내기의 판돈(stake, 걸린 금액)은 이 두 액수의 합 $\$(x + y)$이다.

● 공정한 내기

[정의 4.2.1] (공정한 내기) 한 내기에서 한 개인이 그의 기대치가 0이라고 믿는다면, 그 개인의 입장에서 이 내기는 공정하다(fair). 예컨대 갑의 경우에 다음이 성립할 때 이 내기는 공정하다(갑으로부터 나가는 돈의 관점에서):

$$x P(E) - y P(\neg E) = 0, \tag{4.2.1}$$

여기서 $P(E)$와 $P(\neg E)$는 각각 사건 $E$의 발생 여부에 대한 갑의 주관적 확률들이다.

[관찰] 식(4.2.1)은 다음 관계와 동치이다:

$$x : y = P(\neg E) : P(E). \tag{4.2.2}$$

따라서 우리는 식(4.2.2)를 공정한 게임의 판별 기준으로 사용할 수도 있다.

● 내기 승산(betting odds)

사건 $E$가 일어나면 갑이 을에게 \$$x$를 지불하고, 사건 $E$가 일어나지 않으면 을이 갑에게 \$$y$를 지불하는 한 내기가 공정하다면, 사건 $E$가 일어나면 사건 $E$가 일어나지 않을 경우에 을이 갑에게 지불하는 매 달러에 대해 갑이 을에게 \$$x/y$를 지불하는 한 내기도 공정하다. 이로부터

- 한 사건 $E$에 반한 내기 승산(the betting odds against an event $E$)$w(\neg E)$은 $x/y$:1 이다.
- 한 사건 $E$에 찬한 내기 승산(the betting odds in favor of an event $E$) $w(E)$은 $y/x$:1 이다.

참고 누군가가 "그 사건의 승산이 100 대 1이다"라고 말할 때, 관행적으로 이는 그 사건에 반한 내기 승산이 100 대 1이라는 의미이다.

사건 $E$에 관한 내기 $b$는 갑의 입장에서 흔히 한 트리플 $b=[E,\ S,\ q]$로 표현된다. 여기서 $S(\geq 0)$는 내기의 판돈이고, $q(0 \leq q \leq 1)$는 내기 $b$의 판돈 $S$ 가운데 갑이 추렴하여 내는 내기 몫(betting quotient)이다. (따라서 $q/(1-q)$:1는 사건 $E$에 반한 내기 승산 $w(\neg E)$이다.)

<과제 4.2.1> 한 도박회사가 어떤 선수의 우승 여부에 관한 도박 $G$에서 99:1의 {반한} 승산을 내 걸었다. 갑은 이 도박에 \$10을 걸고 참가하였다.

(1) 갑의 입장에서, 이 게임의 판돈은 얼마인가?

(2) 갑의 내기몫은 얼마인가?

(3) 갑의 입장에서 이 내기 $b$를 트리플로 표현하여라.

(4) 도박회사의 입장에서 사건 $E$에 반한 내기 승산 $w(\neg E)$를 구하라.

참고 위 과제는 회사와 고객이 경쟁하는 고정 배당률 사례이다. 반면에 스포츠 토토와 같은 경우에는 고객 간에 서로 경쟁하므로 배당률이 가변적이다.

#### 단순화된 북 만들기(bookmaking)

부키(bookmaker, bookie, odds maker)는 다양한 사건들 $E$에 대해 내기 승산들 $w(\neg E)$을 내건다. 특히 그는 한 쌍의 단순 사건들의 모든 조합들에 반하여 내기 승산들 $p$와 $q$를 내건다.

- 만일 당신이 한 사건 $E$에 찬하여 내기를 건다면, 그는 $E$가 발생하면 $E$가 발생하지 않을 경우에 당신이 그에게 지불하기로 약속한 모든 달러에 대해 당신에게 \$$w(\neg E)$를 지불하는데 동의한다. 즉,

$$w(\neg E)\cdot P(E) = 1\cdot P(\neg E).$$

- 만일 당신이 한 사건 $E$에 반하여 내기를 건다면, 그는 $E$가 발생하지 않으면 $E$가 발생할 경우에 당신이 그에게 지불하기로 약속한 모든 달러에 대해 당신에게 \$$w(E)$를 지불하는데 동의한다. 즉,

$$1\cdot P(E) = w(E)\cdot P(\neg E).$$

- 만일 $P(E) = p$, \$$w(E) = p/(1-p)$ 그리고 \$$w(\neg E) = (1-p)/p$이면, 모든 내기의 EMV는 영이고 따라서 공정한 내기이다. 즉,

$$w(\neg E)P(E) - w(E)P(\neg E) = 0.$$

만일 \$$w(E) < p/(1-p)$이고 \$$w(\neg E) < (1-p)/p$이면, 바로 그 차이가 이 부키의 이윤폭이다.

그러나 우리는 당신이 일 달러의 내기 비용을 지불하는 한 이 부키는 모든 사건 $E$에 찬하여 또는 반하여 거는 어떤 금액에 대해서도 공정한 내기를 운용할 것이라고 가정함으로써 상황을 단순화할 것이다.

### ● 부키의 주관적 확률

만일 부키가 사건 $E$가 발생할 확률이 $P(E)$라고 믿는다면 그리고 사건 $E$에 반한 내기 승산을 $w(\neg E)=\dfrac{1-P(E)}{P(E)}$으로 내걸고, 사건 $E$에 찬한 내기 승산을 $w(E)=\dfrac{P(E)}{1-P(E)}$으로 내건다면, 사건 $E$에 반한 한 고객의 일-달러 내기와 사건 $E$에 찬한 한 고객의 일-달러 내기에 대한 그의 EMV는 각각 다음과 같이 \$0으로 주어진다:

- 사건 $E$에 반한 내기: $P(E)\times\$1-(1-P(E))\times\$w(E)=0$
- 사건 $E$에 찬한 내기: $-P(E)\times\$w(\neg E)+(1-P(E))\times\$1=0$

만일 일-달러 내기의 EMV가 0이라면, 아무 금액의 내기라도 EMV가 영이 된다. 이 부키는 모든 내기에 대해 일 달러의 참가비를 거두기 때문에 그의 확률 추정값들이 옳은 한 그는 이런 내기를 받아들이는 데 있어서 전향적일 것이다.

### ● 북 만들기

확률 추정값들이 그르더라도 만일 부키가 그의 것과 크게 다르지 않은 견해의 스펙트럼을 가지는 많은 고객들을 확보하고 있다면, 그는 바르게 추측한 고객들의 상금이 그르게 추측한 고객들의 손실들에 의해 보전되는 내기들의 한 집합 즉 북(book)을 만들 수 있을지 모른다. 이때 이 부키는 각 내기에 대해 일 달러의 참가비를 챙기게 된다－이것은 그의 북을 만드는 것(making his book)이라고 일컬어진다. 이것은 완벽한 헤지(hedge, 손실방지책)의 한 변종이다.

### ● 더치북

한 사건 $E$에 반한 내기 승산 $w(\neg E)$가 주어져 있다면, 우리는 이 내기승산에 대응되는 사건 $E$의 주관적 확률을 찾을 수 있다:

$w(\neg E)=P(\neg E)/P(E)$로부터 $P(\neg E)=\dfrac{w(\neg E)}{1+w(\neg E)}$. 따라서

$$P(E)=1-P(\neg E)=1-\frac{w(\neg E)}{1+w(\neg E)}=\frac{1}{1+w(\neg E)}.$$

만일 한 부키의 공시 내기 승산들이 확률공리와 일관성을 가지지 않는 주관적 확률들의 집합으로 판명된다면, 고객은 이 부키에 대해 더치 북(Dutch Book)을 만들 수 있다. 한 더치 북이 만들어진다면, 이 고객은 아무런 위험부담도 없이 이 부키로부터 돈을 따갈 수 있다.

(그러나 이것은 우리가 부의 내기(negative bets)－부키로 하여금 그가 공시한 승산들을 사용하도록 하고 우리는 그가 스스로 사용하는 승산들을 사용하는－를 할 수 있을 때만 성립한다. 실제 부키들은 이것에 동의하지 않을 것이다.)

[연구 4.2.1] 한 내기의 가치와 한 북의 가치

**예 4.2.1**

한 도박게임 $E$에 대해 부키가 내건 {반한} {내기}승산은 9:1이다. 을이 이 게임에 참가하여 $10을 걸었다.

(1) 이 도박게임의 판돈 $S$은 얼마인가?

(2) 부키와 을의 내기 몫은 각각 얼마인가?

(3) 부키와 을 각각의 입장에서 이 내기의 트리플을 표현하라.

**풀이** (1) $S = 9 \times 10 + 1 \times 10 = 100$

(2) $q(\text{부키}) = 90/100 = 0.9$ 또는 $q(\text{부키}) = \dfrac{9}{(9+1)} = 0.9.$

마찬가지 방법으로, $q(\text{을}) = 0.1$

(3) $b(\text{부키}) = [E, 100, 0.9]$, $b(\text{을}) = [E, 100, 0.1]$

### 4.2.3. 드휘네티 폐집합과 더치북 정리

드휘네티의 논법은 어떤 초기 진술들의 한 집합, 그들의 부정들, 연접들(conjunctions), 이접들(disjunctions) 그리고 이들 진술들을 사용해서 형성될 수 있는 조건부 진술들에 대해 일련의 내기들을 걸어야 하는 상황에 처한 한 대리인(agent)을 다룬다.

먼저 이 대리인이 내기를 걸 것이라고 기대되는 진술들의 집합을 초기 진술들의 드휘네티 폐집합(De Finetti closure)이라고 부르자.

[정의 4.2.2] (드휘네티 폐집합) 주어진 진술들의 한 집합 $A$에 대해 $A$의 드휘네티 폐집합 $DC(A)$는 공식적으로 다음과 같이 정의된다:

C1. $A$에 속하는 모든 진술은 $DC(A)$에도 속한다.

C2. 진술들 $S$와 $W$가 $DC(A)$에 속하면 ($\neg S$), ($S$ or $W$), ($S$ and $W$)도 $DC(A)$에 속한다.

C3. 진술들 $S$와 $W$가 $DC(A)$에 속하면, $(S|W)$도 $DC(A)$에 속한다.

C4. 위 C1-C3를 따르지 않는 어떤 것도 $DC(A)$에 속하지 않는다.

그 대리인인 당신은 주어진 초기집합의 드휘네티 폐집합에 속하는 모든 진술에 한 부키와 내기를 걸도록 되어있다. 그런데 이 내기 상황은 보통의 내기 상황과는 전혀 다르다: 당신은 드휘네티 폐집합에 속하는 모든 진술들에 승산들을 내걸어야 하는데 당신에게는 오직 그것만이 허용되어있다. 일단 당신이 승산들을 설정하고 나면, 그 부키가 그 내기의 모든 다른 특성들을 정한다: 다양한 내기들에 걸린 금액, 한 주어진 진술에 찬하여(for) 또는 반하여(against) 내기를 걸 사람 등.

당신이 한 단일 진술 S가 참이라는 진술에 찬하여 a:1－a의 승산을 설정했다고 하자 $(0 \leq a \leq 1)$. 그리고 이 내기의 판돈을 M이라고 하자. 그러면 S에 대한 이 내기 상황은 [표 4.2.1]과 같이 요약될 수 있다.

[표 4.2.1] 당신의 내기 결과표

| 사실 \ 내기 | S가 참이다 | S가 거짓이다 |
|---|---|---|
| S에 찬하여 | (1－a)M | －aM |
| S에 반하여 | －(1－a)M | aM |

당신이 진술 S에 찬한 승산을 a:1－a로 설정한다면, 당신은 S가 거짓으로 판명될 때 판돈 M 가운데 한 부분 a 만큼을 잃을 각오를 해야 한다. 이때 a는 S에 대한 내기 몫(betting quotient)이라고 불린다. 당신이 내기 몫 a를 높게 설정하면 할수록 당신은 판돈의 더 큰 부분을 잃을 위험성이 있다. 따라서 당신이 합리적이고 신중하다면, 당신은 한 진술이 참이라고 매우 확신하지 않는 한 그것에 높은 내기 몫을 걸지 않을 것이다. (여기서 내기에 참여한 쌍방은 각자의 내기 몫만큼 추렴하여 내기의 판돈 M을 조성한 후에 내기에 임한다는 것을 기억하라.)

[표 4.2.1]에서 당신이 조절할 수 있는 유일한 특성은 승산 a:1－a이다. 그 부키는 판돈 M을 정할 뿐 아니라 누가 S에 찬하고 누가 S에 반해야 하는지를 결정한다. (그러나 그는 S에 찬하여 내기를 걸고 동시에 S에 반하여 내기를 걸 수는 없으며 또 당신이 그렇게 하도록 강요할 수도 없다.) 문제를 복잡하게 하는 것은 당신은 많은 진술들에 승산들을 내걸어야 하고 그 부키가 설정하는 조건들로 내기들을 받아들여야 한다는 것이다.

드휘네티의 논법을 계속 따라가기 전에 우리의 개념들을 전통적인 내기 승산들과 관련지어 보자. 말달려 경마장이 천리마가 승리한다는 것에 99:1의 승산을 내걸었다고 가정하자. 이것은 그 말이 승리하면 그 경마장은 우리가 구입한 모든 1만 원짜리 "천리마 승리" 마권에 대해 100만 원씩을 지불할 것이라는 뜻이다. 1만 원짜리 마권에 걸린 총금액은 100만 원이다. 우리는 그것의 1/100을 잃는 것을 무릅쓰고, 경마장은 그것의 99/100를 잃는 것을 무릅쓴다. 우리의 용어로 표현하면, 그 경마장의 내기 몫은 99/100이고, 승산은 99/100:1/100 즉, 99:1이다. 더 일반적으로 한 전통적인 내기 상황에서 어떤 사람이 한 주어진 사건에 찬하여 a:b의 승산을 내건다고 가정하자. 그러면 그는 그 사건이 일어나지 않으면 걸린 금액의 a/(a+b)를 잃는 것을 무릅쓰고, 우리는 그 사건이 일어나면 b/(a+b)를 잃는 것을 무릅쓰는 것이다. 이는 우리 용어로 승산은 a/(a+b):b/(a+b)이고, 내기 몫은 a/(a+b)이다.

<과제 4.2.1> 말달려 경마장에서 세 마리의 말들이 경주에 참가한다. 대박마의 승산(즉 우승배당률)은 1:1, 파발마는 2:1, 적토마는 3:1이라고 공시되었다. (1) 마권이 1000원이라면 이 경마가 공평한 도박이 되기 위해서는 각각의 말이 승리할 때 얼마를 상금으로 받아야 하는가? (2) 경마장의 몫은 얼마인가? (3) 그리고 이 마권 한 장의 기대가치(기대배당)는 얼마인가?

드휘네티의 작업으로 돌아와서 당신이 드휘네티가 관심을 가졌던 상황과 같은 종류의 상황에 처해 있다고 가정하자. 그러면 영리한 부키는 무슨 일이 있건 그가 순이익을 얻도록 내기들을 조정할 수 있을지 모른다. 예를 들어, 당신이 한 진술 S에 찬하여 9/10:1/10의 승산을, 그리고 그것의 부정인 ¬S에 찬하여 1/2:1/2의 승산을 내걸었다고 가정하자. 비록 그 부키가 당신이 S에 찬하여 내기를 걸고 또 동시에 S에 반하여 내기를 걸도록 할 수는 없지만 그는 당신이 S에 찬하여 내기를 걸고 또 ¬S에 찬하여 내기를 걸도록 할 수는 있다. 그가 걸린 금액을 1만 원으로 정했다고 가정하자. 만일 S가 참이면, 그는 S에 반한 그의 내기에서 1천 원을 잃고 ¬S에 반한 그의 내기에서 5천 원을 딴다. 따라서 그의 순이익은 4천 원이다. (당신은 4천 원의 순손실을 입는다.) 한편 S가 거짓이면, 그 부키는 S에 반한 그의 내기에서 9천 원을 따고, ¬S에 반한 그의 내기에서 5천 원을 잃는다. 따라서 이 경우에도 그의 순이익은 4천 원이다. 즉, 그 부키는 당신에 대하여 [표 4.2.2]에서와 같이 한 더치북(Dutch Book)을 만든 것이다.

[표 4.2.2] 부키의 내기 결과표(M = 10,000)

| 내기 \ 사실 | S가 참이다 | S가 거짓이다 |
|---|---|---|
| S에 반하여 | −0.1(10,000) | 0.9(10,000) |
| ¬S에 반하여 | 0.5(10,000) | −0.5(10,000) |

당신은 ¬S에 1/10:9/10의 승산을 내걸거나 S에 1/2:1/2의 승산을 내걸음으로써 이를 방지할 수 있었을 것이다. 즉, S에 대한 그리고 ¬S에 대한 당신의 내기 몫들이 합하여 1이 되면, 당신은 이런 종류의 더치북으로부터 당신을 지킬 수가 있다. 드휘네티는 이것을 일반화하여 다음과 같은 더치북 정리(the Dutch Book theorem)를 증명하였다:

[정리 4.2.1] (더치북 정리) 한 대리인이 진술 집합에 대한 드휘네티 폐집합에 내건 승산들을 사용해서 그에 대해 어떤 더치북도 만들어질 수 없다고 가정하자. 그러면 그 드휘네티 폐집합에 대한 그의 내기 몫들은 확률 공리들을 만족한다.

이 정리의 증명은 Resnik(1988)을 참고하라.

### 4.2.4. 일관성과 조건화

드휘네티는 한 대리인에 대하여 아무 더치북도 만들어질 수 없는 경우 그의 내기 몫들이 일관성이 있다(coherent)고 불렀다. 우리는 드휘네티의 더치북 정리를 "만일 한 대리인의 주관적 확률들(내기 몫들)이 일관성이 있다면, 그들은 확률공리들을 만족시킨다는 것을 보여주는 것"으로 요약할 수 있다. 이제 일관성은 합리성을 위한 매우 그럴듯한 조건이다. 왜냐하면 우리 중 거의 아무도 내기들에서 순손실을 입도록 되어 있는 처지에 머무르는 것이 이치에 맞는다고는 생각하지 않을 것이기 때문이다. 만일 우리가 일관성을 합리성의 한 조건으로 받아들인다면, 드휘네티의 결론은 확률공리들은 합리성을 위한 필요조건들이라는 것에 다름이 아니다.

드휘네티가 그의 정리를 증명한 이래로 다른 사람들은 확률공리들을 만족시키는 주관적 확률들을 가지는 것은 또한 일관성을 위한 충분조건이라는 것을 증명했다. 달리 말하면 만일 한 대리인이 확률공리들을 만족하도록 그의 내기 몫들을 정한다면, 그에 대해 아무 더치북도 만들어질 수 없다. 이것은 역 더치북 정리(the converse Dutch Book Theorem)라고 불린다.

합리적인 사람들은 새로운 데이터가 주어지면 그들의 믿음의 정도(주관적 확률들)를 수정

한다. 그렇다면 새로운 데이터를 넣어서 주관적 확률들을 수정하기 위한 규칙들이 존재하는가? 한 가지 매우 보편적인 제안은 우리가 다음과 같은 조건화 규칙(rule of conditionalization)을 따라야 한다는 것이다: D가 새로운 데이터를 서술하는 진술들의 연접이라고 가정하자. 그러면 새로운 확률들은 "데이터 조건부" 옛 확률들로 구해진다. 즉, 각 진술 S에 대해 새로운 확률들은 $P_N(S)$ = P(S|D)로 갱신된다. 참고로 P(D|D) = 1이므로 이 규칙은 데이터에 확률 1을 부과하는 효과가 있다.

만일 우리가 확률공리들에서 P(S)를 P(S|D)로 그리고 P(T|S)를 P(T|S and D)로 교체한다면, 이들도 확률법칙이 된다. 이것은 만일 우리가 조건화 규칙을 사용해서 주관적 확률들을 수정한다면, 이 새로운 확률들도 확률 공리들을 만족시키며 따라서 역 더치북 정리에 따라 일관성을 가질 것이라는 뜻이다. 이로부터 조건화를 사용해서 우리의 확률들을 수정하는 주된 이유는 이것이 우리의 새로운 확률들의 일관성을 보증해주기 때문이다.

우리는 조건화 규칙을 지지하는 한 더치북 논법을 세울 수 있다－우리의 옛 확률들과 새 확률들을 내기로 연결하는 것이 받아들여진다면. 이 논법을 따라가 보자. 먼저 당신이 D의 확률을 1로 그리고 S의 확률을 a로 개정하였고, 당신의 처음 부과는 P(S|D) = $b$였다고 가정하자. 만일 a≠$b$이고 부키가 이 사실을 미리 안다면, 그는 당신에 대해 더치북을 만들 수 있다. 이제 그의 솜씨를 보자. D가 참인지 알려지기 전에 그는 D가 드러날 때까지 시행되지 않는 두 개의 내기들을 세운다: 하나는 a < b이면 S에 찬하여 또는 a > b이면 S에 반하여; 다른 하나는 a < b이면 S|D에 반하여 또는 a > b이면 S|D에 찬하여. 그는 걸린 금액들을 1만원으로 설정한다. 그러면 D가 드러난 다음에 각 내기에 대한 그의 이익은 S가 참인지 여부에 따라 정해진다. 따라서 그는 내기 하나는 지고 하나는 이긴다. 그러나 그의 선택과 당신이 내건 좋지 않은 승산 때문에 그는 순이익을 얻게 될 것이다.

예를 들어 a < b이고 S가 참이면, 그는 S에 찬한 내기로부터 1－a를 받고 S|D에 반한 내기로부터 －(1－b)를 받는다. 그의 순이익은 b－a이고 이것은 양수다. S가 거짓인 경우에도 그는 같은 순이익을 얻는다. 왜냐하면 그는 첫 번째 내기로부터 －a를 받고 두 번째 내기로부터 b를 받기 때문이다. 이 내기 결과는 [표 4.2.3]에 요약되어 있다.

[표 4.2.3] 부키의 내기 결과표: a 〈 b인 경우(M = 1)

| 내기 \ 사실 | S가 참이다 | S가 거짓이다 |
|---|---|---|
| S에 찬하여 | 1－a | －a |
| S\|D에 반하여 | －(1－b) | b |

<과제 4.2.2> a > b인 경우에 부키의 내기 결과표를 작성해 보자.

만일 D가 드러나지 않으면 부키는 그의 내기들이 시행되지 않으므로 얻지도 잃지도 않는다. 그러나 그는 이 경우에도 D에 반한 한 곁가지 내기를 부설함으로써 이익을 확보할 수 있다. D에 찬한 당신의 내기 몫이 c이고 d = |a − b|/2라고 두자. 그러면 그 부키는 그 내기에 걸린 금액을 d/(1 − c)로 설정한다. 만일 D가 거짓이면 그는 c[d/(1 − c)]를 받는데 이는 양수이다. 만일 D가 참이면 그는 D에 찬한 내기로부터 −(1 − c)[d/(1 − c)]. 즉 −d를, 그리고 앞에서 언급한 두 내기들 중 실제로 시행되는 한 내기로부터 |a − b| 즉 2d를 받는다. 따라서 그의 순이익은 d이고 이는 양수이다. 이 곁가지 내기 결과는 [표 4.2.4]에 요약되어 있다.

[표 4.2.4] 부키의 내기 결과표: 곁가지 내기(M = d/(1 − c))

| 내기 \ 사실 | D가 참이다 | D가 거짓이다 |
|---|---|---|
| D에 반하여 | −(1 − c)[d/(1 − c)] = −d | c[d/(1 − c)] > 0 |
| 원래의 내기 | 2d | 0 |

이 절의 내용을 요약해보자. 만일 한 대리인의 확률부과가 일관성이 있다는 점에서 합리적이라면, 이렇게 부과된 확률들은 더치북 정리에 의해 확률공리들을 만족시킨다. 더욱이 역 더치북 정리에 따라 확률공리들을 만족시키는 것은 일관성이 있는 주관적 확률들을 가지기 위한 충분조건이 된다. 또 그 대리인이 새로운 데이터를 얻게 될 때, 그는 조건화 규칙을 사용해서 옛 확률들을 새로운 일관성이 있는 확률들로 갱신할 수 있고 미래의 더치북들로부터 그를 지킬 수 있다. 끝으로 주관적 확률들이 공개적으로 관측될 수 있는 내기 행동에 의해 정의되므로 그들은 측정될 수 있고 객관적으로 알려질 수 있다.

### 4.2.5. 주관성과 객관성

우리는 지금까지 주관적 확률을 너무 비호한 것인지도 모른다. 일관성이란 요건은 너무 느슨해서 그것을 토대로 부과된 주관적 확률들은 과학자들이나 의사결정자들에게 아무 쓸모없는 것인지도 모른다. 경마장에서 내가 건 내기가 일관성이 있다고 해서 그것이 이익을 보장해주지는 않는다−심지어 내가 모든 말들에게 내기를 건다 해도. 만일 승리를 도맡아 하는 천리마와 한 처녀 출전한 말들 간의 경주가 있기 전에 내가 천리마에 0.9:0.1의 승산을 내걸고 처녀마에 0.1:0.9의 승산을 내건다면 나는 일관성을 가지고 있다. 그러나 만일 내가 그 경주에 대한 어떤 사실-예컨대, 천리마의 발에 종기가 났다는 것과 같은-을 알지 못한다면, 내가 그런 승산으로 내기를 거는 것은 어리석은 일이 될 수 있다.

이 예는 일관성이라는 것이 합리적으로 확률들을 부과하기 위해 충분히 강한 요건이 되지 못한다는 것을 시사한다. 내가 천리마에 위와 같은 승산을 내거는 것은 비합리적이라는 주장에 일리가 있다. 그러나 주관론자들은 이런 반박에 대한 대답을 가지고 있다. 이 예에서 우리가 느끼는 비합리성은 내가 말들과 경주들에 대해 가지고 있는 다른 정보를 반영하지 않았고 또 내가 다른 진술들에 대해 부과한 확률들과 모순적이라면, 실제적인 비일관성의 한 사례가 될 수 있다.

그러나 말들에 대해 문외한인 사람들의 경우에는 어떤가? 그들은 경주에서 어떻게 해야 하는가? 주관론자의 답변은 다음과 같다: 먼저 그들은 일관성이 있게 내기를 해야 한다. 그다음 그들은 말들에 대해 더 많이 배우기 위해 노력해야 한다. 그들이 새로운 정보를 얻으면, 그들은 확률부과들을 수정해야 한다. 만일 그들이 조건화 규칙을 사용한다면, 그들은 일관성 유지를 확보할 수 있다. 더욱이 베이즈 공식과 관련해서 언급한 수렴성 정리들이 적용될 수 있을 것이다. 만일 그렇다면 장기적으로 그들의 승산은 전문가들의 승산과 차이가 없어진다.

더 나아가 수렴성 정리들은 우리가 아무 확률부과들로 시작해서 조건화에 의해서 그것들을 수정하면 그 확률부과들이 장기적으로는 전문가들에 의해 사용된 확률들로 수렴하고야 만다는 것을 보여준다. 주관론자들은 이에 의지하여 주관적 확률들이 과학자들이나 의사결정자들이 사용하기에 적합하다고 주장한다. 수렴성은 관찰된 빈도들로부터 확률들을 도출한 빈도주의자들이 장기적으로는 처음에 그들의 믿음을 토대로 확률들을 부과한 주관론자들과 일치한다는 것을 시사한다. 후자들이 전자들에 의해 제공된 데이터를 사용한다는 전제 아래에서. 결과적으로 주관론자들은 다른 이들이 경험적인 확률들을 제시할 수 있는 경우라면, 그들도 그렇게 할 수 있다. 이는 틀림없이 과학자들을 만족시킬 것이다. 주관론자들은 여기에서 한발 더 나아갈 수 있다: 빈도들, 경향들, 논리적인 측도들이 존재하지 않는 경우에도 주관론자들은 확률들을 부과할 수 있다.

의사결정자들은 바로 전문가들에 의해 제공된 확률들을 요구하는데 주관론자들은 장기적으로 그것들을 줄 수 있다. 더욱이 그들은 빈도론자들, 논리주의자들, 경향론자들이 손을 주머니에 넣고 멀거니 서 있어야 하는 경우에도 확률들을 제공할 수 있다.

주관론자들의 논법의 백미는 소위 객관적 확률들을 확정하는 데에도 주관적 요소들이 들어간다는 관찰로부터 나온다. 고전적 견해에서 우리는 한 진술에 부과할 "등확률적(equiprobable)" 가능성들을 선택해야 한다. 이 선택은 우리가 올바른 가능성들의 집합을 가지고 있고 그것들이 등확률적이라는 개인적이고 주관적인 판단을 토대로 한다-왜냐하면 고전적 견해는 등확률적 가능성들의 한 집합을 한 주어진 진술과 연관을 지어주는 아무런 방법도 제공하지 않기 때문이다. 마찬가지로 빈도적 견해에서 한 동전을 1000번 던져 올렸을 때 앞면이 511번 나온 것을 관찰한 후에 우리가 앞면의 장기적 상대빈도가 1/2이라고 결정할 때, 우리는 그 동전의 가능한 미래의 행동에 대해 주관적 평가를 하는 것이다. 또 경향적 견해에서 우리는 한 이론에 대한 증거가 주어졌을 때, 그 이론이 충분히 가능성이 있는지를 판단한 후에 그 이론이 경향들에 대해 하는 주장들을 받아들여야 한다. 즉, 객관적 확률들의 적용은 주관적 판단에 의존한다. 따라서 주관적 확률들은 근본적이기도 하고 필요불가결하기도 하다.

<과제 4.2.3> 객관적 확률들을 확정하는 데에 주관적 요소들이 들어가는 그 밖의 예들을 들어보자.

## 4.3 특정사건에 대한 주관적 확률부과

한 사건 $E$의 확률 $P(E)$에 대한 고전적 확률이나 상대빈도적 확률을 계산하는 것은 적어도 이론적으로는 매우 쉽다. 고전적 확률은 $m/n$으로 나타낼 수 있는데, 여기서 $n$은 대칭적이고 동일한 발생 가능성이 있는 모든 결과들의 수이고, $m$은 사건 $E$에 속하는 결과들의 수이다. 상대빈도적 확률은 사건 $E$가 발생한 장기적 상대빈도로 구해진다. 그러나 주관적 확률은 전형적으로 내성(introspection)에 의해 부과되며, 다른 확률들에 비해 상대적으로 부과하는데 어려움이 따른다.

주관적 확률이 존재하고 일반적인 확률과 같이 다루어지기 위해서는 확률의 공리를 만족시켜야 한다. 주관적 확률부과가 확률의 공리와 모순되지 않으려면 특정 행동조건들을 만족시켜야 하는데, 이런 조건들을 만족하는 행동은 일관성이 있다(coherent)고 일컬어진다. 일관성이 있는 행동양식을 보장하기 위한 공리체계들은 다음 절에서 다루어질 것이다.

### 4.3.1. 직접 부과(direct assessment)

사건 $E$가 발생할 확률을 주관적으로 확정하는 가장 간단한 방법은 사건들을 비교하여 상대우도(relative likelihoods)를 정하는 것이다. 예컨대, 사건 $E$를 그의 여사건인 $\neg E$와 비교하여 본다. 만일 $E$가 $\neg E$에 비해 두 배만큼 발생 가능성이 높다고 느낀다면, 명백히 $P(E) = 2/3$이다.

### 4.3.2. 간접 부과(indirect assessment)

사건 $E$가 발생할 확률을 주관적으로 확정하는 다른 방법은 부과제비(assessment lottery)를 이용하는 것이다. 부과제비를 이용하여 주관적 확률을 부과하는 단계는 다음과 같이 서술될 수 있다:

① 부과제비와 사건 $E$가 개입된 제비 간에 선택하는 의사결정문제에서 두 제비에 대한 선호가 무차별해지도록 부과제비를 설정하여 확률을 부과한다. [그림 4.3.1]의 제비들에서 (그리고 앞으로) W와 L은 각각 이득(win)과 손해(loss)를 나타낸다.

[그림 4.3.1] 사건 E가 관련된 제비 A와 부과제비 B

② 부과제비는 흰 공과 붉은(검은) 공이 1000개 담겨있는 준거항아리에서 흰 공의 개수를 정하거나 흰색과 붉은(검은)색이 칠해져 있는 준거바퀴(reference wheel)에서 흰색이 칠해진 면적을 정함으로써 결정된다.

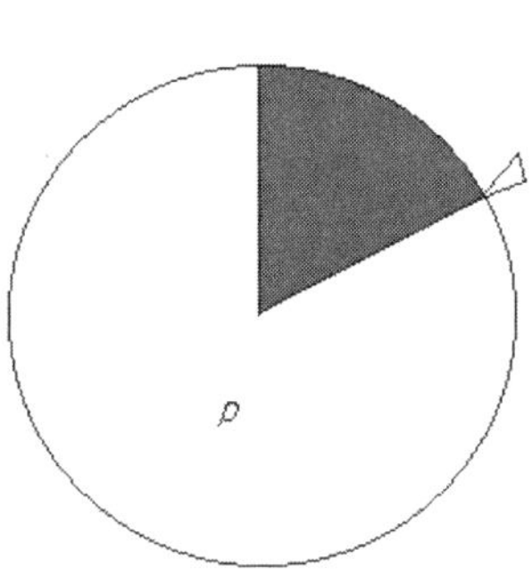


[그림 4.3.2] 준거바퀴

③ 준거항아리에서 흰 공을 뽑거나 준거바퀴에서 지침이 흰 부분에 멈추면 부과제비에 당첨된다.

④ 두 대안 A, B가 무차별해질 때 흰색 부분의 비율이 사건 $E$의 발생확률로 부과된다.

<과제 4.3.1> 부과제비를 이용하여 내일 비가 올 사건에 대한 주관적 확률을 구해보자.

주관적 확률을 도출하는 과정에서 겪는 현실적 어려움을 몇 가지 짚어 보자. 첫째, 일관성(coherence)을 확보하려면 상당한 주의를 기울여야 한다. 둘째, 작은 확률들은 확정하기가 매우 어렵다. 이외에도 많은 현실적 어려움이 있다.

우리는 다음 절에서 $\theta$의 사전분포를 확정하는 방법들에 대하여 다룰 것이다. 우리는 빈도적 관점에서 랜덤한 상황과 주관적 관점에서 랜덤한 상황을 구분하지 않을 것이다. 이제부터 랜덤한 상황이 - 객관적 관점이든 주관적 관점이든 - 숫자로 관측될 수 있는 것이라면, 그것을 랜덤변수(random variable, 확률변수)라고 부를 것이다.

### 4.3.3. 주관적 확률과 상대빈도의 접점 - 교환가능성

빈도론자들은 독립성(즉 독립시행) 가정하에서 상대빈도를 확률의 추정값으로 사용한다. 그런데 이런 독립성 개념은 데이터에 의한 정보수정 경로를 차단한다. 주관적 입장에서 데이터는 우리의 지식상태에 변화를 가져오고 따라서 우리의 초기 확률은 갱신되어야 한다. 교환가능성(exchangeability)은 이런 문제점을 인식하고 독립성을 대체하기 위해 고안된 개념이다. 주관적 확률은 교환가능성을 통해서 상대빈도와 연결된다.

주관적 확률의 정의나 확률부과를 위해 요구되는 행동 조건들은 모두 극한 상대빈도들에 대해 아무런 언급을 하고 있지 않다. 직관과 순서성은 그들 간의 어떤 연관성을 시사한다. 실제적인 관점에서 볼 때 견줄만한 수준의 독립적인 사건들에 대해 대부분 사람들이 부과하는 주관적 확률은 관측수가 매우 커지면 상대빈도들에 가까워 질 것이다. 그러나 이 연관성을 공식화하는 데는 어려움이 따른다. 가장 당혹스러운 것은 독립성 개념에서 나온다.

압핀 던지기 예로 이 문제를 나타내 보자. 평평한 바닥 위에서 압핀을 던져 올리면 바늘이 위를 향하거나(이를 앞면이라고 부르고 H로 나타내자) 아래를 향한다(이를 뒷면이라 부르고 T로 나타내자). 당신은 이와 같은 압핀이 던져 올려진 것을 본 적이 없다고 가정하자. 첫 번째 시행 전에 여러 시행에서 앞면이나 뒷면이 나올 확률들이 주관적으로 부과될 수 있을 것이다. 당신이 다음과 같이 확률을 부과했다고 가정하자: $P(H_1)=P(H_2)=P(H_3)=P(H_4)=\frac{1}{2}$, 여기서 $H_i$는 $i$번째 시행에서 앞면이 나오는 것을 뜻한다. 실제로 당신은 현재의 정보를 토대로 아무 시행에서 앞면의 확률이 $\frac{1}{2}$이라고 진술할 의사가 있다고 가정하자. 앞에서 정의된 대로 독립성은 확률적 개념이다. 예컨대, 우리가 시행 1에서 앞면이 나오는 사건과 시행 2에서 앞면이 나오는 사건이 독립적이라고 진술하면, 그것은 $P(H_2|H_1)=P(H_2)=\frac{1}{2}$을 뜻한다. 더욱이 만일 우리가 일련의 압핀 던져 올리기 시행들이 독립사건들

로 구성된다고 규정한다면, 우리는 $P(H_n | H_1, H_2, \ldots, H_{n-1}) = P(H_n) = \frac{1}{2}$를 얻는다. 이것은 예컨대, 만일 $n = 10$이라면 앞면이 연이어서 아홉 번 나왔다는 조건하에서 열 번째 시행에서 앞면의 확률에 대한 주관적 부과가 여전히 첫 번째 시행 전과 마찬가지라는 것을 뜻한다.

더 일반적으로 사건들 $H_1, H_2, \ldots, H_n$이 독립이라고 가정하는 것은 예컨대, 처음 50번의 시행 결과들을 관찰함으로써 얻어진 정보는 51번째 시행에서 앞면이 나올 확률을 주관적으로 부과하려는 목적과는 무관해야 한다는 것을 뜻한다. 주관론자의 관점에서 볼 때 이것은 이치에 맞지 않는다. 이런 관측들은 분명히 우리의 지식상태를 변화시키고 따라서 우리의 주관적 부과들에 영향을 끼쳐야 한다. 주관론자는 확률들이 불변적이라는 것에 동의하지 않을 것이고 따라서 사건들이 독립적이라는 것에 동의하지 않을 것이다. 문제는 독립성이 잘못된 개념이라는 것이다.

상대빈도와 주관적 부과를 연관 짓기 위해 우리는 압핀 던지기 과정의 다른 특성을 고려할 필요가 있다. 이 특성은 교환 가능성이라고 불린다. 시행들이 교환 가능하다(exchangeable, EXC)는 것은 그들이 물리적으로 관련되어 있지 않다는 뜻이다－공식적으로 이것은 $n$개의 서로 다른 첨자들 $i_1, i_2, \ldots, i_n$의 아무 집합에 대해 결합사건들 $(H_{i1}, H_{i2}, \ldots, H_{in})$의 확률이 동일하다는 것을 의미한다. 압핀 던지기 예에서 교환 가능성은 주관론자나 객관론자 모두에게 합리적인 가정이다. 각 시행은 물리적으로 다른 시행들과 관련되어 있지 않으므로 모든 사람들은 시행들이 문제를 변화시키지 않고 서로 교환될 수 있다는 것에 동의할 것이다.

이런 새로운 개념으로 주관적 확률부과는 극한 상대빈도들과 연관성을 맺을 수 있다. 이 결과는 드휘네티(1937, 1974)에 의한 것이다. 그는 교환 가능성이 성립할 때 극한 상대빈도가 잘 정의되며(즉, 존재하며), 더 나아가 이 극한 상대빈도가 주어졌다는 조건하에서 개별적인 시행들에 대한 유일한 일관적인 주관적 부과는 극한 상대빈도라는 것을 보였다. 즉, 시행횟수가 무한으로 가는 극한에서 주관적으로 부과된 확률은 상대빈도와 같을 것이다. 압핀 던지기 예에서 $\alpha$를 앞면에 대한 극한 상대빈도라 하면, 이것은 $P(H_n | \alpha) = \alpha$라는 것을 의미한다. 이것이 바로 우리가 주관적 확률들과 상대빈도 간의 접점을 마련하는 데 필요로 하던 것이다. 이에 더하여 교환 가능성 개념은 확률들이 주관적으로 부과될 때 독립사건들에 관한 잠재적인 궁지를 설명하는 데 도움을 준다. (4.9.5절의 주변교환가능성 참조)

## 4.4 주관적 확률을 위한 행동 공리체계

주관적 확률이 존재하고 일반적인 확률과 같이 다루어지기 위해서는 확률의 공리를 만족시켜야 한다. 주관적 확률부과가 확률의 공리와 모순되지 않으려면 특정 행동 조건들을 만족시켜야 하는데, 이런 조건들을 만족하는 행동은 일관성이 있다(coherence)고 일컬어진다. 일관성이 있는 행동양식을 보장하기 위한 몇몇 공리체계들을 살펴보자.

- 새비지(L. J. Savage)의 공리체계: 확률분포의 존재성을 보장하는 조건들
- 드휘네티(de Finetti)의 공리체계: 확률분포를 얻기 위한 실용적(operational) 조건들
- 앤스코움과 어만(Anscombe and Auman)의 공리체계: 선호의 존재를 위한 공리에 부가하는 공리

[기호] 다음과 같은 기호를 약속하자.

- 행동들은 영소문자로 나타낸다.
- 결괏값들은 그리스소문자로 나타낸다.
- 결과공간은 $\Omega$로 나타낸다.
- 결과공간 위의 사건들은 영대문자로 나타낸다.

### 4.4.1. 새비지 공리체계

S1. 아무 두 행동 $f$와 $g$에 대해 $f$가 $g$보다 선호되지 않거나 $g$가 $f$보다 선호되지 않거나 또는 둘 다 성립한다. 그리고 만일 $f$가 $g$보다 선호되지 않고 $g$는 $h$보다 선호되지 않으면, $f$는 $h$보다 선호되지 않는다.

S2. 행동들 $f$, $g$와 $f'$, $g'$가 다음 세 조건들을 만족하도록 결과공간이 $B, \neg B$로 분할될 수 있다:

① $\neg B$에서 $f$와 $g$는 같은 결괏값을 가지고, $f'$와 $g'$도 같은 결괏값을 가진다.

② $B$에서 $f$와 $f'$는 같은 결괏값을 가지고, $g$와 $g'$도 같은 결괏값을 가진다.

③ $f$는 $g$보다 선호되지 않고, $f'$는 $g'$보다 선호되지 않는다.

S3. 만일 전체 결과공간 위에서 행동 $f$는 결괏값 $\gamma$를 낳고, 행동 $f'$는 결괏값 $\gamma'$를 낳는다. 결과공간의 한 부분집합 $B$위에서 $\gamma$는 $\gamma'$보다 선호되지 않는다면, $f$는 $f'$보다 선호되지 않는다. 역으로 $\gamma$가 $\gamma'$보다 선호되지 않는다면, 아무 부분집합 $B$ 위에서도 $f$는 $f'$보다 선호되지 않는다.

S4. 그가 어느 불확실한 상황에 내기를 걸 것인가에 대한 선택은 내기의 크기에 의존하지 않는다.

S5. $\gamma'$가 $\gamma$보다 선호되지 않는 그러한 결괏값들 $\gamma$, $\gamma'$이 적어도 한 쌍은 존재한다.

S6. 만일 $f$가 $g$보다 협의로 선호되지 않고 $\gamma$가 아무 결괏값이라면, 결과공간 $\Omega$의 한 분할이 존재한다. 만일 $f$나 $g$가 결과공간의 한 단일 원소 (결과)에 대해서만 결괏값 $\gamma$를 가지도록 수정되고 다른 값들은 그대로 있다면, 수정된 $f$는 여전히 수정된 $g$보다 협의로 선호되지 않는다.

● 새비지 공리체계의 의미

S1. 행동들에 대한 선호집합이 존재하고, 그 선호들은 이행적(transitive)이다.

S2. 행동들 간의 선호는 행동들이 차이가 있는 결과공간의 부분집합들에만 관련되고, 그러한 부분집합들에서 선호들은 차이가 있는 부분에서 동일한 결괏값들을 가지는 다른 행동들에 대해 부과된 선호들과 같다.

S3. 행동들에 대한 선호들과 결괏값들에 대한 선호들 간에는 일관성이 있다.

S4. 내기를 설정하는 두 불확실한 상황 간의 선택에서 선택은 내기의 크기에 의존하지 않는다.

S5와 S6. 선택 폭은 충분히 넓다. 이 공리들은 행동에 대한 제약들이 아니라 기술적인 (technical) 가정들이다.

총평: 이러한 조건들이 행동에 대한 심한 제약이라고 볼 수는 없을 것이다. 이러한 조건들이 확률공리를 만족하는 확률부과값들의 한 집합이 존재함을 보장하고 있긴 하지만 그 집합을 얻는 방법에 대해서는 다루고 있지 않다.

### 4.4.2. 드휘네티의 공리체계

D1. 사건들의 아무 집합 $E_1, E_2, \ldots E_i, \ldots$과 아래 그림에 나타낸 제비들에 대해서 당신이 이 제비를 기꺼이 넘기려고 하는 금액을 예컨대, $C_i$로 지정한다면, 내기 몫 $P_i = C_i / S$ 가 사건 $E_i$에 대한 주관적 확률로 정의된다.

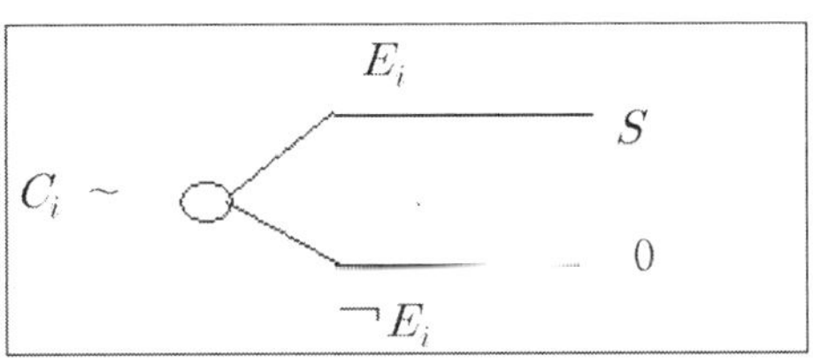

D2. 당신이 지정된 $C_i$들로 교환한다면 당신이 반드시 손해를 보도록 일련의 내기들을 조정하는 것이 불가능하도록 확률들이 사건들에 부여된다. (드휘네티 폐집합과 더치북 정리를 참고하라.)

● 드휘네티 공리체계의 의미

총평: 드휘네티의 공리체계는 차 사고나 범죄발생 등과 같은 개인의 위험(모험)에 대한 태도와 관련된다. 드휘네티에 의해 제안된 확률부과방식이 이상적이라고 할 수는 없다. 확실성등가 결정은 위험요소들을 포함하고 있을 뿐 아니라 다른 부과들보다 판단하기가 더 어렵다. 그러나 이 방법은 우리에게 주관적 확률에 대한 명확한 정의와 그가 일관성(coherence)이라고 부르는 조건(조건2)을 제공한다. 드휘네티는 (이 조건을 어기면 다른 이들에 의해 이용당하기 십상이므로) 일관성 조건은 바람직한 것일 뿐 아니라, (이렇게 이용당하는 일이 없으므로) 일선 경영자들이 실제로 이 조건에 맞게 행동하고 있다고 보고 있다. 드휘네티 공리는 당신의 주관적 확률들(내기 몫들)이 일관적이라면 그것들은 확률공리에 부합된다는 것을 보여주고 있다. 우리가 일관성을 합리성의 한 조건으로 받아들인다면, 드휘네티의 결론은 "확률공리는 합리성의 필요조건이다"라는 것으로 표현될 수 있다.

### 4.4.3. 앤스코움과 어만 공리체계

앤스코움과 어만의 공리체계는 기대효용이론의 공리체계에 다음 두 조건이 덧붙는다. (5.3절 참조)

- A1. 두 제비가 한 결과와 관련된 상금이외에는 동일하다면, 그 제비들에 대한 당신의 선호들은 그 결과와 관련한 상금에 대한 당신의 선호들과 같다.
- A2. 당신이 받는 상금이 한 부과제비와 부과제비가 아닌 다른 한 제비에 의존한다면, 어느 제비가 먼저 뽑히는지는 당신에게 아무런 문제가 되지 않는다.

● 앤스코움과 어만 공리체계의 의미

이러한 조건하에서 사건 $E$에 대한 당신의 주관적 확률은 아래의 부과제비와 사건 E가 관련된 제비 간에 당신이 무차별해지는 설정 $p$(흰 부분의 비율)로 정의된다.

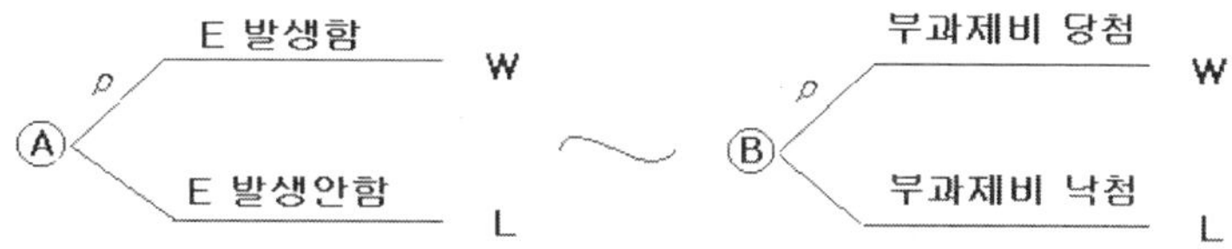


## 4.5 사전분포의 주관적 부과: 완전 사전정보

$\theta$에 대한 사전정보가 완전하다면, 주관적으로 사전분포를 확정할 수 있을 것이다. 그러나 사전정보가 거의 없거나 부분적이라면, 사전분포를 확정하기 위해 다른 방법을 찾아야 할 것이다. 이 절에서는 완전한 사전정보하에서 주관적으로 사전분포－이런 사전분포는 흔히 정보적 사전분포(informative prior)라고 불린다－를 확정하는 방법들에 대하여 다룬다.

<과제 4.5.1> 사전정보는 어디에서 오는가?

### 4.5.1. 이산확률분포 부과

$\Omega_\theta$가 이산적이라면 $\Omega_\theta$의 각 결과는 특정 사건이 된다. 따라서 $\Omega_\theta$의 각 결과로 이루어진 특정사건에 대한 주관적 확률을 확정함으로써 주관적 확률분포를 얻을 수 있다. 물론, 부과자는 일관성을 검토하고, 부과된 확률분포의 모순점들을 해결해야 할 것이다.

### 4.5.2. 연속확률분포 부과

$\Omega_\theta$의 가능한 결과들의 수가 늘어남에 따라 각 사건들을 분리해서 부과하는 것은 점점 어렵게 된다. 따라서 많은 수의 결과들을 가지는 이산랜덤변수들은 대개 연속랜덤변수들과 같이 부과된다. 연속확률분포 부과절차에는 이산확률분포 부과에 비해 한 단계가 더 필요하다: 즉, 부과할 사건들을 정해야 한다. 일단 부과할 사건들이 정해지면 각 사건의 확률은 이산적인 경우에서와 같이 부과될 수 있다. 연속확률분포를 부과하는 방법에는 히스투그램법, 상대우도법, 적합법, 분포함수법 등 여러 가지 방법들이 제안되어 있다.

### (1) 히스토그램법

$\Omega_\theta$ 가 실직선의 한 부분집합일 때 일차적으로 사용되는 방법은 아마도 히스토그램법일 것이다: 먼저 $\Omega_\theta$ 를 적당한 개수의 구간들로 나눈 후 각 구간의 주관적 확률을 확정한다. 각 구간의 확률들로부터 확률 히스토그램을 작성한다. 이 히스토그램을 부드러운 곡선으로 평활화하여 밀도곡선 $\pi(\theta)$ 를 얻는다. 이 방법의 어려운 점은 적절한 구간수와 구간폭을 어떻게 정하느냐 하는 것과 이 방법으로 얻은 밀도곡선은 꼬리가 없다는 것이다.

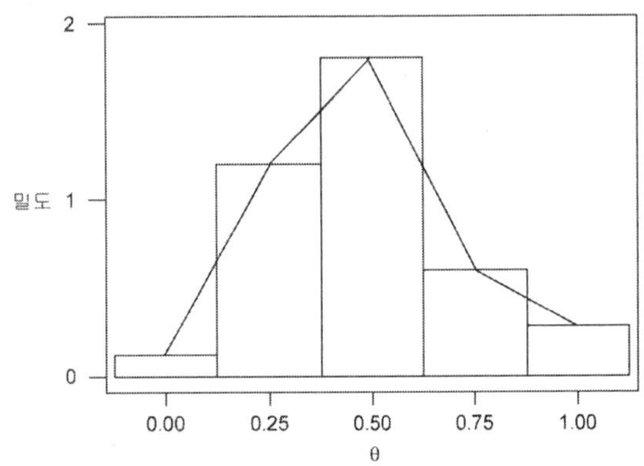


### (2) 상대우도법

상대우도법 또는 우도비법도 $\Omega_\theta$ 가 실직선의 한 부분집합일 때 흔히 사용되는 방법이다. 먼저 $\Omega_\theta$ 상의 적당한 개수의 점들을 정한 후 각 점의 우도들을 직관적으로 비교한 후 산점도에 타점하여 우도그래프(likelihood graph)를 작성한다. 우도그래프를 부드럽게 연결하여 밀도곡선 $\pi(\theta)$ 을 얻는 것이다.

**예 4.5.1**

$\Omega_\theta = [0,1]$을 가정하자. 먼저 $\theta = 0.75$이 가장 우도가 높고 $\theta = 0$이 가장 우도가 낮으며 그 우도비가 3 정도라고 추정되고 있다. 밀도 곡선을 스케치하는 데 필요한 다른 세 점들 0.25, 0.5 그리고 1에 대해서는 상대우도가 다음과 같이 추정되고 있다: 0.5와 1는 0에 비해 2배 정도의 우도를 가진다; 0.25는 0에 비해 1.5배 정도의 우도를 가진다. 이 경우의 (불완전) 사전 밀도는 다음과 같은 형태를 가진다.

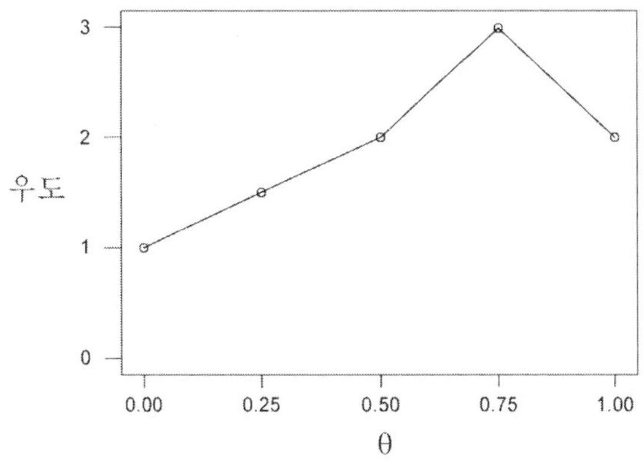


이 방법으로 얻은 밀도곡선은 면적이 1이 아니라는 점에서 불완전하다(improper). 그러나 실제 사용 면에서는 아무런 문제가 되지 않는다. 물론 이 방법을 $\Omega_\theta$가 무계일 때 사용하면 유한한 범위 밖에서 밀도곡선의 형태를 결정하는데, 또는 이 밀도곡선을 정규화하는 데 어려움이 있을 것이다.

### (3) 적합법

이 방법은 밀도곡선을 확정하는데 가장 흔히 그리고 가장 잘못 사용되고 있다. 이 방법의 주된 발상은 밀도곡선의 형태를 가정한 후, 이 형태의 곡선 중에서 사전정보와 가장 잘 적합되는 곡선을 찾아내자는 것이다. 가정된 곡선 형태를 사전분포에 적합시키는 방법으로는 흔히 적률법(moment method)이나 분위수법(quantile method) 또는 동등 표본크기법이 쓰인다.

#### ● 적률법

적률법이란 사전분포의 모수들로 평균이나 분산들을 주관적으로 부과한 후에 이 적률들과 가정된 분포의 모수들과의 관계를 이용하여 사전분포를 확정하는 것이다.

**예 4.5.2**

$\Omega_\theta = (0, 1)$을 가정하자. 사전분포는 베타분포족에 속한다고 믿어지고 있다. 그리고 사전분포의 평균과 표준편차는 각각 0.4와 0.2라고 주관적으로 정해졌다. 그러면 사전분포는 $BETA(2, 3)$로 선택된다.

**참고** 베타분포 $BETA(\alpha, \beta)$를 따르는 랜덤변수 $Y$의 확률밀도함수 $f(y)$는 다음과 같이 주어진다: $\alpha > 0$, $\beta > 0$에 대해서,

$$f(y) = \begin{cases} \dfrac{1}{B(\alpha, \beta)} y^{\alpha - 1}(1 - y)^{\beta - 1}, & 0 \le y \le 1 \\ 0, \text{ 그 밖의 곳} \end{cases}$$

여기서 $B(\alpha, \beta)$는 베타함수를 나타낸다(4.9.2절 참조). 이때,

- 평균 $\mu_x = \dfrac{\alpha}{\alpha + \beta}$
- 분산 $\sigma_x^2 = \dfrac{\alpha\beta(\alpha + \beta)^{-2}}{\alpha + \beta + 1}$
- 최빈수 $\check{x} = \dfrac{\alpha - 1}{\alpha + \beta - 2}$, $\alpha > 1$, $\beta > 1$

### 분위수법

- 분위수법이란 사전분포의 분위수들을 주관적으로 부과한 후에 이런 분위수들에 가장 잘 적합되는 밀도곡선을 찾아서 사전분포로 확정하는 것이다.

**예 4.5.3**

$\Omega_\theta = (-\infty, \infty)$을 가정하자. 사전분포는 정규분포족에 속한다고 믿어지고 있다. 그리고 사전분포의 사분위수들은 $-1$, 0, 1이라고 주관적으로 정해졌다. (정규분포에서 $1-\alpha$ 분위수 $x_\alpha$는 표준정규분포의 $1-\alpha$ 분위수 $z_\alpha$와 다음 관계를 가진다: $x_\alpha = \mu + \sigma z_\alpha$.) 그러면 사전분포는 $N(0, 2.20)$로 선택된다. 만일 사전분포가 커시분포족에 속한다고 믿어졌다면, 사전분포는 $CAU(0, 1)$으로 정해진다.

**참고** 커시분포 $CAU(\theta, \lambda)$ – 여기서 $\theta$는 위치모수(중위수)이고, $\lambda$는 척도모수이다 – 를 따르는 랜덤변수 $Y$의 확률밀도함수 $f(y)$는 다음과 같이 주어진다 : $\lambda > 0$에 대해서,

$$f(y) = \begin{cases} \dfrac{1}{\pi\lambda} \dfrac{1}{1 + \left(\dfrac{x - \theta}{\lambda}\right)^2}, & -\infty < y < \infty \\ 0, \text{ 그 밖의 곳} \end{cases}.$$

- $Q_1, Q_3$: $\theta \pm \lambda$
- 변곡점들: $\theta \pm \lambda / \sqrt{3}$
- $X = (Y - \theta)/\lambda$는 표준 커시분포 $CAU(0, 1)$를 따른다.

[관찰 1] 사전분포를 확정하는 데 필요한 분위수의 개수는 매우 적다.

[관찰 2] 동일한 적률들이나 분위수들이 부과되었더라도 가정하고 있는 분포족에 따라 매우 다른 곡선이 적합된다.

### ● 동등표본크기법

가정된 곡선형태를 사전분포에 적합시키는 또 다른 방법으로는 동등 표본크기법(the technique of equivalent sample size)이 있다. 이 방법의 주된 발상은 사후분포 계산에 있어서 사전분포와 동일한 역할을 할 수 있는 표본크기 즉, 의사표본크기(pseudo sample size, PSS)를 결정하고 이로부터 사전분포의 모수를 계산하는 것이다.

**예 4.4.4**

$N(\theta, 1)$으로부터의 한 표본 $X_1, X_2, \ldots, X_n$를 고려하자. 표본평균 $\overline{X}$는 $N(\theta, 1/n)$을 따른다. $\theta$의 사전밀도로 정규분포 $N(\mu, \sigma^2)$가 적절하다고 가정하자. 정규사전밀도의 평균 $\mu$를 추측하는 것은 쉬운 일이지만 사전분산 $\sigma^2$를 추측하는 것은 대개 어렵다. 우리는 6장에서 베이즈 분석이 사전정보와 표본정보를 결합하여 $\theta$의 사후분포를 유도하는 것을 보게 될 것이다. 그 결과를 잠시 빌리면, 이 예에서 사후분포의 평균 $\mu'$은 다음과 같이 사전평균과 데이터 평균의 가중평균으로 주어진다:

$$\mu' = \left(\frac{1/n}{1/n + \sigma^2}\right)\mu + \left(\frac{\sigma^2}{1/n + \sigma^2}\right)\overline{x}.$$

이 사후평균의 형태는 $\theta$를 결정하는데 사전분산 $\sigma^2$이 $1/n$과 동일한 역할을 한다는 것을 시사한다. 따라서 의사표본크기 또는 동등표본크기(equivalent sample size, ESS)라는 개념은 사전분산이 어떤 표본크기가 $n_0$인 표본평균의 분산에 해당하는지를 결정하는 문제로 귀착된다. 그러면 $\sigma^2 = 1/n_0$가 적절한 사전분산이 될 것이다.

이 접근법은 개념적으로 흥미롭지만 두 가지 결점이 있다. 첫째, 이 방법은 사전분포가 어떤 특정한 함수적 형태를 가질 때만 유용하다. 둘째, 통계적으로 잘 훈련된 사람이 아니라면 크기 $n$인 표본에 의한 증거를 제대로 판단하기 어렵다.

### (4) 분포함수법

이 방법은 주관적으로 $\alpha$ −분위수 $z(\alpha)$ 들을 확정한 후 $(z(\alpha), \alpha)$들을 산점도에 타점하고, 이 점들을 부드럽게 연결하여 분포 곡선을 얻기 위한 것이다. 아래에 이 방법에 대하여 자세히 설명하였다.

- 단계 1. 극단값들(extreme values) $e_{\min}$, $e_{\max}$을 설정한다. 이때, 직접부과법이나 간접부과법으로 $P\{X \leq e_{\min}\}$, $P\{X \geq e_{\max}\}$를 부과하여 이들이 극단값인지 확인해 볼 필요가 있다.
- 단계 2. 누적분포도를 그려나간다. 누적분포도 위에 극단값들과 여러 (누적) 사건들을 나타낸다. 이들의 확률을 직·간접부과법으로 부과하여 누적분포도의 윤곽을 잡아나간다.

**예 4.5.5**

우리는 아래의 누적 사건들에 부과된 확률들로부터 누적분포도를 얻을 수 있다.

| 누적사건 | $\{\theta \leq 0\}$ | $\{\theta \leq 1\}$ | $\{\theta \leq 3\}$ | $\{\theta \leq 6\}$ | $\{\theta \leq 8\}$ |
|---|---|---|---|---|---|
| 부과된 확률 | 0 | 0.25 | 0.5 | 0.75 | 1.0 |

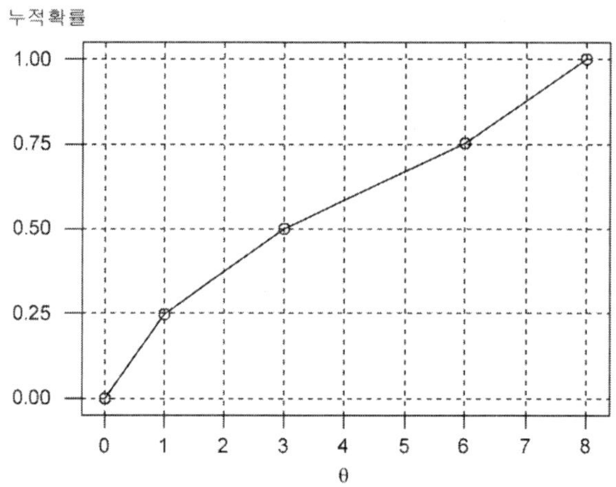


- 단계 3. 위 과정에 대한 검토로서 그리고 누적분포도를 완성하기 위해 다음과 같이 구간법(interval method)을 이용하여 중위수와 사분위수들을 찾는다.

① 두 대안 A와 B가 무차별해지도록 M값을 조정한다. 이때의 M이 바로 중위수이다.

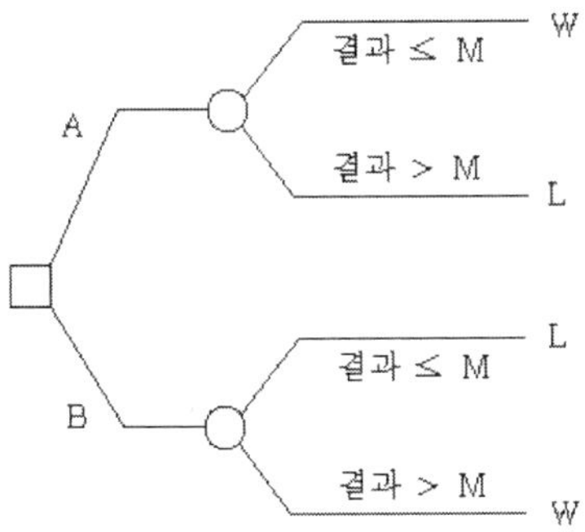


② 사분위수 $Q_1$, $Q_3$들도 같은 방법으로 구한다.

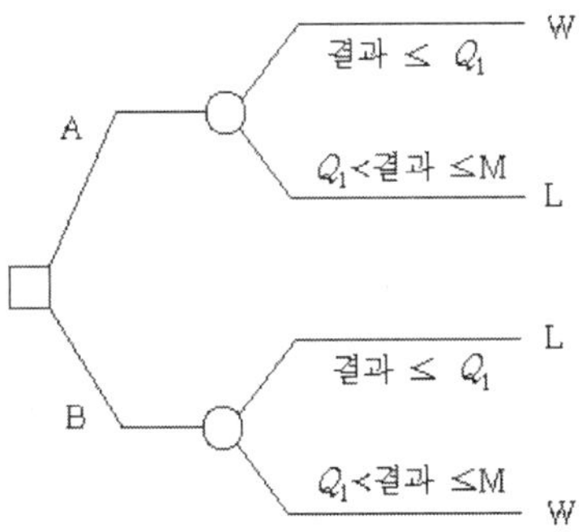


- 단계 4. 누적분포도에 눈어림으로 곡선을 적합시킨다. 명백한 모순점들이 추가 질문을 통해서 해결되고 나면 매끄러운 곡선이 적합될 것이다.
- 단계 5. 누적분포도를 검증한다. 누적분포도가 실제로 부과자의 입장을 반영하고 있는지 여러 가지 시험을 해서 검증할 필요가 있다.

① 첫 번째 시험은 시각적 검사이다.
② 부과된 분포에 기초하여 이길 확률이 동일하고 동일한 수익을 주는 일련의 내기 쌍들(pairs of bets)을 제안한다. 부과자가 각 내기에 무차별하지 않다면 부과된 누적분포에 대한 수정이 필요하다.

### 4.5.3. 연속확률분포의 이산 근사

때로 연속확률분포는 계산의 편의상 이산확률분포로 근사시키는 것이 편리할 때가 있다. 예컨대, 연속랜덤변수에 대한 조건화가 필요할 때 연속랜덤변수의 가능한 모든 결과에서 조건부분포를 부과하는 것은 현실적이 되지 못한다. 따라서 이 경우에는 연속랜덤변수를 이산랜덤변수로 근사시키는 것이 필요하다. 이런 경우의 전반적인 모형화 전략은 먼저 연속확률분포를 주관적으로 부과한 후에 그 연속확률분포를 이산확률분포로 근사시키는 것이다.

연속확률분포를 이산분포로 근사시키는 방법은 여러 가지가 있는데, 그 요점은 원 분포의 중요한 특징들을 몇 개의 점으로 잡아내는 것이다. 여기서는 등확률구간법과 직접구간법을 다루기로 하자.

### (1) 등확률구간법

등확률구간법은 랜덤변수축을 등확률구간으로 나누는 것이다.

- 단계 1. 연속랜덤변수에 대한 누적확률분포를 구한다.
- 단계 2. 랜덤변수를 근사시키는 데 사용할 구간수 $n$를 결정한다.
- 단계 3. 누적확률축을 $n$등분하고, 랜덤변수축을 그에 대응되는 구간들로 나눈다.
- 단계 4. 랜덤변수축의 각 구간의 대표값을 정한다.
- 단계 5. 단계 4에서 정한 구간 대표값들 각각에 확률 $1/n$를 부과한다.

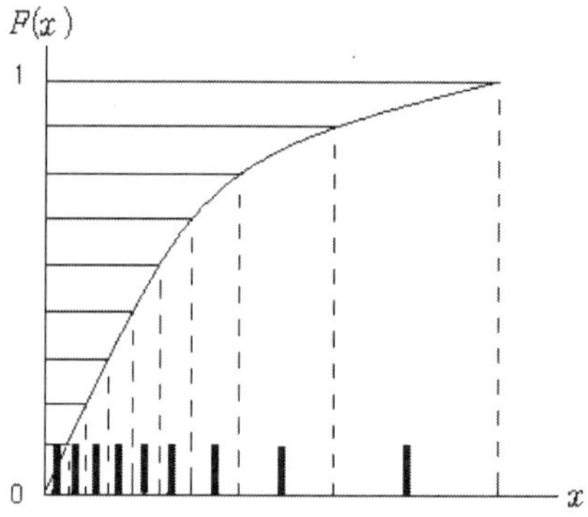


단계 4에서 각 구간의 대표값으로는 중위수나 평균이 흔히 쓰인다. 구간수가 작다면 구간의 대표값이 근사의 질에 영향을 미칠 수 있다. 그러나 구간수가 늘어남에 따라 대표값을 정하는 방법 간의 차이점은 사라지게 된다. 중위수 $\tilde{x}_i$는 그 구간을 두 개의 등확률구간으로 나누는 점으로 그 구간에 해당하는 누적확률축의 구간을 이등분하는 점에 대응되는 점이다.

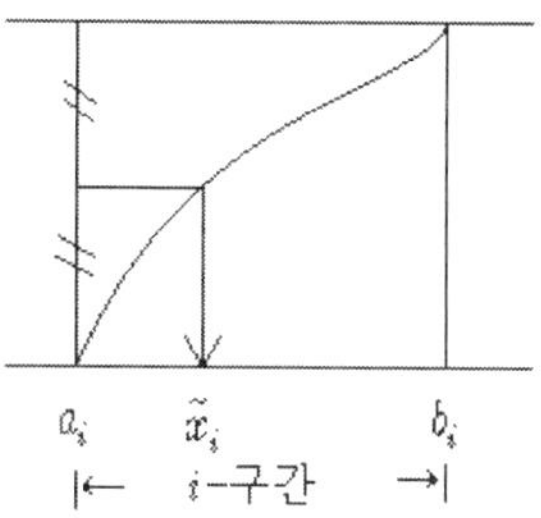


평균 $\overline{x_i}$는 그 구간의 무게중심점으로 누적확률분포도에서 아래와 같이 면적 A와 B가 같아지도록 하는 점이다:

$$\mathrm{B} = \int_{a_i}^{\overline{x_i}} dy\, F(y) = \int_{\overline{x_i}}^{b_i} dy\, \{1 - F(y)\} = \mathrm{A}.$$

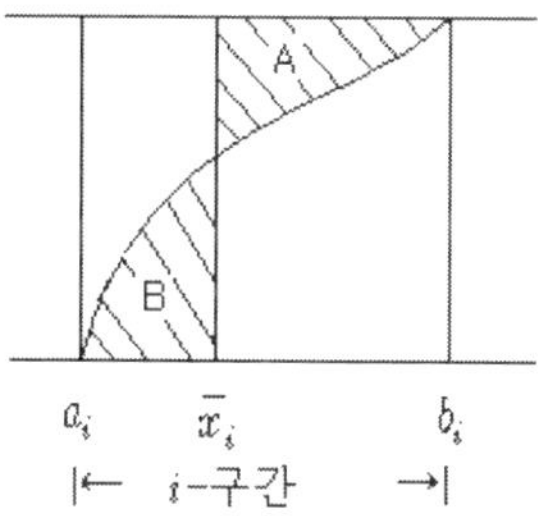


## (2) 직접구간법

때때로 랜덤변수축 위에 직접 구간을 잡는 것이 편리할 경우가 있다.

- 단계 1. 연속랜덤변수에 대한 누적확률분포를 구한다.
- 단계 2. 랜덤변수를 근사시키는 데 사용할 구간들을 직접 랜덤변수축 위에 잡는다.
- 단계 3. 누적분포함수를 이용하여 각 구간의 확률을 구한다.
- 단계 4. 랜덤변수축의 각 구간의 대표값을 정한다.

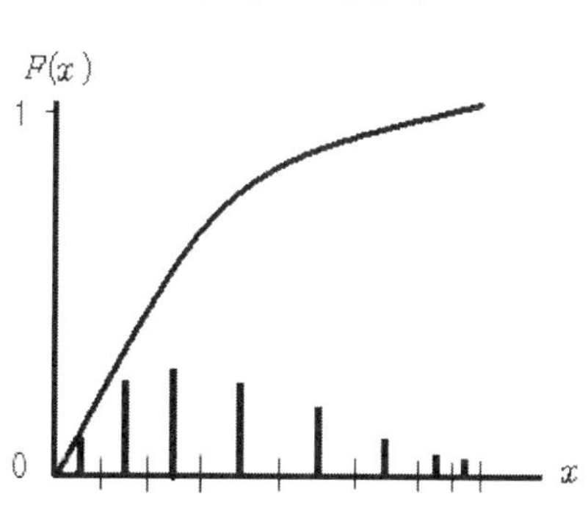

### 4.5.4. 확률부과에 도움을 주는 분해

우리는 하나의 불확실한 사건을 인과관계로 맺어지는 여러 불확실한 사건들로 분리하여 연결함으로써 더 쉽게 확률을 부과할 수 있게 된다. 불확실한 사건의 결과공간에 확률을 적절히 부과할 수 있다면 분해를 구사할 필요가 없다. 지나친 분해는 오히려 혼란을 가져올 수도 있다. 불확실한 사건의 결과공간이 확률부과에 적절하지 않다면 조건부사건을 추가하여 분해를 구사할 수 있다. 분해의 적절한 수준은 2장에서 다루어진 결과공간의 평가단위 적정성이나 확률부과 적정성과 관련된다.

우리는 다음의 두 가지 방법으로 또는 이들을 섞어서 하나의 불확실한 사건을 분해할 수 있다:

① 불확실한 사건을 불확실한 사건들의 계층으로 분해
② 불확실한 사건을 데이터(Data)나 지표들(Indicators)의 계층으로 분해

다음 예를 통해서 하나의 불확실한 사건을 단순히 여러 불확실한 사건들의 계층으로 분해하는 방법을 살펴보자.

**예 4.5.6**

"GNU 사의 주가가 6개월 후에 오를 것"이라는 진술이 참일 확률을 부과하려고 할 때, 우리는 "GNU 사 주가의 상승여부"라는 불확실한 사건을 다음과 같은 여러 불확실한 사건들의 계층으로 연결시켜 볼 수 있다:

- "GNU 사의 실적 동향" → "GNU 사 주가의 상승여부"
- "국내 주식시장 동향" → "GNU 사의 실적 동향" → "GNU 사 주가의 상승여부"
- "국제 주식시장 동향" → "국내 주식시장 동향" → "GNU 사의 실적 동향" → "GNU 사 주가의 상승여부"

하나의 불확실한 사건을 그 불확실한 사건의 징조가 되는 데이터나 지표들의 계층들로 분해하는 예를 살펴보자.

**예 4.5.7**

"N국이 5년 안에 핵무기 개발을 시작할 것"($H$)이라는 진술이 참일 확률을 부과하려고 한다. 우리는 아래와 같이 $H$의 징조가 되는 데이터나 지표들을 사용하여 $H$를 징조들의 계층들로 분해할 수 있다.

- 우리는 $H$와 관련해서 한 개의 데이터와 한 개의 지표를 가지고 있다: $D_1$(N국은 수시로 핵무기로 S시를 불바다로 만들어 버리겠다고 공언하고 있다) 그리고 $I_2$(핵무기 연구개발 프로그램 가동).
- 우리는 $I_2$와 관련해서 두 개의 지표와 한 개의 데이터를 가지고 있다: $I_{21}$(증폭공장 확장), $I_{22}$(핵물질 사용량의 증가), 그리고 $D_{23}$(핵실험 활동이 관측되지 않음).
- 우리는 $I_{21}$과 관련해서 한 개의 데이터를 가지고 있다: $D_{211}$(냉각탑 추가 건설).
- 우리는 $I_{22}$와 관련해서 두 개의 데이터를 가지고 있다: $D_{221}$(중수 사용량 20 % 증가), 그리고 $D_{222}$(플루토늄 수출계획 취소)

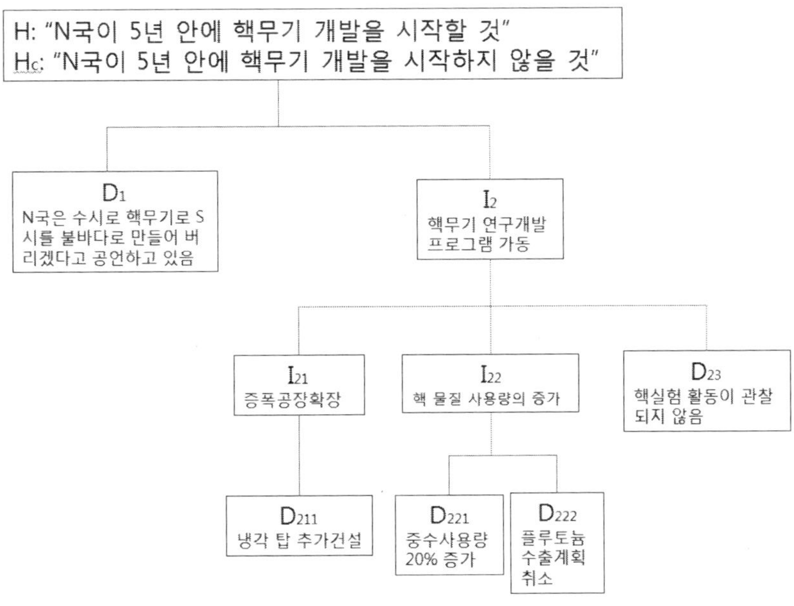


[그림 4.5.1] N국의 핵무기 개발 프로그램의 계층구조

### (1) 분해의 이점

- 확률부과가 앞의 사건에 근거하여 이루어질 수 있다.
- 각 분야 전문가의 판단을 활용할 수 있다.

### (2) 분해를 이용한 분석방법

① 고전적 합성법: 연역적

각 부과요인(데이터나 지표)에 대한 조건부분포를 추정하고 이로부터 사건의 확률을 구한다. 각 부과요인으로부터 얻어진 사건의 확률들을 적절히 선형 결합하여 사건의 확률을 구한다.

**예 4.5.7 (계속1)**

핵무기 개발 예에서 우리가 가중치 $w_1$과 $w_2$를 적절히 부과할 수 있다면 그리고 요소 확률들을 부과할 수 있다면 다음과 같이 H의 확률을 부과할 수 있다:

$$P(H) = w_1 P_1(H) + w_2 P_2(H),$$

여기서

$$P_1(H) = P(D_1)P(H|D_1) + P(\overline{D_1})P(H|\overline{D_1}),$$
$$P_2(H) = P(I_2)P(H|I_2) + P(\overline{I_2})P(H|\overline{I_2}).$$

② 우도(비)를 이용한 분해법: 귀납적

분해의 결과로 얻어진 계층 나무는 각 말단가지가 어떤 관측할 수 있는 자료로 끝난다는 사실에 주목하여, 사건이 발생했다는 가정하에서 각 부과요인에 대한 우도나 우도비를 추정하여 사후확률을 구한다. 이때 계산의 용이성을 위해서 흔히 조건부 상호독립성을 가정하게 된다.

**예 4.5.7 (계속2)**

핵무기 개발 예에서 각 마디에 대해 다음과 같은 우도비(상위 마디의 사건의 발생여부에 대한 각 하위 마디의 우도비)를 부과한다:

$$\frac{P(D_1|H)}{P(D_1|\overline{H})} = 2.$$

그러면 베이즈 공식으로부터 다음과 같은 결과(비 형태의 베이즈 공식)를 얻을 수 있다:

$$\frac{P(H|D)}{P(\overline{H}|D)} = \frac{P(D|H)}{P(D|\overline{H})}\frac{P(H)}{P(\overline{H})}.$$

만일 $P(H)/P(\overline{H}) = 1$로 부과한다면,

$$\frac{P(H|D)}{P(\overline{H}|D)} = \frac{P(D|H)}{P(D|\overline{H})}.$$

## 4.6 주관적 부과에 대한 평가와 교정

### 4.6.1. 주관적 부과에 대한 평가

#### (1) 주관적 부과의 정확성

우리가 일관성이 있게 확률을 부과했다는 것이 "절대적으로" 정확한 확률을 달성했다는 의미는 아니다. 우리는 부과의 정확성을 두 가지 측면에서 검토해 볼 수 있다: 내용과 절차. 내용적 정확성(substantive accuracy)은 부과자가 이용할 수 있는 실제 상황에 대한 지식에 관련되며, 절차적 정확성(procedural accuracy)은 확률적 진술에 대한 부과자의 지식에 관련된다.

부과자가 이 두 가지 다른 종류의 지식을 구비하는 것은 쉬운 일이 아니다. 그러나 주관적 확률부과 관점에서 보면 다행스럽게도 다음과 같은 사실이 관찰되고 있다:

- 절차 전문가는 다양한 부과기법들을 일관성이 있게 구사할 수 있다.
- 보통사람－절차적인 관점에서 볼 때－도 매우 빠르게 일관성을 확보하는 능력을 보인다.
- 이 밖에도, 인간이 어떻게 불확실성에 대한 정보를 처리하는지에 대한 지식 그리고 어떻게 이 정보가 내용 전문가로부터 확률분포를 얻는데 이용될 수 있는지에 대한 임상연구가 축적되고 있다.

부과오류가 존재할 때 분해된 사건들에 대한 확률계산은 문제를 일으킨다. 주관적 부과가 내려질 때 부과자 교정과정의 오류들이 상태와 행동의 독립성 가정을 어긋나게 할 수 있다.

### (2) 인간판단의 양태

불확실성에 대해 사람들이 생각하는 방식에 대한 이해는 확률부과가 어떻게 이루어져야 하는지에 대한 중요한 단서를 제공한다. 사람들은 확률부과 과정에서 흔히 동기편향과 인식편향을 드러낸다.

□ 동기편향(motivational bias)은 부과자의 개인적 보상이 의사결정에 영향을 받을 때 중요해진다. 이런 동기편향이 존재할 때 이를 통제하거나 제거하는 데에는 보상체계(incentive schemes)가 효과적이다. 다음 소절에서 다룰 평점규칙(scoring rule)은 이런 보상체계의 한 종류이다.

□ 인식편향(cognitive bias)은 인간 판단의 양태에 기인하는 편향이다. 실제로 사람들은 다음과 같은 경험칙들(heuristics)을 토대로 확률판단을 하는 경향이 있다(Khaneman & Tverskyy, 1982).

- 대표성(representativeness, 전형성): 부과자는 때로 다른 일반적 정보들은 무시한 채 대표적(또는 전형적) 사건을 중심으로 확률을 부과해 나간다.
- 가용성(availability): 흔히 부과자는 쉽게 기억나는 정보에 의존하여 확률을 부과해 나간다.
- 고착과 조정(anchoring and adjustment): 부과자는 때로 한 출발점을 잡고 이후의 점들은 이에 맞추어 조정해 나간다. 대개는 이런 조정이 불충분하게 이루어지며, 특히 조정이 출발점으로부터 독립적으로 이루어지지 못하면 고착으로 귀결된다. 출발점이 중위수와 같은 중심이었을 때 고착은 중심편향(central bias)이라고 불린다.
- 묵시적 가정들: 부과자는 흔히 묵시적 가정들을 토대로 확률을 부과해 나간다. 따라서 확률부과의 토대가 되는 묵시적 가정들을 명시적으로 나타내는 것이 확률부과를 잘하는 데 도움이 된다.

이 밖에도 사람들은 흔히 다음과 같은 인식편향들을 보인다.

- 정보편향(information bias): 때로 부과자는 동일한 출처, 동일한 내용의 정보를 중복해서 받아들임으로써 자기합리화와 자기객관화를 달성하고 이를 토대로 "합리적이고 객관적인" 확률을 부과한다.
- 확증편향(confirmation bias, 확인편향): 사람은 자신의 신념을 반증하려하기 보다는 확

증하려는 경향을 가진다. 즉 그는 자신의 신념이나 견해에 일치하는 증거가 정보는 받아들이고 그렇지 아니한 증거는 무시하는 경향을 보인다. 이는 선택적 사고(selective thinking)의 한 유형이다.

- 동조현상(conformity) 사람들은 {정보가 부족할 때 또는 타인에게서 호감을 받기 위해} 주위 사람들의 행동을 따라가는 경향을 보인다.
- 점화효과(priming effect): 사람들은 처음에 접한 정보나 자극에 의해 떠올려진 개념으로 인해 이후에 접한 정보를 해석할 때 영향을 받는 경향을 보인다.

### 4.6.2. 교정함수에 의한 진단과 교정

이상적인 확률부과자의 경우에는 특정 사건에 대해 그가 부과한 확률과 그 사건의 장기적 발생비율이 일치할 것이다. 따라서 그가 여러 사건들에 부과한 확률 $p$ 들과 그 사건들의 실제 발생비율(hit rate) $h$ 들의 산점도를 그린다면 [그림 4.6.1]의 실선과 같이 기울기가 45도인 직선적 경향을 보여줄 것이다. 이러한 확률부과자는 완벽하게 교정되었다(perfectly calibrated)고 일컬어진다. 이와 같은 산점도는 그 확률부과자의 교정함수(calibration function)를 나타낸다. 우리는 교정함수를 통해서 확률부과자의 부과성능을 파악할 수 있으며, 더 나아가 이를 이용하여 그의 확률부과를 교정-또는 재표시(relabeling)-할 수도 있다.

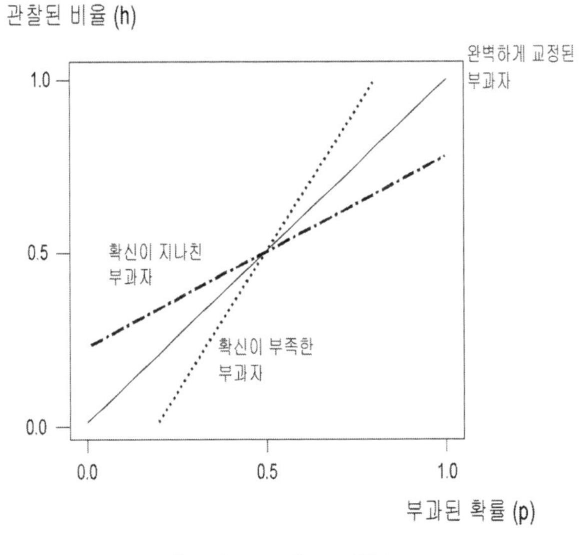


[그림 4.6.1] 교정함수

[관찰 4.6.1] 교정함수는 표준균일분포에 대한 Q-Q 확률도에 다름 아니다.

### (1) 확률부과자 진단

확신이 지나친 부과자의 경우에 그의 교정함수를 나타내는 산점도는 낮은 기울기를 보인다. [그림 4.6.1]의 쇄선과 같이 그는 전문성이 결여되어 있으므로 낮은 확률에 대해서는 더 낮은 확률을 부과하고, 높은 확률에 대해서는 더 높은 확률을 부과하는 경향을 보인다. 반면에 확신이 부족한 부과자의 경우에 그의 교정함수를 나타내는 산점도는 높은 기울기를 보인다. 즉, 그는 확률 가중(probability weighting)－작은 확률들을 높이고 큰 확률들을 낮추는 경향－을 보인다(Kahneman과 Tversky, 1979). [그림 4.6.1]의 점선과 같이 그는 어지간하면 0.5에 가까운 확률을 부과하는 경향을 띤다.

일반적으로 실력이 부족한 사람은 자신을 과대평가하는 경향이 있고 이것은 오만이나 지나친 확신으로 이어진다. 반면에 실력이 뛰어난 사람은 자신을 과소평가하는 경향이 있고 이것은 겸손이나 확신의 결여로 나타난다.

**예 4.6.1**

한 일기예보자가 과거 1100일간 비가 올지를 베르누이 분포 $BER(\theta_i)$로 부과하였다. 아래 표는 비가 올 확률 $\theta_i$별로 그가 부과한 날수와 실제 비가 온 날수를 정리한 것이다. 이 일기예보자의 교정함수를 추정하라.

| $\theta_i$ | 0.01 | 0.1 | 0.2 | 0.3 | 0.4 | 0.5 | 0.6 | 0.7 | 0.8 | 0.9 | 0.99 |
|---|---|---|---|---|---|---|---|---|---|---|---|
| 부과한 날수 | 100 | 110 | 120 | 130 | 140 | 100 | 60 | 70 | 80 | 90 | 100 |
| 비 온 날수 | 2 | 10 | 25 | 40 | 60 | 50 | 40 | 50 | 70 | 80 | 100 |
| 비 온 날의 상대빈도, $h_i$ | 0.020 | 0.091 | 0.208 | 0.308 | 0.429 | 0.500 | 0.667 | 0.714 | 0.875 | 0.889 | 1.00 |

**풀이** 우리는 이 일기예보자의 교정함수를 아래 그림과 같이 $(\theta_i,\ h_i)$의 산점도로 추정할 수 있다.

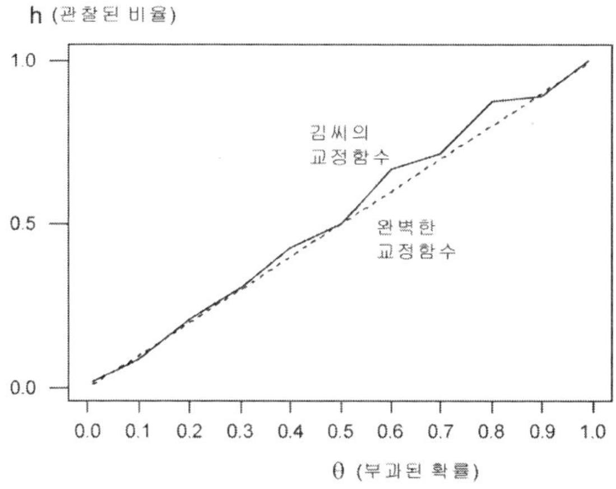


[그림 4.6.2] 일기예보자의 추정된 교정함수

우리는 이 일기예보가의 추정된 교정함수로부터 그가 거의 완벽하게 교정되어 있음을 볼 수 있다.

### (2) 교정함수 추정과 주관적 분포함수 교정

한 확률부과자가 랜덤변수 $X$에 대한 주관적 분포함수로 $F(x)$를 부여했을 때, 그의 교정함수는 $Y = F(X)$로 주어진다. 명백히 $Y$는 [0, 1]에 속하는 값을 가지는 랜덤변수이다. 만일 확률부과자가 완벽하게 교정되었다면 $Y$는 표준균일분포 $U(0,1)$를 따를 것이다. 즉, 그의 교정함수는 모든 $y$에서 $F_Y(y) = y$가 될 것이다. [이는 역 확률-적분 변환정리(converse probability-integral transformation theorem)라 불린다.]

불완벽하게 교정된(imperfectly calibrated) 확률부과자의 경우에는 $X$에 대한 관찰값들 $x_1, x_2, \ldots, x_n$로부터 그의 교정함수를 추정할 수 있다. 일반적으로 $y_j = F(x_j)$에 의해 계산된 $y_j$들−이들은 부과된 확률에 해당한다−을 오름차순으로 정리한 $y_{(1)}, y_{(2)}, \ldots, y_{(n)}$로부터 우리는 $Y$의 분포함수를 다음과 같이 추정할 수 있다:

$$F_Y(y_{(j)}) = j/(n+1), \; j = 1, \ldots, n. \tag{4.6.1}$$

따라서 그의 추정된 교정함수는 $(y_j, F_Y(y_{(j)}))$의 산점도로 주어진다.

우리는 주관적 분포함수 $F(x)$와 교정함수 $F_Y(y_{(j)})$를 이용해서 다음과 같이 교정된 주관적 분포함수 $F^*(x)$를 얻을 수 있다:

$$F^*(x) = F_Y(F(x)). \qquad (4.6.2)$$

이러한 교정과정은 분석적으로 또는 수치해석적으로 이루어지게 된다.

**참고** 분포함수 추정에서 타점위치로 $j/n$을 사용한 분포함수는 경험적 분포함수(empirical distribution function, EDF)라고 불린다. 그러나 이보다는 와이블 타점위치 $j/(n+1)$를 사용한 수정된 경험적 분포함수가 더 바람직하다. 타점위치에 대한 자세한 논의는 안(2010, 2011)을 참고할 수 있다.

**참고** 확률적분변환(probability-integral transformation, PIT) 정리와 역 확률적분변환(converse probability-integral transformation, CPIT) 정리.

① 확률적분변환(probability-integral transformation, PIT) 정리는 다음과 같이 진술한다: $X$를 한 연속형 랜덤변수라 하자. 만일 $X$의 분포함수가 $F(x)$로 주어진다면, $Y = F(X)$는 $U(0,1)$의 분포를 따른다.

② 역 확률분변환(converse probability-integral transformation, CPIT) 정리는 다음과 같이 진술한다: $F(x)$를 한 분포함수라 하고 $F(x)$의 역함수의 한 일반화된 버전인 $G(y)$를 다음과 같이 정의하자:

$$G(y) = \min\{x \mid y \le F(x)\}.$$

만일 $Y$가 $U(0,1)$를 따른다면, $X = G(Y)$의 분포함수는 $F(x)$로 주어진다.

**예 4.6.2** (예 4.6.1, 계속)

(1) 이 일기예보자가 내일 비가 올지 여부에 대한 예상분포로써 $BER(0.7)$를 부과했다면 당신은 의사결정자로서 이로부터 내일 비가 올지 여부에 대한 예상분포로써 어떤 분포를 사용하겠는가?

**풀이** [그림 4.6.2]의 추정된 교정함수로부터 부과확률 0.7에 대응하는 관찰된 비율은 0.714이다. 따라서 우리는 내일 비가 올지 여부에 대한 예상분포로써 $BER(0.714)$를 사용할 수 있다.

(2) 이 일기예보자가 내일 비가 올 확률에 대한 예상분포로써 $U(0.5,\ 0.8)$를 부과했다면, 당신은 의사결정자로서 이로부터 내일 비가 올 확률에 대한 예상분포로써 어떤 분포를 사용하겠는가?

**풀이** 그의 주관적 분포함수 $U(0.5,\ 0.8)$와 [그림 4.6.2]에 주어진 그의 교정함수를 식 (4.6.2)에 적용하면 우리는 [그림 4.6.3]과 같은 교정된 주관적 분포함수를 얻을 수 있다.

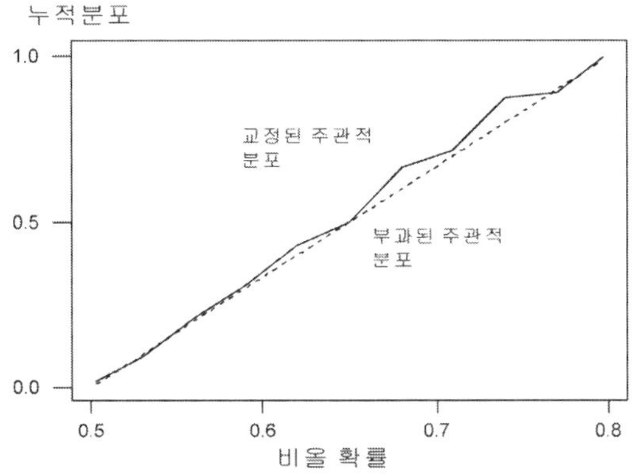


[그림 4.6.3] 교정된 주관적 분포함수

## 예 4.6.3

한 일기예보자가 과거 10일간의 최고온도에 대한 예상을 정규분포로 부과하였다. 각 날짜별 예상분포의 평균과 분산 그리고 측정된 최고온도는 아래 표와 같았다.

| 날짜 | 1 | 2 | 3 | 4 | 5 | 6 | 7 | 8 | 9 | 10 |
|---|---|---|---|---|---|---|---|---|---|---|
| 평균 | 12 | 10 | 14 | 11 | 11 | 12 | 9 | 10 | 9 | 10 |
| 분산 | 4 | 4 | 5 | 4 | 4 | 3 | 4 | 3 | 3 | 4 |
| 측정($x_i$) | 10 | 11 | 12 | 9 | 10 | 11 | 10 | 10 | 11 | 11 |

이 일기예보자가 11번째 날의 최고온도의 예상분포로써 평균과 분산이 각각 12와 4인 정규분포를 부과했다면, 당신은 의사결정자로서 이로부터 11번째 날의 최고온도에 대한 예상분포로써 어떤 분포를 사용하겠는가?

**풀이** 문제로부터 $i$번째 날의 최고온도 $X_i$들은 정규분포를 따르며 교환가능하다:

$$X_i \sim \text{EXC}\ N(\mu_i, \sigma_i^2),\ i = 1, 2, \ldots, 10,$$

여기서 EXC는 교환가능(exchangeable)을 나타낸다. 그러면,

$$Z_i \equiv \frac{X_i - \mu_i}{\sigma_i} \sim \text{EXC}\ N(0, 1).$$

이로부터 $i$ 번째 날의 최고온도 $X_i$가 관찰된 값 $x_i$보다 같거나 낮을 확률 $y_i$는 다음과 같이 주어진다:

$$y_i = P\{X_i \leq x_i\} \equiv F(x_i) = P\{Z_i \leq z_i\} = \Phi(z_i),$$

여기서 $\Phi()$는 표준정규분포의 분포함수를 나타낸다. 이로부터 우리는 [표 4.6.2]와 같이 각 날짜별 측정 $x_i$를 부과된 확률 $y_i$로 환산할 수 있다.

[표 4.6.2] 날짜별 측정과 부과된 확률 간의 변환표

| 날짜 $i$ | 1 | 2 | 3 | 4 | 5 | 6 | 7 | 8 | 9 | 10 |
|---|---|---|---|---|---|---|---|---|---|---|
| 측정 $x_i$ | 10 | 11 | 12 | 9 | 10 | 11 | 10 | 10 | 11 | 11 |
| 부과된 확률 $y_i$ | 0.159 | 0.691 | 0.187 | 0.159 | 0.309 | 0.281 | 0.691 | 0.5 | 0.877 | 0.691 |

$y_i$들을 오름차순으로 정리한 값들을 $y_{(i)}$들로 나타내자. 이로부터 추정된 교정함수가 다음과 같이 주어진다:

$$F_Y(y_{(i)}) = \frac{i}{11}, i = 1, \ldots, 10.$$

추정된 교정함수를 구하기 위한 계산절차와 추정된 교정함수의 그림이 각각 [표 4.6.3]과와 [그림 4.6.4]에 제시되어 있다.

[표 4.6.3] 교정함수 추정을 위한 표

| $(i)$ | $y_{(i)}$ | $F_Y(y_{(i)})$ |
|---|---|---|
| 1 | 0.159 | 0.1818 |
| 2 | 0.159 | 0.1818 |
| 3 | 0.187 | 0.2727 |
| 4 | 0.281 | 0.3636 |
| 5 | 0.309 | 0.4545 |
| 6 | 0.500 | 0.5454 |
| 7 | 0.691 | 0.8181 |
| 8 | 0.691 | 0.8181 |
| 9 | 0.691 | 0.8181 |
| 10 | 0.877 | 0.9090 |

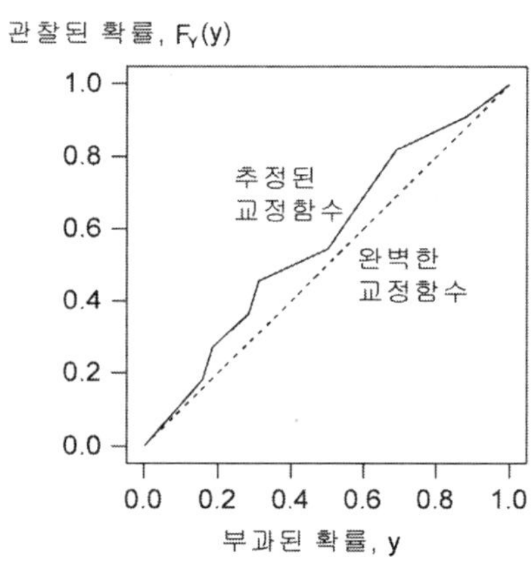


[그림 4.6.4] 추정된 교정함수

이제 11번째 날의 최고온도에 대해 주관적으로 부과된 확률분포를 고려하자:

$$X \equiv X_{11} \sim N(12,4)$$

$y(p)$를 $F_Y$의 $p$-분위수라 하고, $z_{y(p)}$를 $\Phi$의 $y(p)$-분위수라 하자. 그러면,

$$\begin{aligned} p &= F^*(x) = F_Y(F(x)) \\ F(x) &= F_Y^{-1}(p) = y(p) \\ x &= F^{-1}(y(p)) = \mu + \Phi^{-1}(y(p))\,\sigma = \mu + z_{y(p)}\,\sigma \end{aligned}$$

주관적 분포함수를 교정하기 위한 계산과정과 교정된 주관적 분포함수가 각각 [표 4.6.4]와 [그림 4.6.5]에 제시되어 있다.

[표 4.6.4] 주관적 분포함수 교정과정

| $p = F^*(x)$ | $y(p) = F_Y^{-1}(p)$ | $z_{y(p)} = \Phi^{-1}(y(p))$ | $x = F^{-1}(y(p))$ |
|---|---|---|---|
| 0.01 | 0.01 | −2.32635 | 7.3473 |
| 0.10 | 0.09 | −1.34076 | 9.3185 |
| 0.25 | 0.18 | −0.91537 | 10.1693 |
| 0.50 | 0.36 | −0.35846 | 11.2831 |
| 0.75 | 0.64 | 0.35846 | 12.7169 |
| 0.90 | 0.82 | 0.91537 | 13.8307 |
| 0.99 | 0.99 | 2.32635 | 16.6527 |

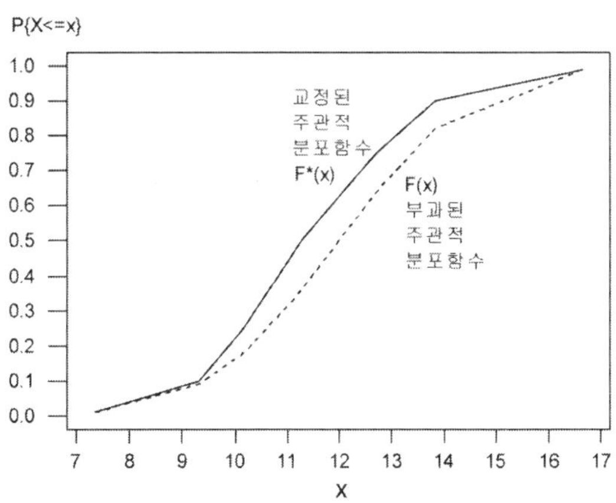


[그림 4.6.5] 교정 전후의 주관적 분포함수들

좋은 교정이 확률부과에 대한 의미 있는 평가를 하기 위한 충분조건은 아니다. 예를 들어, 한 일기예보자가 특정 지역에 장기적으로 비가 오는 날이 183일이라는 것을 알고 있다면, 그는 매일 비가 올 확률을 0.5라고 예보함으로써 잘 교정된 것처럼 보일 수 있다. 우리는 다음 소절에서 다룰 평점규칙과 같은 보상체계를 도입함으로써 주관적 확률부과의 질을 높일 수 있을 것이다.

**예 4.6.4**

한 증권분석가가 과거 10일간의 주가지수에 대한 예상을 정규분포로 부과하였다. 각 날짜별 예상분포의 평균과 분산 그리고 관측된 주가지수는 아래 표와 같았다.

| 날짜 | 1 | 2 | 3 | 4 | 5 | 6 | 7 | 8 | 9 | 10 |
|---|---|---|---|---|---|---|---|---|---|---|
| 평균 | 20 | 21 | 24 | 22 | 20 | 21 | 23 | 22 | 20 | 21 |
| 분산 | 4 | 1 | 1 | 4 | 1 | 1 | 1 | 4 | 1 | 4 |
| 관측 | 23 | 24 | 23 | 19.5 | 20 | 23 | 21 | 18.7 | 21 | 29 |

이 증권분석가가 11번째 날의 주가지수의 예상분포로써 평균과 분산이 각각 20과 4인 정규분포를 부과했다면, 당신은 의사결정자로서 이로부터 11번째 날의 주가지수에 대한 예상분포로써 어떤 분포를 사용하겠는가?

**풀이** $i$번째 날의 주가지수 $X_i$가 관찰된 값 $x_i$보다 같거나 낮을 확률 $y_i$는 다음과 같이 주어진다.

$$y_i = P\{ X_i \leq x_i \} \equiv P\{ Z_i \leq z_i \} = \Phi(z_i),$$

여기서 $\Phi()$는 표준정규분포의 분포함수를 나타낸다.

| $i$ | 1 | 2 | 3 | 4 | 5 | 6 | 7 | 8 | 9 | 10 |
|---|---|---|---|---|---|---|---|---|---|---|
| $z_i$ | 1.5 | 3 | −1 | −1.25 | 0 | 2 | −2 | −1.65 | 1 | 4 |
| $y_i$ | 0.9332 | 0.9987 | 0.1587 | 0.1056 | 0.5 | 0.9772 | 0.0228 | 0.0495 | 0.8413 | 0.9999 |

$y_i$들을 오름차순으로 정리한 값들을 $y_{(i)}$들로 나타내자. 이로부터 추정된 교정함수가 다음과 같이 주어진다.

$$F_Y(y_{(i)}) = \frac{i}{11},\ i = 1, \ldots, 10$$

| $(i)$ | $y_{(i)}$ | $F_Y(y_{(i)})$ |
|---|---|---|
| 1 | 0.0228 | 0.0909 |
| 2 | 0.0495 | 0.1818 |
| 3 | 0.1056 | 0.2727 |
| 4 | 0.1587 | 0.3636 |
| 5 | 0.5 | 0.4545 |
| 6 | 0.8413 | 0.5454 |
| 7 | 0.9332 | 0.6363 |
| 8 | 0.9772 | 0.7272 |
| 9 | 0.9987 | 0.8181 |
| 10 | 0.9999 | 0.9090 |

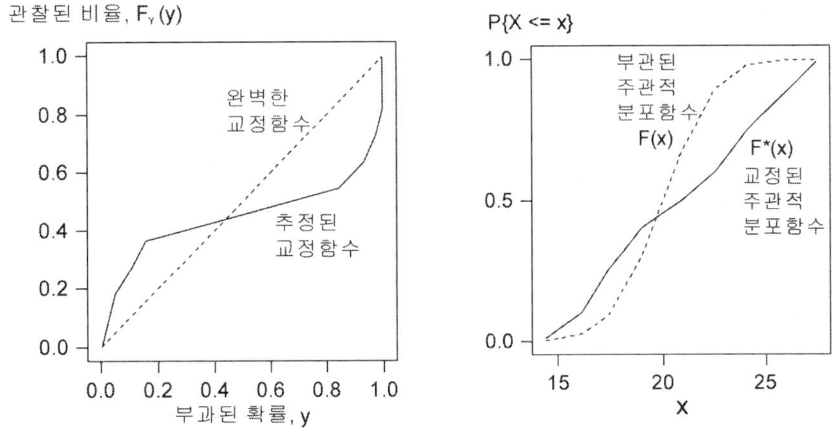


(a) 추정된 교정함수(실선) (b) 분포함수 부과와 교정

[그림 4.6.6] 교정함수 추정과 분포함수 교정

이 증권분석가는 낮은 확률에 대해서는 더 낮은 확률을 부과하고 높은 확률에 대해서는 더 높은 확률을 부과하는 것으로 보인다. 즉, 이 증권분석가는 지나친 확신을 가지고 주가지수의 분포를 예상하고 있는 것으로 보인다. 이제 11번째 날의 주가지수에 대해 주관적으로 부과된 확률분포를 고려하자:

$$X \equiv X_{11} \sim N(20, 4).$$

$y(p)$를 $F_Y$의 $p$-분위수라 하고, $z_{y(p)}$를 $\Phi$의 $y(p)$-분위수라 하자. 그러면,

$$p = F^*(x) = F_Y(F(x)),$$

$$F(x) = F_Y^{-1}(p) = y(p),$$

$$x = F^{-1}(y(p)) = \mu + \Phi^{-1}(y(p))\sigma = \mu + z_{y(p)}\sigma.$$

주관적 분포함수를 교정하기 위한 계산과정과 교정된 주관적 분포함수가 아래 표에 제시되어 있다.

[주관적 분포함수 교정과정]

| $p = F^*(x)$ | $y(p) = F_Y^{-1}(p)$ | $z_{y(p)} = \Phi^{-1}(y(p))$ | $x = F^{-1}(y(p))$ |
|---|---|---|---|
| 0.01 | 0.0025 | −2.80703 | 14.3859 |
| 0.10 | 0.0257 | −1.94813 | 16.1037 |
| 0.25 | 0.0900 | −1.34076 | 17.3185 |
| 0.40 | 0.3000 | −0.52440 | 18.9512 |
| 0.44 | 0.4400 | −0.15097 | 19.6981 |
| 0.50 | 0.6700 | 0.43991 | 20.8798 |
| 0.60 | 0.8950 | 1.25357 | 22.5071 |
| 0.75 | 0.9800 | 2.05375 | 24.1075 |
| 0.90 | 0.9990 | 3.09023 | 26.1805 |
| 0.99 | 0.9999 | 3.71902 | 27.4380 |

<과제 4.6.1> 한 일기예보자가 과거 10일간의 비가 올지 여부를 베르누이 분포 $BER(\theta_i)$로 부과하였다. 각 날짜별로 실제 비가 온 여부(1−비 옴, 0−비 안옴)는 아래 표와 같았다.

| 날짜 | 1 | 2 | 3 | 4 | 5 | 6 | 7 | 8 | 9 | 10 |
|---|---|---|---|---|---|---|---|---|---|---|
| $\theta_i$ | 0.9 | 0.1 | 0.5 | 0.7 | 0.4 | 0.7 | 0.2 | 0.3 | 0.8 | 0.9 |
| 관측 | 1 | 0 | 0 | 1 | 0 | 1 | 0 | 0 | 1 | 1 |

이 일기예보자가 11번째 날의 비가 올지 여부에 대한 예상분포로써 $BER(0.7)$를 부과했다면, 당신은 의사결정자로서 이로부터 다음 날 비가 올지 여부에 대한 예상 분포로써 어떤 분포를 사용하겠는가?

[풀이참고] $X_i|\theta_i \sim BER(\theta_i)$

$$y_i = P\{X_i = x_i\} = \theta_i^{x_i}(1-\theta_i)^{1-x_i} = \begin{cases} 1-\theta_i, & x_i = 0 \\ \theta_i, & x_i = 1 \end{cases}$$

| $(i)$ | $\theta_{(i)}$ | 비온 날의 누적빈도 | $y_{(i)}$ |
|---|---|---|---|
| 1 | 0.1 | 0 | 0/6 = 0.0 |
| 2 | 0.2 | 0 | 0/6 = 0.0 |
| 3 | 0.3 | 0 | 0/6 = 0.0 |
| 4 | 0.4 | 0 | 0/6 = 0.0 |
| 5 | 0.5 | 0 | 0/6 = 0.0 |
| 6 | 0.7 | 2 | 2/6 = 0.333 |
| 7 | 0.7 | 2 | 2/6 = 0.333 |
| 8 | 0.8 | 3 | 3/6 = 0.5 |
| 9 | 0.9 | 5 | 5/6 = 0.833 |
| 10 | 0.9 | 5 | 5/6 = 0.833 |

<과제 4.6.2> 한 일기예보자가 과거 10일간의 비가 올 확률에 대한 예상을 균일분포 $U(a_i, b_i)$로 부과하였다. 각 날짜별로 실제 비가 온 여부(1－비 옴, 0－비 안옴)는 아래 표와 같았다.

| 날짜 | 1 | 2 | 3 | 4 | 5 | 6 | 7 | 8 | 9 | 10 |
|---|---|---|---|---|---|---|---|---|---|---|
| $a_i$ | 0.8 | 0.0 | 0.4 | 0.6 | 0.3 | 0.6 | 0.1 | 0.2 | 0.7 | 0.8 |
| $b_i$ | 1.0 | 0.2 | 0.6 | 0.8 | 0.5 | 0.8 | 0.3 | 0.4 | 0.9 | 1.0 |
| 관측 | 1 | 0 | 0 | 1 | 0 | 1 | 0 | 0 | 1 | 1 |

이 일기예보자가 11번째 날의 비가 올 확률에 대한 예상분포로써 균일분포 $U(0.6, 0.8)$를 부과했다면, 당신은 의사결정자로서 이로부터 다음 날 비가 올 확률에 대한 예상분포로써 어떤 분포를 사용하겠는가?

[풀이참고] $X_i|\theta_i \sim BER(\theta_i)$, $\theta_i \sim U(a_i, b_i)$

$$y_i = P\{X_i = x_i\} = E^{\pi_i}[\theta_i^{x_i}(1-\theta_i)^{1-x_i}]$$

$$= \begin{cases} E^{\pi_i}[1-\theta_i] = 1 - \dfrac{a_i + b_i}{2}, & x_i = 0 \\ E^{\pi_i}[\theta_i] = \dfrac{a_i + b_i}{2}, & x_i = 1 \end{cases}$$

| $(i)$ | $y_{(i)}$ | $F_Y(y_{(i)})$ |
|---|---|---|
| 1 | 0.5 | 0.0909 |
| 2 | 0.6 | 0.1818 |
| 3 | 0.7 | 0.4545 |
| 4 | 0.7 | 0.4545 |
| 5 | 0.7 | 0.4545 |
| 6 | 0.8 | 0.6363 |
| 7 | 0.8 | 0.6363 |
| 8 | 0.9 | 0.9090 |
| 9 | 0.9 | 0.9090 |
| 10 | 0.9 | 0.9090 |

### 4.6.3. 평점규칙

평점규칙(scoring rule; SR)은 확률부과 도출과정(eliciting forecasts)에서 동기편향을 통제하기 위한 보상체계의 한 방법으로 또는 확률부과자의 부과성능을 측정(evaluating forecasts)하기 위한 측도로 사용된다. 여기서는 전자의 목적을 위한 평점규칙 즉 보상목적의 평점규칙(incentive compatible SR)을 중심으로 논의를 전개할 것이다. (평점규칙을 후자의 목적으로 사용하고자 할 때는 이하의 논의에서 사전확률 $p$ 대신 실제 발생비율 $h$로 바꿀 수 있을 것이다.) 먼저 결과공간이 이원적인 경우의 평점규칙을 고려하자.

**참고** 평점규칙과 관련해서 몇 가지 기호를 정리해 두자:

$p$: 부과자의 판단

$h$: 실제 발생비율(hit rate, 데이터 확률)

$r$: 부과자의 보고 또는 예보

$q$: 완벽한 예측가의 예측 또는 실제 관찰 결과(0 또는 1)

(실제발생비율 $h$은 실제관찰결과 $q$의 평균의 형태로 주어지게 된다.)

**참고** 이 소절에서 논의되는 평점규칙은 확률부과자가 모험중립적이며 확률가중을 보이지 않는다는 것을 전제로 하고 있다.

[정의 4.6.1] (평점규칙) 어떤 사건의 발생확률에 대해 확률부과자가 그의 판단은 $p$이지만 다른 동기에 의해 $r$이라고 보고할 때, 그에게 $S(r;p)$를 평점으로 부여하는 규칙은 평점규칙이라 불린다. 그리고 평점함수 $S(\cdot\,;p)$가 모든 $r\,(\neq p)$에 대해 다음 조건을 만족할 때 이 평점규칙은 "적절하다"(proper; P)고 일컬어진다:

$$S(p;p) \geq S(r;p).$$

위 정의에서 $\geq$가 $>$로 대체될 때, 그 평점규칙은 "협의로 적절하다"(strictly proper; SP)고 일컬어진다. 적절한 평점규칙이 주어졌을 때, 확률부과자는 진실한 응답을 함으로써 그의 평점을 최대화할 수 있다.

**참고** ① 이 정의에서 평점은 클수록 바람직한(positively oriented) 값이다. 따라서 평점이 작을수록 바람직하도록(negatively oriented) 정의된 경우 – 벌점이나 브라이어 평점과 같이 – 는 평점규칙의 적절성을 판정할 때 부등호의 방향이 바뀌어야 한다.
② 이 정의는 바로 뒤에서 언급될 확률적 평점규칙 이외의 평점규칙의 형태에 대한 가능성을 열어두기 위한 것이다.
③ 시장 평점규칙(Market SR; MSR)들은 복수 개의 예보들을 보고한다.

<과제 4.6.3> 적절한 평점규칙들의 양선형결합도 적절한 평점규칙임을 보여라. (이로부터 우리는 적절성을 유지한 채로 평점규칙의 범위를 조절할 수 있다.)

평점규칙은 흔히 다음과 같이 확률적인 형태로 정의된다.

[정의 4.6.2] (확률적 평점규칙) 확률부과자가 그 사건이 발생하면 $S_1(r;p)$를, 그리고 그 사건이 발생하지 않으면 $S_2(r;p)$를 평점으로 받는 평점규칙은 확률적 평점규칙(probabilistic scoring rule)이라고 불린다. 이때 평점함수는 다음과 같이 주어진다:

$$S(r;p) = \begin{cases} S_1(r;p), & \text{그사건이 발생한 경우} \\ S_2(r;p), & \text{그사건이 발생하지 않은 경우} \end{cases}$$

$S_i(r;p)$, $i = 1.2$가 유한한 평점규칙 $S(r;p)$는 정규 평점규칙(regular SR; RSR)이라고 불린다.

**참고** 이 정의에서 $S_i(r;p)$는 조건부 평점에 $p$가 들어갈 여지(가능성)를 열어두기 위한 것이다.

우리는 확률적 평점규칙과 관련해서 두 가지 종류의 평균을 얻을 수 있다: 주관적으로 기대되는 평점(subjectively expected score)－줄여서 기대평점－과 경험적 평점. 확률적 평점규칙의 기대평점 $S_E(r;p)$는 다음과 같이 주어진다:

$$S_E(r;p) = p\,S_1(r;p) + (1-p)\,S_2(r;p). \tag{4.6.3}$$

기대평점 $S_E(r;p)$가 유한한 평점규칙 $S(r;p)$는 정규 평점규칙(RSR)이다.

확률적 평점규칙의 경험적 평점 $\hat{S}(\boldsymbol{r};\boldsymbol{q})$은 그의 보고 $\boldsymbol{r}$과 관찰 $\boldsymbol{q}$를 토대로 다음과 같이 계산된다:

$$\hat{S}(\boldsymbol{r};\boldsymbol{q}) = \frac{1}{N}\sum_{i=1}^{N} S(r_i, q_i). \tag{4.6.4}$$

우리는 앞으로 논의를 확률적 평점규칙으로 제한할 것이다. 먼저 평점함수가 벌점(penality)의 함수인 확률적 평점규칙들을 고려해 보자. 벌점은 확률부과자의 부과($r$)와 완벽한 예측가의 예측($q$)－또는 실제 관측－의 차이 $|q-r|$로 정의된다. 여기서 $q$는 0(사건이 발생한 경우)이거나 1(사건이 발생하지 않은 경우)이다.

확률적 평점규칙은 흔히 기대평점을 토대로 적절성이 평가된다. Savage(1971)에 기인한 다음 정리는 협의로 적절한 평점규칙을 가려내기 위한 한 가지 기준을 제공한다.

[정리 4.6.1] 확률적 평점규칙이 협의로 적절하기 위한 필요충분조건은 그의 판단대로 주관적 확률을 보고할 때의 기대평점 $S_E(p;p)=f(p)$가 $p$에 대해 협의로 아래로 볼록한 함수(strictly convex function)라는 것이다.

### ● 선형 평점규칙

우리는 일차적으로 평점이 "1－벌점"으로 주어지는 평점규칙을 고려해 볼 수 있다. 예컨대, 한 확률부과자가 내일 비가 올 사건에 확률 0.7을 부과하였다고 하자. 다음날 실제로 비가 올 경우 그의 벌점은 0.3이고 그의 평점은 0.7이 된다. 마찬가지로 다음날 비가 오지 않는다면 그의 벌점은 0.7이고 그의 평점은 0.3이 된다. 이와 같은 평점규칙은 선형 평점규칙(linear scoring rule)이라고 불린다. 선형 평점규칙에서 평점함수는 다음과 같이 주어진다:

$$S(r;p) = 1 - |q - r| = \begin{cases} 1-(1-r), \text{ 사건이 발생한 경우} \\ 1-r, \text{ 사건이 발생하지 않은 경우} \end{cases}$$

즉,

$$S_1(r;p) = r,\ S_2(r;p) = 1 - r.$$

이때 기대평점은 다음과 같이 주어진다:

$$S_E(r;p) = pr + (1-p)(1-r) = r(2p-1) + (1-p). \tag{4.6.5}$$

[그림 4.6.7]은 선형 평점규칙의 기대평점을 그래프로 나타낸 것이다. 이로부터 우리는 선형 평점규칙 아래에서 기대평점을 최대로 해주는 $r$이 다음과 같이 주어짐을 볼 수 있다:

$$r^* = \begin{cases} 1,\ p > 0.5 \\ \text{아무 값},\ p = 0.5 \\ 0,\ p < 0.5 \end{cases}$$

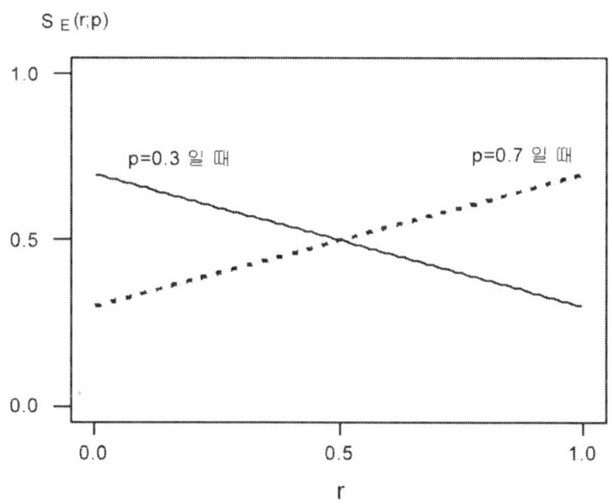


[그림 4.6.7] 선형평점규칙의 기대평점

즉, 확률부과자는 그의 판단−즉 $p$−대로 확률을 부과하는 것보다 0이나 1로 반올림해서 응답하는 편이 기대평점 면에서 유리하다. 따라서 선형 평점규칙은 적절한 평점규칙이 아니다.

## ● 이차 평점규칙

이제 평점이 벌점의 제곱의 함수로 주어지는 이차 평점규칙(quadratic scoring rule)을 고려해 보자:

$$S(r;p) = 1-2|q-r|^2 = \begin{cases} 1-2(1-r)^2, & \text{사건이 발생한 경우} \\ 1-2(r)^2, & \text{사건이 발생하지 않은 경우} \end{cases}$$

이때 기대평점은 다음과 같이 주어진다:

$$\begin{aligned} S_E(r;p) &= p[1-2(1-r)^2] + (1-p)(1-2r^2) \\ &= p^2 + (1-p)^2 - 2(r-p)^2. \end{aligned} \tag{4.6.6}$$

이로부터 이차 평점규칙의 기대평점은 $r=p$일 때 최대가 됨을 알 수 있다. [그림 4.6.8]은 이차 평점규칙의 기대평점을 그래프로 나타낸 것이다. 따라서 이차 평점규칙은 적절한 평점규칙이다. 이차 평점규칙은 이원적 결과공간을 가지는 상황에서 널리 쓰인다.

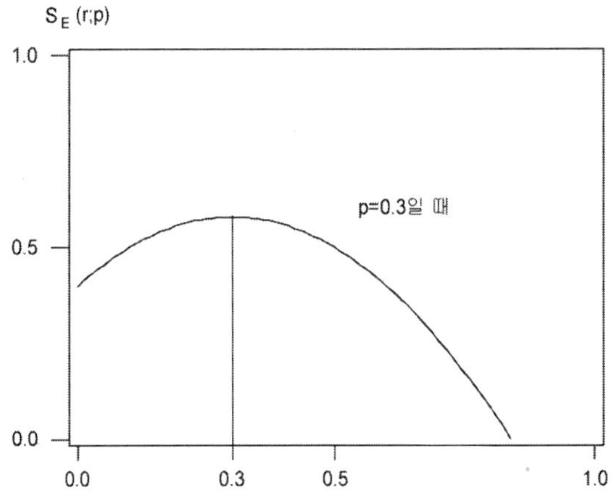


[그림 4.6.8] 이차 평점규칙의 기대평점

<과제 4.6.4> 이차 평점규칙이 협의로 적절한 평점규칙인지를 Savage의 정리([정리 4.6.1])에 의해 판정해 보아라. (도움말: 그의 판단대로 주관적 확률을 보고할 때의 이차 평점규칙의 기대평점 $S_E(p;p)=p^2+(1-p)^2$이 $p$에 관해 협의로 아래로 볼록인 함수인가?)

### ● 브라이어 평점규칙

특히 벌점의 제곱은 브라이어 평점(Brier Score)이라고 불리는데 "확률적 날씨예보"나 "확률적 진단"에서 널리 사용된다. 브라이어 평점함수는 다음과 같이 주어진다:

$$BS(r;p) = (q - r)^2 = \begin{cases} (1-r)^2, \text{ 사건이 발생한 경우} \\ (r)^2, \text{ 사건이 발생하지 않은 경우} \end{cases}$$

브라이어 평점규칙도 동기편향을 통제하기 위한 보상으로 또는 부과자의 예보성능 측도로 기능할 수 있다. 브라이어 평점규칙의 기대평점은 다음과 같이 주어진다:

$$BS_E(r;p) = p(1-r)^2 + (1-p)r^2 = (r-p)^2 + p(1-p). \tag{4.6.7}$$

이로부터 브라이어 평점규칙의 기대평점은 $r = p$일 때 최소가 됨을 알 수 있다. 따라서 브라이어 평점규칙은 적절한 평점규칙이다. [그림 4.6.9]는 브라이어 평점규칙의 기대평점을 그래프로 나타낸 것이다.

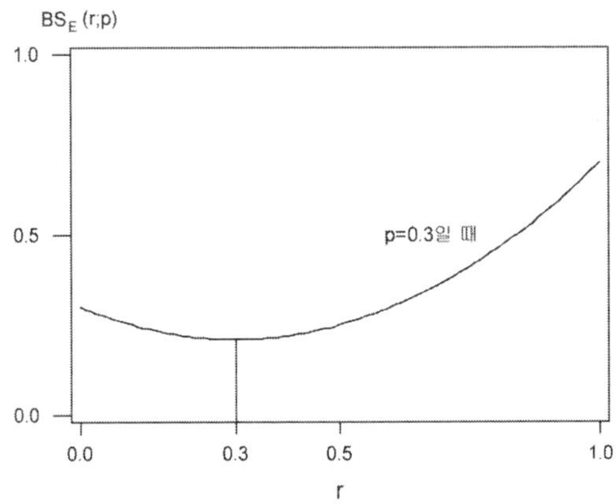


[그림 4.6.9] 브라이어 평점규칙의 기대평점

### ● 브라이어 평점의 분해

식(4.6.7)에 제시된 브라이어 평점규칙의 기대평점을 다시 살펴보자.

$$BS_E(r;p) = (r-p)^2 + p(1-p). \tag{4.6.8}$$

이원적 사건의 발생여부를 $Q$라 하면 $Q$의 (사전)분포는 성공확률이 $p$인 베르누이 분포로 묘사될 수 있다: $Q \sim BER(p)$. 이때 $Q$의 기대치와 분산은 각각 $p$와 $p(1-p)$이다. 따라서 식(4.6.8)의 우변의 첫 번째 항은 편향의 제곱(즉 신뢰성)이고 두 번째 항은 분산(즉 불확실성)이다. 즉, 브라이어 평점규칙의 기대평점은 전형적인 평균제곱오차(mean squre error, MSE)에 다름 아니다.

### (1) 분류오차와 표시오차

우리는 평가절차를 분류(classification)와 표시(labelling)로 나누어 볼 수 있다. 분류－또는 정렬(sorting) 또는 판별(discrimination)－란 개체들을 집단들로 분리하는 절차를 가리킨다. 표시－또는 교정 또는 재표시(relabeling)－란 집단들에 의미가 있는 이름이나 수치(여기서는 확률)를 부여하는 절차를 가리킨다.

분류오차(classification error)는 확률부과자의 개체 구분능력을 측정한다. 즉, 분류오차는 확률부과자가 확률부과상황에 대해 얼마나 정확한 정보나 지식을 가졌는지를 측정한다:

$$\text{분류오차} = p(1-p).$$

표시오차(labelling error)는 확률부과자가 느끼고 있는 불확실성에 얼마나 정확한 수치(즉 확률)를 부과하는지를 또는 추정값이 실제 확률에 얼마나 가까운지를 측정한다:

$$\text{표시오차} = (r-p)^2.$$

분류오차를 줄이려면 더 정확한 정보를 얻을 수 있도록 정보획득절차를 개선해야 하고, 표시오차를 줄이려면 정보상태를 잘 반영할 수 있도록 확률부과절차를 개선해야 할 것이다.

#### ● 경험적 브라이어 평점에 대한 Murphy의 분해

경험적 브라이어 평점 $BS(\boldsymbol{q}, \boldsymbol{r})$은 $\frac{1}{N}\sum_{i=1}^{N}(q_i - r_i)^2$로 쓸 수 있다. 여기서 $q_i$는 관측(0 또는 1)이고, $r_i$는 확률예보이다. [표 4.6.5]에 제시된 관계를 참조하여 경험적 브라이어 평점을 예보값에 따라 층화해 보자. 전체 $N$ 쌍의 관측들 중에서 $n_k$ 쌍은 확률예보 $r_{(k)}$를 가지고 있다. $r_{(k)}$는 $k$번째 층의 확률예보이고, $q_{kj}$는 $k$번째 층의 관측(0 또는 1)을 나타낸다. $\bar{q}_k$는 $k$번째 층의 관측들의 평균이고, $\bar{q}$는 관측들의 총 평균이다: 즉,

$$\bar{q}_k = \frac{1}{n_k}\sum_{i=1}^{n_k} q_{kj}. \text{ 그리고 } \bar{q} = \frac{1}{N}\sum_{k=1}^{K}\sum_{j=1}^{n_k} q_{kj}.$$

[표 4.6.5] 원 데이터와 층화된 데이터 간의 관계

| 원 데이터 | |
|---|---|
| **예보** | **관찰** |
| $r_1$<br>$r_2$<br>$\vdots$<br>$r_N$ | $q_1$<br>$q_2$<br>$\vdots$<br>$q_N$ |
| 평균 | $\bar{q}$ |

| 층화된 데이터 | | |
|---|---|---|
| **예보** | **관찰** | **평균** |
| $r_{(1)}$ | $q_{11}$<br>$q_{12}$<br>$\vdots$<br>$q_{1n_1}$ | $\bar{q}_1$ |
| $\bar{q}$ | $\vdots$ | $\vdots$ |
| $r_{(k)}$ | $q_{k1}$<br>$q_{k2}$<br>$\vdots$<br>$q_{kn_k}$ | $\bar{q}_k$ |
| $\vdots$ | $\vdots$ | $\vdots$ |
| $r_{(K)}$ | $q_{K1}$<br>$q_{K2}$<br>$\vdots$<br>$q_{Kn_K}$ | $\bar{q}_K$ |
| | | $\bar{q}$ |

이상에서 논의한 기호들을 사용하여 경험적 브라이어 평점을 예보값에 따라 층화하여 전개하면,

$$\begin{aligned} BS(\boldsymbol{q}, \boldsymbol{r}) &= \frac{1}{N}\sum_{i=1}^{N}(q_i - r_i)^2 \\ &= \frac{1}{N}\sum_{k=1}^{K}\sum_{j=1}^{n_k}(r_{(k)} - q_{kj})^2 \\ &= \frac{1}{N}\sum_{k=1}^{K}\sum_{j=1}^{n_k}\left[(r_{(k)} - \bar{q}_k) - (q_{kj} - \bar{q}_k)\right]^2 \\ &= \frac{1}{N}\sum_{k=1}^{K}\sum_{j=1}^{n_k}(q_{kj} - \bar{q}_k)^2 + \frac{1}{N}\sum_{k=1}^{K}\sum_{j=1}^{n_k}(r_{(k)} - \bar{q}_k)^2 \\ &\quad - \frac{2}{N}\sum_{k=1}^{K}\sum_{j=1}^{n_k}(q_{kj} - \bar{q}_k)(r_{(k)} - \bar{q}_k) \end{aligned} \tag{4.6.9}$$

$$= \frac{1}{N}\sum_{k=1}^{K}\sum_{j=1}^{n_k}(q_{kj}-\bar{q}_k)^2 + \frac{1}{N}\sum_{k=1}^{K}\sum_{j=1}^{n_k}(r_{(k)}-\bar{q}_k)^2$$

$$-\frac{2}{N}\sum_{k=1}^{K}(r_{(k)}-\bar{q}_k)\sum_{j=1}^{n_k}(q_{kj}-\bar{q}_k)$$

$$= \frac{1}{N}\sum_{k=1}^{K}\sum_{j=1}^{n_k}(q_{kj}-\bar{q}_k)^2 + \frac{1}{N}\sum_{k=1}^{K}\sum_{j=1}^{n_k}(r_{(k)}-\bar{q}_k)^2 \tag{4.6.10}$$

$$= \frac{1}{N}\sum_{k=1}^{K}n_k\left[\frac{1}{n_k}\sum_{j=1}^{n_k}(q_{kj}-\bar{q}_k)^2\right] + \frac{1}{N}\sum_{k=1}^{K}\sum_{j=1}^{n_k}(r_{(k)}-\bar{q}_k)^2$$

$$= \frac{1}{N}\sum_{k=1}^{K}n_k\bar{q}_k(1-\bar{q}_k) + \frac{1}{N}\sum_{k=1}^{K}n_k(r_{(k)}-\bar{q}_k)^2. \tag{4.6.11}$$

(집단 내 불확실성)　　(신뢰도)

집단 내 불확실성은 또 다음과 같이 전체 불확실성과 해상도로 분해될 수 있다. 식(4.6.10)으로부터

$$\frac{1}{N}\sum_{k=1}^{K}n_k\bar{q}_k(1-\bar{q}_k) = \frac{1}{N}\sum_{k=1}^{K}\sum_{j=1}^{n_k}(q_{kj}-\bar{q}_k)^2$$

$$= \frac{1}{N}\sum_{k=1}^{K}\sum_{j=1}^{n_k}\left[(q_{kj}-\bar{q})-(\bar{q}_k-\bar{q})\right]^2$$

$$= \frac{1}{N}\sum_{k=1}^{K}\sum_{j=1}^{n_k}(q_{kj}-\bar{q})^2 + \frac{1}{N}\sum_{k=1}^{K}\sum_{j=1}^{n_k}(\bar{q}_k-\bar{q})^2$$

$$-\frac{2}{N}\sum_{k=1}^{K}\sum_{j=1}^{n_k}(q_{kj}-\bar{q})(\bar{q}_k-\bar{q})$$

$$= \frac{1}{N}\sum_{k=1}^{K}\sum_{j=1}^{n_k}(q_{kj}-\bar{q})^2 + \frac{1}{N}\sum_{k=1}^{K}\sum_{j=1}^{n_k}(\bar{q}_k-\bar{q})^2$$

$$-\frac{2}{N}\sum_{k=1}^{K}(\bar{q}_k-\bar{q})\sum_{j=1}^{n_k}(q_{kj}-\bar{q})$$

$$= \frac{1}{N}\sum_{k=1}^{K}\sum_{j=1}^{n_k}(q_{kj}-\bar{q})^2 + \frac{1}{N}\sum_{k=1}^{K}\sum_{j=1}^{n_k}(\bar{q}_k-\bar{q})^2$$

$$-\frac{2}{N}\sum_{k=1}^{K}(\bar{q}_k-\bar{q})\sum_{j=1}^{n_k}(\bar{q}_k-\bar{q})$$

$$= \bar{q}(1-\bar{q}) - \frac{1}{N}\sum_{k=1}^{K}n_k(\bar{q}_k-\bar{q})^2. \tag{4.6.12}$$

(불확실성)　(해상도)

따라서 식(4.6.11)과 (4.6.12)로부터 경험적 브라이어 평점은 다음과 같이 불확실성, 해상도 그리고 신뢰도로 분해될 수 있다:

$$\text{BS}= \bar{q}(1-\bar{q}) - \sum_{k=1}^{K} \frac{n_k}{N}(\bar{q}_k - \bar{q})^2 + \sum_{k=1}^{K} \frac{n_k}{N}(r_{(k)} - \bar{q}_k)^2. \qquad (4.6.13)$$

(불확실성) (해상도) (신뢰도)

[관찰 4.6.2]

□ 불확실성 = 집단내 불확실성 + 해상도

▪ 집단 내 불확실성을 해상도의 측도로 사용하기도 한다.

▪ 신뢰도(또는 교정) 함수: $(r_{(k)},\ \bar{q}_k)$의 산점도

분해된 브라이어 평점의 각 요소를 교정함수를 통해서 이해해 보자.

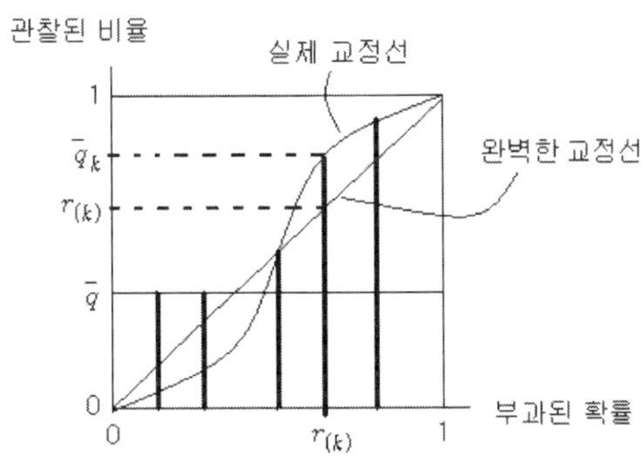


[그림 4.6.9(2)] 브라이어 평점의 분해

□ 신뢰도－더 정확하게는 신뢰도 결여－는 실제 교정선과 완전한 교정선(즉 대각선)간의 평균제곱거리를 측정한다.

▪ 교정지수(calibration index) 또는 신뢰성은 추정값이 실제 확률에 얼마나 가까운가를 즉, 결과들에 의미 있는 확률들을 할당할 수 있는 능력을 측정한다.

□ 해상도는 실제 교정선과 표본 수평선－날씨 예보에서는 예컨대, 기후수평선－간의 평균제곱거리를 측정한다.

▪ 해상도(resolution) 또는 판별지수(discrimination index)는 부과자가 다른 범주에 속하는 개체들("1"과 "0")을 판별해내는 능력－즉 범주들을 분리해 내는 능력－를 측정한다.

□ 불확실성은 사건 $E$의 발생빈도의 함수로서, 예보 시스템과는 아무 관련이 없다.

- 완전한 확정적 시스템의 해상도는 불확실성과 일치한다.
- 불확실성은 결과의 분산이다. 이 항은 결과가 모두 0이거나 모두 1일 때 가장 작다. 분산은 우리가 전혀 통제할 수 없는 항이며, 또 우리가 할 수 있는 최선을 나타낸다.

□ 부과자 판별능력이 우수하다면, 교정능력은 일정할 것이다.

- 특수한 경우: 진단(diagnosis)과 예후(prognosis)

**참고 예보의 속성들에 대한 용어 정리**

예보의 정확성(accuracy) − 예보들이 평균적으로 관측들과 얼마나 잘 대응하는 지를 나타내는 성질 − 과 관련된 예보의 속성들을 살펴보자.

□ 편향성(bias): 예보평균과 관측평균의 합치성

□ 연관성(association): 예보와 관측 간의 선형 관계의 강도

□ 정확성(accuracy): 개별 관측과 예보 간의 평균적 합치성

□ 기술(skill): 한 표준적 방법에 의해 생산된 예보들의 정확성과 비교한 상대적 정확성

□ 신뢰성(reliability): 모든 예보들에 대해 평균을 낸, 조건부 평균 관측과 조건화 예보의 합치성

□ 해상도(resolution): 예보의 예리함

- 다른 예보들이 주어졌을 때 결과들이 다른 정도
- 모든 예보들에 대해 평균을 낸, 조건부 평균 관측과 무조건 평균 관측 간의 차이

□ 첨도(sharpness): 예보들의 변동성

□ 판별성(discrimination): 계급들을 분리해내는 능력

- 다른 관측들이 주어졌을 때 예보들이 다른 정도
- 모든 관측들에 대해 평균을 낸, 조건부 평균 관측과 무조건 평균 관측 간의 차이

□ 불확실성(uncertainty): 관측들의 변동성

**예 4.6.5 (예 4.6.1, 계속)**

이 일기예보자의 경험적 브라이어 평점을 구하고 이를 불확실성, 해상도 그리고 신뢰도로 분해하여 그의 예보성능을 평가하라.

**풀이**

- 불확실성 $= \bar{q}(1-\bar{q}) = 0.479 \times 0.521 = 0.2496$
- 해상도 $= \sum_k \frac{n_k}{N}(\bar{q}_k - \bar{q})^2 = 0.1013$

- 신뢰도 $= \sum_k \frac{n_k}{N}(r_{(k)} - \bar{q}_k)^2 = 0.0008$
- BS = 불확실성 − 해상도+신뢰도 = 0.1491

일기의 불확실성은 꽤 높으나 이 일기예보자는 높은 해상도와 낮은 신뢰도 결여(즉, 높은 신뢰도)에 의해 상당히 정확한 예보성능을 보여주고 있다.

**예 4.6.6**

안씨와 김씨는 일기예보자이다. 그들은 지난여름에 "내일" 비가 올지 여부를 확률 예보(probabilistic forecasting)하였다. 다음은 그들이 20일간 발표한 비올 확률들과 실제로 비가 온 결과(1 − 비 옴, 0 − 비 안옴)이다.

| 날 | 안($r_i$) | 김($r_i$) | 결과($q_i$) | 날 | 안($r_i$) | 김($r_i$) | 결과($q_i$) |
|---|---|---|---|---|---|---|---|
| 1 | 40 % | 20 % | 1 | 11 | 10 % | 60 % | 0 |
| 2 | 10 % | 60 % | 0 | 12 | 40 % | 60 % | 1 |
| 3 | 40 % | 80 % | 1 | 13 | 90 % | 40 % | 0 |
| 4 | 90 % | 40 % | 0 | 14 | 10 % | 20 % | 0 |
| 5 | 90 % | 20 % | 0 | 15 | 50 % | 80 % | 1 |
| 6 | 50 % | 60 % | 1 | 16 | 10 % | 20 % | 0 |
| 7 | 50 % | 40 % | 1 | 17 | 50 % | 40 % | 1 |
| 8 | 40 % | 80 % | 1 | 18 | 10 % | 40 % | 0 |
| 9 | 40 % | 60 % | 1 | 19 | 90 % | 80 % | 0 |
| 10 | 90 % | 20 % | 0 | 20 | 50 % | 80 % | 1 |

(1) 교정함수를 추정하여 누가 더 잘 교정되었는지 판정하여라.

☞ [그림 4.6.10]의 교정함수에서 보듯이 김씨가 더 잘 교정되었다.

| 안 | | | 김 | | |
|---|---|---|---|---|---|
| $r_{(k)}$ | 적중율 | $\bar{q}_k$ | $r_{(k)}$ | 적중율 | $\bar{q}_k$ |
| 10 % | 0/5 | 0 % | 20 % | 1/5 | 20 % |
| 40 % | 5/5 | 100 % | 40 % | 2/5 | 40 % |
| 50 % | 5/5 | 100 % | 60 % | 3/5 | 60 % |
| 90 % | 0/5 | 0 % | 80 % | 4/5 | 80 % |
| 전체 | 10/20 | 50 % | 전체 | 10/20 | 50 % |

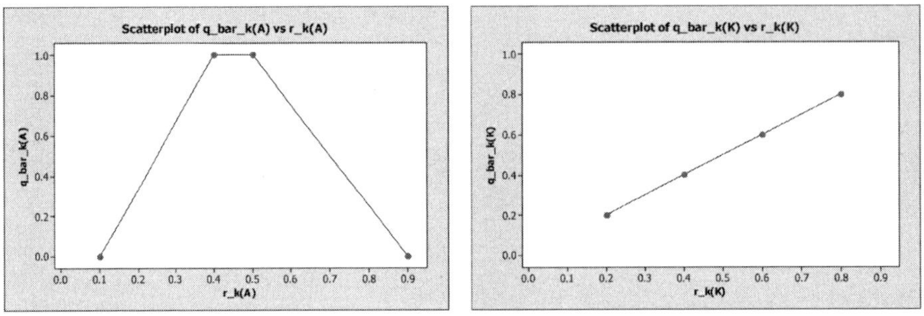


(a) 안씨의 교정함수　　　　　(b) 김씨의 교정함수

[그림 4.6.10] 두 일기예보자의 교정함수

(2) 누가 더 좋은 판별력(비가 오고 오지 않고를 제대로 구분하는 능력)을 보여주는가?

☞ 김씨

(3) 브라이어 평점을 구하여 그들의 예보성능을 비교하여라.

☞ $$\frac{1}{20}\sum_{i=1}^{20}(q_i - r_i)^2 = \begin{cases} 0.3575: \text{ 안씨} \\ 0.2: \text{ 김씨} \end{cases}$$

또는 안씨는 집단 내 불확실성이 없고 김씨는 표시오차가 없으므로 식(4.6.11)로부터

$$= \begin{cases} (0.1^2 + 0.6^2 + 0.5^2 + 0.9^2)/4 = 0.3575: \text{ 안씨} \\ (0.2\times 0.8 + 0.4\times 0.6 + 0.6\times 0.4 + 0.8\times 0.2)/4 = 0.2: \text{ 김씨} \end{cases}$$

또는 불확실성은 두 사람 모두 0.25이고, 해상도는 안씨는 0.25이고 김씨는 0.05, 신뢰도는 안씨는 0.3575이고 김씨는 0이므로 식(4.6.9)로부터

$$= \begin{cases} 0.25 - 0.25 + 0.3575 = 0.3575: \text{ 안씨} \\ 0.25 - 0.05 + 0.0 = 0.2: \text{ 김씨} \end{cases}$$

김씨의 브라이어 평점이 낮으므로 그의 예보성능이 우수하다.

<과제 4.6.5> [예 4.6.1]을 다시 고려하자. 그 일기예보자의 경험적 브라이어 평점을 구하고 이를 불확실성, 해상도 그리고 신뢰도로 분해하여 그의 예보성능을 평가하라.

### 4.6.4. 다원적/연속적 결과공간에 대한 평점규칙

우리는 쉽게 이원적 결과공간을 $n$개의 결과를 가지는 다원적 결과공간으로 일반화할 수 있다. 다원적 결과공간에서는 다음과 같은 평점규칙들이 자주 쓰인다. 이와 같은 평점규칙들은 연속랜덤변수에도 쉽게 적용될 수 있다. 여기서 $S_j(r_1, r_2, \ldots, r_n)$는 $j$-번째 결과가 발생했을 때의 평점을 나타낸다.

① 이차 평점규칙(quadratic scoring rule)

- $S_j(r_1, r_2, \ldots, r_n) = 2r_j - \sum_{i=1}^{n} r_i^2$
- $S_E(\boldsymbol{r}; \boldsymbol{p}) = \sum_{j=1}^{n} p_j S_j(r_1, r_2, \ldots, r_n) = \sum_j p_j^2 - \sum_j (r_j - p_j)^2 \leqq \sum_j p_j^2$

이 부등식에서 등호는 $r_j = p_j$일 때 성립한다.

- 연속인 경우: 결과 $x$의 평점 $S(r(x)) = 2r(x) - \int_{-\infty}^{\infty} r^2(x)\,dx$

② 로그 평점규칙(logarithmic scoring rule)

- $S_j(r_1, r_2, \ldots, r_n) = \log n r_j$
- $S_E(\boldsymbol{r}; \boldsymbol{p}) = \log n + \sum_j p_j \log r_j \leqq \log n + \sum_j p_j \log p_j$

이 부등식에서 등호는 $r_j = p_j$일 때 성립한다.

- 연속인 경우: 결과 $x$의 평점 $S(r(x)) = \log n r(x)$

<과제 4.6.6> 합이 1이고 양수인 $p_i$들($i = 1, \cdots, k$)과 합이 1 이하이고 양수인 $r_i$들($i = 1, \cdots, k$)에 대해 다음 부등식이 성립함을 보여라:

$$\sum_{i=1}^{k} p_i \log p_i \geqq \sum_{i=i}^{k} p_i \log r_i .$$

[도움말: $e^y \geqq 1 + y$ 또는 $\log x \leqq x - 1$을 이용하라.]

<과제 4.6.7> Savage의 정리를 이용하여 로그 평점규칙이 협의로 적절함을 보여라.

[도움말: Savage의 정리에 의하면, $S_E(p;p) = -H(p)$가 협의로 아래로 볼록이면 이 로그 평점규칙은 협의로 적절한 평점규칙이다.

여기서 $H(p) = -p\log p - (1-p)\log(1-p)$.]

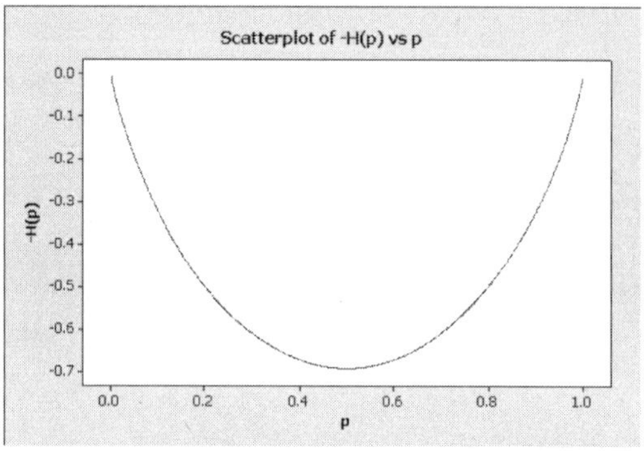


```
MTB > name c1 'p' c2 '-H(p)'
MTB > set 'p'
DATA> 0.001:0.999/0.001
DATA> end
MTB > let '-H(p)' =
'p'*loge('p') +
(1-'p')*log(1-'p')
MTB > plot '-H(p)'*'p';
SUBC> connect.
```

로그 평점규칙의 용례에 대해서는 5.10.6절의 수치 예를 보라.

③ 구형 평점규칙(spherical scoring rule)

- $S_j(r_1, r_2, \ldots, r_n) = r_j / (\sum_{i=1}^{n} r_i^2)^{1/2}$
- $S_E(\boldsymbol{r}\,;\boldsymbol{p}) = \sum_j p_j r_j / (\sum_{i=1}^{n} r_i^2)^{1/2} \leqq \left(\sum_j p_j^2\right)^{1/2}$

이 부등식(Cauchy-Schwarz 부등식)에서 등호는 $r_j = p_j$일 때 성립한다.

- 연속인 경우: 결과 $x$의 평점 $S(r(x)) = \dfrac{r(x)}{\left[\int_{-\infty}^{\infty} r^2(x)\,dx\right]^{1/2}}$

[연구 4.6.1] 주관적 확률은 가격이다(Savage, 1971). 따라서 이 절에서 논의된 "적절한" 평점규칙들은 확률부과자가 모험중립성－즉, 선형 효용함수－을 가지고 있다는 것을 전제로 할 때 그리고 확률가중을 보이지 않을 때 "적절한" 평점규칙이 되며, 따라서 정직한 주관적 확률들을 유도한다. 확률부과자가 모험중립적이 아닐 때의 "적절한" 평점규칙에 대해서는 아직 알려진 것이 많지 않다. 다만, CARA(불변 모험기피성) 확률부과자인 경우에는 보강된 로그 평점규칙(augmented log scoring rule)이 적절하다고 알려져 있다(5.6.3절 참조; Fountain, 2002).

**참고** 결과공간이 연속적인 경우

모수의 분포를 확률변수 우리는 관심사건의 발생여부를 {성공확률이 $p$인 베르누이} 확률변수 $Q \sim BER(p)$로 간주할 수 있을 것이다. 다음 두 조건이 성립하는 확률적 평점규칙은 효과적(effective)이라고 일컬어진다(Friedman, 1979):

① $S_E(r_1; p) > S_E(r_2; p) \leftrightarrow |r_1 - E[Q]| < |r_2 - E[Q]|$.

② 아무 거리함수 $d$에 대해, $S_E(r_1; p) > S_E(r_2; p) \leftrightarrow d(r_1, p) < d(r_2, p)$.

그런데 평점규칙의 효과성은 Friedman의 제안과는 달리 단조성(monotonic property)을 가지는 것이 아니라 전이성(transitivity property)을 요구하는 것으로서 행동학적으로 정당화되기 어려운 것이다(Nau, MS 31(5), 527-535))

## 4.7 비정보적 사전분포: 무 사전정보

### 4.7.1. 개요

조건적 분석을 수행해야 할 이유들과, 베이즈 기구를 사용해서 그러한 분석을 수행하는 것의 매력 때문에 아무런 (또는 거의 아무런) 사전정보가 없을 때도 베이즈 방법을 사용하려는 시도들이 있다. 이런 상황에서 필요한 것은 비정보적 사전분포(noninformative prior)－$\theta$에 대한 아무런 정보도 담고 있지 않은 사전분포－이다.

가장 단순한 상황은 $\Omega_\theta$가, 예컨대 $n$ 원소들을 가지는, 유한 집합인 경우이다. 이 상황에서 명백한 비정보적 사전분포는 $\Omega_\theta$의 각 원소에 확률 $1/n$을 부여하는 것이다. 우리는 이런 논리를 무한 $\Omega_\theta$에 대해서도 적용할 수 있을 것이다.

**예 4.7.1**

우리가 관심을 가지고 있는 모수가 정규분포의 평균 $\theta$라고 하자. 그러면 모수공간은 다음과 같이 주어진다: $\Omega_\theta = (-\infty, \infty)$. 우리가 찾는 것이 한 비정보적 사전밀도라면 다음과 같이 $\theta$의 모든 가능한 값에 동일한 가중값을 부여하는 것이 합리적인 것처럼 보인다:

$$\pi(\theta) = c\,(> 0) \text{ 또는 } \pi(\theta) = 1.$$

이런 편평 사전밀도(flat, or diffused, prior)는 $R^1$ 상의 균일 사전밀도(uniform prior)라고 불리며 Laplace(1812)에 의해 소개되었다.

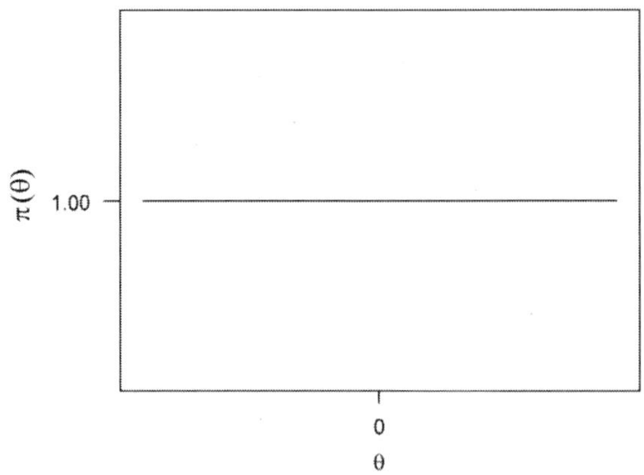


[그림 4.7.1] $R^1$상의 균일 사전밀도

이 예에서와 같이 자연스러운 비정보적 사전분포가 불완전 사전분포(improper prior) – 즉 밀도합이 1이 아닌 분포 – 인 경우는 흔히 일어난다. 대부분의 경우에 불완전 사전분포는 베이즈 분석에서 별문제 없이 사용될 수 있다. 그러나 다음과 같은 경우에는 불완전 사전분포를 사용하는데 주의해야 한다:

- 어떤 모형에서는 불완전 사전분포를 사용하면 불완전 사후분포가 얻어진다.
- 불완전 사전분포를 사용하면 모형 선택이나 가설검정이 어렵게 되기도 한다.
- 어떤 베이지안 계산 소프트웨어들 – 예컨대, WinBUGS – 은 불완전 사전분포의 사용을 허용하지 않는다.

이런 균일 비정보적 사전분포는 변환에 대한 불변성(invariance)이 없기 때문에 정당하진 않지만, 심한 비평을 받아왔다. 다음 예를 보자.

**예 4.7.2** **(예 4.7.1 계속)**

$\theta$를 고려하는 대신에 $\eta = \exp\{\theta\}$을 모수로 고려하게 되었다고 가정하자. 이 변환은 일대일 변환이므로 $\theta$가 균일밀도를 가진다면, $\eta$도 균일밀도를 가질 것이라고 기대할 수 있다. $\theta$의 밀도를 $\pi(\theta)$로 나타내자. 그러면 $\eta$의 밀도 $\pi^*(\eta)$는 다음과 같이 주어진다:

$$\begin{aligned}\pi^*(\eta) &= \eta^{-1}\pi(\log\eta)\\ &= \eta^{-1},\ \pi(\theta) = 1\text{인 경우}\end{aligned}$$

따라서 $\theta$ 에 대한 비정보적 사전밀도가 상수로 선택된다면, 우리는 일관성을 유지하기 위해 $\eta$ 에 대한 비정보적 사전밀도로 $\eta^{-1}$ 를 선택하여야 한다. 즉, 우리는 일관성을 유지하면서 $\theta$ 와 $\eta$ 에 대한 비정보적 사전분포를 상수로 부여할 수가 없다.

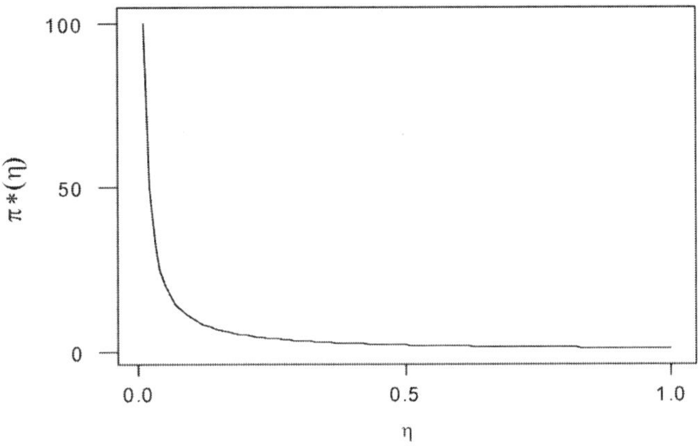


[그림 4.7.2] 균일밀도의 지수변환(역 사전밀도)

상수 사전분포가 불변성을 가지고 있지 못하기 때문에, 변환들에 대해 적절히 불변적인 비정보적 사전분포들에 대한 탐색이 이루어져 왔다.

**참고** 국내 어떤 저작들에서는 noninformative prior를 "무정보적" 사전분포(밀도)로 번역하기도 하는데 informative(정보적)이라는 용어가 "정보를 제공하는"을 뜻하는 것처럼 noninformative는 "정보를 제공하지 않는"을 뜻한다. 따라서 noninformative에는 "비정보적"이라는 용어가 더 적절하다고 판단된다.

## 4.7.2. 위치 문제들과 척도 문제들에 대한 비정보적 사전분포

[정의 4.7.1] (위치 밀도함수) $\Omega_x$ 와 $\Omega_\theta$ 가 $R^p$ 의 부분집합들이라 하자. 그리고 $X$의 밀도함수가 $f(x-\theta)$ 형태라고 하자. (즉, $x-\theta$ 에만 종속적이라고 하자.) 그러면 이 밀도함수는 위치 밀도함수(location density)라고 불리며, $\theta$ 는 위치모수(location parameter)$-p \geq 2$ 일 때는 위치벡터(location vector)$-$라고 불린다.

위치 밀도함수들의 간단한 예로는 $U(\alpha,\beta)$, $\sigma^2$ 이 고정되었을 때 $N(\theta,\sigma^2)$, $\beta$ 가 고정되었을 때 $GAM(\alpha,\beta)$ 를 들 수 있다. 한 랜덤표본의 공통 밀도함수가 위치밀도라면, 그 랜덤표본은 위치밀도로부터의 랜덤표본이라고 불린다.

위치밀도함수에 대한 한 비정보적 사전밀도를 유도해 보자. 먼저 $X$ 대신에 $Y = X + c$ ($c \in R^p$)를 관찰하였다고 가정하자. $\eta = \theta + c$로 정의하면 $Y \sim f(y - \eta)$. $\Omega_x = \Omega_\theta = R^p$이면, $(Y, \eta)$ 문제에 대한 표본 공간과 모수 공간도 $R^p$이다. 따라서 $(X, \theta)$ 문제와 $(Y, \eta)$ 문제는 구조가 동일하며 그들이 동일한 비정보적 사전밀도를 가져야 한다는 주장은 합리적이다.

$\pi$와 $\pi^*$가 각각 $(X, \theta)$ 문제와 $(Y, \eta)$ 문제에 대한 비정보적 사전밀도를 나타낸다고 하자. 그러면 위의 논리는 $\pi$와 $\pi^*$가 동일하다는 것을 시사한다: 즉, 아무 $A \subset R^p$에 대해, $P^\pi(\theta \in A) = P^{\pi^*}(\eta \in A)$. 또 $\eta = \theta + c$이므로 다음 관계가 성립해야 한다:

$P^{\pi^*}(\eta \in A) = P^{\pi^*}(\theta + c \in A) = P^\pi(\theta \in A - c)$. 이를 종합하면, $P^\pi(\theta \in A) = P^\pi(\theta \in A - c)$. 여기서 $A - c = \{z - c : z \in A\}$. 이 관계는 아무 $c \in R^p$ 에 대해서도 성립해야 한다.

[정의 4.7.2] (위치불변 사전분포) $A$를 $R^p$의 아무 부분집합이라 하자. 모든 $c \in R^p$에 대해서 다음 관계를 만족하는 $\pi$는 위치불변 사전분포(location invariant prior)라고 불린다:

$$P^\pi(\theta \in A) = P^\pi(\theta \in A - c), \tag{4.7.1}$$

여기서 $A - c = \{z - c : z \in A\}$.

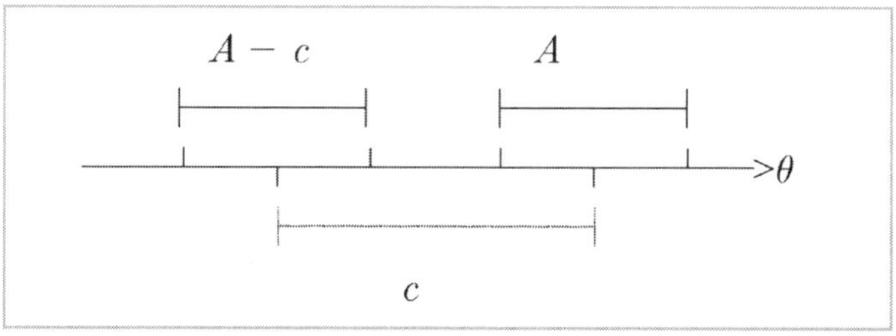


[그림 4.7.3] 관심영역 위치변화

사전분포가 밀도함수를 가진다면, 우리는 식 (4.7.1)을 다음과 같이 다시 쓸 수 있다:

$$\int_A \pi(\theta)\, d\theta = \int_{A-c} \pi(\theta)\, d\theta = \int_A \pi(\theta - c)\, d\theta. \tag{4.7.2}$$

식 (4.7.2)가 아무 부분집합 $A$에 대해 성립하려면 모든 $\theta$에 대해서 다음 관계를 만족해야 한다:

$$\pi(\theta) = \pi(\theta - c). \tag{4.7.3}$$

$\theta = c$로 설정하면,

$$\pi(c) = \pi(0).$$

그런데 이 관계가 모든 $c \in R^p$에 대해서 성립해야 하므로 $\pi$는 상수함수이어야 한다. 그 상수를 1로 선택하면 편리하다. 따라서 우리는 한 합리적인 비정보적 위치불변 사전밀도를 다음과 같이 정할 수 있다:

$$\pi(\theta) = 1. \tag{4.7.4}$$

[정의 4.7.3] (척도밀도함수) $\Omega_x$와 $\Omega_\theta$가 $R^1$의 부분집합들이라 하자. 그리고 $X$의 밀도함수가 $\sigma^{-1} f(x/\sigma)$ 형태라고 하자. 여기서 $\sigma > 0$. 그러면 이 밀도함수는 (일차원) 척도밀도함수(scale density)라고 불리며, $\sigma$는 척도모수(scale parameter)라고 불린다.

척도밀도함수들의 예로는 $N(0, \sigma^2)$이나 $\alpha$가 고정되었을 때 $GAM(\alpha, \beta)$를 들 수 있다.

척도밀도함수에 대한 비정보적 사전밀도를 유도해 보자. 먼저 $X$ 대신에 $Y = cX$ ($c$>0)를 관찰하였다고 가정하자. $\eta = c\sigma$로 정의하면 $Y \sim \eta^{-1} f(y/\eta)$. $\Omega_x = R^1$ 또는 $\Omega_x =$ (0, $\infty$) 이면, $(X, \sigma)$ 문제에 대한 표본 공간과 모수 공간이 $(Y, \eta)$ 문제에 대한 것과 동일하다. 따라서 이 두 문제는 구조면에서 동일하며, 이것은 그들이 동일한 사전밀도를 가져야 한다는 것을 시사한다.

$\pi$와 $\pi^*$가 각각 $(X, \theta)$ 문제와 $(Y, \eta)$ 문제에 대한 비정보적 사전밀도를 나타낸다고 하자. 그러면 위의 논리는 $\pi$와 $\pi^*$가 동일하다는 것을 시사한다: 즉, 아무 $A \subset (0, \infty)$에 대해 $P^\pi(\sigma \in A) = P^{\pi^*}(\eta \in A)$. $\eta = c\sigma$이므로 다음 관계가 성립해야 한다. $P^{\pi^*}(\eta \in A) = P^{\pi^*}(c\sigma \in A) = P^\pi(\sigma \in c^{-1}A)$, 여기서 $c^{-1}A = \{c^{-1}z : z \in A\}$. 이를 종합하면 $P^\pi(\sigma \in A) = P^\pi(\sigma \in c^{-1}A)$. 이 관계는 아무 $c$>0 에 대해서도 성립해야 한다.

[정의 4.7.4] (척도불변 사전분포) $A$를 $R^p$의 아무 부분집합이라 하자. 모든 $c > 0$에 대해서 다음 관계를 만족하는 $\pi$는 척도불변 사전분포(scale invariant prior)라고 불린다:

$$P^{\pi}(\sigma \in A) = P^{\pi}(\sigma \in c^{-1}A). \tag{4.7.5}$$

여기서 $c^{-1}A = \{c^{-1}z : z \in A\}$.

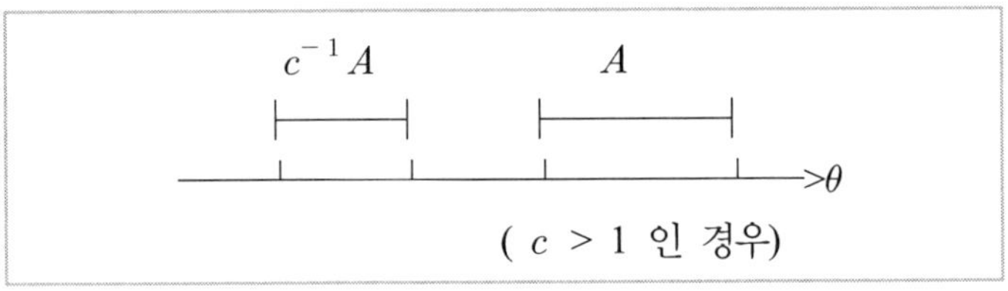


[그림 4.7.4] 관심영역 척도변화

사전분포가 밀도함수를 가진다면 우리는 식 (4.7.5)를 다음과 같이 다시 쓸 수 있다:

$$\int_A \pi(\sigma)d\sigma = \int_{c^{-1}A} \pi(\sigma)d\sigma = \int_A \pi(c^{-1}\sigma)c^{-1}d\sigma. \tag{4.7.6}$$

식(4.7.6)가 아무 부분집합 $A$에 대해 성립하려면, 모든 $\sigma$에 대해서 다음 관계를 만족해야 한다:

$$\pi(\sigma) = c^{-1}\pi(c^{-1}\sigma). \tag{4.7.7}$$

$\sigma = c$로 설정하면,

$$\pi(c) = c^{-1}\pi(1). \tag{4.7.8}$$

여기서 $\pi(1)$은 한 상수이므로 편의상 $\pi(1) = 1$로 두자. 그런데 이 관계가 모든 $c > 0$에 대해서 성립해야 한다. 따라서 우리는 한 합리적인 비정보적 척도불변 사전밀도를 다음과 같이 정할 수 있다:

$$\pi(\sigma) = 1/\sigma. \tag{4.7.9}$$

이 사전밀도는 흔히 역 사전밀도(inverse prior)라고 불린다. 역 사전밀도는 불완전 사전분포이다. [그림 4.7.2]는 역 사전밀도를 나타내고 있다.

### ● 애매 사전분포(vague prior)

편평 사전밀도나 역 사전밀도와 같이 불완전 사전분포를 완전 사전분포(proper prior)－즉 밀도합이 1인 분포－로 근사시키는 한 가지 방법은 [그림 4.7.5]에서와 같은 애매 사전분포(vague prior)를 사용하는 것이다. 애매 사전분포는 매우 큰 분산을 가지는 정규분포와 같이 산포가 큰 분포를 가리킨다. 이들은 모수값들의 넓은 범위에 걸쳐서 유사한 사전밀도값들을 제공한다. 예컨대 WinBUGS에서 편평 사전밀도는 평균이 0이고 분산이 100만인 애매 정규 사전밀도에 의해 근사될 수 있다. 또 역 사전밀도는 매우 작은 형상모수와 척도모수를 가지는 감마분포－예컨대, GAM(0.001, 0.001)－에 의해 근사될 수 있다.

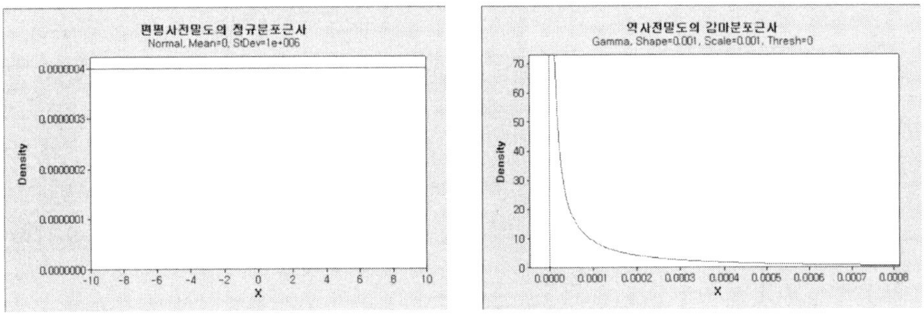


[그림 4.7.5] 애매 사전분포

**예 4.7.3**

양수값들로 채워지는 다양한 자연스런 수치표들에서 1에서 9 까지의 아무 자연수 $i$가 최초의 유효숫자가 되는 이론적 상대빈도는 1/9이라고 예상할 수 있다. 그러나 실제 관측된 상대빈도는 대략 $\log_{10}(i+1)/i$이며, 이는 Benford의 법칙이라 불린다. 이를 설명해 보자.

이런 양수값들의 측정척도는 꽤나 임의적이므로 우리는 표값들의 분포가 척도불변이라고 기대할 수 있다. 그러면 $\pi(\sigma) = 1/\sigma$. 그런데 이 사전분포는 불완전하다. 우리는 이를 아무 주어진 구간 $(a, b)$, $0 < a < b < \infty$에 대해 완전사전분포로 정규화시킬 수 있다. 예컨대, 구간 (1, 10)에 대해서 $\pi(\sigma) = \frac{1}{\sigma}\frac{1}{\log 10}$. 이 구간에서 $\sigma$는 $\sigma$가 구간 $[i, i+1)$에 올 때 첫 번째 수 $i$를 가지게 될 것이며 그 확률은 다음과 같이 주어진다: $i = 1, 2, \ldots, 9$에 대해,

$$p_i = \int_i^{i+1} [\sigma \log 10]^{-1} d\sigma = \left[\frac{\log \sigma}{\log 10}\right]_i^{i+1} = \frac{\log(1+i^{-1})}{\log 10}.$$

이 값이 바로 경험적으로 관찰되는 값이며, 구간을 $(a, b)$로 잡고 $a \to 0$ 또는/그리고 $b \to \infty$ 일 때 $p_i$가 수렴하는 값이기도 하다.

General Electric Company의 물리학자 Frank Benford(1938)의 이름을 따서 명명된 이 법칙은 미국의 천문학자 Simon Newcomb(1881)에 의해 먼저 발견된 바가 있고 첫째 숫자 법칙(first-digit law, leading-digit law)으로 불리기도 한다.

<과제 4.7.1> Benford의 법칙이 적용되는 다양한 사례들을 찾아보고, 이 법칙이 성립하는 논리적 설명을 찾아보자.

불완전한 비정보적 사전분포는 유일하지 않다. 그러나 한 불완전 사전분포 $\pi$에 상수 $k$를 곱하는 것은 베이지안 분석에서 모든 결정과 추론이 $\pi$와 $k\pi$에 대해 동일할 것이라는 의미에서 동일한 사전분포를 낳는다. 따라서 우리는 위치불변 사전분포를 더 확장할 필요가 있다.

[정의 4.7.5] (상대적 위치불변 사전분포) $A$를 $R^p$의 아무 부분집합이라 하자. 모든 $c \in R^p$에 대해서 다음 관계를 만족하는 $\pi$는 상대적 위치불변 사전분포(relatively location invariant prior)라고 불린다:

$$P^{\pi}(\theta \in A) = h(c) P^{\pi}(\theta \in A - c), \tag{4.7.10}$$

여기서 $h(c)$는 한 양수함수이다.

사전분포가 밀도함수를 가진다면, 우리는 식 (4.7.10)를 다음과 같이 다시 쓸 수 있다:

$$\int_A \pi(\theta)\, d\theta = h(c) \int_{A-c} \pi(\theta) d\theta = h(c) \int_A \pi(\theta - c)\, d\theta. \tag{4.7.11}$$

식 (4.7.11)가 아무 부분집합 $A$에 대해 성립하려면 모든 $\theta$에 대해서 다음 관계를 만족해야 한다:

$$\pi(\theta) = h(c) \pi(\theta - c). \tag{4.7.12}$$

$\theta = c$로 설정하면, $h(c) = \pi(c)/\pi(0)$. 따라서 다음 관계를 만족하는 불완전 사전분포는 상대적 위치불변 사전분포가 된다:

$$\pi(\theta - c) = \frac{\pi(0)\pi(\theta)}{\pi(c)}. \tag{4.7.13}$$

상대적 위치불변 사전분포들의 예로는 균일분포나 다음과 같이 정의되는 $\pi$를 들 수 있다: $\pi(\theta) = \exp\{\theta^t z\}$, 여기서 $z$는 아무 상수벡터이다.

### 4.7.3. 일반적인 상황에서의 비정보적 사전분포들

앞 절에서의 논의는 변환들의 집단(group of transformations)을 다루는 집단 불변(group invariant) 구조로 연결된다. 더욱 일반적인 문제들에 대한 비정보적 밀도를 위해서 다양한 접근법들이 제안되어왔는데, 여기서는 그 가운데 가장 널리 사용되고 있는 제프리스(Jeffreys, 1961)의 방법이 소개될 것이다. 제프리스 사전밀도는 추론이 모수화(parameterization)의 선택에 의존하지 않도록 고안된 것이다.

● 제프리스 규칙

□ 피셔 정보행렬(Fisher's information matrix)

$X = (X_1, \dots, X_n)$이 $f(x|\theta)$로부터의 크기 $n$인 랜덤표본이라 하자. 그러면 크기 $n$인 랜덤표본 $X$의 휘셔 정보행렬 $I_n(\theta)$의 $(i, j)$-원소는 다음과 같이 주어진다 $(i, j = 1, \dots, p)$:

$$\{I_n(\theta)\}_{ij} = Cov\left[\frac{\partial}{\partial\theta_i}\log f(X|\theta), \frac{\partial}{\partial\theta_j}\log f(X|\theta)\right]. \tag{4.7.14-1}$$

$$= -E\left[\frac{\partial^2}{\partial\theta_i\partial\theta_j}\log f(X|\theta)\right]. \tag{4.7.14-2}$$

우리는 피셔 정보행렬이 로그-우도함수 $l(\theta) = \log f(X|\theta)$의 1차 편미분의 공분산 또는 로그-우도함수의 헤세 행렬(Hessian matrix)의 (-)기대치임을 알 수 있다.

**참고** 로그-우도함수의 1차 편미분 즉 기울기(gradient)는 스코어 또는 스코어 함수(score function) $S_n(\theta;X)$라고 불리는데, 이는 우도함수가 모수에 얼마나 민감한가를 나타낸다. 스코어 함수 $S_n(\theta;X)$의 기대치는 영벡터 $0_p$이고 {공}분산은 휘셔 정보행렬 $I_n(\theta)$이며 이는 스코어 검정(score test)의 토대가 된다.

● 피셔 정보행렬의 성질

① 불편 추정량의 분산에 대한 크래머-라오 하한의 역. 아무 통계량 $T(X)$의 기대치를 $\psi(\theta)$로 나타내자. 즉, $E[T(X)] = \psi(\theta)$. 어떤 정규화 조건하에서 $T(X)$의 분산의 하한이 다음과 같이 주어진다:

$$V[T(X)] \geq (d\psi(\theta)/d\theta)^2/I_n(\theta).$$

이 부등식의 우변은 크래머-라오 하한이라고 불린다. 만일 $T(X)$가 $\theta$의 불편추정량이라면 우변의 분자는 1이 되며, 따라서 크래머-라오 하한은 단순히 $1/I_n(\theta)$이다.

② 한 실험에 의해 제공되는 $\theta$에 대한 (기대)정보. 이 정보는 실험이 수행되기 전에 기대할 수 있는 정보량이다.

- 크기 $n$인 랜덤표본의 피셔정보는 크기 1인 랜덤표본의 피셔정보의 $n$배이다: $I_n(\theta) = nI_1(\theta)$.

③ 피셔 정보는 모수화(parameterization)의 선택에 의존한다. 예컨대, 모수 $\theta$가 $\eta_k = g_i(\theta)$라는 변환에 의해 모수 $\eta = (\eta_1, \eta_2, \ldots, \eta_k)$로 전환되었다고 가정하자. 여기서 각 $g_i$는 일대일 변환으로서 역함수 $g_i^{-1}(\eta) = \theta_i$가 존재한다. 이 새로운 모수화에 대한 피셔 정보 $I^*(\eta)$는 다음과 같이 주어진다:

$$I_n^*(\eta) = J(\eta)^T I_n(\theta(\eta)) J(\eta),$$

여기서 $J(\eta)$는 $(i,j)$-원소가 다음과 같이 주어지는 야코비 행렬(Jacobian matrix)이다:

$$\{J(\eta)\}_{ij} = \partial g_i^{-1}(\eta)/\partial\eta_j,\ i,j = 1,2,\ldots,k.$$

그리고 $\theta(\eta)$는 다음과 같다:

$$\theta(\eta) = (g_1^{-1}, \ldots, g_k^{-1}).$$

④ 크기 $n$인 랜덤표본을 토대로 한 $\theta$의 최우추정량 $\hat{\theta}$는 $n$이 증가함에 따라 평균이 $\theta$, 분산이 $I_1(\theta)^{-1}/n$인 정규분포에 접근한다.

● 제프리스 사전분포(Jeffreys' prior)

제프리스(Jeffreys, 1961)는 피셔 정보행렬의 행렬식의 양의 제곱근을 사전분포로 제안하였다:

$$\pi(\theta) = [\det I_n(\theta | x)]^{1/2}. \quad (4.7.15)$$

▪ 제프리스 사전분포는 재모수화(reparameterization) 즉 모수에 대한 아무 변환에도 불변이다. $p = 1$ 인 경우에 이를 보이자. 한 변환 $\eta = \eta(\theta)$를 취하면, 연쇄규칙(chain rule)에 의해

$$\frac{\partial \log f_\eta(x|\eta)}{\partial \eta} = \frac{\partial \log f(x|\theta)}{\partial \theta} \frac{d\theta}{d\eta}. \quad (4.7.16)$$

양변을 제곱하고 $x$에 대해 기댓값을 취하면,

$$I_n(\eta | x) = I_n(\theta | x)\left(\frac{d\theta}{d\eta}\right)^2. \quad (4.7.17)$$

따라서 사전밀도를 $\pi(\theta) \propto \sqrt{I_n(\theta|x)}$ 로 정하면, $\eta = \eta(\theta)$의 사전밀도는

$$\pi^*(\eta) = \pi(\theta)\left|\frac{d\theta}{d\eta}\right| \propto \sqrt{I_n(\theta|x)}\left|\frac{d\theta}{d\eta}\right| \propto \sqrt{I_n(\eta|x)}. \quad (4.7.18)$$

[정의 4.7.6] (위치-척도 밀도) $x$의 밀도함수가 $\sigma^{-1} f((x-\theta)/\sigma)$ 형태라고 하자. 여기서 $\theta \in R^1$이고 $\sigma > 0$. 그러면 이 밀도함수는 위치-척도 밀도함수(location-scale density)라고 불리며, $\theta$와 $\sigma$는 각각 위치모수와 척도모수라고 불린다.

**예 4.7.4**

(정규분포의 위치-척도 모수 $\theta = (\mu, \sigma)$의 제프리스 사전밀도 구하기) 정규분포의 로그우도는 다음과 같이 주어진다:

$$l(\theta|x) = \log f(x|\theta) = -\frac{1}{2}\log\sigma^2 - \frac{(x-\mu)^2}{2\sigma^2}.$$

이로부터

$$I_1(\theta) = \begin{bmatrix} \sigma^{-2} & 0 \\ 0 & 2\sigma^{-2} \end{bmatrix}.$$

따라서 제프리스 사전밀도는

$$\pi(\theta) = \left(\sigma^{-2}(2\sigma^{-2})\right)^{1/2} \propto \sigma^{-2}.$$

[비교] 위치모수와 척도모수의 독립성을 가정하면 식(4.7.4)와 식(4.7.9)로부터

$$\pi(\mu, \sigma) = 1/\sigma.$$

<과제 4.7.2> [예 4.7.4]에서 크기 $n$인 랜덤표본에 대한 피셔 정보행렬을 구하라.

<과제 4.7.3> 정규분포를 위치밀도로 또는 척도밀도로 간주할 때 위치모수 $\mu$와 척도모수 $\sigma$에 대한 제프리스 사전밀도를 각각 구하라.

### ● 제프리스 사전분포의 특성과 평가

① 제프리스 사전분포는 확률분포들의 공간상에서 각 분포에 동일한 밀도를 부여한다는 의미에서 확률분포 공간상에서의 균일밀도이다. 반면에 균일 사전분포는 모수의 가능한 각 값에 대해 동일한 밀도를 부과하며 재모수화에 불변적이 아니다.

② 제프리스 사전분포는 K-L 발산(Kullback-Liebler divergence)을 최소화한다는 의미에서 데이터가 $\theta$에 대해 제공하도록 기대되는 정보의 양을 최대화하는 분포이다. (K-L 발산에 대해서는 4.8절을 참조하시오.)

③ 일반적으로 위치모수에 대한 제프리스 사전분포는 편평 사전밀도이고, 척도모수에 대한 제프리스 사전분포는 역 사전밀도이다. 역 사전밀도는 로그축척상의 편평 사전밀도에 해당한다.

④ 제프리스 사전분포는 실험구조에 의존하므로 우도원리를 어길 수 있다.

⑤ 제프리스 사전분포는 단일모수 모형에 대해서는 널리 용인되고 있지만, 다모수 모형에 대해서는 그렇지 못하며 계산도 용이하지 못하다.

⑥ 제프리스 사전분포는 정보를 정의하는 적분이 수렴하지 않을 때도 있다. [예] $CAU(\theta, 1)$

⑦ 제프리스 사전분포는 모수공간을 제약하는 것에 영향을 받지 않는다－그냥 내려 받는다.

⑧ 제프리스 사전분포는 켤레(conjugate) 사전분포의 한 극한 형태로 제시될 수 있다. 예컨대, 정규분포는 표준편차가 무한대로 접근하면 편평 사전밀도에 접근하며, 감마분포는 형상모수와 척도모수가 모두 0으로 접근하면 역 사전밀도에 접근한다. (켤레 사전분포에 대해서는 6.1.5절을 참고하시오.)

**참고** 불변성 문제에서 보듯이 "비정보적" 사전분포가 의도한 대로 비정보적이기가 쉽지 않으므로 비정보적 사전분포라는 용어 대신에 객관적 사전분포(objective prior)나 일상적 사전분포(usual prior)와 같은 용어가 사용되기도 한다. 그리고 비정보적 사전분포의 대안으로 준거 사전분포(reference prior)나 확률대응 사전분포(probability matching prior) 등의 개념들이 제시되고 있다.

□ 준거 사전분포란 데이터에 의해 제공되는 정보－사전분포에 대한 사후분포의 K-L 발산으로 측정되는－의 기대치를 최대화해주는 사전분포를 뜻한다(Bernado, 1979)
- 제프리스 사전분포는 준거 사전분포의 한 특수한 경우이다.
- 준거 사전분포는 흔히 기본 사전분포(default prior)로 간주된다.

□ 대응 사전분포란 사전분포가, 사후분포로부터 얻어지는 확률구간에 미치는 영향을 최소화하려는 발상에 토대를 둔 것으로, 사후분포에서의 포함확률(coverage probability)이 빈도주의자 포함빈도와 거의 일치하도록 유도된 사전분포를 뜻한다(Welch, Peers, 1963)

### 4.7.4. 비정보적 사전분포에 대한 논의

□ 비정보적 사전분포 사용에 대한 비평
- 우도원리: 비정보적 사전분포를 유도하는 방법들이 실험구조에 의존하므로 우도원리를 어길 수 있다.
- 주변화 모순(marginalization paradox): 한 불완전 사전분포를 이용하여 사후분포를 계산할 때 계산절차에 따라 서로 다른 사후분포가 나올 수 있다.
- 비정보적 사전분포의 대안이 너무 많다.

예 4.7.5

$\theta$가 한 이항(또는 베르누이) 모수하고 가정하자. 그러면 모수공간은 $\Theta = [0, 1]$이다. 우리는 $\theta$에 대한 비정보적 사전분포로 다음 네 가지를 생각해 볼 수 있다:

- $\pi_1(\theta) = 1$,
- $\pi_2(\theta) = \theta^{-1}(1-\theta)^{-1}$,
- $\pi_3(\theta) \propto [\theta(1-\theta)]^{-1/2}$,
- $\pi_4(\theta) = \theta^{\theta}(1-\theta)^{(1-\theta)}$.

$\pi_1$은 Bayes(1763)나 Laplace(1812)에 의해 사용된 자연스런 균일밀도이다. $\pi_2$는 Novick & Hall(1965)과 Jaynes(1968)의 변환 논법으로부터 유래한다.
$\pi_3$는 Jeffreys(1961)나 Bernardo(1979)의 접근법으로부터 나온다. 끝으로, $\pi_4$는 Zellner(1977)로부터 나온다. 이들 네 비정보적 사전분포들은 모두 나름대로의 논리를 가지고 있다.

□ 비정보적 사전분포 사용의 비평에 대한 반응
- 비정보적 사전분포를 사용하는 것은 올바른 접근법이다.
- 실제적으로 비정보적 사전분포 선택이 결과에 현저하게 영향을 미치는 경우는 드물다. 그리고 사전분포 선택이 결과에 큰 영향을 미친다면, 이것은 우리가 주관적인 사전정보를 개입시키는 것이 중요한 상황에 처해 있다는 방증이다.

## 4.8 최대엔트로피 사전분포: 부분적 사전정보

적률이나 분위수 형태로 주어진 부분적 사전정보를 이용하여 사전분포를 도출해야 할 때 최대엔트로피 원리가 유용하다. 먼저 엔트로피를 정의해보자.

[정의 4.8.1] 모수 $\theta$에 대한 모수공간이 $\Omega_\theta$이고, $\pi$가 $\Omega_\theta$ 위의 한 확률밀도함수라 하자. $0\log 0 = 0$라는 약속 하에서 $\pi$의 엔트로피 $H(\pi)$는 다음과 같이 정의된다:

$$H(\pi) = -E^{\pi}[\log \pi(\theta)] = -\int_{\Omega_\theta} \log \pi(\theta)\, dF^{\pi}(\theta) \quad (4.8.1)$$

$$= \begin{cases} -\sum_{\theta \in \Omega_\theta} \pi(\theta) \log \pi(\theta), & \Omega_\theta \text{가 이산적일 때} \\ -\int_{\Omega_\theta} \pi(\theta) \log \pi(\theta)\, d\theta, & \Omega_\theta \text{가 연속적일 때} \end{cases} \quad (4.8.2)$$

**예 4.8.1**

한 주사위를 던져 올릴 때 나타나는 윗면의 눈금 수 $\theta$ 의 사전분포로 다음과 같은 두 가지 분포를 고려하고 있다고 하자:

$$\pi_1(\theta) = 1/6,\ \theta = 1, \ldots, 6$$

$$\pi_2(\theta) = \begin{cases} 1, & \theta = 1 \\ 0, & \theta = 2, \ldots, 6 \end{cases}$$

그러면 이 두 가지 사전분포에 대한 엔트로피는 각각 다음과 같이 주어진다:

$$H(\pi_1) = -\sum_{i=1}^{6} (1/6) \log(1/6) = \log 6,$$

$$H(\pi_2) = -(1)(\log 1) - \sum_{i=2}^{6} (0) \log(0) = 0.$$

**예 4.8.2**

$\Omega_\theta = [0,1]$에서 최대엔트로피 분포는 균일분포 $U(0,1)$이다.

□ 최대엔트로피 원리와 최대엔트로피 사전분포

엔트로피가 최소인 분포는 불확실성이 최소인 분포를 나타내고, 엔트로피가 최대인 분포는 불확실성이 최대인 분포를 나타낸다. 최대엔트로피 원리(maximum entropy principle; MEP)는 주어진 사전정보하에서 엔트로피가 최대가 되는 분포를 사전분포로 추천한다. 이때의 사전분포는 최대엔트로피 사전분포(maximum entropy prior)라 불린다. (최대엔트로피 원리에 의한 사전분포 유도에 대해서는 Ahn 등(1997)을 참고하라.) 최대엔트로피 원리를 적용할 수 있는 부분적인 사전정보의 일반적인 형태는 다음과 같이 주어진다:

$$E^{\pi}[g_k(\theta)] \equiv \sum_i \pi(\theta_i) g_k(\theta_i) = \mu_k, \quad k = 1, \ldots, m. \tag{4.8.3}$$

이런 사전정보의 형태는 적률과 분위수를 포괄한다.

- 적률. $\Omega_\theta \subset R^1$이고 $g_1(\theta) = \theta$, $2 \leq k \leq m$에 대해서 $g_k(\theta) = (\theta - \mu_1)^k$라 하자. 명백히

$$E^{\pi}[g_1(\theta)] = E^{\pi}[\theta], E^{\pi}[g_k(\theta)] = E^{\pi}\left[(\theta - \mu_1)^k\right], \ k = 2, \ldots, m. \tag{4.8.4}$$

따라서 식 (4.8.3)는 $\pi$의 처음 $m$개 중심적률 $\mu_k$들에 대한 특정이다.

- 분위수. $\Omega_\theta \subset R^1$이고 $1 \leq k \leq m$에 대해서 $g_k(\theta) = I_{(-\infty, z_k]}(\theta)$라 하자. 명백히

$$E^{\pi}[g_k(\theta)] = P^{\pi}\{\theta \leq z_k\}, \tag{4.8.5}$$

여기서 $z_k$는 $\pi$의 $\mu_k$-분위수이다. 따라서 식(4.8.3)는 $\pi$의 $m$개 분위수들에 대한 특정이다.

**예 4.8.3**

$\Omega_\theta = \{0, 1, \ldots\}$이고 $E^{\pi}[\theta] = 5$로 주어졌을 때의 최대엔트로피 사전분포는 성공확률이 1/6인 기하분포 $GEO(1/6)$로 주어진다.

**예 4.8.4**

$\theta$가 위치모수이고 $\Omega_\theta = R^1$라고 가정하자. 평균 $\mu$와 분산 $\sigma^2$이 주어졌을 때, $\theta$의 최대엔트로피 사전분포는 $N(\mu, \sigma^2)$이다. 그러나 평균 $\mu$만이 주어졌을 때, $\theta$의 최대엔트로피 사전분포는 존재하지 않는다.

사후분포를 계산할 때 사전분포의 영향을 최소화하려면 또는 데이터의 영향을 최대화하려면 사후분포와 사전분포 간의 거리 또는 발산을 측정할 수 있어야 한다. Kullback-Leibler (K-L) 발산은 두 분포 간의 발산을 측정한다. 따라서 우리는 K-L 발산을 이용하여 준거 사전분포를 구할 수 있다.

[정의 4.8.2] 두 개의 밀도 $\pi_0(\theta)$와 $\pi(\theta)$를 고려하자. Kullback-Leibler 발산 (K-L divergence) $D_{KL}(\pi \| \pi_0)$은 $\pi_0(\theta)$에 대한 $\pi(\theta)$의 상대엔트로피(relative entropy)로 정의된다:

$$D_{KL}(\pi \| \pi_0) = E^{\pi}\left[\log \frac{\pi(\theta)}{\pi_0(\theta)}\right] \tag{4.8.6}$$

$$= \begin{cases} \displaystyle\sum_{\theta \in \Omega_\theta} \pi(\theta) \log\left(\frac{\pi(\theta)}{\pi_0(\theta)}\right), & \Omega_\theta \text{가 이산적일 때} \\ \displaystyle\int_{\Omega_\theta} \pi(\theta) \log\left(\frac{\pi(\theta)}{\pi_0(\theta)}\right) d\theta, & \Omega_\theta \text{가 연속적일 때} \end{cases} \tag{4.8.7}$$

이 정의에서 $\pi_0(\theta)$로는 주로 편평 분포가 사용되며 이때의 상대엔트로피는 연속형 분포에 대한 엔트로피의 정의로 사용되기도 한다.

**예 4.8.5**

$X$가 이항분포 $B(2,\theta)$를 따르고, $\theta$가 이산균일분포 $DU(0,2)$를 따를 때, $X$와 $\theta$간의 K-B 발산은 다음과 같이 주어진다:

$$D_{KL}(B(2,\theta) \| DU(0,2)) = \sum_{x=0}^{2} \binom{2}{x} \theta^x (1-\theta)^{2-x} \ln\left(\frac{\binom{2}{x}\theta^x (1-\theta)^{2-x}}{1/3}\right)$$
$$= 0.0852966, \ \theta = 0.4\text{인 경우}$$

**예 4.8.6**

$X$가 이항분포 $B(2,\theta)$를 따를 때, K-B 발산을 최대화 해주는 $\theta$의 분포는 표준균일분포 $U(0,1)$ 즉, 베타분포 $BETA(1,1)$로 주어진다.

**예 4.8.7**

$X$가 지수분포 $EXP(\theta)$를 따를 때, K-B 발산을 최대화 해주는 $\theta$의 분포는 역 사전밀도 $1/\theta$로 주어진다.

□ 최대엔트로피 사전분포의 난점들

- 연속분포인 경우 해를 구하기 위한 계산이 어려울 수도 있다.
- 연속분포인 경우 해가 존재하지 않을 수도 있다. 특히, $\Omega_\theta$가 무계이고 사전정보가 분위수 형태로 주어진 경우에는 항상 해가 존재하지 않는다.
- 더욱이 주관적으로 특정된 적률을 토대로 하는 최대엔트로피 사전분포는 강건성을 가지기가 쉽지 않다.

그러나 많은 실제적 문제들에서는 적률에 대한 정보를 얻기가 쉽고 이를 토대로 한 최대엔트로피 사전분포는 매우 성공적이다.

## 4.9 주변분포를 이용한 사전분포 확정

베이즈 분석에서는 주변분포가 매우 중요한 양이다. 우리는 사전분포를 선택하는데 주변분포가 하는 역할을 중심으로 내용을 전개해 나갈 것이다.

### 4.9.1. 주변분포

$X$가 확률밀도 $f(x|\theta)$를 가지고 $\theta$가 확률밀도 $\pi(\theta)$를 가진다면, $X$와 $\theta$의 결합밀도는 다음과 같이 주어진다:

$$h(x,\theta) = f(x|\theta)\pi(\theta). \tag{4.9.1}$$

[정의 4.9.1] $X$의 주변밀도 $m(x|\pi)$는 다음과 같이 정의된다:

$$m(x|\pi) = E^{\pi}[f(x|\theta)] = \int_{\Omega_\theta} f(x|\theta)\,dF^{\pi}(\theta)$$
$$= \begin{cases} \int_{\Omega_\theta} f(x|\theta)\pi(\theta)\,d\theta, & \text{연속형일 때} \\ \sum_{\Omega_\theta} f(x|\theta)\pi(\theta), & \text{이산형일 때} \end{cases} \tag{4.9.2}$$

앞으로 사전밀도 $\pi$에 대한 의존성은 당연한 것으로 간주되고, $m(x|\pi)$는 $m(x)$로 표기될 것이다.

**예 4.9.1**

$f(x|\theta)$가 $N(\theta, \sigma_f^2)$이고 $\pi(\theta)$가 $N(\mu_\pi, \sigma_\pi^2)$이라면, $m(x)$는 $N(\mu_\pi, \sigma_\pi^2 + \sigma_f^2)$.

주변분포에 대한 관심은 다음과 같은 사실에 기반을 두고 있다: $X$가 조건부밀도 $f(x|\theta)$를 가지고, $\theta$가 밀도 $\pi(\theta)$를 가진다면, $m(x)$는 $X$가 실제로 발생할 밀도이다. 예컨대, [예 4.9.1]에서 $X$가 실제 능력 $\theta$를 중심으로 정규분포를 하는 시험점수였고, 모집단에서 실제능력들이 평균 $\mu_\pi$와 분산 $\sigma_\pi^2$를 가지는 정규분포를 따른다면, $m(x)$는 관찰된 시험점수들의 실제분포일 것이다. 이런 이유로 $m(x)$는 때때로 $X$에 대한 예측적 분포(predictive distribution)—또는 더 정확하게 사전 예측적 분포(prior predictive distribution)—라고 불린다.

□ 예측적 분포 $m(x)$의 용도

베이지안들은 오랫동안 가정들을 확인하는데 $m$을 이용해왔다. 특히, 실제로 관찰된 $x$에 대해 $m(x)$가 매우 작은 값으로 판명되면, 모형 $f$와 사전밀도 $\pi$에 대한 가정들은 실제로 발생한 것을 잘 예측하지 못한 것이고, 따라서 의심을 받는다.

여기서 우리는 $m$을 이용하여 사전밀도 $\pi$를 세우는 데 관심을 가진다. 기본 발상은 $m$에 관한 정보를 얻은 후 이 정보를 이용하여 $\pi$를 세우는 데 도움을 주는 것이다.

## 4.9.2. m에 대한 정보

$m$에 관한 정보의 원천은 다양하다. 그중 가장 명백한 것은 주관적 지식이다. 실제로, 많은 문제들에서 미지수 $\theta$는 직관적으로 쉽게 파악할 수 있는 실체적 양들과 직접적인 관련이 없다. 그러나 연구대상이 되는 그 현상은 연구자에게 친숙할 수 있으며 이 경우 그는 실험결과 $X$를 부분적으로 예측할 수 있거나 더욱 일반적으로 $X$의 주변분포에 대한 주관적 정보를 계량화할 수 있게 된다. 여러 회귀 상황들은 이런 유형이다: 미지인 회귀계수들 $\theta$는 모형에 의해 묵시적으로 정의되며 아무런 직관적인 해석을 가지지 못한다. 그러나 우리는 경험에 의해 어렵지 않게 반응변수 $X$를 예측할 수 있다.

$m$에 관한 제2의 정보원은 데이터 자신이다. 예를 들어, $\theta$가 밀도 $\pi_0$로부터의 EXC(교환가능한) $(\theta_1, \ldots, \theta_p)$로 이루어지는 벡터라고 가정하자. (구체적으로, 4.9.1절에서 언급한 시험점수 예에서 각 $\theta_i$는 개인들의 실제 능력들이고 $\pi_0$는 모집단에서 그런 능력들의 분포이다.) 또 데이터 $X$가 EXC 성분들 $(X_1, \ldots, X_p)$로 이루어진다고 가정하자. 여기서 각 $X_i$는 밀도 $f(x_i|\theta_i)$를 가진다. (시험점수 예에서, $X_1, \ldots, X_p$는 랜덤하게 선택된 $p$명의 시험점수

들이 될 것이다.) 그러면, 각 $X_i$의 공통주변밀도는 다음과 같이 주어진다:

$$m_0(x_i) = \int f(x_i|\theta_i)\, dF^{\pi_0}(\theta_i). \tag{4.9.3}$$

그리고 $X_1, \ldots, X_p$는 $m_0$로부터의 랜덤표본으로 간주될 수 있다. 이런 사실은 다음과 같은 직접적인 계산에 의해서도 도출될 수 있다(편의상 연속형인 경우를 가정하자):

$$\begin{aligned} m(\boldsymbol{x}) &= \int f(\boldsymbol{x}|\theta)\pi(\theta)\,d\theta \\ &= \int \left[\prod_{i=1}^{p} f(x_i|\theta_i)\right]\left[\prod_{i=1}^{p} \pi_0(\theta_i)\right] d\theta = \prod_{i=1}^{p} m_0(x_i). \end{aligned} \tag{4.9.4}$$

따라서 데이터 $\boldsymbol{x}$는 $m_0$ −그리고 $m$ −를 추정하는데 또는 그에 따른 다른 특징들을 추정하는 데 사용될 수 있다.

위에서 설명한 상황−주변 데이터 $x_1, \ldots, x_p$를 이용하여 $\theta$의 사전분포 $\pi_0(\theta)$를 경험적으로 부과하려는 상황−은 경험적 베이즈(empirical Bayes, EB) 문제 또는 복합 의사결정(compound decision, CD) 문제라고 불린다. 관측 $X_1, \ldots, X_p$는 $\theta_1, \ldots, \theta_p$에 관련된 현재 데이터일 수도 있고, 이전에 연구된 $\theta_i$들에 대한 과거 데이터(예컨대, 각 랏의 불량률 $\theta_i$에 대한 샘플링 검사로부터 얻어진 과거 데이터)일 수도 있는데, 우리는 이로부터 미래의 $\theta_i$에 대해 사용하기 위해 $\pi_0$를 추측하려고 한다. 전자인 경우는 공식적으로 복합 의사결정 문제이고, 후자는 경험적 베이즈 문제이다. 그러나 적어도 조건부 베이즈 전망으로 보자면, 그 두 문제들 사이에는 거의 아무런 실행상의 차이가 없다. 따라서 이런 문제들은 다같이 경험적 베이즈 문제라고 통칭될 수 있다.

$\theta_i$에 대한 실제적인 과거 데이터가 존재하는 경우는 거의 없을 것이다. 그런 상황에서는 주변분포를 통해서 작업할 필요가 없다: 우리는 과거 데이터를 이용하여 여러 표준적인 방법으로 직접 $\pi_0$를 추정할 수 있을 것이다.

경험적 베이즈 분석은 관측들을 이용하여−대개 주변분포를 통해−사전분포를 선택하려는 추론의 한 접근법이다. 이 방법의 문제점이라면, 사전분포를 추정하는데 사용된 데이터가 그 후의 추론과정에서 다시 사용된다는 점이다.

### ● 경험적 베이즈 분석

경험적 베이즈 문제는 앞에서 언급된 바와 같이 모수벡터 $(\theta_1, \ldots, \theta_p)$의 좌표 간의 알려진 관계로 인해 데이터를 이용하여 사전분포의 어떤 특징들을 추정하는 것이 가능한 문제를 가리킨다. 이런 문제들은 다음과 같이 두 가지 서로 관련된 상황에서 발생한다:

가장 분명한 상황은 $\theta_i$가 어떤 공통 모집단으로부터 일어나는 경우이다 – 이런 경우에 우리는 이 모집단에 대해 한 확률적 모형을 상정할 수 있고 이 모형을 사전분포로 해석할 수 있게 된다. 이런 상황의 가장 단순한 예는 $\theta_i$가 공통(사전)분포 $\pi_0$로부터의 EXC일 때이다. 다음은 이런 $\theta_i$들의 예들이다:

① $\theta_i$가 동일한 공급자가 제출한 일련의 랏들의 불량률들일 때
② $\theta_i$가 한 지역에서 랜덤하게 선택된 농장들의 헥타아르 당 평균 쌀 생산량들일 때
③ 한 주어진 업종에서 랜덤하게 선택된 업체들의 평균 작업 사고율들일 때
④ 한 골다공증 고위험 집단에서 랜덤하게 선택된 사람들의 골 손실률들일 때

경험적 베이즈 분석이 특히 바람직한 또 다른 상황은 우리가 $\theta_i$에 대한 고차원 모형과 저차원 모형 사이에서 선택을 해야 할 때이다. 예컨대, 많은 통계적 문제들에서 우리는 관련된 처리들로부터 분산들의 한 집합을 추정해야 하는데, 이때 한 합동분산 추정값을 사용할지 여부에 대한 결정이 내려져야 한다. 즉 우리는 분산들이 다르다는 한 고차원 모형과 분산들이 동일하다는 한 저차원 모형 중에서 선택을 해야 하는 것이다. 경험적 베이즈 분석은 이런 상황에 매우 적합하다.

우리는 $\theta_i$에 대한 적절한 모형을 세우는 데 중점을 두고 경험적 베이즈 분석을 논의해 나갈 것이다. 이런 모형구축 관점에서 보면 경험적 베이즈 문제들은 고전적 통계학의 문제들로 간주될 수 있다 – 실제로 고전적인 랜덤효과 모형들은 바로 이런 유형의 문제들이다. 이런 점에서 경험적 베이즈 문제들은 매우 긴 역사를 가지고 있으며 여러 가지 이름으로 불리고 있다: 혼합모형, 랜덤계수 회귀, 주성분 추정, 신용(credibility) 이론, 인자분석 회귀, 여과(filtering) 이론.

□ 경험적 베이즈 분석의 분류

- $\theta$의 사전분포를 특정한 모수족으로 제한하는지 여부에 따라 – 모수적 경험적 베이즈(parametric empirical Bayes, PEB) 방법과 비모수적 경험적 베이즈(nonparametric empirical Beyes, NPEB) 방법
- 작업상의 초점에 따라 – 데이터를 사용하여 사전(또는 사후) 분포를 추정하는 데 초점을 두는 방법과 먼저 미지의 사전분포로 베이즈 규칙을 표현하는 데 초점을 맞춘 후 데이터를 사용하여 직접 베이즈 규칙을 추정하는 방법

경험적 베이즈 문제는 1950년대에 Robbins에 의해 명시적으로 소개되었지만, Von Mises(1943)가 수질오염문제에서 이 방법을 묵시적으로 사용한 바가 있다. 그가 당면한 문제를 살펴보자. 어떤 박테리아에 의한 수질 오염을 조사하기 위해 한 곳에서 주어진 부피를 가지는 다섯 표본들이 취해졌다. 그는 한 표본이 적어도 한 개의 박테리아를 포함할 확률 $\theta$를 정하는데 관심을 가지고 있다. 명백히 그 다섯 표본들 중 $x$개의 표본이 양성반응−적어도 한 개의 박테리아 발견−을 보일 확률은 다음과 같이 이항분포로 주어진다: 주어진 $\theta$에 대해,

$$f(x|\theta) = \binom{5}{x}\theta^{x}(1-\theta)^{5-x}. \tag{4.9.5}$$

다른 수질을 가지는 여러 곳의 물에 대해 위와 동일한 절차가 사용된다면, 예측적 분포는 다음과 같이 주어진다:

$$m_0(x) = \int_0^1 \binom{5}{x}\theta^{x}(1-\theta)^{5-x}\pi_0(\theta)\,d\theta, \tag{4.9.6}$$

여기서 $\pi_0(\theta)$는 여러 곳의 물에서 나타나는 수질의 변동을 나타낸다. 모수적 경험적 베이즈 관점에서, 만일 $\pi_0(\theta)$가 베타 분포족에 속한다면 $m_0(x)$는 베타-이항분포(또는 Pólya 분포)가 된다. 더 구체적으로, $X|\theta \sim BIN(n,\theta)$이고 $\theta \sim BETA(\alpha,\beta)$이면, $X \sim POL(n,\alpha,\beta)$이다: 즉,

$$\pi_0(\theta) = \frac{1}{B(\alpha,\beta)}\theta^{\alpha-1}(1-\theta)^{\beta-1} \tag{4.9.7}$$

이면,

$$\begin{aligned} m_0(x) &= \int_0^1 \binom{n}{x}\theta^{x}(1-\theta)^{n-x}\frac{1}{B(\alpha,\beta)}\theta^{\alpha-1}(1-\theta)^{\beta-1}\,d\theta \\ &= \binom{n}{x}\frac{B(\alpha+x,\beta+n-x)}{B(\alpha,\beta)}, \end{aligned} \tag{4.9.8}$$

여기서 $B(\alpha,\beta)=B(1,\alpha,\beta)$는 베타함수(beta function)로서 다음과 같이 정의되는 불완전 베타함수(incomplete beta function) $B(z,\alpha,\beta)$의 특수한 경우이다:

$$B(z, \alpha, \beta) = \int_0^z \theta^{\alpha-1}(1-\theta)^{\beta-1}d\theta. \tag{4.9.9}$$

von Mises(1943)는 그의 예에서 3420 곳의 물에 대한 관측들로부터 밀도함수 $\pi_0(\theta)$를 추정하려고 하였다. $\pi_0(\theta)$의 분포족으로 베타분포를 사용하기로 결정했다면, 이는 다음 (결합) 주변밀도를 최대화해주는 $\alpha$와 $\beta$를 구하는 문제로 귀결된다:

$$m(\boldsymbol{x}) = \prod_{i=1}^{3420} m_0(x_i) = \prod_{i=1}^{3420}\binom{5}{x_i}\frac{B(\alpha+x_i, \beta+5-x_i)}{B(\alpha, \beta)}, \tag{4.9.10}$$

여기서 $m$은 $\pi_0$에 대한－또 더 좁게는 $\alpha$와 $\beta$에 대한－우도함수로 기능하고 있는 것임에 주목하라. 따라서 이 주변밀도를 최대화해주는 $\alpha$와 $\beta$의 값을 각각 $\alpha^*$와 $\beta^*$로 나타내면(이들은 제2종 최우추정값들이라고 불린다. 이에 대해서는 4.9.4절을 참조하시오), 사전밀도 $\pi_0(\theta)$에 대한 경험적 베이즈 추정값은 $BETA(\alpha^*, \beta^*)$이다.

[연구 4.9.1] $POL(n,\alpha,\beta)$는 베타-이항분포 $BETABIN(n,\alpha,\beta)$라고도 불리는데, 베타-이항분포와 유사이항분포(정&안, 2004)와의 관계를 연구해 보자.

**예 4.9.2**

Von Mises의 문제의 축소판을 고려하자. 16곳의 물로부터 각각 다섯 표본들이 취해졌고 양성반응을 나타내는(즉, 박테리아가 발견된) 표본수 $X_i$가 기록되었다.

| 실험, $i$ | 1 | 2 | 3 | 4 | 5 | 6 | 7 | 8 | 9 | 10 | 11 | 12 | 13 | 14 | 15 |
|---|---|---|---|---|---|---|---|---|---|---|---|---|---|---|---|
| 양성반응수, $x_i$ | 0 | 0 | 1 | 0 | 2 | 0 | 1 | 1 | 3 | 2 | 0 | 1 | 0 | 1 | 2 |

이 16개의 측정들이 $BIN(5,\theta_i)$로부터 나온 것으로 간주하자. 여기서 $\theta_i$는 서로 다른 값이다. 17번째의 실험결과를 $X_{17}$으로 나타내자. $\theta_i$, $i=1, 2, \cdots, 17$에 대한 사전분포로 $BETA(\alpha, \beta)$를 가정하고 경험적 베이즈 방법을 이용하여 $P\{0 \leq \theta_{17} \leq 0.2 | X_{17}=0\}$을 구해보자.

실험 $i$에서의 $X_i$에 대한 주변분포는 베타-이항분포로 주어진다:

$$P\{X_i = k|\alpha, \beta\} = \binom{5}{k}\frac{B(\alpha+k, \beta+5-k)}{B(\alpha, \beta)}, k = 0, 1, \ldots, 5. \tag{4.9.11}$$

이 분포는 가변 변수들(variable variables) $\theta_i$에 무관하다. 이 주변분포에서 적률법을 사용하여 초모수들 $\alpha$와 $\beta$를 추정하자. 이론적인 일차, 이차적률은 다음과 같이 주어진다:

$$E[X_i] = \frac{5\alpha}{\alpha+\beta},\ E[X_i^2] = \frac{5\alpha(5\alpha+5+\beta)}{(\alpha+\beta)(\alpha+\beta+1)}. \tag{4.9.12}$$

그리고 경험적 일차, 이차적률은 다음과 같이 주어진다:

$$m_1 = \sum_{i=1}^{16} x_i/16 = 0.875,\ m_2 = \sum_{i=1}^{16} x_i^2/16 = 1.625.$$

따라서 $\alpha$와 $\beta$는 다음과 같이 추정된다:

$$\hat{\alpha} = \frac{m_1(m_2-5m_1)}{m_1(4m_1+5)-5m_2} = 3.5,\ \hat{\beta} = \frac{(5-m_1)(m_2-5m_1)}{m_1(4m_1+5)-5m_2} = 16.5.$$

그러면

$$P\{0 \leqq \theta_{17} \leqq 0.2 | X_{17} = 0\} = B(0.2, 3.5, 21.5)/B(1, 3.5, 21.5) = 0.818864.$$

<과제 4.9.1> [예 4.9.2]에서는 적률법을 이용하여 초모수들 $\alpha$와 $\beta$를 추정하였는데, 이번에는 결합주변분포를 $\alpha$와 $\beta$의 우도함수로 간주하여 최우법(제2종)으로 추정하여라.

**예 4.9.3 프아송 분포인 경우**

von Mises의 예에서 한 곳의 물로부터 취해진 표본들의 수 $n$이 꽤 크고 한 표본이 적어도 한 개의 박테리아를 포함할 확률 $\theta$가 꽤 작다면, $X|\theta$의 분포로 프아송분포가 근사될 수 있을 것이다: $X|\theta \sim POI(\theta)$. 그러면 $X$의 주변분포는 다음과 같이 주어진다:

$$m_0(x) = \int_0^\infty (x!)^{-1}\theta^x e^\theta \pi_0(\theta)\,d\theta. \tag{4.9.13}$$

$POI(\theta)$ 으로부터 $n$ 개의 관측들 $x_1, x_2, \cdots, x_n$ 이 주어져 있다고 가정하자. 그리고 이 과거 관측들에 더하여 한 새로운 관측 $y$ 이 얻어졌다고 가정하자. 우리는 $\theta$ 의 값에 대해 무엇인가를 말하고 싶다. $\theta$ 의 사후평균－이는 이차손실함수를 사용한 경우에 베이즈 추정량이 된다－은 다음과 같이 주어진다:

$$E[\theta|y] = \frac{\int_0^\infty \frac{\theta^{y+1}}{y!} e^\theta \pi_0(\theta) d\theta}{\int_0^\infty \frac{\theta^y}{y!} e^\theta \pi_0(\theta) d\theta}$$

$$= \frac{(y+1)\int_0^\infty \frac{\theta^{y+1}}{(y+1)!} e^\theta \pi_0(\theta) d\theta}{\int_0^\infty \frac{\theta^y}{y!} e^\theta \pi_0(\theta) d\theta}$$

$$= \frac{(y+1)m_0(y+1)}{m_0(y)} \tag{4.9.14}$$

이 공식을 이용하려면 $\pi_0(\theta)$ 를 알 필요가 있다－아니면, 적어도 $m_0(y)$ 와 $m_0(y+1)$ 를 알 필요가 있다. 과거의 $n$ 관측들 가운데 $x$ 가 출현한 횟수(즉 빈도)를 $f_n(x)$ 로 나타내자. 그러면 상대빈도 $f_n(x)/n$ －이는 경험적 밀도함수라고 불릴 수 있을 것이다－는 $m_0(x)$ 의 한 합리적인 추정값이 될 수 있을 것이다.

이로부터 $m_0(y)$ 와 $m_0(y+1)$ 의 합리적인 추정값들은 각각 다음과 같이 계산될 수 있다:

$$\frac{f_n(y)+1}{n+1} \text{과 } \frac{f_n(y+1)}{n+1}.$$

따라서 $\theta$ 의 현재의 값에 대한 한 가능한 점추정값은 위 사후평균에 대한 식으로부터 다음과 같이 얻어진다:

$$\hat{\theta}_1 = \frac{(y+1)f_n(y+1)}{f_n(y)+1}.$$

이 방법은 관심이 있는 모수의 사후평균 $E[\theta|y]$ 가 다음과 같은 형태를 가지는 아무 경우에라도 적용될 수 있다:

$$\frac{c(y)m_0(y+1)}{m_0(y)}.$$

다시 프아송인 경우로 돌아가서 만일 $\pi_0(\theta)$가 어떤 $S_0$와 $\nu$에 대해 $\chi^2_\nu / S_0$와 같은 형태를 가진다면, $\theta$의 사후평균은 다음과 같이 주어진다:

$$E[\theta|y] = (\nu + 2y)/(S_0 + 2).$$

이 경우에 우리는 어떤 방법으로든 $x_1, x_2, \cdots, x_n$을 이용해서 $S_0$와 $\nu$를 추정할 수 있을 것이다－이 추정값들을 $\hat{S}_0$와 $\hat{\nu}$로 나타내자. 그러면, $\theta$의 현재의 값에 대한 한 다른 점추정값은 다음과 같이 얻어진다:

$$\hat{\theta}_2 = (\hat{\nu} + 2y)/(\hat{S}_0 + 2).$$

$\hat{\theta}_2$은, $y$의 함수라는 입장에서 보면, $\hat{\theta}_1$보다 더 부드럽고 따라서 더 좋은 추정값이라고 기대된다－마치 회귀분석 상황에서 개별 관측값보다는 적합된 회귀선이 종속변수의 평균에 대한 더 좋은 추정값이라고 기대되는 것처럼.

[연구 4.9.2] 최대엔트로피 원리를 이용한 경험적 베이즈 분석에 대해 연구해 보자.

### 4.9.3. 제한된 사전분포류

$m$에 관한 정보를 이용하여 사전분포를 선택하려면, 고려에 넣을 사전분포의 부류를 특정할 필요가 있다. 앞으로 $\Gamma$가 한 사전분포류를 지칭하는 데 사용될 것이다.

● 주어진 함수형을 가지는 사전밀도들

$$\Gamma = \{\pi : \ \pi(\theta) = g(\theta|\lambda), \ \lambda \in \Lambda\}.$$

여기서 $g$는 한 정해진 함수이므로 사전분포를 선택하는 문제는 $\lambda \in \Lambda$를 선택하는 문제로 줄어든다. 여기서 $\lambda$(흔히 벡터이다)는 초모수(hyperparameter)라고 불리는데, 특히 주변분포에 대한 정보로부터 결정되어야 할 미지수로 간주될 때 그 이름이 적절한 뜻을 가진다.

**예 4.9.4**

$\theta$가 한 정규분포의 평균이라고 가정하자. $\theta$에 대한 사전분포는 정규분포류에 의해 충분히 서술될 수 있다고 판단되고 있으며, 사전분포의 평균이 양수인 것은 확실하다. 그러면 사전분포류는 다음과 같이 주어진다:

$$\Gamma = \left\{\pi : \ \pi \propto N(\mu_\pi, \sigma_\pi^2), \ \mu_\pi > 0, \ \sigma_\pi^2 > 0\right\}.$$

그리고 $\lambda = (\mu_\pi, \sigma_\pi^2)$는 초모수이다.

### 주어진 구조형을 가지는 사전밀도

$\theta$가 한 벡터$(\theta_1, \ldots, \theta_p)$일 때, 흔히 $\theta_i$들 간에 어떤 관계가 상정될 수 있을 것이다. 예를 들어, 앞 절에서 우리는 $\theta_i$가 EXC라고 가정되는 경험적 베이즈 상황을 고려하였다. 이 가정은 다음 사전분포류에 대응된다:

$$\Gamma = \left\{\pi : \ \pi(\theta) = \prod_{i=1}^{p} \pi_0(\theta_i), \pi_0 \text{는 한 아무 밀도}\right\}.$$

우리는 이와 같은 사전분포들과 $\theta_i$ 간의 관계들을 구조적(structural)이라고 부를 것이다. 경험적 베이즈 분석에서 구조적 관계들은 주어진 함수형과 결합되어서 사전분포류를 낳게 된다.

**예 4.9.5**

$X_i$가 독립적으로 $N(\theta_i, \sigma_f^2)$($\sigma_f^2$는 기지이다)이고 $\theta_i$는 독립적으로 한 공통 사전밀도 $N(\mu_\pi, \sigma_\pi^2)$ (이를 $\pi_0$라고 부르자. 여기서 초모수들 $\mu_\pi$와 $\sigma_\pi^2$는 전혀 미지이다)를 가진다고 가정하자. 그러면,

$$\Gamma = \left\{\pi : \ \pi(\theta) = \prod_{i=1}^{p} \pi_0(\theta_i), \pi_0 \text{는 } N(\mu_\pi, \sigma_\pi^2) \text{이고 } -\infty < \mu_\pi < \infty, \sigma_\pi^2 > 0\right\}.$$

● 한 도출된 밀도에 가까운 사전밀도

한 매력적인 발상은 특히 사전분포에 대한 강건성 연구와 관련해서 한 단일 사전분포 $\pi_0$를 유도하고, $\pi_0$에 가까운 어떤 사전분포도 합당할 것이라는 논리하에 그런 모든 가까운 사전분포들로 $\Gamma$를 구성하는 것이다. 다채롭고 계산 면에서 매력적인 한 부류는 $\epsilon$-오염류(the $\epsilon$-contamination class)이다:

$$\Gamma = \{\pi: \ \pi(\theta) = (1-\epsilon)\pi_0(\theta) + \epsilon q(\theta), \ q \in Q\},$$

여기서 $0 < \epsilon < 1$는 $\pi$가 $\pi_0$에 얼마나 가까워야 하는지를 반영하고, $Q$는 가능한 오염들의 한 부류이다.

**예 4.9.6** **(예 4.5.3 계속)**

앞의 예에서 $\pi_0$에 대한 한 합리적인 대안으로 N(0, 2.19)를 도출하였다. 그러나 양적으로 고려된 사전분포들의 유일한 특징은 분위수들이었고, 이들마저도 다소 불확실할 수 있다. 그러므로 $\pi_0$로부터 예컨대, 0.2 만큼 다른 가능성들을 가지는 분포들도 또한 그럴듯한 사전분포가 될 수 있으리라는 것도 충분히 가능한 일이다. 따라서 우리는 $\epsilon = 0.2$로 선택할 수 있을 것이다.

이런 사전분포류들은 여러 가지 방식으로 다른 분포류들과 결합될 수 있을 것이다.

### 4.9.4. 사전분포선택을 위한 접근법

제한된 사전분포류 하에서 주변분포를 이용하여 사전분포를 선택하기 위한 몇 가지 방법들을 살펴보자.

● 제2종 최우법

주변밀도에 대한 정의에 이은 논의에서 우리는 $m(x|\pi)$가 데이터 관점에서 $f$와 $\pi$의 개연성을 반영한다고 지적하였었다. 따라서 우리가 $f$를 명확히 알려진 것으로 다룬다면, $m(x|\pi)$는 $\pi$의 개연성을 반영한다. 즉, 관측된 데이터 $x$에 대해서 $m(x|\pi_1)>m(x|\pi_2)$이면, 우리는 데이터가 $\pi_2$보다는 $\pi_1$을 더 지지한다고 결론을 내릴 수 있다. 이런 식으로 한 걸음 더 나가면, $m(x|\pi)$를 $\pi$에 대한 (주관적인) 우도함수로 간주하는 것도 가능하다. (실제로 경험적 베이즈 상황에서처럼 $\pi$가 랜덤한 $\theta$에 대한 한 미지의 모형이라면, $m(x|\pi)$에

대한 이런 해석은 논쟁의 여지가 없을 것이다.) $\pi$에 대한 한 우도함수가 주어진 상황에서, $\pi$를 선택하기 위한 한 자연스런 방법은 최우법이다.

[정의 4.9.2] $\Gamma$가 한 사전분포류이고, $\hat{\pi} \in \Gamma$가 관찰된 $x$에 대해 다음 관계를 만족시킨다고 하자:

$$m(x|\hat{\pi}) = \max_{\pi \in \Gamma} m(x|\pi).$$

그러면 $\hat{\pi}$는 제2종 최우 사전밀도(the type II ML prior) 또는 줄여서 ML-II 사전밀도라고 불린다. (그리고 이때 $\pi$의 우도함수를 최대화해주는 초모수값을 ML-II 초모수라고 부르기로 하자.)

**예 4.9.7** **(예 4.9.5 계속)**

명백히 $m(x|\pi) = \prod_{i=1}^{p} m_0(x_i|\pi_0)$, 여기서 $m_0$는 $N(\mu_\pi, \sigma_\pi^2 + \sigma_f^2)$. ML-II 사전밀도 $\hat{\pi}_0$는 $N(\hat{\mu}_\pi, \hat{\sigma}_\pi^2)$, 여기서 $\hat{\mu}_\pi = \bar{x}$이고, $\hat{\sigma}_\pi^2 = (s'^2 - \sigma_f^2)^+$. 여기서

$$x^+ = \begin{cases} x, & x > 0 \\ 0, & x \leqq 0 \end{cases}.$$

더 복잡한 상황에서 ML-II 사전밀도를 구하기 위해서 EM(Expectation-Maximization) 알고리듬과 같은 수치적 기법들이 종종 유용하게 사용된다. 의외로, $\Gamma$가 무한차원일 때 ML-II 사전밀도를 계산하는 과정은 대개 단순하다.

**예 4.9.8**

$\Gamma = \{\pi: \ \pi(\theta) = (1-\epsilon)\pi_0(\theta) + \epsilon q(\theta), \ q \in Q\}$

에 속하는 아무 사전밀도 $\pi$에 대해서 명백히,

$$m(x|\pi) = (1-\epsilon)m(x|\pi_0) + \epsilon m(x|q).$$

따라서 ML-II 사전밀도는 $Q$ 위에서 $m(x|q)$를 최대화함으로써 그리고 $\pi$에 대한 표현에서 최대화해주는 $\hat{q}$를 사용함으로써 얻어질 수 있다.

사전분포 선택에 대한 ML-II 접근법의 흥미로운 한 무한차원 예가 Laird(1978a, 1983)와 Leonard(1984)에 의해 제시되었다: 이들은 구조적인 경험적 베이즈 상황을 다루고 있다.

### ● 적률법

적률법은 $\Gamma$가 주어진 함수형일 때, 그리고 사전 적률들을 주변분포의 적률들－이들은 데이터로부터 추정되든가 주관적으로 정해질 것이다－과 관련지을 수 있을 때 적용된다.

[보조정리 4.9.1] $X$의 조건부(즉, 밀도 $f(x|\theta)$에 관한) 평균과 분산을 $\mu_f(\theta)$과 $\sigma_f^2(\theta)$라 하자. 그리고 $X$의 주변(즉, $m(x)$에 관한) 평균과 분산을 $\mu_m$과 $\sigma_m^2$라 하자. 이런 양들이 존재한다면,

$$\mu_m = E^{\pi}[\mu_f(\theta)],$$
$$\sigma_m^2 = E^{\pi}[\sigma_f^2(\theta)] + E^{\pi}[(\mu_f(\theta) - \mu_m)^2].$$

[따름정리 4.9.1]

(i) $\mu_f(\theta) = \theta$이면, $\mu_m = \mu_\pi$. (여기서 $\mu_\pi = E^{\pi}[\theta]$는 사전분포의 평균이다.)

(ii) 이에 더하여, $\sigma_f^2(\theta) = \sigma_f^2$($\theta$에 무관한 한 상수)이면, $\sigma_m^2 = \sigma_f^2 + \sigma_\pi^2$. (여기서 $\sigma_\pi^2$은 사전분포의 분산이다.)

$E^{\pi}[\mu_f(\theta)]$, $E^{\pi}[\sigma_f^2(\theta)]$, 그리고 $E^{\pi}[(\mu_f(\theta) - \mu_m)^2]$들은 대개 쉽게 사전분포의 초모수들에 관한 식으로 표현될 수 있다. $\mu_m$과 $\sigma_m^2$은 주변 평균과 분산이므로 데이터로부터 쉽게 추정될 수 있든가(경험적 베이즈 상황인 경우에), 또는 주관적으로(우리가 $m$자체에 관한 주관적 정보를 가진 경우에) 추정될 수 있다. 적률법의 발상은, $\mu_m$과 $\sigma_m^2$을 이런 추정값들과 등식으로 두고 함의된 초모수들에 대해서 푸는 것이다.

**예 4.9.9**

$X \sim N(\theta, 1)$이고 $\theta$에 관한 사전분포류 $\Gamma$로는 모든 $N(\mu_\pi, \sigma_\pi^2)$들이 적절하게 여겨진다고 가정하자. 주관적 경험으로부터 $X$는 대략 1이 될 것이고, 이때 관련된 예측분산은 3이라는 한 예측이 얻어졌다. 따라서 우리는 $\mu_m = 1$과 $\sigma_m^2 = 3$이라고 추정한다. [보조정리 4.9.1]에 의해 $\mu_m = \mu_\pi$이고 $\sigma_m^2 = 1 + \sigma_\pi^2$. 이로부터 $\mu_\pi = 1$이고 $\sigma_\pi^2 = 2$. 즉 $\pi(\theta) = N(1, 2)$.

**예 4.9.10** **(예 4.9.5 계속)**

우리는 다시 $\mu_\pi$와 $\sigma_\pi^2$를 정하려고 한다. $X_1, \ldots, X_p$를 $m_0$로부터의 랜덤표본으로 다루면, 표준적인 적률법에 의해 $\mu_{m_0}$와 $\sigma_{m_0}^2$에 대한 추정값들은 각각 $\overline{x}$와 $s^2$이다. [보조정리 4.9.1]에 의해 $\mu_{m_0} = \mu_\pi$이고, $\sigma_{m_0}^2 = \sigma_f^2 + \sigma_\pi^2$. 이로부터 $\mu_\pi$와 $\sigma_\pi^2$에 대한 적률 추정값들은 각각 $\hat{\mu}_\pi = \overline{x}$, $\hat{\sigma}_\pi^2 = s^2 - \sigma_f^2$. $\hat{\sigma}_\pi^2$이 음수가 될 수도 있음에 주목하라. 적률법에서는 이런 문제를 피할 수 없다.

### 거리법

$\Gamma$가 한 주어진 함수형 부류가 아니고 $m$에 관한 상당한 정보가 있을 때, 우리는 직접적으로 $m$을 추정하고, 다음 적분 관계를 이용하여 $\pi$를 정하려고 시도할 수 있을 것이다:

$$m(x) = \int_{\Omega_\theta} f(x|\theta)\, dF^\pi(\theta).$$

예를 들어, 경험적 베이즈 시나리오에서 대량의 데이터 $x_1, \ldots, x_p$가 가용된다면, 우리는 아무 표준적인 밀도추정법을 이용해서 $m$을 직접 추정할 수 있을 것이다. 한 가지 단순한 추정값은 관측된 각각의 $x_i$에 동일한 질량 $1/p$를 주는 이산 경험적 분포이다: 즉,

$$\hat{m}(x) = \frac{1}{p}[x \text{와 같은 } x_i \text{ 들의 수}].$$

추정값 $\hat{m}$를 사용할 때 맞닥뜨리는 어려움은 다음 등식이 아무런 해도 가지지 않을 수도 있다는 점이다:

$$\hat{m}(x) = \int_{\Omega_\theta} f(x|\theta)\, dF^\pi(\theta).$$

따라서 우리가 구하는 것은

$$\hat{m}_{\hat{\pi}}(x) = \int_{\Omega_\theta} f(x|\theta)\, dF^{\hat{\pi}}(\theta)$$

가 $\widehat{m}(x)$에 가깝게 되는 그러한 $\pi$의 추정값 $\hat{\pi}$이다. 두 밀도함수들 간의 거리에 대한 한 적당한 측도는 상대엔트로피이다:

$$D(\widehat{m} \| m_{\hat{\pi}}) = E^{\widehat{m}}\left[\log \frac{\widehat{m}(X)}{m_{\hat{\pi}}(X)}\right].$$

$\hat{\pi}$에 대해 $D(\widehat{m} \| m_{\hat{\pi}})$를 최소화하는 것은 다음 기대치를 최대화하는 것과 동일하다:

$$E^{\widehat{m}}\left[\log m_{\hat{\pi}}(X)\right].$$

위 기대치를 최대화시키는 $\widehat{m}$을 찾는 것은 쉬운 문제가 아니다.

- $\theta$가 유한일 때 이 최대화 문제는 선형계획문제이다.
- $\theta$가 연속적일 때 이 최대화 문제는 $\widehat{m}$가 층계함수로 주어지는 경우에 수치적 방법으로 해결될 수 있다.

### 4.9.5. 주변 교환가능성

주변분포에 대한 몇몇 주관적 믿음을 고찰함으로써 우리는 모형화 과정 자체에 대한 흥미로운 통찰을 얻을 수 있다. 우리는 지금까지 한 랜덤 관찰 $X$에 대한 모형 $f(x|\theta)$를 주어진 것으로 받아들여 왔다. 그러나 모형들의 기원에 관해서 깊은 철학적 문제꺼리들이 있다. 한 동전을 $n$번 던져 올려서 결과들-앞면 또는 뒷면-을 관찰하는 단순한 실험을 예로 들어보자. 다음과 같은 두 가지 가정들 위에서 이것을 모형화하는 것이 일반적이다: (i) 던져 올린 결과들은 독립적이다; (ii) 각 결과가 앞면일 확률은 어떤 공통값 $\theta$이다. 던져 올린 결과가 앞면 또는 뒷면인가에 따라 랜덤변수 $X_i$를 1 또는 0이라 하자. 그러면 우리는 $\boldsymbol{X} = (X_1, \ldots, X_n)$에 대해 다음과 같은 모형을 가지게 된다:

$$f(\boldsymbol{x}|\theta) = \prod_{i=1}^{n} \theta^{x_i}(1-\theta)^{1-x_i}. \tag{4.9.15}$$

이 모형은 충분성을 적용시키면 이항분포가 된다.

위 모형을 작성하는데 들어간 두 가지 가정을 검토해보자. 정확하고 실제적으로 구현될 수 있도록 독립성에 대한 정의와 주관적이지 않은 $\theta$에 대한 정의를 내리는 것은 어렵고 아마도 불가능하다. 예를 들어, $\theta$에 대한 빈도주의자 정의는 동전을 장기간 독립적으로 던져 올렸을 때의 어떤 극한 평균(limiting average)을 수반한다. 독립성과의 혼동 이외에도 이 정의는 한 가상적인 사고 실험(thought experiment)을 수반한다. 왜냐하면, 실제로는 동전은 던져 올릴 때마다 근소하게 변하고 있을 것이기 때문이다. 마찬가지로, 우리는 가상적인 상황 말고는 정말로 독립성을 정의할 수 없다.

실제로 구현할 수 있도록 모형들을 객관적으로 정의하는 것이 불가능함을 깨달은 어떤 주관론자들은 실제 관찰 대상들에 대한 주관적 믿음들이 통계학의 근거를 이루어야 한다고 주장한다. 따라서 동전을 던져 올리는 상황에서, 가상적인 모수들에 대한 조건부 분포가 아니라 결과들 $(X_1, \ldots, X_n)$의 실제적인 (주관적) 분포에 초점이 맞추어져야 한다고 주장한다. 즉 근본적인 실체는 예상되는 0과 1들의 실제적 열들을 서술하는 한 (주관적) 확률분포 $m$이어야 한다. 예컨대,

$$m(x_1, \ldots, x_n) = 2^{-n}$$

는 0과 1들의 아무 열이 발생할 가능성이 동일하다는 한 믿음을 서술한다. 이 주관적 접근법의 한 흥미로운 면은 이것은 $\theta$, 모형 (4.9.2), $\theta$의 한 분포를 고려에 넣을 수 있는 한 원리를 제공한다는 것이다. 예컨대, $m$에 대해 한 빈도적으로 합리적인 주관적 믿음은 이것이 교환 가능해야(exchangeable) 한다는 것이다. 즉,

$$m(x_1, \ldots, x_n) = m(x_{i(1)}, \ldots, x_{i(n)}),$$

여기서 $(x_{i(1)}, \ldots, x_{i(n)})$는 $(x_1, \ldots, x_n)$의 한 순열이다. 즉 $(X_1, X_2, \ldots, X_n)$의 순서를 바꾸는 것이 확률분포를 변화시키지 않으면, 그 분포는 교환 가능하다고 일컬어진다. 동전을 던져 올리는 경우에, 그 분포가 교환 가능하다고 판단될 수 있다. 어떤 이가 당신에게 0과 1들의 한 열을 제시한다고 가정하자. 만일 당신이 그 열이 $(X_n, X_{n-1}, \ldots, X_1)$의 순서로 주어지리라는 것을 알았다면, 당신은 그 가능한 열들에 다른 확률들을 부여하겠는가?

교환 가능성에 대한 가정은 한 가지 의미 있는 결과를 가져온다. 드휘네티(1937)는 한 근본적인 정리에서 다음을 증명하였다: 만일 0-1 랜덤변수들의 한 열 $(X_1, X_2, \ldots, X_n)$이 모든 $n$에 대해서 교환 가능하다고 판단되면, $m$은 다음과 같은 형이어야 한다:

$$m(x_1, \dots, x_n) = \int_0^1 \left[ \prod_{i=1}^{n} \theta^{x_i} (1-\theta)^{1-x_i} \right] dF^{\pi}(\theta), \tag{4.9.16}$$

여기서 $F^{\pi}(\theta) = \lim_{n \to \infty} P^m \left( \frac{1}{n} \sum_{i=1}^{n} X_i \leq \theta \right)$. 식(4.9.2)와 식(4.9.16)을 같게 두면, 모든 $n$에 대한 교환 가능성 가정은 $(X_1, X_2, \dots, X_n)$에 대한 모형 (4.9.11)와 $\theta$에 대한 어떤 사전분포 $\pi$에 대한 가정과 동일하다. $m$에 대한 교환 가능성과 모형-사전분포 정식화(formulation) 간의 이런 종류의 관계는 다른 많은 상황들에서 성립한다는 것이 알려져 있다.

"모든 $n$에 대한 (4.9.2) → (4.9.3)"는 철학적으로는 흥미롭지만 이것의 실제적인 효용은 다음과 두 가지 이유로 제한적이다. 첫째, "모든 $n$에 대한 교환 가능성"을 주관적으로 특정하는 것이 (4.9.2)와 같은 모형을 특정하는 것보다 정말로 더 쉬운지가 명확하지 않다. (두 방법 모두 한 가상적인 무한 실험 열을 고려해야 한다.) 그리고 우리가 교환 가능성이 성립한다고 판단할 수 있을 경우에도 대개 주관적으로 $m$을 특정하는 것보다 $\pi$를 특정하는 것이 더 쉽다: 직관은 확률을 결합하는 것에 능숙하지 못하다. 그리고 $m$은 확률분포 (4.9.2)와 $\pi$의 결합을 수반한다. 그러나 때때로 교환 가능성에 대한 고려는 다른 방법으로는 자명하지 않은 모형-사전분포 분해를 시사한다. 그리고 새로운 모형들을 개발하는 것이 모든 통계적 활동 중에서 가장 중요한 작업 중 하나이므로 교환 가능성과 이의 확장은 통계학에 매우 유용하다. (교환가능성에 대해서는 4.3.3절에서 소개된 교환가능성을 참고하라.)

## 4.10 계층적 사전분포

계층적 또는 다단계 사전분포(hierarchical or multistage prior)의 발상은 사전분포의 모수에 다시 사전분포를 부과하고자 하는 것이다. 우리는 구조적이고 주관적인 정보를 가질 수 있으며, 때로 이것을 단계적으로 모형화하는 것이 편리할 것이다. 예를 들어, 경험적 베이즈 시나리오에서 $\theta_i$들이 EXC라는 구조적 지식은 다음과 같은 첫째 단계 사전분포에 관한 진술을 유도한다:

$$\pi_1(\theta) = \prod_{i=1}^{p} \pi_0(\theta_i).$$

계층적 접근법은 $\pi_0$에 둘째 단계 주관적 사전확률분포를 부과하려고 한다. 즉, 첫째 단계가 한 사전분포류 $\Gamma$로 이끌었다면, 둘째 단계는 한 사전분포를 $\Gamma$에 놓는 것이다. 계층적 접근법은 첫째 단계 $\Gamma$가 어떤 함수형의 사전분포들로 이루어져 있을 때 가장 보편적으로 사용된다. 따라서 만일 사전분포류 $\Gamma$가

$$\Gamma = \{\pi_1(\theta|\lambda):\ \pi_1 \text{은 한 주어진 함수형이고 } \lambda \in \Lambda\} \tag{4.10.1}$$

라면, 둘째 단계는 초모수 $\lambda$에 한 사전분포 $\pi_2(\lambda)$를 부과하는 것으로 이루어질 것이다. (그러한 둘째 단계 사전분포는 이런 이유로 때로 초사전분포(hyperprior)라고 불린다.)

**예 4.10.1** **(예 4.9.5 계속)**

$\theta_i$의 교환 가능성이라는 구조적 가정은 그들이 한 공통 정규분포를 따른다는 가정과 함께 다음 사전분포류로 인도한다:

$$\Gamma = \{\ \pi_1(\boldsymbol{\theta}|\lambda) : \pi_1(\boldsymbol{\theta}|\lambda) = \prod_{i=1}^{p} \pi_0(\theta_i),$$
$$\pi_0 \propto N(\mu_\pi, \sigma_\pi^2), -\infty < \mu_p < \infty \text{ 그리고 } \sigma_\pi^2 > 0\}.$$

주관적 믿음에 따라 초모수들에 대한 둘째 단계 사전분포 $\pi_2(\lambda)$가 선택될 수 있다.

- 둘째 단계 특정은 단일 사전분포 특정에서 보다 강건성이 더 크다.
- 둘째 단계 사전분포 특정이 어렵기 때문에 둘째 단계에서는 흔히 비정보적 사전분포를 사용하게 된다.
- 경험적 베이즈 문제에 대한 계층적 베이즈 접근법에는 이점이 많다.
- 이론적으로는 세 단계 이상의 계층도 가능하다.
- 계층적 구조는 전적으로 새로운 실체라기보다는 사전분포에 대한 한 편리한 표현일 뿐이다. 어떤 계층적 사전분포도 한 표준적인 사전분포로 재표현될 수 있다. 예컨대 (4.9.2)의 상황에서 실제 사전분포는 다음과 같이 주어진다:

$$\pi(\boldsymbol{\theta}) = \int_\Lambda \pi(\boldsymbol{\theta}|\lambda)\, dF^{\pi_2}(\lambda). \tag{4.10.2}$$

그리고 아무 베이즈 분석은 실제로 $\pi$에 관하여 수행될 것이다.

**예 4.10.2 (예 4.9.5 계속)**

$$\pi_1(\boldsymbol{\theta}|\lambda) = \prod_{i=1}^{p} \pi_0(\theta_i) = \frac{1}{(2\pi\sigma_\pi^2)^{p/2}} \exp\left\{-\frac{1}{2\sigma_\pi^2}\sum_{i=1}^{p}(\theta_i - \mu_\pi)^2\right\}.$$

- 계층적 표현은 도출과정에서 개념적 이점이 많다.
- 계층적 표현은 계산상 이점이 많다.

# 연습문제

**01** 인기인의 사생활에 관한 풍자기사를 주로 게재하는 잡지사의 편집부에 한 인기인의 행동에 대한 소문이 접수되었다. 그 이야기를 기사화 한다면 이 잡지사는 판매부수의 증가로 인해 2000만 원의 수익을 더 얻을 것으로 기대된다. 그러나 명예훼손으로 고소를 당할 가능성도 배제할 수 없다. 물론 고소를 당할 가능성은 그 소문의 진위에 달려있다고 볼 수 있다. 편집장은 현재 그 소문이 사실일 확률을 0.7로 보고 있다. 그 소문이 사실이면 그 인기인은 0.3의 확률로 고소할 것이고, 거짓이라면 0.9의 확률로 고소할 것으로 판단되고 있다. 또한 그 소문이 사실일 경우에도 잡지사가 법정에서 패소할 확률은 0.3으로 생각되며 거짓일 경우에는 0.8의 확률로 패소할 것으로 판단되고 있다. 만일 패소한다면, 명예훼손에 대한 대가로 5000만 원의 배상금을 지불해야 할 것으로 예상되고 있다. 편집장은 이 소문 게재에 대해 어떠한 결론을 내려야 할 것인가?

(1) 이 의사결정문제를 의사결정나무를 표현하라. 그리고 수치들을 써넣은 후에 최적 대안을 표시하라.

(2) 이 의사결정나무를 의사결정표로 변환하라.

> 원고 마감일이 이틀 남아 있으므로 편집장은 좀 더 정확한 조사를 위해 정보원을 한 명 고용하였다. 과거의 경험에 의하면, 이 정보원은 소문이 사실이면 0.9의 확률로 사실이라고 얘기하고, 거짓일 경우에는 0.1의 확률로 사실이라고 말한다. 이틀 후에 기사마감을 위한 편집회의에서 이 정보원은 그 소문이 사실이라고 보고했다. 편집장은 이 소문 게재에 대해 어떠한 결론을 내려야 할 것인가?

(3) 이 의사결정문제에 대한 의사결정나무를 작성하라. 그리고 수치들을 써넣은 후에 최적 대안을 표시하라.

(4) 이 의사결정나무를 의사결정표로 변환하라.

> 정보원이 보고가 있고 난 뒤에 어느 믿을만한 일간신문이 그 소문을 부분적으로 게재했다. 편집장의 견해로는 그 소문이 사실일 경우에는 그 일간지는 0.9의 확률로 기사화하고 거짓일 경우에는 0.1의 확률로 기사화한다. 소문의 진위에 대해서 정보원과 일간지의 판단은 조건부독립이라고 가정하면 편집장은 이 소문 게재에 대해 어떠한 결론을 내려야 할 것인가?

(5) 이 의사결정문제에 대한 의사결정나무를 작성하고, 수치들을 써넣은 후에 최적 대안을 표시하라.

**02** 어떤 제품의 수익(R)은 판매 가격(P)과 판매량(A)에 좌우된다. 판매가격은 4만 원 또는 3만 원이다. 만약 4만 원이면 개당 수익은 2만 원이고, 만약 3만 원이면 개당 수익은 1만 원이다. 판매가격과 판매량은 독립이라고 하자. 판매가격이 4만 원일 확률은 0.4이고, 3만 원일 경우는 0.6이다. 판매량(A)의 분포는 $EXP(2)$를 따른다고 한다.

(1) 등확률 구간 근사 방법(구간수 2)을 사용 판매량의 분포를 이산화하라.
(2) (1)를 이용하여 제품의 전체 수익(R)에 대한 확률분포를 계산하라.

**03** 어떤 사건의 발생확률에 대해 확률부과자가 그의 판단은 $p$이지만 다른 동기에 의해 $r$이라고 응답할 때, 다음과 같은 한 기대보상 평점규칙을 고려하자: 확률부과자가 그 사건이 발생하면 $S_1(r;p)$를, 그리고 그 사건이 발생하지 않으면 $S_2(r;p)$를 보상으로 받는다.

(1) $S_1(r;p)$와 $S_2(r;p)$가 다음과 같이 로그함수로 정의될 때 기대보상 $S_E(r;p)$를 구하라.

$$S_1(r;p) = \log r,\ S_2(r;p) = \log(1-r)$$

(2) (1)에서와 같이 로그함수에 의해 정의되는 기대보상 평점규칙은 로그평점규칙(logarithmic scoring rule)이라고 불린다. 로그평점규칙은 적절한 평점규칙임을 보여라.

**04** 한 일기예보자가 과거 900일간 비가 올지 여부를 베르누이 분포 $BER(\theta_i)$로 부과하였다. 아래 표는 비가 올 확률 $\theta_i$에 대한 예보를 층화하여 그가 부과한 날수와 실제 비가 온 날수를 정리한 것이다.

| 예보, $r_{(k)}$ | 0.1 | 0.3 | 0.5 | 0.7 | 0.9 | 합 |
|---|---|---|---|---|---|---|
| 부과한 날수, $n_k$ | 100 | 200 | 300 | 200 | 100 | 900 |
| 비 온 날수 | 20 | 80 | 150 | 120 | 80 | 450 |
| 비 온 날의 상대빈도, $\bar{q}_k$ | 0.2 | 0.4 | 0.5 | 0.6 | 0.8 | 0.5 |

(1) 이 일기예보자의 교정함수를 추정하고 그의 예보 행태를 평가하라. 그가 확률가중(probability weighting)을 보이는가?
(2) 이 일기예보자가 내일 비가 올지 여부에 대한 예상분포로써 $BER(0.7)$를 부과했다면 당신은 의사결정자로서 이로부터 내일 비가 올지 여부에 대한 예상분포로써 어떤 분포를 사용하겠는가?
(3) 이 일기예보자의 브라이어 평점을 구하고, 이를 불확실성, 해상도, 신뢰도로 분해하여 그의 예보성능을 평가하라.

**05** 한 경제분석가가 과거 10년간의 GNP 성장률에 대한 예상을 지수분포로 부과하였다. 각 연도별 예상분포의 평균과 관측된 실제 GNP 성장률은 아래 표와 같았다.

| 연도 | 1 | 2 | 3 | 4 | 5 | 6 | 7 | 8 | 9 | 10 |
|---|---|---|---|---|---|---|---|---|---|---|
| 평균 | 12 | 10 | 14 | 11 | 11 | 12 | 9 | 10 | 9 | 10 |
| 관측 | 10 | 11 | 12 | 9 | 10 | 11 | 10 | 10 | 11 | 11 |

이 경제분석가가 내년도 GNP 성장률의 예상분포로써 평균이 12인 지수분포를 부과했다면, 당신은 의사결정자로서 이로부터 내년도 경제성장률에 대한 예상분포로써 어떤 분포를 사용하겠는가?

**06** 2002년 월드컵 축구대회 4강이 확정된 후에 세계적인 베팅회사인 영국의 래드브록스사는 각 나라의 승산(우승배당률)을 다음과 같이 조정하였다: 브라질 0.62:1, 독일 3:1, 한국 6:1, 터키 8:1.

(1) 한국의 우승여부에 관한 내기로 국한해서 생각해 보자.

① 이 베팅이 공정한 내기가 되기 위해서는, 예컨대, 10000원을 한국에 베팅한 갑이 한국이 우승할 때 얼마를 상금($y$로 나타내자)으로 받아야 하는가?

② 갑의 내기 몫(betting quotient)과 이 회사의 내기 몫을 각각 구하라.

③ 이 회사는 한국의 우승확률을 얼마로 공시한 것인가?

(2) 이 베팅에서 베팅회사가 가져가는 몫(내기 몫이 아님)은 얼마인가?

(3) 랜덤하게 한 나라를 선정하여 10000원을 베팅할 때 이 베팅의 기대가치는 얼마인가?

**07** 확률에 대한 견해들을 논의하라.

**08** 주관적 확률부과에서 더치북 정리와 역 더치북 정리에 대하여 논의하라.

**09** 이항 랜덤변수 $X\sim B(n,\theta)$의 확률함수는 다음과 같이 주어진다:

$$f(x|\theta)=\binom{n}{n}\theta^{x}(1-\theta)^{n-x},\ \ x=0,1,2,\ldots,n.$$

(1) $X\sim B(1,\theta)$에서 $\theta$에 대한 제프리스 사전분포가 표준편차에 비례함을 보여라.

(2) $\theta$에 대한 제프리스 사전분포를 구하라.

**10** 기대치가 $\theta$인 프아송 랜덤변수 $X \sim POI(\theta)$의 확률함수는 다음과 같이 주어진다:

$$f(x|\theta) = \frac{e^{-\theta}\theta^x}{x!}, \ x = 0, 1, 2, \ldots.$$

$\theta$에 대한 제프리스 사전분포를 구하라.

**11** 성공확률이 $\theta$인 베르누이 시행에서 $m$번 성공할 때까지의 실패횟수 $X$는 음이항분포 $NB(m, \theta)$를 따르며 다음과 확률함수를 가진다:

$$f(x|m, \theta) = \frac{\Gamma(m+x)}{\Gamma(x+1)\Gamma(m)}\theta^m(1-\theta)^x, \ x = 0, 1, \ldots$$

$m$이 주어졌을 때 $\theta$에 대한 제프리스 사전분포를 구하라. [참고] $E[X] = m\dfrac{(1-\theta)}{\theta}$.

**12** 감마 랜덤변수 $X \sim GAM(\alpha, \beta)$의 밀도함수는 다음과 같이 주어진다:

$$f(x|\alpha, \beta) = \frac{1}{\Gamma(\alpha)\beta^\alpha}x^{\alpha-1}e^{-x/\beta}I_{(0,\infty)}(x)$$

$\theta = (\alpha, \beta)$에 대한 제프리스 사전분포를 구하라. [참고] $E[X] = \alpha\beta$, $V[X] = \alpha\beta^2$.

**13** A국의 인구성장률 $\theta$은 로그 정규분포족에 속한다고 믿어지고 있다. $\theta$의 제5백분위수와 제95 백분위수가 각각 0.2와 0.5로 주관적으로 정해졌을 때 이 로그정규분포의 모수들을 특정하라. [도움말] 로그 정규분포 $LN(\mu, \sigma^2)$의 밀도함수는 다음과 같이 주어지며, 이에 로그를 취하면 $N(\mu, \sigma^2)$이 된다:

$$f(\theta|\mu, \sigma) = \frac{1}{\theta\sigma\sqrt{2\pi}}e^{-\frac{(\log\theta-\mu)^2}{2\sigma^2}}, \ \theta > 0.$$

**14** 2008년 4월 9일 현재, 온라인 예측시장 인트레이드 마켓(www.intrade.com)에서 민주당 대선후보지명 가능성에 대해 오바마 86.5 % 대 힐러리 12.3 %로 나타났다. 즉 오바마 승리에 내기를 걸려면 \$8.65, 힐러리 승리에 내기를 걸려면 \$1.23을 내야 한다. 이것은 공정한 내기인가?

# 05 효용함수와 확실성 등가

효용이론은 의사결정의 결괏값들에 대한 사람들의 선호와 취향을 계량화하는 것을 다룬다. 통계학에서는 램지(Ramsey, 1931), 드휘네티(De Finetti, 1937, 1964), 새비지(Savage, 1954)가 개발한 주관적 기대효용이론이 불확실한 상황에서의 의사결정분석에 합리적이고 수학적으로 우아한 기반을 제공하고 있다. 경제학자들은 소비자 선호와 균형이론에서는 순서효용이론에 의존하고, 게임과 같이 상충하는 상황과 위험한 전망들 가운데서의 선택을 위해서는 노이만-모겐스턴(N-M, von Neumann & Morgenstern, 1944)의 기대효용이론에 의존한다. 수리 심리학자들에 의해 개발된 확률적 효용이론은 사람들의 판단과 선택에서 변동성과 애매성의 일관적인(coherent) 정형들을 모형화하려고 한다. 우리는 N-M 기대효용이론을 중심으로 논의를 전개해 나갈 것이다.

## 5.1 구간효용척도

일반적으로 의사결정자는 불확실성 아래에서 모험(risk, 위험)에 대한 선호경향이 다를 뿐 아니라 확실성 아래에서도 각 결괏값에 대한 가치개념이 다르다. 따라서 우리는 의사결정자의 이러한 주관성을 측정해 내어야 한다. 즉, 우리는 확실한 상황 하에서 의사결정자의 선호나 가치개념을 나타내는 가치함수(value function) 즉 순서효용함수와, 불확실한 상황하에서 의사결정자의 모험선호 개념을 나타내는 효용함수(utility function) 즉, 구간효용함수를 평가해내야 한다. 우리는 가치함수에 대해서는 이미 3장에서 다루었으므로, 여기서는 효용함수에 대해서만 다룰 것이다.

척도(a measure)는 가장 일반적인 의미로, 관심을 둔 현상에 대한 정보를 전달하기 위해 고안된 한 도구이다. 대개 정보는 숫자 형태로 전달된다. 따라서 우리가 척도를 사용하여 정보를 전달하려면 그 숫자들의 의미에 대한 언어상의 약속을 할 필요가 있다. 예컨대, 우리가 한 개체의 어떤 특성의 척도가 15라고 말할 때 15라는 숫자의 의미가 미리 약속되어 있어야 그 정보가 전달될 수 있는 것이다.

언어상의 약속에 따라 각 척도들은 정보를 전달하는 힘에 있어서 큰 차이를 보이게 되며 이런 정보전달력은 척도의 수준 또는 척도(scale)라고 불린다. 우리는 측정수준들을 다음과 같이 네 가지 유형으로 분류해 볼 수 있다:

① 명목척도(the nominal or associative scale)

② 순서척도(the ordinal scale)

③ 구간척도(the interval or cardinal scale)

④ 비척도(the ratio scale)

여기서는 측정수준을 "결과를 나타내는 객체"를 "효용을 나타내는 수치"로 변환시켜주는 함수의 관점에서 다루는 것이 유용하다. 우리는 이 함수를 $f$로 나타낼 것이다. $C$가 어떤 속성에 대해 변하는 개체들의 한 집합이라 하자. $C$에 속하는 객체들−이들은 $x_1$, $x_2$ 등으로 표기될 것이다−은 이 속성에 대해 범주화된다. $u$는 $C$의 각 원소들과 1:1 대응을 하는 실수들의 한 집합이다−$x_1$에 할당된 수는 $u(x_1)$로, $x_2$에 할당된 수는 $u(x_2)$ 등으로 표기될 것이다. 함수 $f$는 $C$의 원소들을 $u$로 사상하며, $f$의 성격은 측정수준을 결정한다.

● 명목수준

명목수준에서 $f$는 범주들의 신원(identity)을 보존한다. 즉, 한 주어진 범주에 속하는 모든 객체들에게는 동일한 수가 할당되며 다른 범주들에 속하는 객체들에는 다른 수들이 할당된다. 따라서

$$f_n: (x_1 \sim x_2) \rightarrow u(x_1) = u(x_2) \text{ 그리고} \quad (5.1.1)$$

$$(x_1 \not\sim x_2) \rightarrow u(x_1) \neq u(x_2) \quad (5.1.2)$$

명목수준은 이 "등가 제약" 이외에는 $f_n$는 수들이 객체들에 할당되는 방식에 다른 어떤 제한도 가하지 않는다.

● 순서수준

순서수준에서 우리는 명목수준에서 도입된 등가 제약에 더하여 다음과 같은 "순서 제약"을 도입한다.

$$f_o: (x_1 \sim x_2) \rightarrow u(x_1) = u(x_2) \text{ 그리고} \quad (5.1.3)$$

$$(x_1 < x_2) \rightarrow u(x_1) \leqq u(x_2) \text{ 또는} \quad (5.1.4\text{-}1)$$

$$(x_1 < x_2) \rightarrow u(x_1) \geqq u(x_2) \quad (5.1.4\text{-}2)$$

이 경우에 변환 $f_o$는 범주들 간의 비대칭성을 보존한다. 순서수준의 방향성은 임의적이다.

순서수준의 방향성에 대해서 의사결정론에서는 식(5.1.4-1)과 같이 더 선호되는 객체가 더 큰 효용을 할당받는 것을 약속으로 하고 있다.

● 구간수준과 비수준

구간과 비수준들은 함께 다루어질 수 있다. 여기서 함수 $f$는 $C$를 $u$에 연관짓는 한 특정한 수치적 함수이어야 한다.

□ 구간수준. 구간수준은 가장 단순하게 객체들에게 수치들을 할당하는 한 선형함수에 의해 규정될 수 있다:

$$f_i: u(x_1) = a + bx_1,\ a,b: \text{실수}$$

□ 비수준. 비수준은 구간수준에 한 가지 제약이 더 붙는다:

$$f_r: a = 0$$

이 제약은 비 측정에서는 원점의 위치가 실제적인 의미를 가진다는 사실을 반영한다: 즉, 할당된 수들에서 영(0)은 객체의 어떤 특성에 대응된다. 일반적으로 구간수준과 비수준은 다른 수준들에서보다 객체들에 관해 더 많은 정보를 요구한다. 명목과 순서 수준은 공식적으로 주어진 객체들 간의 비교에 의해 정의된다. 그러나 구간이나 비수준들의 경우에는 그렇지 않다. 일단 $a$와 $b$의 값들이 특정되면 각 $x_i$는 다른 객체들과는 전혀 무관하게 $u(x_i)$를 할당받을 수 있다. (의사결정론에서는 $b$>0을 요구한다.)

● 측정수준과 변환

측정수준에 대한 지금까지의 논의를 통해 우리는 $f$를 만족하는 아무 수들의 집합도 고려하고 있는 속성에 대해 동등하게 훌륭한 측도들을 제공한다는 것을 알 수 있다. 즉, 관심이 있는 어떤 속성에 대해 올바른 어떤 단일 측도가 존재하는 것이 아니다. 따라서 항상 주어진 객체들을 동일하게 잘 나타낼 수 있는 수들의 집합을 찾는 것이 가능하다.

[정의 5.1.1] 두 측도들(또는 수 집합들) $u_1$과 $u_2$가 함수 $f$의 조건들을 만족하면 이 두 측도는 $f$-함수적으로 동등하다($f$-functionally equivalent)고 일컬어진다.

척도들의 정보전달력과 관련하여 몇 가지 변환을 살펴보자. 이 중에서 순서변환과 양선형 변환은 3장에서 다루어진 적이 있다.

□ 순서변환(ordinal or order-preserving transformation)

한 척도의 모든 $x$와 $y$에 대해 다음 조건을 만족하는 변환 $t$는 순서변환이라고 불린다:

$$x \geqq y \Leftrightarrow t(x) \geqq t(y).$$

- 순서변환은 단조증가변환이다.
- 순서효용함수는 순서변환에 대해 불변적이다.

□ 양선형변환(positive linear transformation)

한 척도 $u$에 대해 $t = a + bu$ ($b$>0)는 $u$의 한 양선형변환이라고 일컬어진다.

- 구간효용함수는 양선형변환에 불변적이다.

□ 양수곱변환(multiplying positive constant)

양수곱 변환은 양선형 변환의 일종이다: 양선형 변환은 $a$ =0일 때 양수곱변환이 된다.

<과제 5.1.1> 각 측도수준의 정보전달력－연관짓기, 순위화, 예측 면에서－을 비교해 보자. 각 측도수준은 어떤 변환 하에서 동등한 측도수준으로 변환되는가?

서로가 양선형변환관계에 있는 아무 두 척도는 의사결정표에서 각 행동들에게 같은 순위를 부여한다. 따라서 순서효용척도는 위험하에서 기대치를 이용하여 의사결정을 내리는 데는 불충분하다. 그러나 다행스럽게도 구간효용척도는 위험하에서 의사결정을 하는 데 필요한 모든 것을 갖추고 있다. 따라서 우리는 의사결정자의 결과들에 대한 순위를 기록하는 것에 덧붙여 그것들 사이의 선호간격들(preference intervals)의 상대적 길이들만을 측정하면 되는 것이다.

이런 구간효용척도 가운데 노이만-모겐스턴(N-M) 효용척도 또는 효용함수가 가장 널리 알려져 있다. 노이만과 모겐스턴은 어떤 것에 대한 한 사람의 선호의 강도를 그것을 얻기 위해 그가 기꺼이 받아들이려는 모험(risks)에 의해 측정하려는 발상에 이론적 토대를 두고 있다. 예를 들어 설명하자면 우리가 당신이 선호하는 여행지는 북미, 유럽, 그리고 아프리카 순이라는 알고 있다고 가정하자. 우리는 당신이 유럽여행보다 북미여행을 얼마나 더 선호하는지는 알지 못한다. 그러나 우리는 당신에게 다음과 같은 질문을 함으로써 그것을 측정해낼 수 있다: 당신이 한 제비－당첨되면 북미여행권을 주고 낙첨되면 아프리카 여행권을 주는－와 유럽여행권 사이에 선택하도록 제안을 받았다고 가정하자.

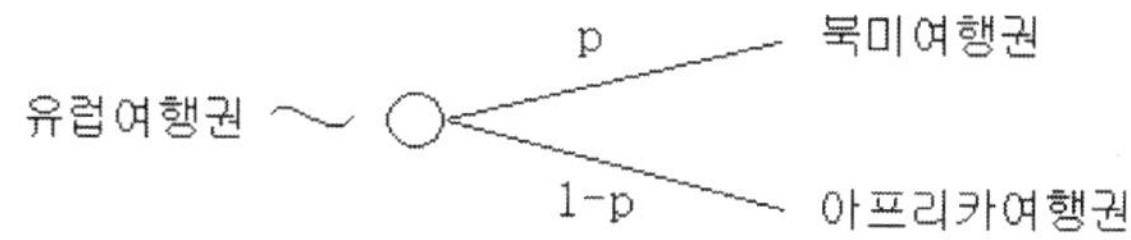


당신이 이 두 선택 사이에 무차별해지려면 얼마나 큰 제비 당첨확률이 필요한가? 아마도 당신이 아프리카여행보다 유럽여행을 훨씬 더 선호한다면 보장된 유럽여행을 포기하는 대신에 북미여행에 높은 당첨확률을 요구할 것이다. 반면에 당신이 아프리카여행보다 유럽여행을 아주 약간 더 선호한다면 작은 당첨확률도 충분할 것이다. 당신이 북미여행의 당첨확률로 정확히 0.75를 필요로 한다고 응답하였다고 가정하자. 이 경우에 폰 노이만과 모겐스톤에 따르면, 우리는 유럽여행이 당신의 척도 위에서 북미여행과 아프리카여행 사이의 3/4 지점에 위치한다고 결론을 내릴 수 있다.

이것은 당신이 그 세 여행들과 가장 좋은 여행과 가장 나쁜 여행을 수반하는 한 제비에 대한 순위를 부여하는 것으로 표현될 수 있다. 당신은 이 제비와 중간 순위의 여행 사이에 무차별해야 한다. 상 $x$의 확률이 $p$이고 상 $y$의 확률이 $1-p$인 제비를 $L(p,\ x,\ y)$로 나타내자. (이런 표기법은 5.2절에서 상세히 다루어질 것이다.) 그러면 당신의 순위는 다음과 같이 표현될 수 있다:

북미
유럽, $L(3/4,$ 북미, 아프리카$)$
아프리카

우리는 이것을 이용하여 다음과 같은 방법으로 이 대안들에 대한 한 효용척도를 구성해낼 수 있다: 아프리카에 한 수를 할당한다; 북미에는 이보다 더 큰 수를 할당한다; 유럽에는 그들 사이의 3/4에 해당하는 수를 할당한다. 아래 그림은 예컨대, $0-1$ 척도를 사용하여 효용척도를 나타낸 것이다.

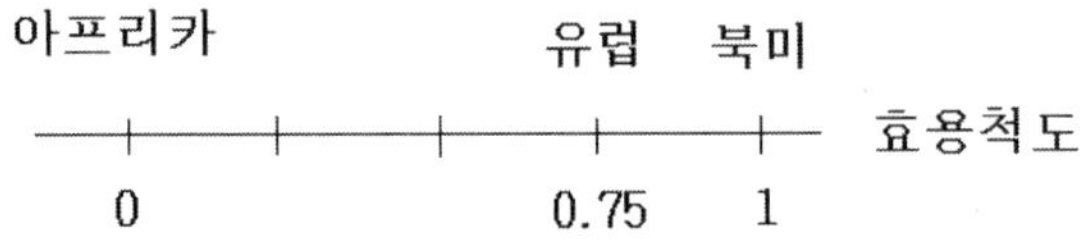


N-M 효용함수는 한 개인이 두 개의 제비 가운데 어떤 것을 선호할 것인가를 예측하기 위하여 이용된다. 우리는 각 제비에 걸린 상들에 대한 그의 선호순위와 각 상에 대한 승산(odds)을 알고 있다. 이로부터 우리는－그에게 실제로 물어보지 않고－그가 어느 제비를 선택할지를 추론해 낼 수 있기를 바라고 있다. (참고로, 램지(Ramsey, 1929)는 효용과 주관적 확률을 동시에 평가하는 방법을 제안하였다.)

N-M 효용측정에서 우리는 제비에 걸린 각 상금에 효용값을 할당하고, 그것이 제비 자체에 효용값을 할당하기를 바란다. 이 제비효용값은 어떤 다른 제비와 관련해서도 이 제비의 선호순위를 매길 수 있어야 한다. 즉, 만일 그가 제비 A를 B보다 선호한다면, 제비 A는 B에 주어진 효용값보다 더 큰 효용값을 할당받아야 한다. 요약하면 N-M 효용함수는 제비선호 계산기로서 기능하도록 고안된 것이다.

## 5.2 선호들과 확실성등가 계산의 기본개념

이 절에서는 불확실성 아래에서의 의사결정문제를 한 단계 더 분해하는 절차－확률과 분포에 대한 선호를 이용하여 확실성등가를 구할 수 있도록－를 다룬다. 선호들은 의사결정자의 위험에 대한 태도를 반영하는 선호곡선(효용곡선)에 투영된다. 이 선호곡선을 부과하기 위한 절차는 단순한 이원적 제비(또는 도박)에 대한 확실성등가들을 결정하는 것에 기초하고 있다. 그 근거는 모험선호들이 복잡한 의사결정문제들에 보다는 이러한 단순제비들에 보다 쉽게 부여될 수 있다는 것이다. 일단 선호들이 선호곡선에 투영되면 이를 이용하여 더 복잡한 의사결정문제에 대한 확실성등가들을 계산해 낼 수 있게 된다.

### 5.2.1. 제비와 도박

우리는 불확실한 사건－즉, 랜덤변수－을 제비(lottery)나 도박 또는 내기(gamble, wager, bet)로 나타낼 수 있다. 5.1절에서와 같이 상 $x$의 당첨확률이 $p$, 상 $y$의 당첨확률이 $1-p$인 한 단순제비(simple lottery)를 $L(p, x, y)$로 나타내기로 하자. 그러면 우리는 제비작성 규칙을 다음과 같이 귀납적으로 정의할 수 있다:

① 모든 기본상은 제비이다.

② $L_2$와 $L_3$가 제비라면 $L_1 = L(p, L_2, L_3)$, $0 \leq p \leq 1$도 제비이다.

③ 어떤 것은, 그것이 위 ①과 ②에 의해 작성될 수 있다면 또 그럴 수 있을 때만 제비이다.

**참고** 우리는 제비 $L(p, x, y)$에 대한 표현을 일반화하여 $n$개의 결괏값들 $x_1, \ldots, x_n$의 확률들이 $p_1, \ldots, p_n$로 주어지는 제비를 $L(p_1, \ldots, p_n;\ x_1, \ldots, x_n)$로 나타낼 것이다. (우리는 경우에 따라 결과가 두 가지뿐인 제비를 $L(p, 1-p; x, y)$와 같이 나타내기도 할 것이다.)

따라서 제비들은 기본상들, 단순제비들, 기본상들이나 단순제비들을 포함하는 복합제비들(compound lotteries) 등으로 이루어진다. 제비는 제비나무(lottery tree)로 시각화될 수 있다. [그림 5.2.1]은 상 $x$의 당첨확률이 $p$이고 상 $y$의 당첨확률이 $1-p$인 한 단순제비 $L(p, x, y)$를 나타낸다. 우리는 원안에 제비 이름을 적어 넣을 수도 있다.

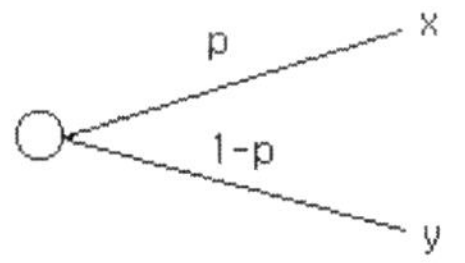


[그림 5.2.1] 단순제비

아무 복합제비는 단순제비들의 반복으로 구성될 수 있다. [그림 5.2.2]는 단순제비들 $L_2 = L(b, x, y)$와 $L_3 = L(c, x, y)$의 복합에 의해 이루어진 복합제비 $L_1 = L(a, L_2, L_3)$를 나타낸다.

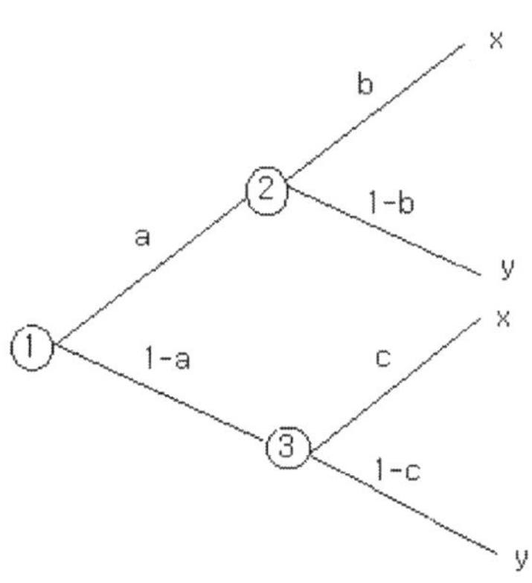


[그림 5.2.2] 복합제비

우리는 가지가 셋 이상인 제비도 위와 같은 귀납적 제비작성 규칙에 의해 나타낼 수 있다. 예컨대, 다음 절에서 논의되는 행동조건들을 따르는 합리적 의사결정자에게 가지가 셋인 제비 $L3 = L(0.7, 0.2, 0.1; a, b.c)$는 다음과 같이 정의되는 복합제비 $L2$와 무차별하다:

$$L2 = L(0.7, a, L1),\ \text{여기서}\ L1 = L(2/3, b, c).$$

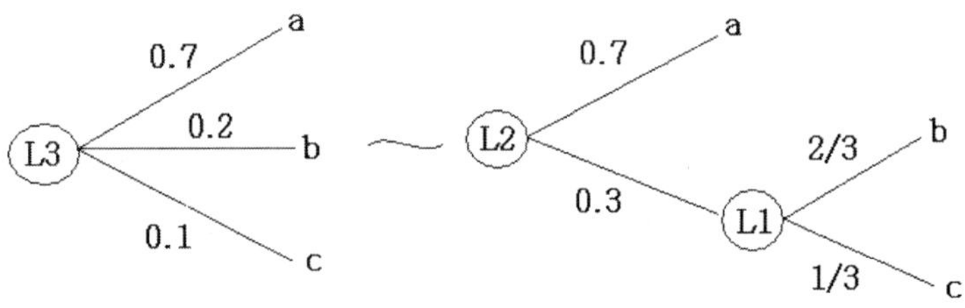


[그림 5.2.3] 가지가 셋인 제비

### 5.2.2. 선호와 준거제비

● 모험선호

선호(preference)라는 용어는 대안들 간의 기본적 선호관계를 말한다. 우리는 불확실한 상황이 개재된 대안들 간의 선호에 주로 관심을 가진다. 불확실성은 모험요소를 동반하며 따라서 모험선호(risk preferences)라는 용어가 종종 사용된다.

● 준거제비

준거제비(reference lottery)란 모험에 대한 개인의 태도를 측정하기 위해 고안된 도구이다. 준거제비는 두 결과만을 가지는 단순한 제비인데 한 결과는 고려하고 있는 사건들에 대한 어떤 결과보다도 나쁘지 않은 결과($w$)를 가지고, 다른 한 결과는 고려하고 있는 사건들에 대한 어떤 결과보다도 좋지 않은 결과($l$)를 가지고 있다. 우리는 준거제비를 $L(p, w, l)$와 같이 나타낼 수 있다. [그림 5.2.4]은 제비나무로 표현된 준거제비이다.

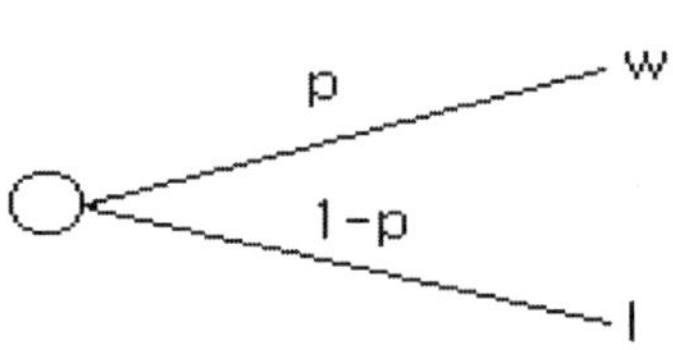


[그림 5.2.4] 준거제비

<과제 5.2.1> 준거제비와 부과제비는 어떻게 다른가?

### ● 효용척도

효용척도(utility scale) 또는 선호척도(preference scale)란 결괏값들에 대한 개인의 선호를 나타내는 수치적 척도로서 절대적 선호가 아니라 상대적 선호를 나타낸다. 불확실한 결과들을 가지는 대안들에 대한 선호는 효용척도로 측정될 것이다.

#### □ 효용

우리는 효용척도로 측정된 값을 효용(utility, utiles) 또는 효용값(utility value, utility number, 또는 utility index)이라 부른다.

#### □ 효용함수

효용함수(utility function)나 이를 좌표에 나타낸 효용곡선(utility curve) 또는 선호곡선(preference curve)은 결괏값에 사용된 평가단위(또는 확실성등가)와 효용척도 간에 변환하는 수단이 된다. 일반적으로 효용함수를 좌표에 나타낼 때는 [그림 5.2.5]에서와 같이 효용을 수직축에 나타내고 결괏값이나 확실성 등가를 수평축에 나타낸다. 효용곡선은 비모수적으로 준거제비를 이용하여 확률 등가법이나 확실성 등가법에 의해 작성되거나, 모수적으로 모험성향을 평가하여 작성된다.

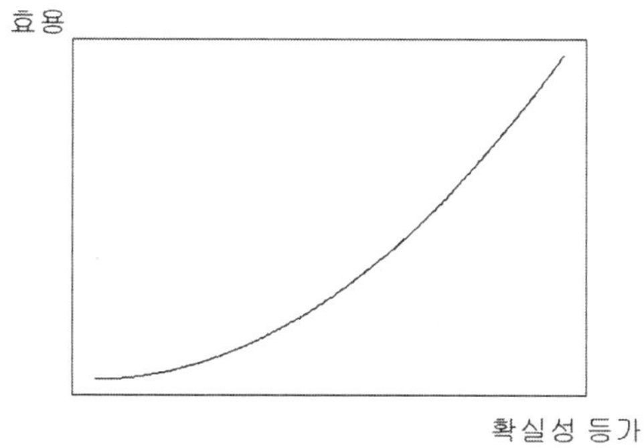


**[그림 5.2.5] 효용함수**

[정의 5.2.1] 두 효용함수 $u_1$과 $u_2$가 아무 두 제비에 대해서도 같은 선호순위를 나타내면 이 두 효용함수는 전략적으로 동등하다(strategically equivalent)고 일컬어진다. $u_1$과 $u_2$의 전략적 동등성은 $u_1 \propto u_2$(또는 동일하게 $u_2 \propto u_1$)로 표기될 것이다.

[관찰 5.2.1] 효용함수의 전략적 동등성은 [정의 5.1.1]에서 $f$가 양선형함수일 때의 $f$-함수적 동등성에 해당한다. 즉, 두 효용함수 $u_1$과 $u_2$의 전략적 동등성은 양선형 관계 $u_1(x) = a + bu_2(x)$ ($a$: 상수, $b$: 양의 상수)의 존재와 동치관계에 있다:

$$u_1 \propto u_2 \quad \Leftrightarrow \text{ 상수 } a\text{와 양의 상수 } b\text{에 대해, } u_1(x) = a + bu_2(x)$$

[증명 ⇐] 제비 $L_1$과 $L_2$에 대해 $u_1[L_1] > u_1[L_2]$라고 하자. 우리는 위와 같이 $u_1$과 양선형 변환 관계에 있는 $u_2$에 대해 $u_2[L_1] > u_2[L_2]$임을 보이려 한다.

$$u_1[L_1] > u_1[L_2];\ E[u_1(L_1)] > E[u_1(L_2)];$$
$$a + bE[u_2(L_1)] > a + bE[u_2(L_2)];$$
$$E[u_2(L_1)] > E[u_2(L_2)];\ u_2[L_1] > u_2[L_2]$$

[증명 ⇒] 한 준거제비 $L = L(p,\ w,\ l)$과 무차별한 관계에 있는 확실성 등가를 $x$라 하자: 즉, $x \sim L(p,\ w,\ l)$. 그러면, 두 효용함수들로부터 기대효용에 관한 다음 식들이 얻어진다:

$$u_1(x) = pu_1(w) + (1-p)u_1(l), \tag{5.2.1}$$

$$u_2(x) = pu_2(w) + (1-p)u_2(l). \tag{5.2.2}$$

우리는 이 $u_1$과 $u_2$가 $u_1(x) = a + bu_2(x)$와 같은 관계에 있음을 보이려 한다. (식 5.2.2)로부터

$$p = \frac{u_2(x) - u_2(l)}{u_2(w) - u_2(l)}. \tag{5.2.3}$$

이를 식(5.2.1)에 넣어서 정리하면,

$$u_1(x) = \frac{u_2(w)u_1(l) - u_2(l)u_1(w)}{u_2(w) - u_2(l)} + \frac{u_1(w) - u_1(l)}{u_2(w) - u_2(l)}u_2(x). \tag{5.2.4}$$

즉, $u_1(x) = a + bu_2(x)$와 같은 관계를 가진다. 그리고 $b$의 분자와 분모는 모두 0보다 크므로 $b$>0이다.

일반적으로 치역이 [0, 1]인 단위효용함수(unit utility function)가 선호된다. [관찰 5.2.1]에서 한 효용함수 $u_2$와 전략적으로 동등한 한 단위효용함수 $u_1$를 찾아보자. 식 (5.2.4)에 $u_1(w)=1$과 $u_1(l) = 0$를 넣어서 정리하면,

$$u_1(x) = \frac{u_2(x) - u_2(l)}{u_2(w) - u_2(l)}. \tag{5.2.5}$$

이 관계는 한 효용함수 $u_2()$를 단위효용함수 $u_1()$로 변환시키는 데 유용하다.

[관찰 5.2.2] 식(5.2.3)과 (5.2.5)로부터 일등상 확률이 단위효용함수로 기능함을 볼 수 있다.

<과제 5.2.2> $u(x) \propto - e^{cx}$와 전략적으로 동등한 단위효용함수를 구하라.

## 5.3 선택을 위한 의사결정자의 행동조건

### 5.3.1. 기대효용최대화 원리를 위한 가정들

의사결정자가 아래 가정들에 어긋나지 않게 행동한다면 그가 최대기대효용을 가지는 대안을 선택하는 것을 정당화시켜주는 그러한 선호들의 집합이 존재한다.

NM 1: 순서화(ordering). 의사결정자는 아무 두 제비들이라도 선호순서( < , > , ~)를 매길 수 있으며 그 순서는 이행적이다(transitive).

NM 2: 연속성(continuity). 그가 $y$를 $x$와 $z$의 어느 중간으로 평가한다면, 그는 $x$와 $z$를 상으로 가지는 어떤 제비에 대해 $y$와 무차별하게 여긴다. 구체적으로
아무 제비들 $x$, $y$, $z$에 대해 만일 $x>y$이고 $y>z$이면, 다음 조건을 만족하는 한 실수 $p$가 존재한다: $0 \leq p \leq 1$이고 $y \sim L(p, x, z)$.

NM 3: 더 나은 상(better prizes). 그는 두 제비 가운데 다른 모든 것이 동일하다면, 더 나은 일등상을 주는 제비를 선호한다. 구체적으로

아무 제비들 $x$, $y$, $z$와 한 실수 $p(0 \leq p \leq 1)$에 대해 $x > y \Leftrightarrow L(p, z, x) > L(p, z, y)$ 그리고 $L(p, x, z) > L(p, y, z)$. (여기서 $\Leftrightarrow$는 동치조건(if and only if)을 나타내는 기호이다.)

NM 4: 더 나은 기회(better chances). 그는 두 제비 가운데 다른 모든 것이 동일하다면, 일등상에 더 나은 기회를 주는 제비를 선호한다. 구체적으로

아무 제비들 $x$와 $y$ 그리고 실수들 $p$와 $q(0 \leq p, q \leq 1)$에 대해 만일 $x > y$이면, $L(p, x, y) > L(q, x, y)$일 때 $p > q$이다.

NM 5: 환원성(reduction of compound lotteries). 그는 복합제비와 그것이 확률계산에 의해 환원된 단순제비에 대해서 무차별하다. 구체적으로

아무 제비들 $x$와 $y$ 그리고 실수들 $p$, $q$, $r$, $s(0 \leq p, q, r, s \leq 1)$에 대해 만일 $s = pq + (1-p)r$이면,

$L(p, L(q, x, y), L(r, x, y)) \sim L(s, x, y)$이다.

환원성 조건은 예컨대, [그림 5.2.1]과 [그림 5.2.2]의 제비나무들에서 만일 $p = ab + (1-a)c$이 성립하면 두 제비에 대해 무차별하다는 것이다.

□ 행동조건들에 대한 논의

- 조건 1(NM 1)의 순서화는 3.1절에서 논의된 순서화 조건들(O1-O8)이 모든 제비에 적용된다는 것을 뜻한다.
- 개인의 이행성
- 그룹에 대한 선호함수의 존재: 추이성, 대체성
- 극단적 결과들과 연속성
- 불확실성이 해소되는 시기가 다른 경우의 단조성
- 조건 5(NM 5)의 환원성은 Howard(1968)의 도박의 무미건조성(no fun in gambling) 공리에 다름이 아니다.

위 조건들로부터 아래 대체성 조건과 기대효용정리가 유도된다.

NM 6: 대체성(substitutability). 그가 한 상(제비) $x$와 어떤 제비 $L(p,\ y,\ z)$에 대해 무차별하다면 그는 또한 다른 제비에서 상 $x$를 $L(p,\ y,\ z)$로 대체한 제비들에 대해서도 무차별하다. 구체적으로

만일 $x \sim L(p,\ y,\ z)$이면, 다음 두 관계도 참이다:

① $L(q,\ x,\ w) \sim L(q,\ L(p,\ y,\ z),\ w)$
② $L(q,\ w,\ x) \sim L(q,\ w,\ L(p,\ y,\ z))$

[정리 5.3.1] (기대효용정리) 아무 두 제비에 대해서 만일 위 다섯 가정들(NM 1-NM 5)이 만족된다면, 각 결과에 대한 결괏값들(수익들)과 연관된 선호(효용)를 나타내는 수들 $u_1, u_2, \ldots$이 존재하고, 그 불확실한 사건들에 대한 전체적인 선호는 각 사건에 대한 효용들 $u$의 기대치에 의해 반영된다.

기대효용정리의 수리적 표현은 다음 절에 제시될 것이다. 이 정리의 존재성과 유일성에 대한 증명은 Resnik(1988)을 참고하라.

## 5.4 효용함수 부과의 기본개념

서로가 양선형변환(positive linear transformation) 관계에 있는 아무 두 척도는 의사결정표에서 각 행동들에게 같은 순위들을 부여할 것이며 같은 결정을 가져올 것이다. 즉, 이들은 전략적으로 동등하다. 따라서 위험하의 의사결정을 위해서 필요한, 그리고 충분한, 척도수준은 구간척도이다. 모험선호를 반영하는 효용척도가 유일하지 않으므로 개념적으로 이해하기 쉬운 구간효용척도를 개발하여 사용할 선택권은 우리에게 있다.

구간효용함수의 기본조건은 순서효용함수의 조건을 만족하고(3.1절), 양선형변환에 유일한 것이다. 어떤 척도라도 이 조건들을 만족하면 구간효용함수가 될 수 있다.

구체적으로, 구간효용함수는 다음 조건들을 만족한다:

① $u(x) > u(y) \ \Leftrightarrow \ x > y$
② $u(x) = u(y) \ \Leftrightarrow \ x \sim y$
③ $U[L(p, x, y)] = pu(x) + (1-p)u(y)$
④ 위 세 조건을 만족하는 아무 $t()$는 $u()$의 양선형변환이다.

(여기서 $U[L]$는 한 불확실한 사건 또는 제비 $L$의 효용을 나타내고, $u(x)$는 한 결괏값 $x$의 효용을 나타낸다.)

조건 ①과 ②는 순서효용함수를 위한 조건들이다. 조건 ③은 한 제비의 효용은 그것의 기대효용과 동일하다는 뜻이며, 흔히 기대효용조건이라 불린다. 이들 네 조건들은 기대효용정리를 이룬다.

$n$개의 결괏값들을 $x_1, x_2, \ldots, x_n$라하고, 이들의 선호순서를 $x_1 < x_2 < \ldots < x_n$라 하자. 그리고 가장 선호되는 결괏값 $x_n$과 가장 덜 선호되는 결괏값 $x_1$를 상으로 가지는 준거제비 $L(p, x_n, x_1)$를 고려하자. [그림 5.4.1]에서와 같이 $i$번째 결괏값 $x_i$와 준거제비가 무차별해지는 일등상 당첨확률값을 $p_i$라 하면 $p_i$들간에는 다음 관계가 성립할 것이다:

$$0 = p_1 < p_2 < \ldots < p_n = 1.$$

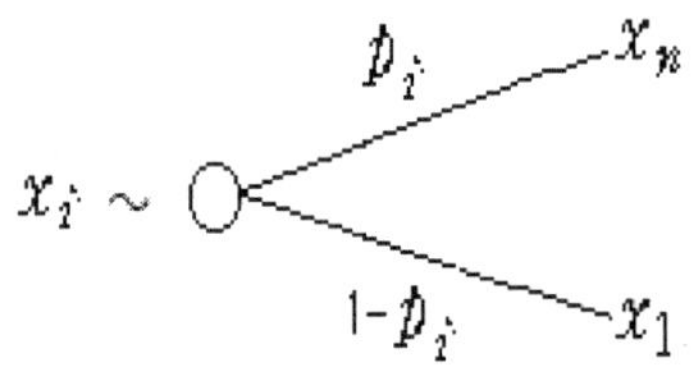


[그림 5.4.1] 준거제비

우리는 이로부터 준거제비와 결괏값들(즉 확실성등가들)을 무차별하게 해주는 일등상 당첨확률들이 효용함수의 기본조건을 만족하는 것을 알 수 있다. 따라서 이러한 확률들은 효용척도로 기능할 수 있다. (관찰 5.2.2 참조)

효용함수를 부과하기 위한 방법들은 효용함수의 형태를 이용하는지 여부에 따라 모수적 방법과 비모수적 방법들로 나누어진다. 우리는 다음 두 절에서 이들을 소개할 것이다.

## 5.5 비모수적 효용함수

우리는 준거제비와 동등하게 되는 확실성등가나 확률을 순차적으로 판정해 나감으로써 비모수적으로－효용함수의 형태에 대한 제한이 없다는 뜻에서－그의 효용함수를 찾아낼 수 있다.

### 5.5.1. 준거제비를 이용한 확실성등가 결정법

이 방법은 [그림 5.5.1]에서와 같이 준거제비의 당첨확률 $p$를 정하고, 그 준거제비에 대한 확실성등가 $CE$를 찾는다. 이때, 확률 $p$를 주어진 확실성등가에 대한 효용으로 사용한다.

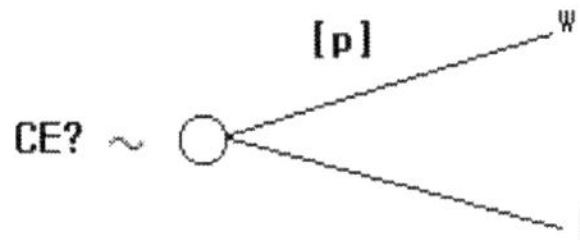


[그림 5.5.1] 준거제비: CE 결정

단계 1 준거제비를 작성하고, 효용곡선을 작성하기 위한 산점도 좌표를 준비한다.

단계 2 준거제비에서 (1등상) 당첨확률 $p$를 지정하고, 이 제비의 확실성등가 $CE$를 결정한다.

단계 3 $(CE, p)$를 산점도 좌표에 표시한다. $p$는 수직축에, $CE$는 수평축에 대응된다.

단계 4 곡선형태가 잘 드러날 때까지 $p$를 바꿔가면서 단계 2, 3을 반복한다.

단계 5 산점도에 표시된 점들을 연결하여 곡선을 그린다. 이 곡선이 그의 효용곡선이며, 그의 효용함수를 나타낸다.

**예 5.5.1**

의사결정분석가 안은 의사결정자 김과 함께 효용함수를 부과하려고 한다. 이 의사결정문제에서 최선의 결괏값은 500이고 최악의 결괏값은 −100이다.

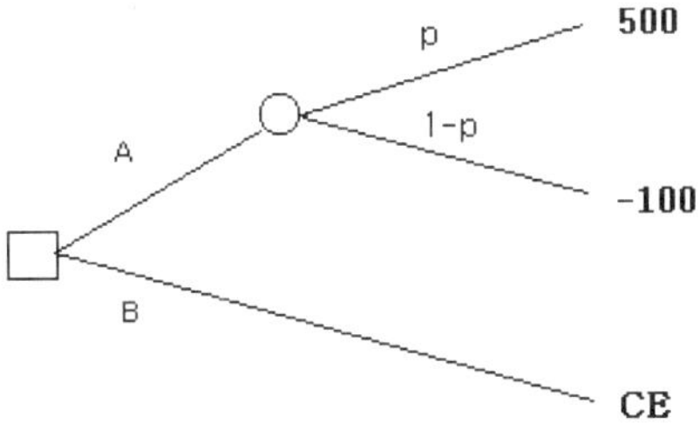


[그림 5.5.2] 준거의사결정나무

안: 먼저 [그림 5.5.2]의 의사결정나무에서 $p = 1$로 둡시다. A와 B가 무차별해지는 CE는 얼마입니까?

김: 당연히 500입니다.

안: $p = 0$이라면, A와 B가 무차별해지는 CE는 얼마입니까?

김: 당연히 $-100$입니다.

안: 좋습니다. 지금까지의 두 질문은 최선의 결과와 최악의 결과를 확인해보기 위한 것이었습니다. $p=0.5$라면 A와 B가 무차별해지는 CE는 얼마입니까?

김: 생각 좀 해 봅시다. 110 정도가 되겠는데요.

안: 잘하십니다. $p=0.75$라면 A와 B가 무차별해지는 CE는 얼마입니까?

김: 점점 어려워지는군요. 이번에는 260이라고 말하겠습니다.

안: 좋습니다. $p=0.25$라면 A와 B가 무차별해지는 CE는 얼마입니까?

김: $-10$이라고 말하겠습니다.

지금까지의 문답 과정에서 얻어진 $(CE,p)$들은 [표 5.5.1]과 같이 정리된다. 그리고 이를 산점도에 표시하면 [그림 5.5.3]과 같이 효용곡선의 대략이 얻어진다.

[표 5.5.1] [예 5.5.1]의 CE와 효용

| CE | 효용 또는 $p$ |
|---|---|
| 500 | 1.00 |
| 260 | 0.75 |
| 110 | 0.50 |
| $-10$ | 0.25 |
| $-100$ | 0.00 |

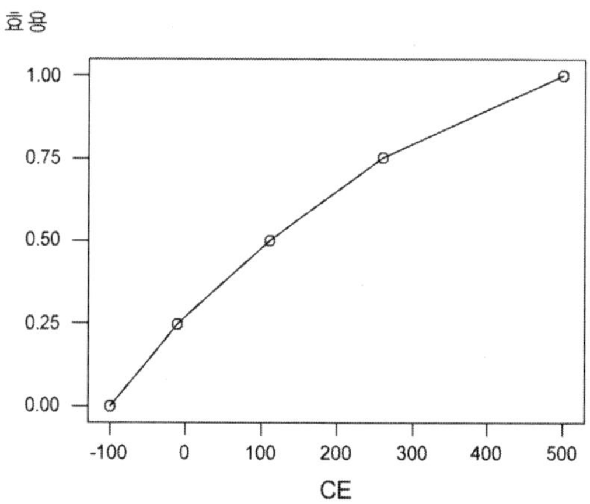


[그림 5.5.3] [예 5.5.1]의 효용곡선

## 5.5.2. 준거제비를 이용한 확률 결정법

이 방법은 확실성등가 $CE$를 먼저 지정한 후에 확률 $p$를 결정한다는 것 이외에는 위 확실성등가 결정법과 같다.

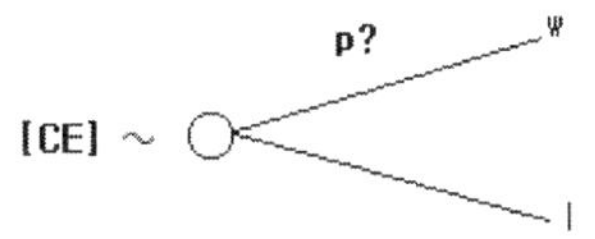


[그림 5.5.4] 준거제비: 확률(효용) 결정

## 5.5.3. 50–50 제비를 이용한 확실성등가 결정법

이 방법은 처음에 준거제비로 시작해서, 일등상 당첨확률만 0.5로 고정시킨 채 [그림 5.5.5]에서처럼 계속 새로운 제비를 설정하고 그에 대한 확실성등가를 결정해 나간다.

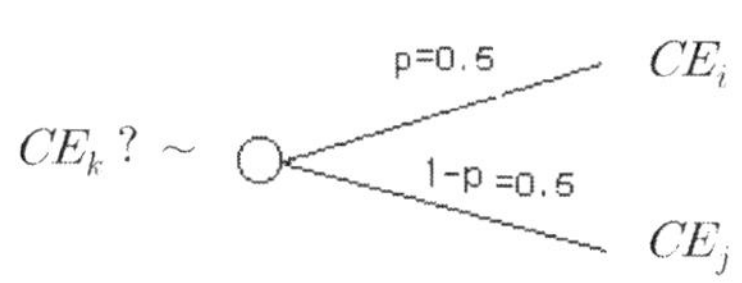


[그림 5.5.5] 50–50 제비: CE 결정

단계 1 준거제비 $L(p, CE_1, CE_2)$를 설정하고, 효용곡선을 작성하기 위한 산점도 좌표를 준비한다.

단계 2 준거제비에서 당첨확률 $p=1,\ 0$에 대한 확실성등가들 $CE_1, CE_2$를 각각 결정한다. 이 두 점을 산점도에 표시한다. 이로부터 이 확실성등가들과 효용값들 간에 다음 관계가 유도된다:

$$u(CE_1) = 1,\ u(CE_2) = 0.$$

단계 3 지금까지 효용값이 알려진 확실성등가들 $CE_i, CE_j$를 상으로 가지며, 일등상 당첨확률이 $p=0.5$인 새 제비 $L(0.5, CE_i, CE_j)$를 설정한다. 이 새 제비의 확실성등가 $CE_k$를 결정한다. $CE_k$의 효용값은 다음과 같이 계산된다:

$$u(CE_k) = 0.5\,u(CE_i) + 0.5\,u(CE_j)$$

단계 4 [그림 5.5.6]과 같이 $(CE_k, u(CE_k))$를 산점도에 표시한다.

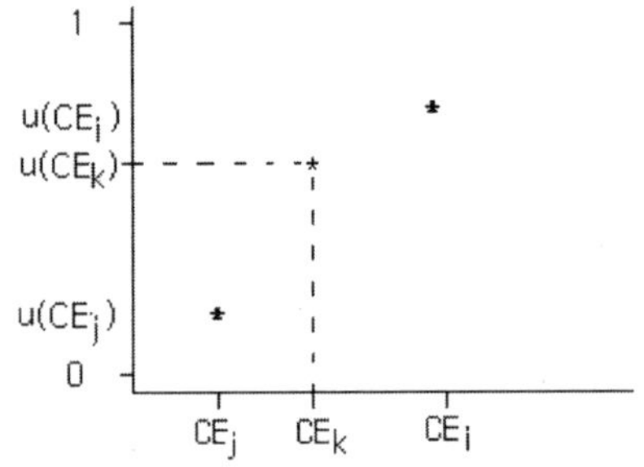


[그림 5.5.6] CE와 효용들의 산점도

단계 5 곡선형태가 잘 드러날 때까지 $CE_i, CE_j$를 바꿔가면서 단계 3, 4를 반복한다.

단계 6 산점도에 표시된 점들을 연결하여 곡선을 그린다. 이 곡선이 그의 효용곡선이다.

**예 5.5.2**

[예 5.5.1]의 의사결정상황을 다시 고려하자. 의사결정분석가 안은 $u(500)=1$, $u(-100)=0$이 확인된 상황에서 50-50 제비를 이용하여 순차적으로 확실성등가들을 결정해 나감으로써 의사결정자 김으로부터 효용함수를 도출하려 하고 있다

안: $L(0.5, 500, -100)$과 무차별한 CE는 얼마입니까?

김: 110 정도입니다.

안: 좋습니다. 110의 효용은 $u(110)=0.5\times1+0.5\times0=0.5$로 계산되는군요.
그러면 $L(0.5, 500, 110)$과 무차별한 CE는 얼마입니까?

김: 260 정도입니다. $u(260)=0.75$로 나옵니다. $L(0.5, 110, -100)$과 무차별한 CE는 얼마입니까?

김: $-10$ 정도입니다. $u(-10)=0.25$가 되는군요.

지금까지의 문답 과정에서 얻어진 $(CE, p)$들은 [표 5.5.1]과 [그림 5.5.3]에 제시된 효용함수를 생성한다.

### 5.5.4. 평균상 제비를 이용한 확률 결정법

이 방법은 준거제비로 시작해서, [그림 5.5.7]과 같이 그의 확실성등가가 평균상이 되는 제비의 일등상 당첨확률을 결정해 나간다.

$$0.5CE_i + 0.5CE_j = CE_k \sim$$

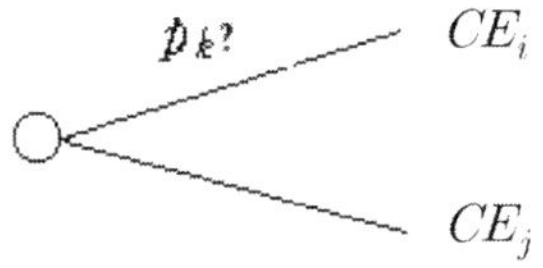


[그림 5.5.7] 평균상 제비: 당첨확률 결정

단계 1 준거제비 $L(p, CE_1, CE_2)$를 설정하고, 효용곡선을 작성하기 위한 산점도 좌표를 준비한다.

단계 2 준거제비에서 당첨확률 $p=1$, 0에 대한 확실성등가들 $CE_1, CE_2$를 각각 결정한다. 이 두 점을 산점도에 표시한다. 이로부터 이 확실성등가들과 효용값들간에 다음 관계가 유도된다:

$$u(CE_1) = 1,\ u(CE_2) = 0.$$

단계 3 지금까지 효용값이 알려진 두 확실성등가들 $CE_i, CE_j$에 대해서, 그들이 상이 되며 그의 확실성등가 $CE_k$가 두 상의 평균 즉, $CE_k = 0.5\,CE_i + 0.5\,CE_j$인 제비 $L(p, CE_i, CE_j)$의 1등상 당첨확률 $p_k$를 결정한다.
즉, $CE_k \sim L(p_k, CE_i, CE_j)$. 이때 $CE_k$의 효용값은 다음과 같이 계산된다:

$$u(CE_k) = p_k u(CE_i) + (1-p_k)u(CE_j)$$

단계 4 $(CE_k, u(CE_k))$를 산점도에 표시한다.

단계 5 곡선형태가 잘 드러날 때까지 $CE_i, CE_j$를 바꿔가면서 단계3, 4를 반복한다.

단계 6 산점도에 표시된 점들을 연결하여 곡선을 그린다. 이 곡선이 그의 효용곡선이다.

예 5.5.3

[예 5.5.1]의 의사결정상황을 다시 고려하자. 의사결정분석가 안은 $u(500)=1$, $u(-100)=0$이 확인된 상황에서 평균상 제비를 이용하여 순차적으로 확률들을 결정해 나감으로써 의사결정자 김으로부터 효용함수를 도출하려 하고 있다

안: $L(p, 500, -100)$이 평균상 200( = 0.5×500+0.5×(−100))과 무차별해지는 $p$는 얼마입니까?

김: 0.60이라고 말씀드리겠습니다.

안: 좋습니다. $u(200)=0.6$입니다. 그러면 $L(p, 500, 200)$이 평균상 350과 무차별해지는 $p$는 얼마입니까?

김: 역시 0.6이라고 말씀드리겠습니다. $u(350)=0.84$입니다. 다시 해봅시다. $L(p, 200, -100)$이 평균상 50과 무차별해지는 $p$는 얼마입니까?

김: 역시 0.6이라고 말씀드리겠습니다. $u(50)=0.36$이 되는군요.

지금까지의 문답과정에서 얻어진 $(CE, p)$들은 [그림 5.5.8]에 제시된 효용함수를 생성한다.

| CE | 효용 또는 $p$ |
|---|---|
| 500 | 1.00 |
| 350 | 0.84 |
| 200 | 0.60 |
| 50 | 0.36 |
| −100 | 0.00 |

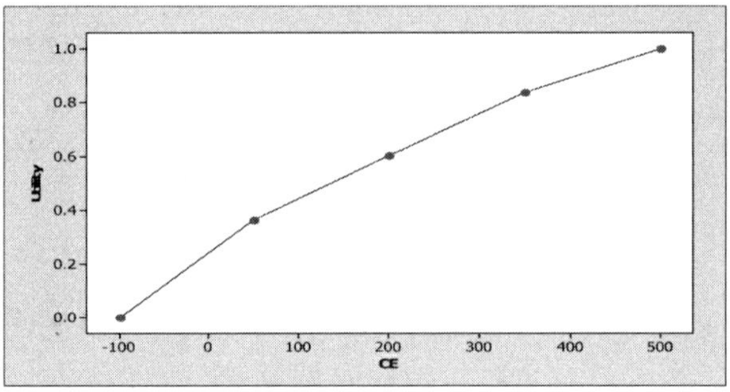


[그림 5.5.8] [예 5.5.3]의 추정된 효용함수

## 5.5.5. 비모수적 효용함수 부과방법들의 비교

의사결정자는 그가 사용하기 쉬운 효용함수 부과방법을 선택하게 된다. 그는 그가 충분히 이해하고 있는 방법을 사용할 때보다 더 일관성이 있고 신뢰를 가지는 부과를 할 수 있을 것이다. 확률, 특히 작은 확률은 개념화하기가 어렵기 때문에 흔히 50-50 제비 이용법이 추천된다. 그 근거는 50-50 제비가 불확실성을 감안한 설정 가운데 가장 단순하므로 효용을 부과하기에 가장 좋은 설정이 된다는 것이다.

**예 5.5.4**

김씨는 다음 네 제비들 가운데 선택을 해야 한다. 의사결정분석가인 안씨는 김씨가 선택을 잘 할 수 있도록 그의 효용함수를 끌어내야 한다. (제비의 각 결괏값의 단위는 1000만 원이다.)

$A = L(0.7, 0.2, 0.1; 25, 150, 600)$
$B = L(0.2, 0.58, 0.22; 80, 90, 98)$
$C = L(0.6, 0.1, 0.2, 0.1; -20, 0, 100, 1000)$
$D = L(0.95, 105, -100)$

안씨의 질문 1: 다음 제비 $L1$ 에 대한 확실성등가는 얼마입니까?

$$L1 = L(0.5, -100, 1000)$$

김씨의 답 1: 대략 400입니다.
☞ $u(-100) = 0$, $u(1000) = 1$, $U[L1] = u(400) = 0.5$

질문 2: 다음 제비 $L2$ 에 대한 확실성등가는 얼마입니까?

$$L2 = L(0.5, 400, 1000)$$

답 2: 675 정도입니다.
☞ $U[L2] = u(675) = 0.75$

질문 3: 다음 제비 $L3$ 에 대한 확실성등가는 얼마입니까?

$$L3 = L(0.5, -100, 400)$$

답 3: 100 근방입니다.
☞ $U[L3] = u(100) = 0.25$

질문 4: 지금까지의 질문으로 당신의 효용함수를 작성하기 위한 다섯 점이 확보되었습니다. 이제 당신의 확실성 등가 부과가 일관성이 있었는지 확인해보겠습니다. 다음 제비 $L4$ 에 대한 확실성 등가는 얼마입니까?

$$L4 = L(0.5,\ 100,\ 675)$$

답 4: 400 부근입니다.

☞ $U[L4] = 0.5u(100) + 0.5u(675) = 0.5(0.25) + 0.5(0.75) = 0.5;\ u(400) = 0.5$

안씨의 마무리: 당신의 확실성 등가부과는 거의 완벽했습니다. 이로부터 당신의 효용함수는 [그림 5.5.9]와 같이 부과될 수 있습니다. 이 효용곡선으로 판단하건대, 당신은 다소 모험기피적입니다.

| $x$ | $u(x)$ |
|---|---|
| −100 | 0 |
| 1000 | 1 |
| 400 | 0.5 |
| 675 | 0.75 |
| 100 | 0.25 |

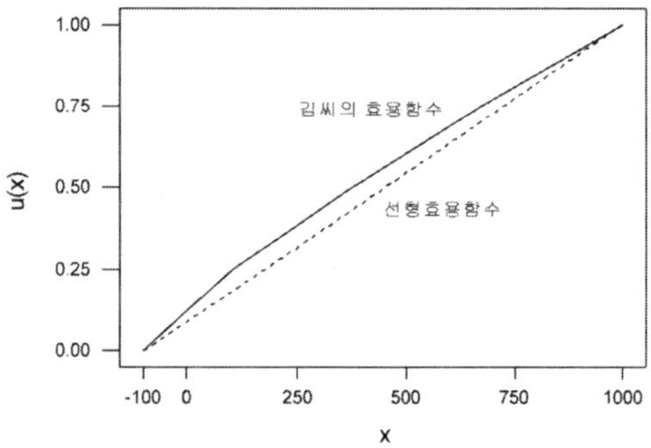


[그림 5.5.9] 김씨의 추정된 효용함수

[표 5.5.2]는 위 효용곡선으로부터 네 제비에 나타난 모든 결괏값들에 대한 당신의 효용을 읽은 것입니다. 당신은 이제 네 제비 가운데 기대효용이 최대가 되는 제비를 선택하면 됩니다.

[표 5.5.2] 결괏값들에 대응되는 효용값들

| $x$ | −100 | −20 | 0 | 25 | 80 | 90 | 98 | 100 | 105 | 150 | 600 | 1000 |
|---|---|---|---|---|---|---|---|---|---|---|---|---|
| $u(x)$ | 0.0 | 0.100 | 0.125 | 0.156 | 0.225 | 0.238 | 0.248 | 0.250 | 0.255 | 0.295 | 0.690 | 1.0 |

네 제비에 대한 당신의 기대효용은 다음과 같습니다:

$U[A] = 0.7 \times 0.156 + 0.2 \times 0.295 + 0.1 \times 0.69 = 0.237$

$U[B] = 0.2 \times 0.225 + 0.58 \times 0.238 + 0.22 \times 0.248 = 0.238$

$U[C] = 0.6 \times 0.100 + 0.1 \times 0.125 + 0.2 \times 0.250 + 0.1 \times 1.0 = 0.223$

$U[D] = 0.95 \times 0.255 + 0.05 \times 0.0 = 0.248$

김씨의 선택: 제비 $D$를 선택하면 나의 기대효용이 가장 커지는군요.

## 5.6 모수적 효용함수

의사결정자의 위험에 대한 태도 즉 그의 모험성향(risk-taking behavior)이 알려져 있다면, 효용곡선의 일반적인 형태에 대한 조건들이 도출될 수 있다. 따라서 이러한 조건들은 보다 적은 점들로도 효용곡선을 확정할 수 있도록 하며, 또한 부과의 비일관성을 더 쉽게 찾아낼 수 있게 해준다.

### 5.6.1. 모험성향

의사결정자의 모험성향은 크게 모험중립성(risk neutrality), 모험기피성(risk aversion), 그리고 모험추구성(risk proclivity, 또는 risk seeking)으로 구분된다. 그러나 우리는 의사결정자의 모험성향을 그의 불변적인 성향이라기보다는 상황에 따라 변할 수 있는 태도로 이해해야 할 것이다. 당면한 불확실한 사건의 결괏값들의 범위나 재산 상태 등에 따라 그의 모험성향도 바뀔 수 있는 것이다.

[연구 5.6.1] 모험기피는 손실기피(loss aversion)라는 더 근본적인 개념으로부터 유래한다.

### 5.6.2. 모험성향 측정도구

의사결정자의 모험성은 효용곡선의 기울기가 아니라 곡률(curvature)에 의해 구분된다. 즉, 효용곡선이 지역적으로

- 선형이면 그는 지역적으로 모험중립형이다;
- 위로 볼록하면 그는 지역적으로 모험기피형이다;
- 아래로 볼록하면 그는 지역적으로 모험추구형이다.

[표 5.6.1] 모험성향과 효용함수와 모험기피함수 간의 관계

| DM의 모험성 | 모험보상 $RP$ | 효용함수 $u(x)$ | | | 모험기피함수 | |
|---|---|---|---|---|---|---|
| | | 볼록성 | 기울기 $u'(x)$ | 곡률 $u''(x)$ | 절대 $r(x)$ | 상대 $q(x)$ |
| 기피형 | $>0$ | 위로 볼록 | $>0$ | $<0$ | $>0$ | |
| 중립형 | $=0$ | 직선 | $>0$ | $=0$ | $=0$ | $=0$ |
| 추구형 | $<0$ | 아래로 볼록 | $>0$ | $>0$ | $<0$ | |

### (1) 모험보상

모험보상(risk premium)이란 용어는 흔히 서로 밀접하게 관련된 두 가지 뜻으로 사용된다. 모험보상의 한 가지 용례는 모험기피적인 사람들이 모험을 피하려고 기꺼이 지불하려는 금액이다. 모험보상의 다른 한 가지 용례는 한 채무(loan)의 위험을 상쇄하기 위해 이자율에 추가되는 여분의 퍼센티지 포인트이다. 대략 1 %의 채무 불이행 확률은 이자율에 약 1 %의 모험보상을 추가한다. 우리는 모험보상이란 용어를 전자의 뜻으로 사용할 것이다.

□ 초기 재산을 고려하지 않은 경우의 모험보상 $RP[L]$

한 개인이 모험을 피하기 위해 기꺼이 지불하려는 금액 또는 위험한 대안을 감수하는 대가는 모험보상이라 불린다. 모험보상은 불확실한 사건에 대한 기대 결괏값과 확실성등가의 차이로 측정된다. (보험에서는 이를 위험보험료라 부른다.) 구체적으로 한 불확실한 사건 또는 제비 $L$의 기대치를 $E[L]$, 확실성등가를 $CE[L]$, 효용을 $U[L]$로 나타내자. 그러면 이 제비의 모험보상 $RP[L]$은 다음과 같이 표현될 수 있다:

$$RP[L] = E[L] - CE[L]. \tag{5.6.1}$$

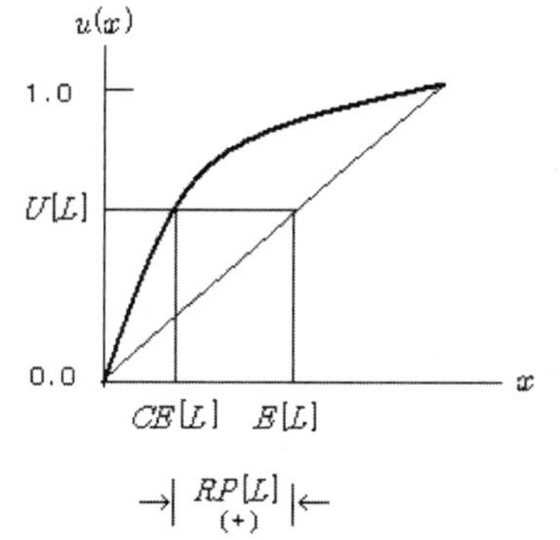


[그림 5.6.1] 제비의 모험보상

[그림 5.6.1]은 한 효용함수에 제비 $L$의 효용 $U[L]$, 기대치 $E[L]$, 그리고 확실성등가 $CE[L]$를 나타내고 있다. 이 효용함수는 위로 볼록한 형태이므로 $CE[L]$이 $E[L]$보다 작다. 이런 효용함수를 가지는 의사결정자는 모험을 기피하는 성향이라고 분류될 수 있다.

[관찰 5.6.1] 제비 $L$에 관한 세 가지 확실한 양들−확실성 등가 $CE[L]$, 효용 $U[L]$ 그리고 기대치 $E[L]$ −은 효용함수 $u()$를 매개로 다음 등식 관계를 가진다:

$$U[L] = E[u(L)] = u(CE[L]). \tag{5.6.2}$$

그 밖에도 모험보상에 대한 정의는 다음과 같이 여러 측면에서 이루어져 왔다:

- 공급자 측면 대 소비자 측면
- 지역적 특성 대 전역적 특성
- 보험학 맥락(Pratt, 1964) 대 재정경제학 맥락(Arrow, 1965)

□ 초기 재산 $w$을 고려한 경우의 모험보상 $RP[L; w]$

예컨대, 보험학 맥락에서 모험보상은 다음과 같이 정의된다: 공정한 제비(fair lottery)는 기대치가 0인 제비이다. 모험기피형인 개인이 공정한 제비를 받아들일 것인가? 대답은 "아니오"이다. 즉, $w$가 그의 재산상태이고, $L$이 한 공정한 제비라고 하자. 그러면

$$u(w) > E[u(w+L)]. \tag{5.6.3}$$

보험학 맥락에서 모험보상 $RP[L; w]$은 위 부등식을 등식으로 만들어 주는 확실한 양 $\eta$로 정의된다:

$$u(w-\eta) = E[u(w+L)]. \tag{5.6.4}$$

□ 모험보상과 모험성향

이런 관측으로부터 우리는 모험보상의 부호를 의사결정자의 모험성향을 구분하기 위한 지표로 사용할 수 있다.

[정의 5.6.1] 의사결정자는 그의 모험보상의 부호에 따라 모험성향이 분류된다: 모험보상이 양수이면 모험기피성, 영이면 모험중립성, 음수이면 모험추구성이다.

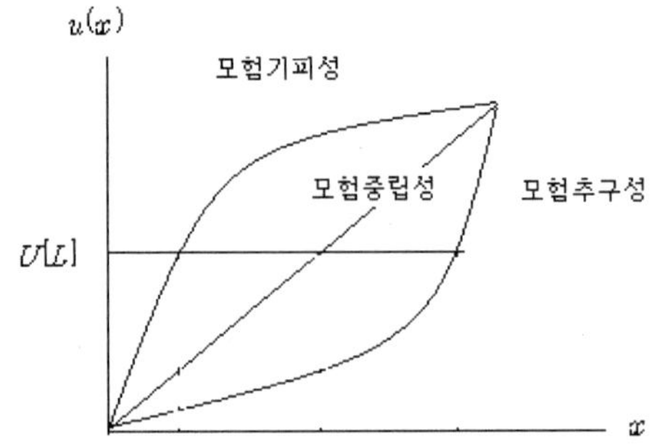

[그림 5.6.2] 효용함수와 모험성향

모험보상의 크기는 모험 기피성 정도, 랜덤변수가 취할 수 있는 값들, 그 랜덤변수의 확률분포에 의존한다. 앞에서 지적한 바와 같이 의사결정자의 모험성향은 불변적인 것이 아니다. [그림 5.6.3]은 결괏값들의 범위에 따라 바뀌는 모험성향을 보여주고 있다.

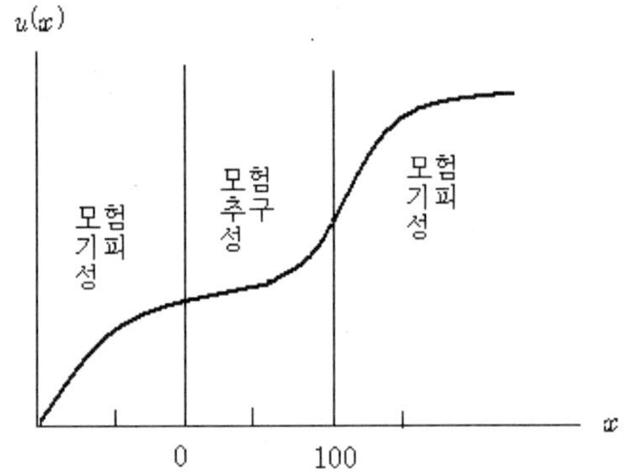

[그림 5.6.3] 구간에 따라 변하는 모험성향

- 모험중립성

불확실한 사건에 대한 확실성등가가 기대치와 같은 의사결정자는 모험 중립성향을 가졌다고 일컬어진다. 작은 결괏값들이 걸린 불확실한 사건이 되풀이되는 경우에 또는 불확실한 사건의 결괏값들의 차이가 적은 경우에 대개 사람들은 모험중립적이 된다. 예를 들어, 품질관리정책이나 재고관리정책은 흔히 기대화폐가치를 사용하여 결정된다. 이때 그의 효용곡선은 직선이 된다.

- 모험기피성

불확실한 사건에 대한 확실성등가가 기대치보다 작은 의사결정자는 모험기피 성향이 있다고 일컬어진다. 불확실한 사건의 결괏값이 감당키 어려울 때 사람들은 흔히 모험기피적이 된다. 보험시장은 모험 기피적인 행동들에 의해 활성화되고 있다. 이때, 그의 효용곡선은 위로 볼록한(concave) 곡선이 된다. (우리는 앞으로 단조증가 효용함수만을 다룰 것이다).

▪ 모험추구성

불확실한 사건에 대한 확실성등가가 기대치보다 큰 의사결정자는 모험 추구성향을 가졌다고 일컬어진다. 모험 추구적인 행동은 일반적으로 갈망수준 즉 문턱값(threshold)이 존재하는 경우에 관찰된다. 기대화폐가치가 음수인 경마, 도박, 복권과 같은 사행성 산업이 번창하는 것을 우리는 문턱값 이론으로 설명할 수 있을 것이다. 이때, 그의 효용곡선은 아래로 볼록한(convex) 곡선이 된다.

합리적인 사람(rational person)은 모험기피적이다. 예컨대, 모험중립적인 사람은 확률 1로 유한한 시간 안에 그의 전 재산을 잃게 된다.

### (2) Arrow-Pratt의 절대모험기피 측도－모험기피함수

효용함수는 유일하지 않다. 따라서 효용함수나 모험보상만으로는 의사결정자의 한계모험성향을 파악할 수 없다. Pratt(1964)과 Arrow(1965)는 절대모험기피(absolute risk aversion, ARA) 측도로 모험(기피)함수를 정의하였다.

[정의 5.6.2] 효용함수의 2차 미분과 1차 미분의 비의 음수값은 모험기피함수(risk aversion function) 또는 모험함수(risk function)라 불린다:

$$r(x) = -u''(x)/u'(x). \tag{5.6.5-1}$$

또는 동일하게

$$r(x) = -\frac{d}{dx}\{\log u'(x)\}. \tag{5.6.5-2}$$

모험기피함수는 효용함수의 곡률의 측도이다. 이 측도는 효용함수의 변환에 불변적이다.

□ 모험기피함수와 한계모험성향

모험기피함수는 의사결정 상황이 변함에 따라 의사결정자의 효용함수가 어떻게 변화하는지를 파악할 수 있게 해준다. 즉, 모험기피함수는 한계모험성향을 나타낸다. 다음 정리는 모험기피함수가 모험보상의 증분의 움직임을 반영하고 있음을 나타낸다. 즉 모험기피함수가 한계모험성향을 측정하는 데 사용될 수 있음을 나타낸다.

[정리 5.6.1] $L$이 평균이 $\mu_L = 0$이고 분산이 $\sigma_L^2$인 한 공정한 제비(또는 랜덤변수)라 하자. 그러면 아무 작은 양수 $\delta$에 대해

$$RP[L+\delta] \doteq \frac{1}{2}\sigma_L^2 r(\delta). \tag{5.6.6}$$

[증명] $X = L+\delta$로 정의되는 새로운 제비 $X$를 고려하자. 그러면 $X$의 기대치와 분산은 각각 다음과 같이 주어진다: $\mu_X = \mu_L + \delta = \delta$이고 $\sigma_X^2 = \sigma_L^2$. $X$의 확실성 등가를 $\tau_X$로 나타내기로 하자: 즉 $CE[X] = \tau_X$. $u(X)$를 $\mu_X$에 대해 2차항까지 테일러급수 전개를 하면,

$$u(X) \doteq u(\mu_X) + (X-\mu_X)u'(\mu_X) + (X-\mu_X)^2 u''(\mu_X)/2. \tag{5.6.7}$$

식(5.6.7)의 양변에 기대치를 취하면,

$$E[u(X)] = u(\tau_X) \doteq u(\mu_X) + \sigma_X^2 u''(\mu_X)/2. \tag{5.6.8}$$

식(5.6.7)에서 $X$ 대신 $X$의 확실성 등가 $\tau_X$를 넣고 1차항까지만 남기면,

$$u(\tau_X) \doteq u(\mu_X) + (\tau_X - \mu_X)u'(\mu_X). \tag{5.6.9}$$

식(5.6.8)과 (5.6.9)로부터 다음 관계가 얻어진다:

$$\sigma_X^2 u''(\mu_X)/2 \doteq (\tau_X - \mu_X)u'(\mu_X). \tag{5.6.10}$$

또는

$$(\mu_X - \tau_X) = RP[X] \doteq -\frac{\sigma_X^2}{2}\frac{u''(\mu_X)}{u'(\mu_X)} \doteq \frac{\sigma_X^2}{2} r(\mu_X) \doteq \frac{\sigma_L^2}{2} r(\delta). \tag{5.6.11}$$

이로부터 $RP[L+\delta] \doteq \frac{1}{2}\sigma_L^2 r(\delta)$.

[정의 5.6.3] 모험기피함수가 감소함수이면 의사결정자는 감소 모험기피성(decreasing ARA, DARA)이라 불리고, 상수이면 불변 모험기피성(constant ARA, CARA), 그리고 증가 함수이면 증가 모험기피성(increasing ARA, IARA)이라 불린다.

[관찰 5.6.2]

① 모험기피함수의 부호는 모험보상의 부호와 같다.

② $u'(x)$의 부호는 항상 양이므로 $r(x)$의 부호는 $u''(x)$의 부호와 반대이다.

③ 모든 $x$에 대해 $r(x)$가 양이면 $u(x)$는 위로 볼록하고(즉 모험기피성이고), $r(x)$가 음이면 $u(x)$는 아래로 볼록하다(즉 모험추구성이다).

④ 전략적으로 동등한 효용함수들의 모험기피함수는 서로 같다.

□ 모험기피함수와 모험보상 간의 관계

Pratt(1964)은 현재의 재산상태가 $w$일 때 한 공정한 제비 $L$에 대한 모험보상 $\eta = RP[L;w]$을 다음 등식에 의해 정의하였다:

$$u(w-\eta) = E[u(w+L)]. \qquad (5.6.12)$$

이것은 보험 문헌에서 흔히 사용되는 모험보상이다. 식(5.6.12)의 좌변을 $\eta=0$을 중심으로 1차항까지 테일러급수 전개하면, 다음과 같은 근사적 관계가 얻어진다:

$$u(w-\eta) \doteq u(w) - \eta u'(w). \qquad (5.6.13)$$

식(5.6.12)의 우변을 $L=0$을 중심으로 3차항까지 테일러급수 전개하면, 다음과 같은 근사적 관계가 얻어진다:

$$\begin{aligned} E[u(w+L)] &\doteq E\left[u(w) + Lu'(w) + \frac{1}{2}L^2 u''(w)\right] \\ &= u(w) + \frac{1}{2}\sigma_L^2 u''(w). \end{aligned} \qquad (5.6.14)$$

식(5.6.13)과 식(5.6.14)로부터 모험보상은 근사적으로 다음과 같이 주어진다:

$$\eta = RP[L;w] \doteq -\frac{1}{2}\sigma_L^2 \frac{u''(w)}{u'(w)} = \frac{1}{2}\sigma_L^2 r(w). \tag{5.6.15}$$

[관찰 5.6.3]

① 모험보상 $RP[L;w]$는 제비의 변동성 $\sigma_L^2$과 개인의 모험기피함수 $r(w)$에 의존한다. 예컨대, 학교교육연수 결정은 모험기피 정도와 소득분포의 산포에 의존하는 것으로 알려져 있다. $\sigma_L^2$과 $u'(w)$은 모두 양수이므로 효용함수가 위로 볼록하면(concave), 모험보상 $RP[L;w]$은 양수이어야 한다.

② [정리 5.6.1]과 식(5.6.14)로부터 초기 재산이 $w$일 때의 제비 $L$의 모험보상 $RP[L;w]$와 보상이 $w$ 만큼 증가한 경우의 제비 $L$의 모험보상 $RP[L+w]$는 동일한 형태임을 알 수 있다.

**예 5.6.1**

$u(w) = -e^{-bw}$, $b > 0$일 때 $r(w) = b$이므로 이 효용함수는 불변모험기피성 효용함수이다.

### (3) Arrow–Pratt의 상대모험기피 측도 – 상대모험기피함수

모험기피함수는 의사결정자의 모험성이 결괏값의 범위에 따라 모험기피성에서 모험추구성으로, 그리고 다시 모험기피성으로 바뀌는 상황을 파악해내지 못한다. Pratt(1964)과 Arrow(1965)는 상대모험기피(relative risk aversion, RRA) 측도로 상대모험기피함수(relative risk aversion function)를 제안하였다.

[정의 5.6.4] 상대모험기피함수는 다음과 같이 정의된다:

$$q(x) = x\,r(x) = -x\,u''(x)/u'(x) = -x\frac{d}{dx}\{\log u'(x)\}. \tag{5.6.16}$$

[정의 5.6.5] 상대모험기피함수가 감소함수이면 의사결정자는 감소 상대모험기피성(decreasing RRA, DRRA)이라 불리고, 상수이면 불변 상대모험기피성(constant RRA, CRRA), 그리고 증가함수이면 증가 상대모험기피성(increasing RRA, IRRA)이라 불린다.

불변 상대모험성을 나타내는 효용함수는 일반적으로 다음과 같은 형을 가진다:

$$u(x) = \frac{x^{1-p}-1}{1-p}, \quad p \neq 1. \tag{5.6.17}$$

우리는 불변 상대모험성을 나타내는 효용함수들을 다음과 같이 세 부류로 나누어 볼 수 있다:

① $u(x) = x^c$

- 제곱근 효용함수인 경우에 $c = 0.5$를 가진다.

<과제 5.6.1> 제곱근 효용함수의 상대모험함수를 구하고, 이것이 $x$에 독립적임을 보여라.

② $u(x) = \log x$

<과제 5.6.2> 자연로그 효용함수의 상대모험함수를 구하고, 이것이 $x$에 독립적임을 보여라.

③ $u(x) = \frac{x^{1-p}}{1-p}, \quad p \neq 1$

<과제 5.6.3> 위 효용함수의 상대모험함수를 구하고, 이것이 $x$에 독립적임을 보여라.

### (4) Ross의 더 강한 모험기피측도

[연구 5.6.2] 우리는 지금까지 위험이 없는 제비의 존재성을 전제로 논의를 해왔다. 그러나 DM이 제비 $X$의 위험을 피할 수 없을 때, 추가적인 제비 $Y$의 위험을 피하기 위해 그가 얼마를 기꺼이 지불하겠는가? 즉 추가적 제비 $Y$의 모험보상은 얼마인가? (Ross, 1981)

Ross(1981)는 Arrow-Pratt 모험보상은 효용함수의 전역적 특성을 반영하지 못함으로써 모험기피성에 대한 좋은 측도가 되지 못함을 예시하고, 이에 대한 해결책으로 더 강한 모험회피측도(a stronger risk-aversion measure, SRAM)를 제안하였다.

[정의 5.6.6] (SRAM) $u$와 $v$를 두 효용함수라 하자. 다음 조건을 만족하는 양수 $c$가 존재하면 $u$는 $v$보다 더 강한 모험기피성을 가진다고 일컬어진다: 모든 $w_1$와 $w_2$에 대해,

$$\frac{u''(w_1)}{v''(w_1)} \geq c \geq \frac{u'(w_2)}{v'(w_2)}.$$

### (5) 유용한 효용함수들

이제 몇몇 유용한 효용함수들을 살펴보자. 이들에 대해서는 다음 절에서 상세히 논의될 것이다.

① 음지수 효용함수: 불편 모험기피성

- $u(w) = -e^{-bw}$, $b>0$
- $r(w) = b$ : CARA
- $q(w) = bw$ : IRRA

② 거듭곱 효용함수: 불변 상대모험기피성

- $u(w) = \frac{1}{b}w^b$, $b<1$
- $r(w) = \frac{1-b}{w}$ : IARA
- $q(w) = 1-b$ : CRRA

③ 로그 효용함수: 거듭곱의 극한 형태($b \to 0$)

- $u(w) = \log w$
- $r(w) = \frac{1}{w}$ : DARA
- $q(w) = 1$ : CRRA

④ 이차 효용함수

- $u(w) = w - \frac{b}{2}w^2$, $b>0$
- $r(w) = \frac{b}{1-bw}$ : IARA
- $q(w) = \frac{bw}{1-bw}$

[관찰 5.6.4] 위의 이차 효용함수에서 $u'(w) = 1 - bw$ 이고 이는 $w<1/b$ 인 영역에서만 양의 값을 가진다. 따라서 이차 효용함수는 $w<1/b$ 인 영역에서 정의된다. 이 경계점은 행복점(bliss point)라고 불린다.

⑤ HARA(hyperbolic absolute risk aversion) 효용함수

- $u(w) = \dfrac{1-c}{c}\left(\dfrac{aw}{1-c} + b\right)^c,\ c \neq 1,\ a > 0,\ \dfrac{aw}{1-c} + b > 0$

  $c = \infty$ 이면 $b = 1$

- $r(w) = \left(\dfrac{w}{1-c} + \dfrac{b}{a}\right)^{-1}$
- $r(w)>0$이므로 $c>1$는 $b>0$를 시사한다.
- $q(w) = w\left(\dfrac{w}{1-c} + \dfrac{b}{a}\right)^{-1}$

[관찰 5.6.5] HARA 효용함수는 불변 모험기피성 효용함수($c = \infty$, $b = 1$), 불변 상대모험기피성 효용함수($c < 1$, $b = 0$), 2차 효용함수($c = 2$)를 나타낼 수 있다. 따라서 HARA 효용함수는 계수들의 값에 따라 불변 모험성과 증가-, 감소-, 또는 불변-상대모험성을 모두 나타낼 수 있다.

### 5.6.3. 모험성향에 따른 효용함수 분류

#### (1) 모험기피성

모험기피형 효용함수는 모험보상이 양수이고, 모험함수의 부호가 양이다:

$$RP > 0,\ \ u(x)\text{: 위로 볼록},\ u''(x) < 0,\ r(x) > 0.$$

모험기피성 효용함수 $u()$에 대해 제비 $X$의 기대효용은 기대치의 효용보다 작다:

$$E[u(X)] < u(E[X]). \tag{5.6.18}$$

이는 Jensen의 부등식에 다름이 아니다.

● 감소 모험기피성(DARA)－로그 효용함수

감소 모험기피성이란 결괏값들이 증가함에 따라 모험기피성 정도가 줄어드는 것을 말한다. 좀 더 정확히는, 준거제비에서－다른 모든 상황은 그대로 일 때－각 상에 같은 양의 값이 더해짐에 따라 그 제비에 대한 모험보상이 감소하는 성질을 말한다: $RP[X+\delta]<RP[X]$. 즉, 꼴등상이 좋아짐에 따라 덜 모험 기피적이 되는 것이다.

감소 모험기피성은 모험기피성 가운데 가장 보편적이다. 이때 모험기피함수는 감소함수가 되며, 이런 성질을 가지는 대표적인 효용함수는 로그 효용함수이다:

$$u(x) = a\log(bx + 1), \tag{5.6.19}$$

여기서 $a, b(a > 0, b > 0)$는 효용함수값의 범위가 0과 1 사이가 되도록 하는 척도구성상수들(scaling constants)이며 $x$의 범위는 $x > -1/b$로 제한된다. 대개 $b$는 매우 작은 값으로 선택되며, 이 경우 $u(x) \doteq abx$이다. 이 로그 효용함수에 대해

$$u'(x) = \frac{ab}{bx+1},\ u''(x) = -\frac{ab^2}{(bx+1)^2}$$
$$r(x) = \frac{b}{bx+1},\ q(x) = \frac{bx}{bx+1}$$

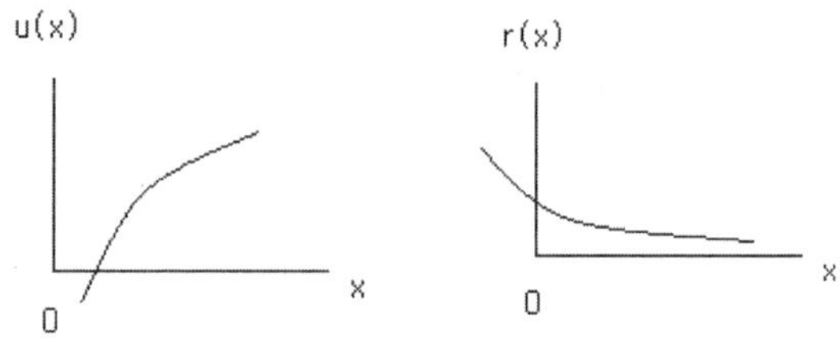


위 로그 효용함수는 다음 로그함수와 전략적으로 동등하다:

$$u_2(x) = \log(x + c), \tag{5.6.20}$$

여기서 $c$는 의사결정자의 초기 재산으로 해석될 수 있다. (5.10.6절의 상트 페테르부르크의 역설을 참조하라.) 로그 효용함수 $u_2(x)$의 모험함수는 $r_2(x) = 1/(x+c)$이다. 우리는 이로부터 전략적으로 동등한 효용함수들의 모험함수는 서로 같다는 모험함수의 [관찰 5.6.4]의 ④를 확인할 수 있다.

불확실한 결과 $X$에 대한 로그 효용함수 $u_2(x)$의 확실성 등가 $CE[X]$는 다음과 같이 주어진다: 초기 재산이 $c$일 때,

$$CE[X; c] = e^{E[\log(X+c)]} - c. \tag{5.6.21}$$

[관찰 5.6.6] 감소 모험기피성 효용함수에서, 꼴등상이 일등상에 접근함에 따라 모험보상이 0에 접근한다. 우리는 이런 제비들을 "작은" 제비들이라고 부를 수 있다.

**예 5.6.2**

로그효용함수를 가지는 한 감소모험기피성 의사결정자가 두 제비 $X$ = L(0.5, 150, 0)와 $Y$ = L(0.5, 100, 50) 가운데 하나를 구입하려고 한다. 그의 현 재산이 100일 때, 그는 어떤 제비를 구입하겠는가?

**풀이** 식 (5.6.20)에 주어진 효용함수를 이용하여 두 제비의 효용을 구해보자:

$$U[X] = 0.5\log(150+100) + 0.5(\log(0+100) = 0.5\log(250\times 100) = 5.0633$$
$$U[Y] = 0.5\log(100+100) + 0.5(\log(50+100) = 0.5\log(200\times 150) = 5.1545$$

제비 $Y$의 효용이 더 높으므로 그는 제비 $Y$를 구입할 것이다.

### ● 불변 모험기피성(CARA) – 음지수 효용함수

불변 모험기피성이란 준거제비에서 – 다른 모든 상황은 그대로 일 때 – 각 상에 같은 양의 값이 더해져도 그 제비에 대한 모험보상이 변하지 않는 성질을 말한다:

$$RP[X+\delta] = RP[X].$$

이때, 모험기피함수는 양의 상수가 되며 이런 성질을 가지는 효용함수는 음지수 함수뿐이다:

$$u(x) = a - be^{-\lambda x}, \tag{5.6.22}$$

여기서 $\lambda(\lambda > 0)$는 모험기피계수(risk aversion coefficient)이며 $a, b(b > 0)$는 효용함수값의 범위가 0과 1 사이가 되도록 하는 척도구성상수들이다. 이때,

$$u'(x) = b\lambda e^{-\lambda x},\ u''(x) = -b\lambda^2 e^{-\lambda x},\ r(x) = \lambda,\ q(x) = \lambda x$$

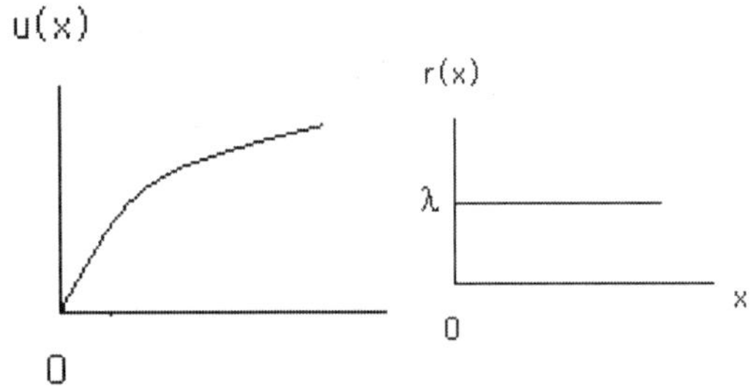


위의 음지수 효용함수는 다음 효용함수와 전략적으로 동등하다:

$$u_2(x) = \frac{1 - e^{-\lambda x}}{1 - e^{-\lambda}} = \frac{1 - e^{-x/\tau}}{1 - e^{-1/\tau}}, \tag{5.6.23}$$

여기서 모험기피계수의 역수인 $\tau = 1/\lambda$는 모험허용계수(risk tolerance coefficient)라고 불린다. $u_2(x)$의 모험기피함수는 $r_2(x) = \lambda$이다.

음지수 효용함수 $u_2()$의 확실성 등가 $CE[X]$는 다음과 같이 주어진다:

$$CE[X] = -\frac{1}{\lambda}\log E[e^{-\lambda X}]. \tag{5.6.24}$$

□ 음지수 효용함수의 모험기피성 계수 $\lambda$를 결정하는 방법

우리는 다음과 같은 세 가지 방법으로 음지수 효용함수의 모험기피성 계수 $\lambda$를 결정할 수 있을 것이다: Howard 제비를 이용한 방법, 모노그램을 이용한 방법, 그리고 경험적 데이터를 토대로 한 방법.

① Howard 제비를 이용한 방법

우리는 [그림 5.6.5]와 같은 50-50 제비의 일종인 Howard 제비(Howard, 1988)를 이용하여 모험기피성 계수 $\lambda$를 결정할 수 있다.

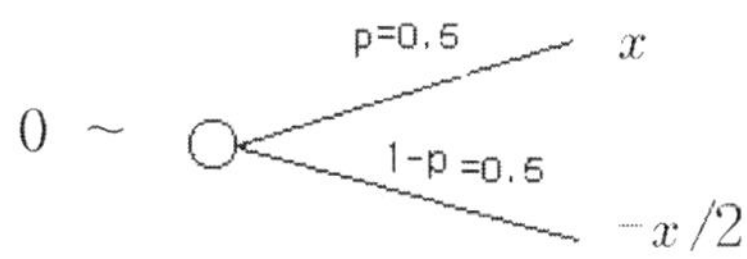


[그림 5.6.5] Howard 제비

그 발상은, Howard 제비의 확실성 등가가 0이 되는 $x$ 의 최댓값을 $x^*$ 라 할 때 $x^*$ 는 모험허용계수의 근사값이 된다는 것이다: $\tau \doteq x^*$. 이로부터 $\lambda \doteq 1/x^*$.

**예 5.6.3**

Howard 제비를 만족하는 $x^*$ 가 100이라 하자. 그러면 모험기피성 계수는 $\lambda = 1/100 = 0.01$로 주어진다.

[보충] $x^*$ 와 $\lambda$ 의 근사적인 역수관계에 대한 증명

이제 Howard 제비의 확실성 등가가 0이 되도록 하는 $x^*$ 와 $\lambda$ 가 근사적인 역수관계에 있음을 확인해 보자. Howard 제비의 확실성 등가가 0이 되도록 하는 $x^*$ 에 대해서 다음 관계가 성립한다:

$$u(0) = 0.5\,u(x^*) + 0.5\,u(-x^*/2). \tag{5.6.25}$$

식(5.6.23)의 $u_2()$ 로부터

$$0 = 0.5\frac{1-e^{-(x^*)\lambda}}{1-e^{-\lambda}} + 0.5\frac{1-e^{-(-x^*/2)\lambda}}{1-e^{-\lambda}}.$$

또는

$$e^{-x^*\lambda} + e^{x^*\lambda/2} = 2.$$

$e^{x^*\lambda/2} = y$로 두고 위 식을 정리하면,

$$(y-1)(y^2-y-1)=0.$$

그런데 $\lambda$와 $x^*$는 모두 양수이므로 $y>1$이어야 한다. 따라서 $y=(1+\sqrt{5})/2$. 이로부터

$$x^*\lambda = 2\log y = 0.9624\cdots$$

즉, $x^*$와 $\lambda$는 근사적인 역수관계를 가진다: $\lambda \doteq 1/x^*$.

② 모노그램을 이용한 방법

불변모험성 효용함수인 음지수 효용함수의 모험기피성 계수 $\lambda$를 결정하기 위한 다른 한 가지 방법은 다음과 같은 한 표준제비와 확실성등가 간의 관계를 나타내는 모노그램을 이용하는 것이다.

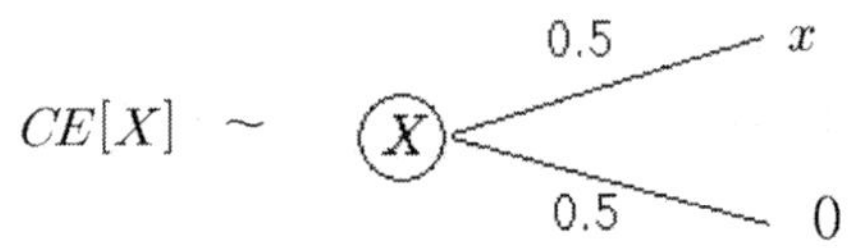


[그림 5.6.6] 한 표준제비

우리는 식(5.6.24)를 이용하여 이 표준제비의 확실성 등가와 일등상 $x$ 사이에 다음과 같은 관계가 있음을 쉽게 보일 수 있다(연습문제 4번 참조):

$$CE[X] = -\frac{1}{\lambda}\log E[e^{-\lambda X}] = -\frac{1}{\lambda}\log(0.5e^{-\lambda x}+0.5).$$

즉,

$$CE[X] = -\frac{1}{\lambda}\log 0.5 - \frac{1}{\lambda}\log(e^{-\lambda x}+1).$$

따라서 양변을 $x$로 나누면 다음 관계가 얻어진다:

$$\frac{CE[X]}{x} = -\frac{\log 0.5}{\lambda x} - \frac{1}{\lambda x}\log(1+e^{-\lambda x}). \tag{5.6.26}$$

이 관계를 모노그램으로 나타낸 것이 [그림 5.6.7]이다.

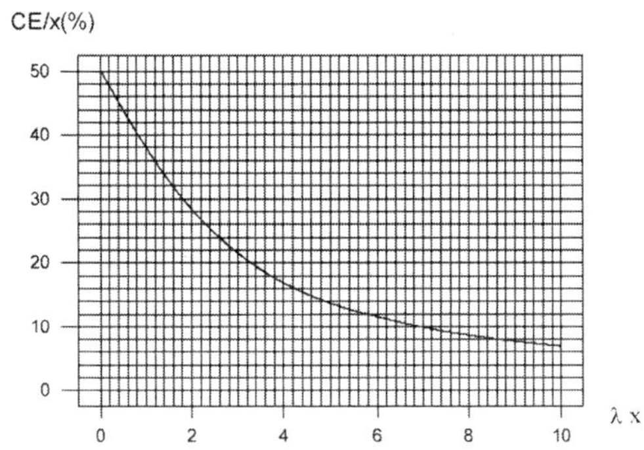


[그림 5.6.7] 음지수효용함수의 모험기피성계수를 계산하기 위한 모노그램

우리는 다음과 같은 단계로 위 모노그램을 이용하여 모험기피성 계수 $\lambda$를 결정할 수 있다:

ⓐ 먼저 표준제비에서 일등상 $x$를 정한다.
ⓑ 이 제비의 확실성 등가 CE를 정한다.
ⓒ 모노그램의 세로축값 CE/$x$를 계산한다.
ⓓ 모노그램에서 세로축값에 대응되는 가로축값을 읽는다.
ⓔ $\lambda x$ = 가로축값으로부터 $\lambda$ = 가로축값/$x$를 계산한다.

**예 5.6.4**

$x = 100$일 때 CE = 40이라 하자. 그러면 CE/$x$ = 0.4 즉 40 %이다. 모노그램에서 이 값에 대응되는 가로축값은 $\lambda x = 0.8$이다. 이로부터 $\lambda = 0.8/100 = 0.008$.

③ 경험적 데이터를 토대로 한 방법

Howard(1988)는 판매액, 순이익 또는 자산을 고려하여 기업의 모험허용계수 $\tau$에 대한 지침을 제시하고 있다. 구체적으로 그는 $\tau$가 근사적으로 다음과 같은 값을 가지는 것이 합리적이라고 제안한다:

- 연간 판매액의 6.4 %
- 연간 순이익의 1.24배(1~1.5배)
- 자산의 15.7 %(1/6)
- 시장가치의 20 %

[과제 5.6.4] 제비의 상금액이 $[l, w]$의 범위를 가지는 경우에 식(5.6.23)의 $u_2(x)$와 전략적으로 동등한 "단위" 음지수 효용함수가 다음과 같이 표현됨을 보여라:

$$u_3(x) = \frac{1-\exp(-(x-l)/\tau)}{1-\exp(-(w-l)/\tau)},$$

여기서 $\tau$는 모험허용계수이다. [도움말: 식(5.2.5)를 참조하시오.]

● 증가 모험기피성－이차 효용함수

증가 모험기피성이란 결괏값들이 증가함에 따라 모험기피성 정도가 커지는 것을 말한다: $RP[X+\delta]>RP[X]$. 증가 모험기피성은 일반적으로 보기 드문 성향이다. 이 때 모험기피함수는 증가함수가 되며 이런 성질을 가지는 대표적인 효용함수는 이차 효용함수이다:

$$u(x) = a + bx - cx^2, \tag{5.6.27}$$

여기서 $a, b, c(b>0, c>0)$는 효용함수값의 범위를 0과 1 사이가 되도록 하는 척도구성상수들이며 $x$의 범위는 단조증가하는 부분 $(x < b/(2c))$－이 경계점은 행복점(bliss point)이라고 불린다－만으로 한정된다. 이때,

$$u'(x) = 1 - 2cx,\ u''(x) = -2c,$$
$$r(x) = \frac{2c}{1-2cx},\ q(x) = \frac{2cx}{1-2cx}.$$

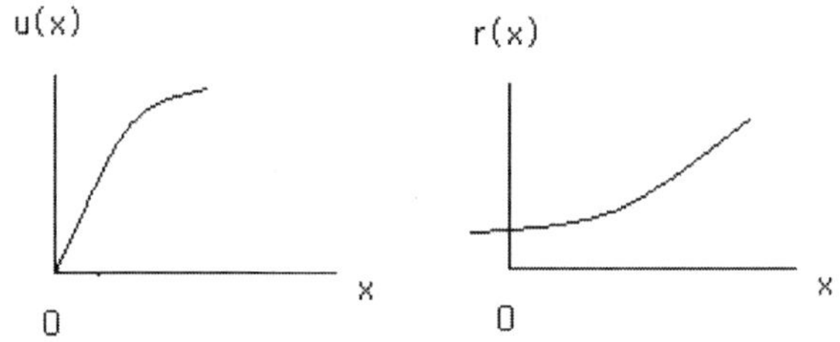


위의 이차 효용함수는 다음 효용함수와 전략적으로 동등하다:

$$u_2(x) = dx - dx^2/2. \tag{5.6.28}$$

$u_2(x)$의 모험기피함수는 $r_2(x) = \dfrac{d}{1-dx}$이다.

이차 효용함수 $u_2()$의 확실성 등가 $CE[X]$는 다음과 같이 주어진다:

$$CE[X] = -\frac{1}{d}\left\{-1 \pm \sqrt{(1-d\mu_X)^2 + d^2(2\sigma_X^2 + \mu_X{}^2)}\right\}. \tag{5.6.29}$$

### (2) 모험중립성－선형 효용함수

모험중립형은 모험보상이 영이며 모험함수는 영이 된다. 이런 성질을 가지는 효용함수는 선형함수뿐이다:

$$u(x) = a + bx, \tag{5.6.30}$$

여기서 $a, b(b > 0)$는 효용함수값의 범위를 0과 1 사이가 되도록 하는 척도구성상수들이다. 이때,

$$RP = 0, \quad u(x)\text{: 선형}, \ u''(x) = 0, \ r(x) = 0$$

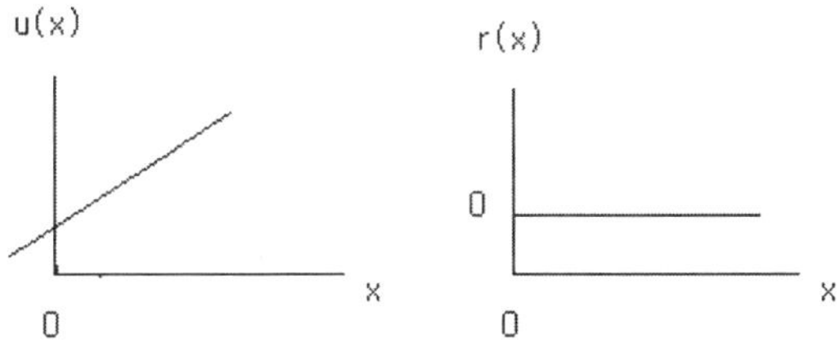


### (3) 모험추구성

모험추구성은 모험기피성과는 정반대의 행태를 보인다. 즉, 그의 모험보상은 음수이고, 모험기피함수의 부호도 음이다. 즉,

$$RP < 0, \quad u(x)\text{: 아래로 볼록}, \ u''(x) > 0, \ r(x) < 0$$

#### ● 불변 모험추구성－양지수 효용함수

불변 모험추구형의 모험기피함수는 음의 상수가 되며 이런 성질을 가지는 효용함수는 지수함수뿐이다:

$$u(x) = a + be^{-\lambda x}, \tag{5.6.31}$$

여기서 $\lambda(\lambda < 0)$는 모험 기피성 정도를 나타내는 상수이며 $a, b$ $(b > 0)$는 효용함수값의 범위를 0과 1 사이가 되도록 하는 척도구성상수들이다. 이때,

$$u'(x) = -b\lambda e^{-\lambda x},\ u''(x) = b\lambda^2 e^{-\lambda x},\ r(x) = \lambda$$

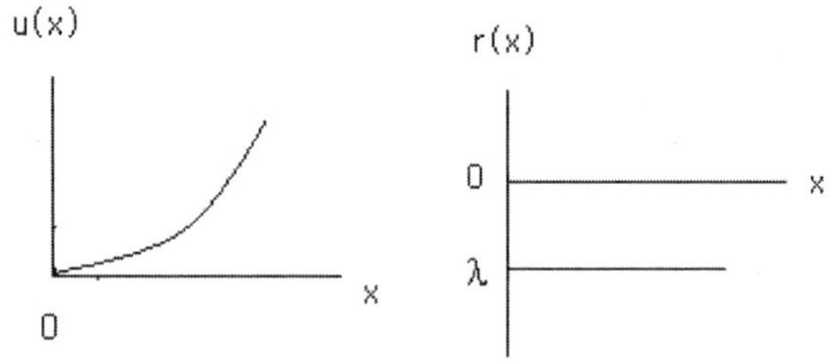


위의 양지수 효용함수는 다음 효용함수와 전략적으로 동등하다:

$$u_2(x) = \frac{1 - e^{-\lambda x}}{1 - e^{-\lambda}}, \tag{5.6.32}$$

여기서 $u_2(x)$의 모험기피함수는 $r_2(x) = \lambda$이다.

양지수 효용함수 $u_2()$의 확실성 등가 $CE[X]$가 다음과 같이 주어진다:

$$CE[X] = -\frac{1}{\lambda}\log E\left[e^{-\lambda X}\right]. \tag{5.6.33}$$

**예 5.6.5**

A는 기대가치의사결정자가 아님을 모험성향평가에서 알게되었다. 그의 효용함수는 다음과 같다. 모험보상, 모험기피함수 등을 구하여 A의 모험성을 종합적으로 평가하라.

$$u(x) = (4/3)(1 - 0.5^{x/5}).$$

**풀이** A는 다음과 같이 음지수 효용함수와 상수 모험기피함수를 가진다. 따라서 A는 불변 모험기피성으로 분류된다.

$$u(x) = \frac{4}{3} - \frac{4}{3}2^{-x/5} = \frac{4}{3} - \frac{4}{3}e^{-(0.2\log 2)x}.$$

$$r(x) = 0.2\log 2.$$

### 5.6.4. 모수적 효용함수 특정

한 주어진 상황에서 의사결정자로부터 그의 모험보상의 부호를 알아내는 것은 어려운 일이 아닐 것이다. 그리고 모험함수의 부호와 형태를 끌어내는 것도 쉽지는 않지만 가능한 일이다. 모험보상과 모험함수에 대한 이런 정보들은 특정한 효용함수 형태를 식별하는 것을 도와준다.

의사결정자의 효용함수의 형태가 식별되었다면 남은 문제는 몇 개의 점들을 주관적으로 부과하여 그 효용함수(의 모수들)를 특정하는 것이다. 의사결정자의 모험성향은 효용함수의 단조증가성과 함께 효용곡선이 위치할 수 있는 영역을 매우 좁혀주므로 적은 점으로도 효용함수를 부과할 수 있게 한다. 이 점은 또한 효용함수 부과과정에 개재할 수도 있는 비일관성이 쉽게 드러나게 해준다.

만약 의사결정자가 결괏값의 전 범위에 걸쳐서 모험중립성이면 그의 효용곡선은 직선이 된다. 이 경우에는 확실성등가가 기대화폐가치와 일치하므로 별도의 확률부과를 통한 모수특정이 필요하지 않다.

만약 의사결정자가 결괏값의 전 범위에 걸쳐서 모험기피성이거나 모험추구성이면 예컨대, 50-50 제비를 이용한 확실성등가 결정법을 이용하여 몇 개의 점만으로도 만족할 만한 수준의 효용곡선을 확정할 수 있다. 물론 [그림 5.6.3]에서와 같이 결괏값의 범위에 따라서 모험성향이 바뀐다면 충분한 개수의 점들을 얻어야 효용곡선이 특정될 수 있을 것이다.

## 5.7 확실성등가 부과

### (1) 직접 부과와 간접 부과

단순한 불확실한 사건에 대한 확실성등가는 직접 부과할 수도 있을 것이다. 그러나 일반적으로 복잡한 불확실한 사건들에 대한 확실성등가는 선호곡선과 확률을 이용해 간접적으로 부과한다.

효용함수를 이용한 간접 부과법은 확실성등가를 구하는 가장 확실한 수단을 제공하며, 확실성등가 부과가 일종의 의사결정이라는 것을 명확히 보여준다.

### (2) 간접 부과법에 의한 확실성 계산

복잡한 불확실한 사건에 대한 확실성등가는 먼저 이 불확실한 사건의 기대효용을 구한 후, 이를 역변환하여 CE를 구한다. 확실성등가를 구하기 위한 효용함수의 역변환에 대해서는 연습문제 3-9번을 참고하기 바란다.

**단계 1** 불확실한 사간의 각 결과에 대하여 평가단위로 측정된 결괏값을 효용곡선을 이용해서 효용값으로 변환시킨다.

**단계 2** 불확실한 사건의 기대효용값을 구한다. 이 기대효용값을 $u$라 하자.

**단계 3** 효용곡선을 이용해서 기대효용값 $u$에 대응되는 결괏값을 구한다. 바로 이 값이 이 불확실한 사건에 대응되는 확실성등가이다.

**예 5.7.1**

[예 5.6.2]를 다시 고려하자. 두 제비의 확실성 등가를 비교하여 그가 어떤 제비를 구입할지 예측하여보자.

**풀이** 식(5.6.20)에 주어진 효용함수로부터 두 제비의 확실성등가는 다음과 같이 계산된다:

$$CE[X] = \exp\{0.5\log(150+100)+0.5\,(\log(0+100)\} - 100$$
$$= \sqrt{250}\,\sqrt{100} - 100 = 58.1139$$
$$CE[Y] = \exp\{\log(100+100)+0.5\,(\log(50+100)\} - 100$$
$$= \sqrt{200}\,\sqrt{150} - 100 = 73.2051$$

제비 $Y$의 확실성등가가 더 높으므로 그는 제비 $Y$를 구입할 것이다.

## 5.8 델타 성질과 제비의 가격

### 5.8.1. 델타 성질

델타 성질(delta property) 또는 재산 독립성(wealth independence property)이란 제비의 모든 결괏값들을 $\delta$만큼 증가시키면 그 제비의 확실성등가도 $\delta$만큼 증가하는 성질을 말한다: $CE[X+\delta] = CE[X] + \delta$. 이런 델타 성질은 선형 효용함수(모험중립성)와 지수 효용함수(음지수의 불변 모험기피성 또는 양지수의 불변 모험추구성)에 대해서만 성립한다.

델타 성질은 복합 의사결정문제를 분리하여 다룰 수 있도록 해준다. 예컨대, 이 복합의사결정문제에 수반된 불확실한 사건들이 서로 독립적이고, 그들이 델타 성질을 만족한다고 가정하자. 그러면 이 의사결정문제의 확실성 등가는 각 불확실한 사건들의 확실성등가들의 합으로 나타난다: $CE[X+Y] = CE[X]+CE[Y]$. 일반적인 경우라면 불확실한 사건들의 결과들의 모든 조합이 고려되어야 한다.

**예 5.8.1**

결과가 서로 독립인 두 개의 불확실한 사건들을 고려하자. 불확실한 사건 A는 L(0.7, 2억, −0.3억)인 제비로 기술될 수 있고, 불확실한 사건 B는 L(0.2, 3억, −0.7억)로 기술될 수 있다. 다음 효용곡선을 토대로 기대효용이나 확실성등가가 최대가 되도록 이 두 제비 중의 어느 하나나 전부 또는 전무를 선택하여 보자.

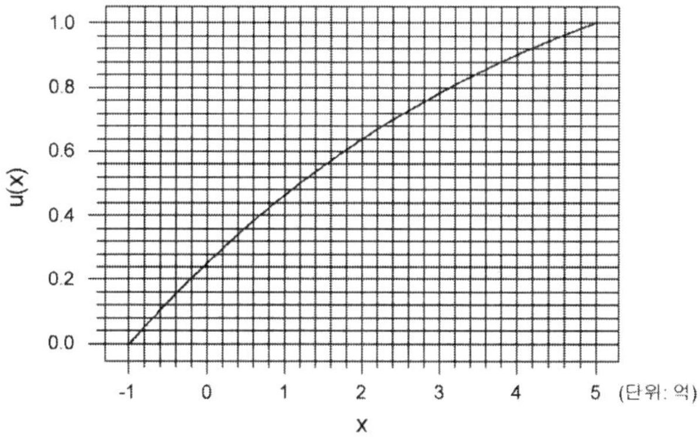


**풀이** 가능한 대안들과 각 대안의 확실성등가를 구하기 위한 과정이 아래 표에 제시되어 있다.

| 대안 | 결과(상태) | 결괏값 | 확률 | 효용 | 기대효용 | 확실성등가 |
|---|---|---|---|---|---|---|
| 전부 | A당B당 | 5 | 0.14 | 0.999974 | 0.474606 | 1.063641 |
| | A당B낙 | 1.3 | 0.56 | 0.518189 | | |
| | A낙B당 | 2.7 | 0.06 | 0.740368 | | |
| | A낙B낙 | −1 | 0.24 | 0.000006 | | |
| A | A당 | 2 | 0.7 | 0.636531 | 0.500131 | 1.200795 |
| | A낙 | −0.3 | 0.3 | 0.181863 | | |
| B | B당 | 3 | 0.2 | 0.780877 | 0.220867 | −0.137155 |
| | B낙 | −0.7 | 0.8 | 0.080865 | | |
| 전무 | 여전 | 0 | 1.0 | 0.252810 | 0.252810 | 0.000000 |

이제는 이 효용곡선이 다음과 같은 음지수 효용함수를 표현한 것이라는 점을 이용하여 의사결정을 내려보자: $u(x) = 1.48368 - 1.23087e^{-0.1868x}$.

음지수 효용함수는 델타 성질을 만족하므로 위 표에서와같이 "전부" 대안의 확실성등가를 계산하기 위해 A와 B의 모든 조합을 고려할 필요가 없다. 즉 "A" 대안과 "B" 대안의 확실성등가의 합이 "전부" 대안의 확실성등가가 된다. 위 표에서 이를 확인하여 보라.

## 5.8.2. 제비의 가격

제비를 파는 가격(personal indifferent selling price, PISP) S는 내가 가지고 있는 제비를 팔 때 받아야 할 최소 가격이다. [그림 5.8.1]의 (a)에서 보듯이 이 가격은 제비의 확실성등가와 일치한다. 제비를 사는 가격(personal indifferent buying price, PIBP) B는 다른 사람으로부터 제비를 살 때 내가 지불할 수 있는 최대 가격이다. 이 제비를 사려면 먼저 B를 지불한다. 따라서 [그림 5.8.1]의 (b)에서 보듯이 원 제비의 각 결괏값에서 B를 뺀 제비가 사고 난 후의 제비가 된다. 이 수정된 제비의 확실성등가가 0이라면, 나는 원 제비를 B보다 높은 가격으로는 사지 않을 것이다.

일반적으로 제비를 사는 가격과 파는 가격은 같지 않다. 그러나 델타 성질을 가지는 효용함수를 가지는 의사결정자는 이 두 가격이 동일하다.

(a) 파는 가격, S　　(b) 사는 가격, B

[그림 5.8.1] 제비를 파는 가격(S)과 사는 가격(B)

[관찰 5.8.1] 효용함수가 위로 볼록(즉 모험기피형)이라면 $S \geq B$이고, 아래로 볼록(즉 모험추구형)이라면 $S \leq B$.

[연구 5.8.1] 현 재산상태를 고려했을 때 제비를 사고파는 가격에 대해 연구해 보자.

## 5.9 효용함수를 사용할 때의 유의사항

① 일반적으로 두 결괏값의 합의 효용은 각 결괏값의 효용의 합과 같지 않다.

② 일반적으로 기댓값의 효용은 기대효용과 같지 않다.

③ 두 효용값의 차이인 선호간격(preference interval)은 선호를 나타내는 것이 아니다. 그 차들의 상대적 길이만 의미를 지닌다.

④ 효용함수는 절대적인 가치를 나타내는 것이 아니다. 예를 들어, 한 결괏값에 두 사람이 같은 효용을 부과하였더라도 그 결괏값이 두 사람에게 같은 가치가 있다는 뜻은 아니다. 즉, 효용함수는 개인 간 비교(interpersonal comparisons)를 위한 척도가 아니다.

⑤ 효용함수는 양선형변환에 대하여 유일하다.

## 5.10 효용이론의 역설들

### 5.10.1. Allais의 역설

프랑스 경제학자 Maurice Allais에 의해 제안된 이 역설은 우리에게 다음과 같은 두 가지 상황을 제시한다: (여기서 결괏값의 단위는 원이다.)

□ 상황 A

대안 $a_1$ = L(1, 0; 1M, 0)

대안 $a_2$ = L(0.1, 0.89, 0.01; 5M, 1M, 0)

□ 상황 B

대안 $b_1$ = L(0.11, 0.89; 1M, 0)

대안 $b_2$ = L(0.1, 0.9; 5M, 0)

이때, 우리는 다음 관계가 성립함을 쉽게 보일 수 있다:

$$U[a_1] - U[a_2] = U[b_1] - U[b_2].$$

그렇지만 보통 사람들은 상황 A에서는 $a_1$을, 상황 B에서는 $b_2$를 선택한다. 과연 이런 선택이 일관성이 있는 선택들인가?

● 해결책들

① 상황 A와 B에 대한 공식적인 표현들이 잘못되었다. 상황 A에서는 $a_1$을, 상황 B에서는 $b_2$를 선택하는 것은 효용이론과 모순되지 않는다.

② Savage의 해결책. Savage는 위 두 상황에서의 대안들을 다음과 같이 다시 표현하였다.

□ 상황 A

대안 $a_1$ = L(0.1, 0.89, 0.01; 1M, 1M, 1M)

대안 $a_2$ = L(0.1, 0.89, 0.01; 5M, 1M, 0)

□ 상황 B

대안 $b_1$ = L(0.1, 0.89, 0.01; 1M, 0, 1M)

대안 $b_2$ = L(0.1, 0.89, 0.01; 5M, 0, 0)

그는 이 표현들을 토대로 상황 A에서 $a_1$을 선택한 사람이 상황 B에서 $b_2$를 선택한 것은 잘못 추론한 것으로 결론을 내렸다.

### 5.10.2. Ellsberg의 역설

한 항아리에 같은 모양의 공들이 90개 들어있다. 이 중 30개는 노란색이고, 나머지 60개는 붉은색이거나 푸른색이다. Allais와 비슷하게 Ellsberg도 우리에게 두 가지 상황을 제시한다.

[표 5.10.1] Ellsberg의 항아리

| | | 노란색 | 붉은색 | 푸른색 |
|---|---|---|---|---|
| 공의 갯수 | | 30 | 60 | |
| 상황 A | $a_1$ | 1M | 0 | 0 |
| | $a_2$ | 0 | 1M | 0 |
| 상황 B | $b_1$ | 1M | 0 | 1M |
| | $b_2$ | 0 | 1M | 1M |

각 상황에서 공 한 개가 항아리에서 뽑히고, 우리는 그 공의 색에 대한 내기에 참여하게 된다. [표 5.10.1]에서와 보는 바와 같이 상황 A는 노란색과 붉은색 간의 내기이고, 상황 B는 붉은색이나 푸른색과 노란색이나 푸른색 간의 내기이다. 이때 상금은 각 상황에서 맞추면 1M, 못 맞추면 0이다.

□ 상황 A

대안 $a_1$: 노란색에 내기를 건다.

대안 $a_2$: 붉은색에 내기를 건다.

□ 상황 B

대안 $b_1$: 노란색이나 푸른색에 내기를 건다.

대안 $b_2$: 붉은색이나 푸른색에 내기를 건다.

이때, 우리는 다음 관계가 성립함을 쉽게 보일 수 있다:

$$U[a_1] - U[a_2] = U[b_1] - U[b_2].$$

그렇지만 보통 사람들은 상황 A에서는 $a_1$을 선택하고, 상황 B에서는 $b_2$를 선택한다.

● 해결책들

① Allais의 역설에 대한 Savage의 해결책과 비슷한 추론

p: 붉거나 푸른 공들 가운데 붉은 공들의 비율

□ 상황 A

대안 $a_1$ = L(1/3, (2/3)p, (2/3)(1－p); 1M, 0, 0)

대안 $a_2$ = L(1/3, (2/3)p, (2/3)(1－p); 0, 1M, 0)

□ 상황 B

대안 $b_1$ = L(1/3, (2/3)p, (2/3)(1－p); 1M, 0, 1M)

대안 $b_2$ = L(1/3, (2/3)p, (2/3)(1－p); 0, 1M, 1M)

② 이것은 위험하의 의사결정이 아니라 "부분적인" 무지하의 의사결정이다. 따라서 기대 효용을 최대화하는 원리는 적용되지 않는다.

## 5.10.3. Newcomb의 예측가 역설

놀라운 예지능력을 가진 한 예측가(predictor)가 당신에게 다음과 같은 선택을 제안하였다고 가정하자. 그와 당신 사이에 있는 탁자 위에 신발 상자가 두 개 놓여있다. 두 상자의 뚜껑이 모두 열려 있어서 당신은 붉은 상자 안에는 1M원이 있고, 푸른 상자는 비어 있다는 것을 알 수 있다. 그 예측가는 당신에게 그 방을 떠났다가 5분 후에 돌아오라고 말한다. 당신이 돌아오면 당신은 푸른 상자의 내용물을 가지던가 아니면 두 상자의 내용물들을 모두 가지던가를 선택하라고 제안을 받을 것이다.

그 예측가는 당신에게 또 다음과 같이 말한다: 당신이 방을 나간 후에 그가 당신이 푸른 상자만을 잡을 것으로 예측한다면 그는 푸른 상자에 1000M원을 넣을 것이고, 그가 당신이 두 상자를 모두 잡을 것으로 예측한다면 그는 푸른 상자를 빈 채로 둘 것이다. 당신은 방을

떠나고 5분 후에 돌아온다. 붉은 상자의 뚜껑은 여전히 열려 있고, 푸른 상자는 뚜껑이 닫혀 있다. 당신은 이 예측가에 대하여 전에 들은 정보가 있다: 두 상자를 모두 잡은 사람들은 열에 아홉이 1M원을 받았고 푸른 상자만을 잡은 사람들은 열에 아홉이 1000M원을 받았다. 당신은 어떤 선택을 할 것인가?

당신은 의사결정론을 이용하여 선택을 하고 돈에 대한 당신의 효용은 돈의 EMV와 일치한다고 가정하자. 그러면 이 상자선택문제에 대한 당신의 의사결정표는 [표 5.10.2]와 같을 것이다. 이 의사결정표에서 ()안의 값은 각 결괏값의 확률이다.

[표 5.10.2] 상자선택문제(예측가 역설)의 의사결정표

| | 푸른 상자가 비어 있음 | 푸른 상자가 비지 않음 |
|---|---|---|
| 푸른 상자를 잡음 | 0원<br>(0.1) | 1000M원<br>(0.9) |
| 두 상자를 모두 잡음 | 1M원<br>(0.9) | 1001M원<br>(0.1) |

이런 문제특정하에서 당신은 푸른 상자만을 잡음으로써 기대효용을 최대화하려고 할 것이다. 당신의 부자 친구들이 모두 푸른 상자만을 잡았다는 것을 회상하면서 당신은 푸른 상자로 손을 뻗는다.

그 순간 불현듯 의심이 스친다. 당신은 두 상자를 모두 잡는 것이 우월한 선택이라는 것에 주목한다. 의사결정론의 가장 훌륭한 두 규칙이 당신에게 상충하는 처방을 내리고 있는 것이다. 그렇다면 당신은 어떤 선택을 해야 하는가?

그때 당신은 결과우월 규칙은 상태의 확률들이 행동의 선택에 영향을 받는 경우에는 기대효용 최대화원리에 길을 내주어야 한다는 것을 기억한다. 이것은 "핵비무장 예"에는 의미가 있는데, 왜냐하면 비무장은 상대의 공격 가능성을 높여 주기 때문이다. 그렇다면 이 경우에도 의미가 있는가?

우리가 결과우월 규칙을 사용하여 결정한다면 두 상자를 모두 잡는 결정의 어리석음을 지적하는 모든 경험적 데이터를 무시해야 한다. 반면에 우리가 데이터를 따라서 기대효용을 최대화한다면, 데이터가 관련이 있는 이유를 설명하느라 애를 먹어야 한다. 이것이 우리가 처한 진퇴양난이다.

### ● 해결책들

□ 인과적 의사결정론(casual decision theory)에 의한 해결책을 소사해 보사.

- U-최대화(무조건 확률에 의한 기대효용최대화) vs V-최대화(조건부 기대효용최대화)
- 예측가 역설과 비슷한 두 현실적인 문제들로는 칼뱅의 예정설과 경건의 관계 그리고 피셔의 흡연과 심장병 발병의 관계를 들 수 있다.

□ 칼뱅의 예정설과 경건의 관계

먼저 칼뱅의 예정설과 관련한 의사결정문제를 살펴보자. 칼뱅의 견해에 대한 한 가지 해석에 의하면, 하나님께서는 천국에 갈 사람을 이미 정해 두셨으며 우리의 생애 동안에－우리가 성도이건 죄인이건－우리가 하는 어떤 것도 이것을 바꾸지 못한다. 한편 어떤 사람도 하나님께서 누구를 선택하셨는지 알 수 없지만 칼뱅주의자들은 선택받은 것과 경건함 사이에는 높은 상관이 있다고 믿고 있다. 당신이 철저한 칼뱅주의자이고 어떤 죄를 범할 유혹에 빠졌다고 가정하자. 계속 죄를 범할 것인지 아니면 자제할 것인지가 아래의 의사결정표로 모형화되어 있다. 당신은 어떤 행동을 취하겠는가? 당신은 예측가 역설에서와 유사한 역설에 빠져 있는 자신을 발견하게 될 것이다.

[표 5.10.2(2)] 칼뱅의 예정설

| | 선택받음 | 선택받지 않음 |
|---|---|---|
| 계속 죄를 지음 | Going to Heaven(GTH)<br>Earthly life(EL) with pleasure | Not GTH<br>EL with pleasure |
| 자제함(경건) | GTH<br>EL with abstinence | Not GTH<br>EL with abstinence |

□ 피셔의 흡연과 심장병 발병의 관계

흡연은 심장병과 높은 상관관계가 있다. 흡연자들은 비흡연자들보다 심장병을 앓기가 쉬우며 용고뚜리는 가벼운 흡연자보다 심장병 발병의 위험이 더 크다. 심장병은 또한 가족력이 있는 것 같고 야심이 있고 진지하며 경쟁심이 있는 사람들－A형 성격의 사람들－과 연관이 있는 것처럼 보인다. 오늘날 심장병의 원인을 연구하는 사람들은 대부분 흡연, 유전적 성향, A형 성격을 심장병에 기여하는 독립적인 원인들로 간주한다. 그러나 다음과 같은 인과적 관계를 가정하자: A형 성격은 유전되고, A형 성격을 가진 사람들은 그렇지 않은 사람들보다 흡연의 욕구가 강하다. 그러나 흡연은 심장병의 원인이 아니다. 그보다 A형 성격을 생성한 그 동일한 유전적 결함이 원인이다. 따라서 흡연과 심장병의 원인은 근본적으로 하나이며 동일하다－즉, 한 유전적 결함. 만일 당신이 이 노선을 따른다면 그리고 흡연할 지 여부를 고려하고 있다면, 당신은 아래 표에서 보는 대로 예측가 역설에서와 유사한 역설에 빠지게 된다.

[표 5.10.2(3)] 피셔의 흡연과 심장병

| | 유전적 결함 | 유전적 무결함 |
|---|---|---|
| 흡연 계속 | Producing heart disease(PHD)<br>Life with comfort(LwC) | Not PHD<br>LwC |
| 흡연 억제 | PHD<br>Life without comfort(LW/OC) | Not PHD<br>Lw/oC |

□ 인과적 의사결정론에 의한 해결책

우리는 앞에서 두 종류의 현상들이 인과관계가 없더라도 높은 상관을 보이는 사례들을 보았다. 이런 경우에 한 행동이 주어졌다는 조건하에서 한 상태의 확률이 매우 높더라도 이 행동이 그 상태를 야기하는 효과적인 방법이 되는 것은 아니다. 예컨대, 푸른 상자를 잡는 행동 바로 그 자체가 그 안에 1000M원이 있을 것이라는 것을 보장하는 효과적인 방법이 아닌 것이다. 아마도 우리가 예측가 역설에 대한 의사결정표를 작성할 때 조건부확률을 잘못 사용한 것일 것이다. 상태들에 대해 무조건 확률들을 부과해 보자. 그 확률들을 알지 못하므로 각각 $p$와 $1-p$로 나타내자. 그러면 의사결정표는 아래와 같이 주어진다.

[표 5.10.3] 상자선택문제(예측가 역설)의 의사결정표: 무조건 확률

| | 푸른 상자가 비어 있음 | 푸른 상자가 비지 않음 |
|---|---|---|
| 푸른 상자를 잡음 | 0원<br>$(p)$ | 1000M원<br>$(1-p)$ |
| 두 상자를 모두 잡음 | 1M원<br>$(p)$ | 1001M원<br>$(1-p)$ |

이제 $p$의 값이 무엇이든 두 상자를 모두 잡는 행동이 기대효용을 더 크게 하고, 이는 우월기준의 추천과도 일치한다. 인과적 의사결정론은 이렇게 예측가 역설－그리고 칼뱅의 예정설과 피셔의 흡연문제－을 해결하는 방법이다.

### 5.10.4. 교환 역설－확률 부과와 관련된 역설

Zabell(1988)에 의해 교환 역설(exchange paradox)이라고 불린 이 역설은 Kraitchik(1953)에 기원을 두고 있다. Gardner(1982)는 이를 지갑게임(wallet game)이라고 부르기도 했다. 이제 교환 역설의 내용을 살펴보자.

한 사람이 한 봉투에는 $m$달러를 넣고 다른 한 봉투에는 $2m$달러를 넣는다. 그가 봉투 하나는 당신(갑)에게 그리고 다른 하나는 을에게 도른다. 따라서 당신이 어느 봉투를 받을 확률도 0.5이다. 당신은 당신의 봉투를 열고 $x$달러를 발견한다. 당신은 다음과 같이 추론한다: 을의 봉투에 든 달러 액수를 $Y$로 나타내자. 이 봉투들이 등확률로 돌라졌으므로 각각 확률 1/2로 $Y = x/2$ 또는 $Y = 2x$이다. 따라서 서로 봉투를 맞바꾼다면 당신의 기대금액은 $(x/2 + 2x)/2 = 5x/4$이며 이는 분명히 현재 당신이 가지고 있는 $x$달러보다 크다. 당신은 눈을 번득이며 을에게 봉투를 교환하자고 제안한다. 을도 동일한 계산에 도달했으므로 기꺼이 이 제안에 동의한다.

이 문제의 역설은 우리가 끊임없이 교환해야 한다는 것을 시사하는 이 규칙은 직관적으로 불합리하지만, 이 규칙에 도달한 방법은 매우 합리적인 것처럼 보인다는 것이다.

[모순의 출발점] 이 역설에서 "합리적인 방법"으로 "불합리한 결론"에 도달하는 모순이 발생한 한 가지 이유는 당신이 $Y = x/2$ 또는 $Y = 2x$의 확률을 각각 1/2로 가정한 것이다.

● 해결책들

- 베이지안 해결책과 빈도주의자 해결책을 조사해 보자.

### 5.10.5. 몬티–홀 딜레마(Monty–Hall Dilemma)

몬티는 자신의 재력으로 친구들에게 선의의 장난을 하는 것을 즐기는 마음씨 좋은 백만장자이다. 그는 마릴린이란 가난한 친구에게 내기를 제안했다. "이번 크리스마스 선물로 자네에게 선물을 하고 싶은데 그냥 주면 재미가 없으니까 게임을 하세. 저 건물에 보이는 세 개의 문 1, 2, 3 중 한 문 뒤에는 승용차가 있고 나머지 두 문 뒤에는 염소가 있네. 자네가 선택한 문 뒤에 있는 선물을 주도록 하지." 마릴린이 그중 하나를 고르자 몬티가 새로운 제안을 하였다. "잘 골랐네. 내가 자네에게 기회를 한번 더 주겠네. 내가 남은 두 개의 문들 중 염소가 있는 문을 열겠네. 그 후에 자네가 원래의 선택을 고수하든지 아니면 다른 한 문으로 선택을 바꿔도 되네." 이제 마릴린은 원래 선택한 문과 남은 문 하나 중 선택할 권리가 있는 것이다. 마릴린이 승용차를 받으려면 원래대로 고수하는 게 나을까, 아니면 선택을 바꾸는 편이 나을까. 과연 몬티는 더 나은 기회를 준 것인가?

마릴린이 문 1을 선택했고 몬티가 문 3을 열었다고 가정하자. 우리는 마릴린이 문 1을 고수할 때 자동차를 받는 사건의 확률과 문 2로 선택을 바꿀 때 승용차를 받는 사건의 확률을

비교하고 싶다. 사건들을 다음과 같이 정의하자. $i = 1, 2, 3$에 대해,

MON$i$ : 몬티가 문 $i$를 여는 사건

CAR$i$ : 문 $i$ 뒤에 승용차가 있는 사건

MA$i$ : 마릴린이 문 $i$를 선택하는 사건

[해결책 1] 선택을 바꾸어야 한다.

(1-1) 1차 선택이 성공할 또는 실패할 확률은 각각 1/3과 2/3로 주어진다: P(CAR1) = 1/3, P(¬CAR1) = 2/3. 따라서 처음 선택을 고수한다면 승용차를 받을 확률은 1/3이다. 만일 1차 선택이 실패라면－실패확률은 2/3이다－승용차는 나머지 두 문 중 하나에 있다. 그런데 몬티는 반드시 염소가 있는 문을 열고 승용차가 있는 문을 남겨 둘 것이다. 따라서 1차 선택이 실패인 경우 선택을 바꾼다면 반드시 성공한다. 결론적으로 선택을 고수하면 성공확률이 1/3이고 선택을 바꾸면 성공확률은 2/3이다.

(1-2) 우리는 대칭성에 의해 다음과 같은 확률들로 시작할 수 있다.

- $P(CARi) = 1/3,\ i = 1, 2, 3$
- $P(MA1 \cap MON3|CAR1) = 1/2;\ P(MA1 \cap MON3|CAR2) = 1;$
  $P(MA1 \cap MON3|CAR3) = 0$

이로부터

$$P(MA1 \cap MON3) = \sum_{i=1}^{3} P(CARi)P(MA1 \cap MON3|CARi) = (1/3)(1/2) + (1/3)(1) + (1/3)(0) = 1/2$$

따라서

- $P(MA1 \cap MON3) = P(MA1)P(MON3|MA1) = (1/3)(1/2) = 1/6$
- $P(CAR1 \cap MA1 \cap MON3) = P(CAR1)P(MA1 \cap MON3|CAR1) = (1/3)(1/2) = 1/6;$
  $P(CAR2 \cap MA1 \cap MON3) = P(CAR2)P(MA1 \cap MON3|CAR2) = (1/3)(1) = 1/3$

이로부터 원하는 확률은 다음과 같이 얻어진다:

$$\begin{aligned} P(CAR1|MA1 \cap MON3) &= P(CAR1 \cap MA1 \cap MON3)/P(MA1 \cap MON3) \\ &= (1/6)/(1/2) = 1/3 \\ P(CAR2|MA1 \cap MON3) &= P(CAR2 \cap MA1 \cap MON3)/P(MA1 \cap MON3) \\ &= (1/3)/(1/2) = 2/3 \end{aligned}$$

즉, 마릴린은 다른 문을 선택함으로써 승용차를 받을 확률이 1/3에서 2/3로 높아진다.

[해결책 2] 선택을 바꿀 필요가 없다.

(2-1) 우리는 대칭성에 의해 다음과 같은 확률들을 얻을 수 있다:

- $P(CARi) = 1/3,\ i = 1,\ 2,\ 3$
- $P(CARi|MA1) = 1/3,\ i = 1,\ 2,\ 3$ (마릴린의 선택은 정보 변화를 가져오지 않는다.)
- $P(CARi|MON3) = 1/2,\ i = 1,\ 2$ (몬티의 힌트는 정보 변화를 가져온다.)
- $P(CARi|MA1 \cap MON3) = 1/2,\ i = 1,\ 2$ (마릴린의 선택과 몬티의 힌트가 가져오는 정보 변화는 몬티의 힌트에 의한 정보변화와 동일하다.)

즉, 몬티의 힌트를 본 후에 마릴린이 다른 문을 선택해도 승용차를 받을 확률은 1/2로 변하지 않는다.

<과제 5.10.1> 게임이론에서 제기되는 죄수의 진퇴양난(Prisoner's dilemma)에 대해 조사해 보자.

## 5.10.6. 상트 페테르부르크 역설과 엔트로피

### (1) 상트 페테르부르크 역설(St. Petersburg Paradox)

Nicholas Bernoulli(1713)에 의해 제시된 이 역설은 다음과 같은 도박게임에 대한 고려에서 나온다. 뒷면이 처음으로 나올 때까지 한 흠 없는 동전이 던져 올려진다. 뒷면이 처음으로 나올 때까지 동전이 던져 올려진 횟수를 $n$으로 나타낼 때 보수는 $2^n$ 프랑이다. 이 게임의 기대치는 $\infty$이다. 즉,

$$\sum_{n=1}^{\infty} 2^n P\{\text{던진 회수가 } n\} = \sum_{n=1}^{\infty} 2^n 2^{-n} = \infty .$$

이럼에도 불구하고 이 게임에 매우 큰 금액을 지불하는 사람은 거의 없다.

● 해결책

효용이론은 이 역설을 다음과 같이 해결한다: 이 게임에 참여하는데 $c$프랑이 든다면, 재산이 $m$인 한 개인에게 이 게임의 참 가치는 다음과 같다:

$$\sum_{n=1}^{\infty} u(m + 2^n - c)\, 2^{-n}, \tag{5.10.1}$$

여기서 $u$는 재산의 변화에 대한 그의 효용함수이다－예컨대, $u(0) = 0$를 만족하는. 그는 이 양이 음이냐 양이냐에 따라 이 게임에 참여하든가 아니 하든가 할 것이다.

<과제 5.10.2> 전형적인 모험기피형 효용함수들에 대해서 $c$가 클 때 이 양은 음수가 됨을 보여라.

N. Bernoulli의 사촌인 Daniel Bernoulli(1738) 그리고 이보다 10년 전에 또 다른 스위스 수학자인 Gabriel Crame(1728)에 의해 제시된 이 해결책은 다음과 같은 두 가지 착상을 토대로 하고 있다:

① 사람들이 부로부터 얻는 도덕적 가치(moral value) 즉, 효용은 그 화폐가치에 따라 선형으로 증가하는 것이 아니라 감소율로 증가한다－감소한계효용(diminishing marginal utility) 가정.
② 모험적인 사업(risky venture)에 대해 사람들이 부여하는 참 가치는 그 사업의 기대치가 아니라 그 사업의 도덕적 가치의 기대치(즉 기대효용)이다－기대효용 가정.

Bernoulli는 이러한 발상으로부터 화폐가치 $m$의 "도덕적" 가치는 $\log m$에 비례하는 것으로 간주되어야 한다고 제안하였다. Laplace(1819)는 상트 페테르부르크 문제와 Bernoulli의 해결책을 논의하는 가운데 계산과정 없이 다음과 같은 결과를 예시하였다: 그의 총 재산이 200 프랑인 사람이 이 게임에 참가하기 위해 9 프랑보다 더 거는 것은 비합리적이다.

<과제 5.10.3> 라플라스의 이 예시를 평가해 보아라.

[도움말] 초기 재산이 $m$ 프랑인 사람이 이 게임에 참가하기 위해 지불할 수 있는 합리적인 참가비 $f_m$은 그의 현 효용을 그가 참가비를 지불하고 그 게임에 참가한 경우의 기대효용과 등식으로 둠으로써 얻어질 수 있다. 즉, 합리적인 참가비 $f_m$은 다음 등식의 근이다:

$$\log m = \sum_{n=1}^{\infty} \frac{1}{2^n} \log(m - f_m + 2^n). \qquad (5.10.2)$$

- 이로부터 $f_{200}=8.7204$; $f_{1000}=10.95$; $f_{10000}=14.24$; $f_{1000000}=20.87$ – 즉, 백만장자도 이 게임에 21 프랑 이상을 무릅쓸 필요가 없다.

이런 수치적 결과들은 로그효용이 상당한 합리성을 가지고 있다는 것을 시사한다. (그러나 극단적으로 작은 화폐가치나 극단적으로 큰 화폐가치인 경우에 로그효용이 글자 그대로 사용되기에는 다소 문제가 있다.)

Karl Menger(1934)는 Bernoulli의 감소한계효용 가정은 모든 페테르부르크형의 역설들을 해결하는 데는 충분치 않다고 지적하였다. 구체적으로 우리는 항상 기대치가 무한대인 수익들의 한 열 $x_1$, $x_2$, …을 찾을 수 있다. 그리고 기대효용이 무한대가 되도록, 예컨대 $u(x_n) = 2^n$와 같은 효용함수를 제안할 수 있다. 따라서 Menger는 이런 유형의 역설들을 해결하려면 효용은 위로부터 유계이어야 한다고 제안하였다. Chernoff & Moses(1959)도 효용함수는 위로부터 유계이어야 한다고 주장한다.

Bernoulli의 부의 감소한계효용이라는 발상은 Gossen(1854)에 의해 평가된 이후 보편화되었다. 그러나 그의 기대효용 가정은 John von Neumann & Oskar Morgenstern(1944)의 "Theory of Games and Economic Behavior"에 이르러서야 계승되었다.

D. Bernoulli의 해결책의 핵심은 불확실성하에서의 의사결정 문제에서 우리는 도덕적 가치(즉, 효용)의 기대치를 최대화할 수 있도록 행동하여야 한다는 것이다.

[요약] 우리가 페테르부르크 역설로부터 얻는 교훈은, 사람들은 화폐가치가 아니라 도덕적 가치(즉, 효용)에 의해 행동한다는 것과 효용함수는 유계이어야 한다는 것이다.

### (2) 보험의 원리

보험료는 약정서에 포함된 모든 우발적 사건들에 대해서 보험회사에게 양의 기대이윤을 보장할 수 있도록 항상 높게 책정된다. 그런데도 왜 보험산업은 번창하는가?

사람들은 많은 경우에 모험기피성향을 보이기 때문에 보험에 대한 필요가 발생한다: 모험기피형들은 확실성을 위해 기꺼이 돈을 지불하려 하고, 보험회사들은 위험을 공동부담시킴으로써 그런 필요를 충족시킨다. 만일 보험회사들이 어떤 손실(사고나 질병 등)의 가능성과 비용을 안다면, 그들은 이 비용을 모험기피형들의 한 큰 집단에 분산시킬 수 있다. 보험회사는 손실의 비용을 지불하기로 동의하고 각 모험기피형은 보험료(insurance premium, risk premium; 모험보상)를 지불하고 확실성으로 인한 마음의 평안을 얻는다.

즉, 보험산업이 존속하고 더욱이 번창하는 이유는 개별 고객은 수백 또는 수천만 원대의 범위에 걸쳐서 위로 볼록한 효용함수를 가지는 반면에 보험회사는 수십 또는 수백억 원대의 범위에 걸쳐서 정확하게 선형인 효용함수를 가진다는 것이다.

[보충] 보험의 원리

구체적으로, 재산이 $M$인 한 고객에게 한 보험회사가 $n$ 가지 사고를 다루는 보험상품을 제안하고 있다. 이 보험상품과 관련하여 다음과 같은 기호를 약속하자:

$RP$: 제안된 보험계약에 대한 보험료
$p_i$: $i$-번째 사고가 발생할 확률
$L_i$: $i$-번째 사고가 발생했을 때 보험회사가 지불해야 할 보험금

즉, 이 보험상품은 다음과 같은 제비 $L$이다:

$$L = L(p_1, \dots, p_n : L_1, \dots, L_n).$$

이 고객이 로그효용함수를 가진다고 하자. 그러면 이 고객이 보험상품을 구입할 경우와 구입하지 않을 경우에 이 고객과 보험회사의 효용은 다음과 같이 주어진다.

[표 5.10.3] 고객과 회사의 효용

| | 효용 | |
|---|---|---|
| | 보험상품을 구입할 때 | 보험상품을 구입하지 않을 때 |
| 고객 | $\log(M-RP)$ | $\sum_i p_i \log(M-L_i) = E[\log(M-L)]$ |
| 보험회사 | $RP-\sum_i p_i L_i = RP-E[L]$ | 0 |

보험회사는 $RP-E[L]>0$ 즉 보험료가 기대보험금보다 크다면 보험상품을 팔려고 할 것이다. 고객은 $\log(M-RP)>E[\log(M-L)]$ 또는 확실성 등가로 표현하여 $M-RP>\exp(E[\log(M-L)])$ 라면 보험상품을 구입하려고 할 것이다. 따라서 보험료 $RP$가 다음 구간에 있다면 이 보험상품에 가입하는 것은 고객과 보험회사 모두에게 이익이 된다:

$$E[L] < RP < M-\exp(E[\log(M-L)]). \tag{5.10.3}$$

<과제 5.10.4> 복권의 원리를 논의해 보자.

### (3) 엔트로피와 효용

로그 효용함수는 극단적인 값들을 수반하지 않는 한, 대개의 경우 합리적이다. 이것은 또 우연하게도 엔트로피 개념과 밀접하게 연관된다(Bellman & Kalaba(1965)). 한 게임에 관해 부분적으로 신뢰할 만한 사전 정보를 제공받는 도박가는 그의 log(재산)의 기대치를 최대화 하도록 행동한다(즉, 어느 쪽에 얼 만큼을 걸어야 할지를 결정한다).

그들은 이 전략을 따르면 절대로 파산하지 않는다는 것을 보였다. 이는 기대이윤을 최대화 하는 전략을 택하면 도박가는 확률 1로 결국 파산하게 된다는 고전적인 도박가의 파산 (gambler's ruin)과는 대조적이다. 그들은 또 한 게임에서 딸 것으로 합리적으로 기대할 수 있는 액수는 그의 초기 금액 $M_0$에 비례하므로 $n$번의 게임 후에 $M=M_0e^{\alpha n}$을 가질 것이라고 희망할 수 있다는 것을 보였다. 명백히 로그효용함수를 사용하는 것은 $\alpha$의 기대치를 최대화하려 한다는 것을 의미한다.

<과제 5.10.5> 내기에서 파산하지 않는 전략들을 찾아보자.

<과제 5.10.6> $\alpha$의 기대치의 최댓값은 $H_0-H$임을 보여라. 여기서 $H$는 그의 정보의 진실성여부에 대한 도박가의 불확실성을 서술하는 엔트로피이고, $H_0$는 그 정보가 완전히 비정보적일 때에 가능한 최대 엔트로피이다.

[보충] 도박가의 파산

도박가의 파산 문제란 초기 재산이 $M_0$, 정보가 참일 확률이 $p$인 상황에서 내기에 걸 금액 $y$를 결정하는 문제 즉, 내기 $Y = L(p, y, -y)$에 걸 금액 $y$를 결정하는 문제를 가리킨다. 다음에서 보듯이 기대 재산 최대화 전략은 파산을 가져오고, 기대 로그 재산 최대화는 파산을 피할 수 있다.

□ 기준 1: 기대 재산 최대화

- 기대 재산

$$g(y) \equiv E[M_0 + Y] = p(M_0 + y) + (1-p)(M_0 - y) = M_0 + (2p-1)y$$

- 기대 재산을 최대화해주는 최적 내기금액 $y^*$

$$y^* = \text{argmax}_y g(y) = \begin{cases} M_0, & p > 0.5 \\ 0, & p \leqq 0.5 \end{cases}$$

- 최적 내기금액을 사용했을 때, 한 번의 내기 후의 기대 재산

$$M_1 = g(y^*) = M_0 + \alpha,$$

여기서

$$\alpha = \begin{cases} (2p-1)M_0, & p > 0.5 \\ 0, & p \leqq 0.5 \end{cases}$$

- 최적 내기금액을 사용했을 때, $n$번의 내기 후의 기대 재산

$$M_n = g_n(y^*) = M_0 + n\alpha$$

□ 기준 2: 기대 로그재산 최대화

- 기대 로그재산

$$f(y) \equiv E[\log(M_0 + Y)] = p\log(M_0 + y) + (1-p)\log(M_0 - y)$$

- 기대 로그재산을 최대화해주는 최적 내기금액 $y^*$

$$y^* = \operatorname{argmax}_y f(y) = \begin{cases} (2p-1)M_0, & p > 0.5 \\ 0, & p \leq 0.5 \end{cases}$$

- 최적 내기금액을 사용했을 때, 한 번의 내기 후의 기대 로그재산

$$f(y^*) = \log M_0 + \alpha,$$

여기서

$$\alpha = \begin{cases} \log 2 + p\log p + (1-p)\log(1-p) = H(0.5) - H(p), p > 0.5 \\ 0, p \leq 0.5 \end{cases},$$

여기서 $H(p)$는 엔트로피 함수이다: $H(p) = -[p\log p + (1-p)\log(1-p)]$.

- 최적 내기금액을 사용했을 때, 한 번의 내기 후의 "기대"재산

$$M_1 = \log^{-1}(f(y^*)) = M_0 e^{\alpha}$$

- 최적 내기금액을 사용했을 때, $n$번의 내기 후의 기대 로그재산

$$f_n(y^*) = \log M_0 + n\alpha$$

- 최적 내기금액을 사용했을 때, $n$번의 내기 후의 "기대"재산

$$M_n = \log^{-1}(f_n(y^*) = M_0 e^{n\alpha}$$

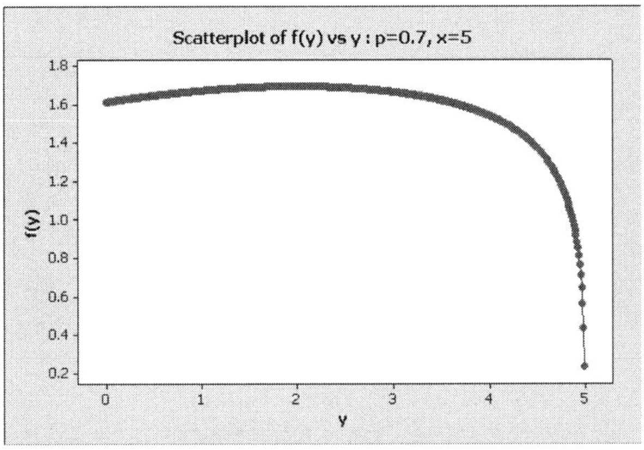


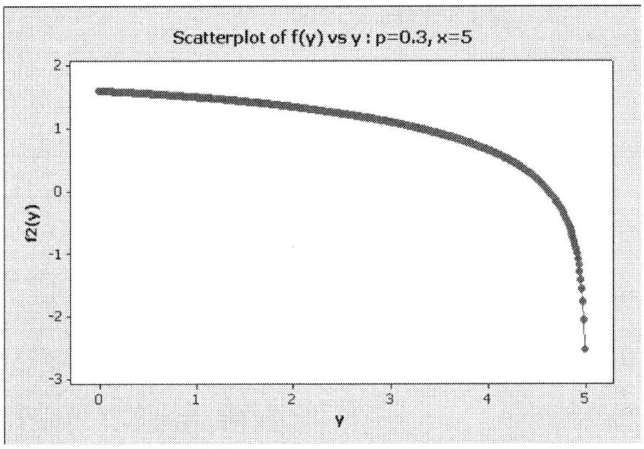


### (4) 정직한 일기예보가: 로그 평점규칙

아래 결과는 엔트로피가 한 사업가나 주식투자가의 전략을 끌어내는 데 중요한 역할을 할 수도 있다는 것을 보여준다: 이는 우리 자신의 효용을 최대화할 뿐 아니라 다른 사람들의 효용환경을 조작함으로써 그들을 우리가 바라는 대로 행하도록 유도할 수 있는 가능성을 시사하는 것이다. 유능한 관리자들은 본능적으로 그들의 조직이 부드럽게 굴러가도록 하기 위해 보상과 벌칙을 제공하는 방법을 알고 있다.

한 일기예보가의 사전 정보와 데이터에 의하면 내일 비가 올 확률은 $p$이다. 그렇다면 저녁의 TV 일기예보시간에 그가 내일 비가 올 확률로 어떤 값 $r$를 발표할 것인가? 이것은 그의 효용함수에 달려있다. 우리는 일기예보가들이 일관되게 악천후의 확률을 과장하지 않는가 하고 의심한다－즉, 태풍이 도착할 것이라고 잘 못 예보하는 것보다 도착하지 않을 것이라고 잘 못 예보하는 것이 더 큰 비난을 가져올 것이라는 생각에서 그가 $r(>p)$를 발표하는 것이 아닌가 하고.

그러나 우리는 그의 정보를 정확히 반영하고 있는 $p$를 듣고 싶다. 이 일기예보가가 항상 진실을 말하도록 효용환경을 그에게 제공하는 것이 가능한 일인가?

이 일기예보가와 다음 사항들을 규정하는 고용계약서를 작성한다고 가정하자: 첫째, 그가 오보를 아무리 많이 해도 그는 결코 해고되지 않는다. 둘째, 그가 비가 올 확률을 $r$로 발표할 때 그 다음 날 실제로 비가 오면 그 날의 그의 일급은 $B\log(2r)$이고, 비가 오지 않으면 $B\log[2(1-r)]$이다. 여기서 $B$는 우리의 현재의 고려사항들과는 관련이 없는 한 기본 율로서 그가 이 직업에 매력을 느낄 만한 액수이다. 그러면 이 일기예보가의 오늘 분 일급의 기대치 즉 주관적 기대치는 다음과 같이 주어진다:

$$B[p\log 2r + (1-p)\log 2(1-r)] \tag{5.10.4}$$
$$= B[\log 2 + p\log r + (1-p)\log(1-r)].$$

이로부터 그의 일급은 $r=p$일 때 최대가 됨을 알 수 있다. 아무 연속 효용함수는 그것의 한 작은 부분만을 고려한다면 선형으로 간주될 수 있다. 따라서 이 일기예보가가 아무 하루의 일급을 그것에 대한 그의 효용이 선형일 만큼 작다고 간주한다면, 진실을 말하는 것이 항상 그에게 이익이 된다. 이는 글자 그대로 정직이 최상의 정책이 되는 그러한 보상과 효용함수들의 조합이 존재한다는 것을 시사한다.

더 일반적으로 $n$개의 가능한 사건들 $(A_1, A_2, \ldots, A_n)$에 대해 사전 정보와 데이터가 확률분포 $P=(p_1, p_2, \ldots, p_n)$를 시사한다고 가정하자. 그러나 한 예측가가 그 대신에 확률분포 $R=(r_1, r_2, \ldots, r_n)$를 발표하기로 결정한다. 뒤에 사건 $A_i$가 발생한다면 그의 일급이 $B\log(nr_i)$라고 가정하자: 그는 실제 발생할 사건에 높은 확률을 부과하면 보상을 받는다. 그러면 그의 기대 일급은 다음과 같이 주어진다:

$$B[\log n - H(P;R)], \tag{5.10.5}$$

여기서 $H(P;R) \equiv -\sum p_i \log r_i$는 이 분포의 교차엔트로피(cross entropy)이다. 그러면 항상 $r_i = p_i$라고 발표하는 것이 그에게 이익이 될 것이며, 그의 최대 기대일급은 다음과 같이 주어질 것이다:

$$B[\log n - H(P)],$$

여기서 $H(P) \equiv H(P;P) = -\sum p_i \log p_i$는 분포 $P$의 엔트로피로서 $A_i$들에 대한 불확실성을 나타낸다.

<과제 5.10.7> 엔트로피들간의 다음 관계를 보이라:

$$D_{KL}(P \| R) = H(P;R) - H(P).$$

따라서 적절한 보상체계는 개인에게 정직이 최상의 정책이 되도록 할 뿐 아니라 그를 통해 조직에게도 최선의 결과를 기대할 수 있도록 해준다. 우리는 이로부터 한 개인의 이익이 반드시 그 사회의 나머지 사람들의 이익과 상충하지는 않는다는 것을 관찰할 수 있다: 즉, 사회－경제적 행동은 영－합 게임이 아니다. 따라서 적어도 이론적으로는 개인들의 이익이 사회 전체의 이익과 나란히 갈 수 있도록 상황들을 조직화하는 것이 가능하다.

### 5.10.7. 의사결정론과 효용이론의 약사

우리는 이 소절에서 상트 페테르부르크 역설에 대한 D. Bernoulli와 Laplace의 해결책에 대한 반응들을 중심으로 의사결정론과 효용이론의 역사를 간략하게 살펴볼 것이다.

#### (1) 의사결정론의 역사

의사결정론의 역사는 위험이나 불확실성하의 결과들에 대한 태도가 순수한 선호들로부터 분리된 과정에 대한 기술이다.

□ Daniel Bernoulli(1738)와 Laplace(1819)

- 고전경제학의 토대인 한계효용 개념을 도입하였다.
- D. Bernoull의 기대효용 개념－한 위험한 사업을 분해하여 가중값들에 의해 가중된 결과들로부터의 효용들의 합으로 평가하는－은 Neumann & Morgenstern(1944)에 이를 때까지 간과되었다.

#### (2) Neumann-Morgenstern 객관적-확률 기대효용

□ Knight(1921)

- 경제적 분석에서 위험과 불확실성이 관련되어 있을 것이라고 지적하였다.
- 위험과 불확실성에 대한 유명한 구분을 하였다. 위험(risk)은 의사결정자가 그가 직면한 랜덤성에 수학적 확률들을 부과할 수 있는 상황을 가리킨다. 반면에 불확실성(uncertainty)은 이 랜덤성이 특정한 수학적 확률들로 표현될 수 없는 상황을 가리킨다.

□ John von Neumann & Oskar Morgenstern(1944)의 객관적-확률 기대효용이론

- 위험과 불확실성을 경제학에 도입하였다.
- 그들의 목표는 기대효용 규칙들에 따라 위험 하에서의 의사결정에 합리적인 토대를 마련하는 것이었다. N-M의 공리적 방법론은 당대의 경제학자들에게 막대한 영향을 끼쳤다.

### (3) Savage-Anscombe-Aumann의 주관적-확률 기대효용이론

□ Leonard J. Savage(1954)의 주관주의적 기대효용은 Frank P. Ramsey(1926)와 Bruno de Finetti(1931, 1937)를 계승하고 있다.

- Savage는 객관적 확률들 대신에 주관적 확률들을 도입하여 기대효용가정을 유도하였다.

□ F. J. Anscombe과 R. J. Aumann(1963)은 Savage의 주관주의적 기대효용을 계승하였다.

### (4) Arrow-Debreu의 상태-선호(state-preference) 접근법

□ Kenneth J. Arrow(1953)와 Gerard Debreu(1959)의 상태-선호 접근법은 일반 균형이론에서 주요한 방법이 되었다.

### (5) D. Bernoulli(1738)의 제안과 Laplace(1819)의 평가

□ D. Bernoulli(1738)는 감소한계효용 가정과 기대효용 가정을 제안하였고, 이는 Laplace(1819)에 의해 평가되었다.

□ William Feller(1950)는 확률론에 관한 그의 유명한 책에서 D. Bernoulli의 해결책에 대한 아무런 언급도 없이 페테르부르크 게임과는 한 다른 게임 $-N$번째까지 결정이 나지 않으면 아무것도 받지 못한다고 수정된 게임$-$을 정의하고 해결함으로써 이 역설을 "해결"하였다. 마치 D. Bernoulli가 도덕적 기대치라는 개념에 의해 이 역설을 해결하려고 헛되이 노력하였다는 것을 독자들에게 확신시키려는 듯이. Feller는 보험의 원리도 같은 방법으로 설명하려고 시도하였다. 그는 D. Bernoulli의 곡선적인 효용함수라는 개념을 기각하였으므로 보험이 항상 필연적으로 보험가입자들에게 불공정한 게임이라고 보험산업을 부정하는 듯한 결론을 내렸다. 그는 다시 그 책의 개정판에서 입장료(entrance fee)가 $n\log n$이면 이 수정된 게임이 공정한 게임이 된다고 주장하였다.

□ 1930년대와 1940년대에는 J. Neyman과 E. S. Pearson의 가설검정에 딸린 의사결정규칙 −우도비에 관한 부등식−이 특히 경제학자들과 전기공학자들에게 상당한 인기를 끌었다. (참고로, 이 Neyman-Pearson의 의사결정규칙은 베이즈 규칙의 한 사례로 유도될 수 있다.)

□ Abraham Wald(1950)의 빈도주의적 의사결정론

- Abraham Wald는 1950년에 더 근본적인 수준에서 운용되는 한 정식화(formulation)를 제시하였으며 이것은 영구적인 타당성을 가지는 것으로 보였다. 이 정식화는 Daniel Bernoulli의 직관적인 발상에 정당화를 제공하였다. 그러나 그의 이런 노력은 어느 진영에서도 제대로 평가를 받지 못하였다.

- R. A. Fisher(1956)나 Maurice Kendall(1963)과 같은 빈도론자들은 Wald가 추론을 의사결정론의 한 특수한 경우로 간주한 것에 대해 거부감을 표시하였다. 그들은 이것을 자연과학에 정통하지 않은 사람들의 탈선이라고 간주하였다. (이런 절차들은 원래 Daniel Bernoulli와 Laplace에 기인하는데 자연과학자로서 이들의 입지는 쉽게 Fisher나 Kendall에 필적할 것이다. 의사결정을 수반하지 않는 추론은 한가롭다. 실제로 아무 자연과학자라도 어떤 목적에 이바지하는 것이 아니라면, 추론을 하는 수고를 감당하려 하지 않을 것이다.)

- Bayesian들이 보기에 Wald의 의사결정론은 불필요한 우회를 하고 있다. 그의 의사결정론은 위험(risk)과 허용가능성(admissibility)을 토대로 하고 있는데 이들은 Bayesian 규칙들이 아니라 표집론적인 규칙들이다.

<과제 5.10.8> 무엇이 의사결정 과정을 어렵게 만드는가?

● 요약: 일반적인 의사결정론

□ 추론문제들을 위한 네 단계

① 상태공간 확정 $\Omega_\theta$

② 사전확률들 부과 $p(\theta_j|I)$. 이는 상태공간의 불확실성에 대해 우리가 가지고 있는 사전 정보 $I$를 반영한다.

③ 표집확률들 부과 $p(E_i|\theta_j)$. 이는 데이터 확률 또는 우도라고도 불리는데 가능한 데이터집합들 $E_i$을 낳는 측정 과정에 대한 사전 정보를 나타낸다.

④ 추가적 증거들 $E = E_1 E_2 \cdots$ 에 베이즈 공식을 적용해서 사후확률들 $p(\theta_j | EI)$를 얻는다.

사후확률들 $p(\theta_j | EI)$은 $\theta_j$에 관한 모든 정보－사전 정보와 데이터에 담겨있는－를 표현한다.

□ 의사결정문제들을 위한 추가 세 단계

⑤ 의사결정공간 확정 $\Omega_D$

⑥ 손실함수 $L(\theta_j, D_i)$

⑦ $\theta_j$의 사후확률들에 걸쳐서 기대손실을 최소화해주는 결정 $D_i$를 선택한다.

- 위 단계들을 수행하는 데 필요한 Cox, Wald 그리고 Shannon의 정리들은 Laplace와 D. Bernoulli에 의해 이미 제안된 원리들을 형식화한 것에 불과하다－다만 엔트로피 원리는 무차별 원리를 더 일반화하고 있다.

## 5.10.8. 손실함수와 사전확률의 사회학

인간관계에서 사전확률과 손실함수의 역할에 대해 생각해 보자. 먼저, 유사한 사전확률들을 가지고 있는 사람들은 서로 잘 지낸다. 그 이유는 그들이 비슷한 세계관과 인생 철학을 가지고 있기 때문이다. 급진적으로 다른 사전확률들을 가진 사람들은 잘 지내기가 어렵다－이것은 대부분의 종교전쟁과 정치적 억압의 뿌리가 되어왔다.

손실함수는 사전확률과는 상반된 역할을 한다. 유사한 손실함수를 가진 사람들은 같은 것을 추구하며 서로 경쟁 관계에 있다. 다른 손실함수를 가진 사람들은 서로 잘 지낸다. 왜냐하면 그들은 저쪽에서 원하는 것들을 기꺼이 주려고 하기 때문이다. 서로에게 이익이 되는 우호적인 무역이나 사업상의 거래는 서로 다른 손실함수를 가지는 당사자 간에서만 가능하다－예컨대, 보험회사와 보험가입자 그리고 도박업자와 도박가.

실제적인 의사결정문제들에서 사람들은 그들의 사전확률들이 무엇인지 잘 안다. 그리고 사전확률들은 그의 교육과 과거 경험들에서 온 것이기 때문에 매우 안정적이다. 그러나 사람들은 논쟁과정에서 그들의 손실함수를 놓치기가 쉽다.

예컨대, 노동쟁의 중재자는 날카롭게 대립하는 이데올로기들을 가진 쌍방과 협상을 해야 한다. 노련한 중재자는 양측의 사전확률들(믿음들)을 바꾸려 하기 보다는 그들의 손실함수들을 바꾸는 데 역점을 둔다. 이런 점에서 손실함수는 사전확률보다 더 주관적일 때가 많다.

실제로 자신의 손실함수를 잘 못 판단하는 것이 인간들이 직면하는 위험들의 주원인이 되는 사례는 많다:

- 전쟁
- 범죄 행동
- Ramanujan. 수학적 천재라고 알려졌던 그가 32살에 죽은 이유는 아마도 그가 인도로부터 선적되어온 썩은 과일들만을 고집했기 때문이다.
- Kurt Gödel. 그는 의사들이 그를 독살하려 한다는 생각에 집착해서 굶어 죽었다.
- John Nash. 그는 1950년의 박사학위논문 '비협력 게임(Noncooperative Game)'으로 1994년 노벨 경제학상을 수상하였다. 그런데 그사이 1958년부터 1990년까지 정신분열증을 앓았다. [참고] 협력 게임(cooperative game)은 구속적 계약이 있는 반면에 비협력 게임은 구속적 계약이 없다. Nash 평형(균형)과 경매.
- 사회 전체의 이익 최대화: 예컨대, 운전자 전체의 운행 최소화가 좋은 운행방법이다.

[비교] 반직관적 역설(Braess's paradox)

- 모험추구형 사회는 안전보다는 속도를, 내실보다는 외형을, 그리고 과정보다는 결과를 선호하는 사회로 규정할 수 있다. 우리 사회가 모험추구형 사회라는 것을 시사하는 사례 중의 하나가 2003년의 대구 지하철 화재사건이다. 대구 지하철은 2002년 12월에 안전대상을 수상한 바가 있다.

# 연습문제

**01** 한 의사결정자는 노이만-모겐스턴의 기대효용이론의 다섯 가지 공리들을 만족하며, 다음과 같은 효용함수를 가지고 있다.

$$u(x) = \begin{cases} \sqrt{x}\,, & x > 0 \\ x\,, & x \leqq 0 \end{cases}$$

다음 제비 $L$를 고려하자.

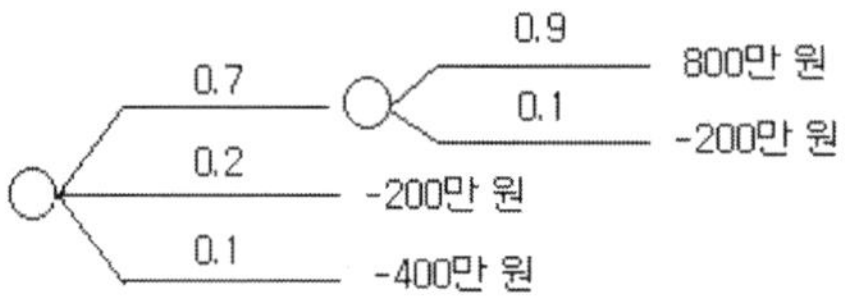


(1) 이 제비에 대한 기대효용은 얼마인가?

(2) 이 제비에 대한 확실성등가는 얼마인가?

(3) 이 제비에 대한 모험보상(risk premium)은 얼마인가?

(4) 이 사람의 위험(불확실성)에 대한 태도 즉 모험성을 평가하라.

(5) 이 제비의 판매가격(PISP) $S$과 구입가격(PIBP) $B$를 구하라.

**02** 의사결정분석가인 안씨는 의사결정자 김씨가 의사결정에 있어서 어떠한 행태를 보이는지 알아보기 위하여 불확실성을 갖는 제비에 대한 일련의 질문에 답하도록 요구하였다. 아래 대화 내용을 읽고 물음에 답하라.

안씨: 50 %의 확률로 100만 원의 이익을 볼 수 있고 50 %의 확률로 20만 원의 손실을 볼 수 있는 제비가 있다면 당신은 어떻게 하겠습니까? 해볼 만합니까?

김씨: 물론입니다.

안씨: 만약에 당신이 이 제비에 참여할 수 있는 권리를 다른 사람에게 팔 수 있는 기회를 가지고 있다면 최소한 얼마는 받아야 하겠습니까?

김씨: 음…, 70만 원 정도면 권리를 포기할 수 있겠소.

안씨: 그러면, 반반의 확률로 20만 원의 손실과 70만 원의 이익이 발생할 수 있는 새로운 제비가 있다면 어떻습니까? 해볼 만 한가요?

김씨: 그렇습니다.

안씨: 이 제비에 대한 최저가는 얼마나 될까요?

김씨: 아, 그것은 처음 제비보다는 좋지 못하므로 40만 원 정도면 되겠습니다.

안씨: 알겠습니다. 그러면 50 %의 확률로 각각 100만 원과 70만 원의 이익을 줄 수 있는 제비에 대해서는 절대로 싫어하지 않겠지요?

김씨: 당연하지요.

안씨: 그것을 판다면 얼마나 요구하겠습니까?

김씨: 적어도 90만 원은 받아야겠지요.

(1) 여기까지의 대화 내용을 근거로 김씨의 효용곡선을 근사적으로 그려보아라. 단, u(100만 원) = 1, u(−20만 원) = 0로 하라.
(2) (1)의 결과로부터 80만 원의 효용(값)은 얼마인가?
(3) 이 사람의 모험성은 어떻다고 생각하는가?

**03** 불확실한 결과 $X$에 대한 로그 효용함수 $u_2(x)$의 확실성 등가 $CE[X]$가 다음과 같이 주어짐을 보여라: 초기 재산이 $c$일 때,

$$CE[X] = e^{E[\log(X+c)]} - c.$$

(도움말. 확실성 등가의 효용과 기대효용이 서로 같음을 이용하라:

$$u(CE[X]) = E[u(X)].)$$

**04** 음지수 효용함수 $u_2()$의 확실성 등가 $CE[X]$가 다음과 같이 주어짐을 보여라:

$$CE[X] = -\frac{1}{\lambda}\ln E[e^{-\lambda X}].$$

(도움말. 확실성 등가의 효용과 기대효용이 서로 같음을 이용하라:

$$u(CE[X]) = E[u(X)].)$$

**05** 한 의사결정문제에서 의사결정자의 효용함수는 음지수효용함수 $u_2()$로 판명되었으며, 당면한 불확실한 사건에 대해 결괏값의 확률분포는 $N(\mu,\ \sigma^2)$로 부과되었다. 이 불확실한 사건(즉, 제비)의 확실성 등기기 다음과 같이 기대치, 분산 그리고 모험기피성 계수에 의해 특정됨을 보여라: $CE[X] = \mu - 0.5\lambda\sigma^2$.

**06** 성공확률이 1 %인 1억 원짜리 복권을 구입하는 것과 관련된 한 의사결정문제에서 의사결정자의 효용함수는 다음과 같은 음지수 효용함수로 판명되었다. 이 복권의 확실성 등가는 얼마인가?

$$u(x) = 0.5(1 - e^{-x}).$$

**08** 이차 효용함수 $u_2()$의 확실성 등가 $CE[X]$가 다음과 같이 주어짐을 보여라:

$$CE[X] = -\frac{1}{d}\left\{-1 \pm \sqrt{(1-d\mu_X)^2 + d^2(2\sigma_X^2 + {\mu_X}^2)}\right\}.$$

(도움말. 확실성 등가의 효용과 기대효용이 서로 같음을 이용하라:

$$u(CE[X]) = E[u(X)].)$$

**09** 양지수 효용함수 $u_2()$의 확실성 등가 $CE[X]$가 다음과 같이 주어짐을 보여라:

$$CE[X] = -\frac{1}{\lambda}\log\left(1 - E\left[1 - e^{-\lambda X}\right]\right).$$

(도움말. 확실성 등가의 효용과 기대효용이 서로 같음을 이용하라:

$$u(CE[X]) = E[u(X)].)$$

**10** [예 5.5.2]에서, 네 제비의 확실성등가를 비교하여라.

**11** B는 기대가치의사결정자가 아님을 모험성향평가에서 알게 되었다. 그의 효용함수는 다음과 같다. 모험보상, 모험함수 등을 구하여 B의 모험성을 종합적으로 평가하라.

$$u(x) = \frac{1 - e^{-0.18x}}{0.83}.$$

**12** InfoStat 사는 두 개의 계약을 제안받았다. 계약 A는 L(0.8, 1억, −0.3억)인 제비로 기술될 수 있고, 계약 B는 L(0.2, 4억, −0.7억)로 기술될 수 있다. 이 두 계약은 서로 영향을 미치지 않으며 독립적으로 수행될 수 있다. 이번 계약과 관련해서 InfoStat 사는 불변모험기피성을 가지며, 효용함수는 아래와 같이 도출되었다. 이 효용곡선을 토대로 기대효용또는 확실성등가가 최대가 되도록 계약을 선택하여라. (이 두 계약을 모두 선택할 수도 있고, 어느 하나를 선택할 수도 있고, 전혀 선택하지 않을 수도 있다.)

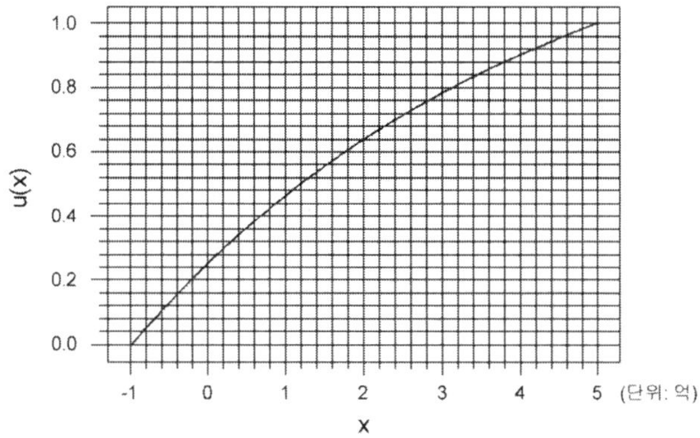


**13** 다음을 설명하라.

(1) 보험의 원리
(2) 사행산업의 원리
(3) 델타 성질
(4) 제비를 사는 가격과 파는 가격
(5) 성 페테르부르크 역설과 이에 대한 해결책
(6) 준거제비(reference lottery)와 부과제비(assessment lottery)
(7) 50-50 제비와 평균상 제비
(8) Howard 제비와 표준제비

**14** 다음 제비 $X$와 이 제비와 관련한 당신의 "단위"효용함수가 다음과 같이 도출되었다.

(1) 이 제비에 대한 기대치, 기대효용, 확실성등가, 그리고 모험보상(risk premium)을 구하고 그림에 표시하라.
(2) 이 효용함수가 델타성질을 만족함을 보여라.
(3) 이 제비와 관련하여 당신의 모험성을 "상세하게" 평가하라.
(4) 이 제비의 판매가격(PISP) $S$과 구입가격(PIBP) $B$를 구하라.

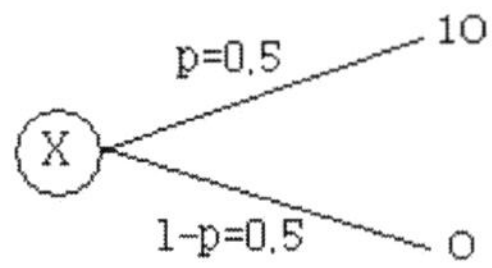


$$u(x) = (4/3)(1 - 0.5^{x/5}), 0 \leqq x \leqq 10$$

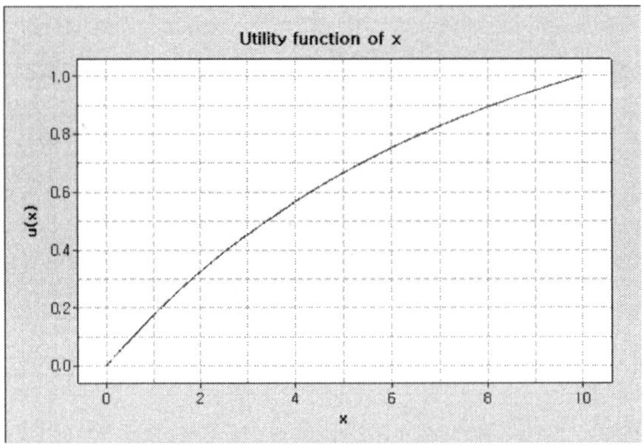


**15** 다음과 같은 효용함수를 고려하자:

$$u(x) = a - be^{-\lambda x}, \qquad ①$$

여기서 $\lambda(\lambda > 0)$는 모험기피계수(risk aversion coefficient)이며, $a, b(b > 0)$는 효용함수값의 범위가 0과 1 사이가 되도록 하는 척도구성상수들이다.

(1) 효용함수 $u(x)$의 모험기피함수 $r(x)$를 구하고, 그이 모험성을 평가하라.
(2) 효용함수 $u(x)$가 다음 효용함수와 전략적으로 동등함을 보여라:

$$u_2(x) = \frac{1 - e^{-\lambda x}}{1 - e^{-\lambda}} = \frac{1 - e^{-x/\tau}}{1 - e^{-1/\tau}}, \qquad ②$$

여기서 모험기피계수의 역수인 $\tau = 1/\lambda$는 모험허용계수(risk tolerance coefficient)라고 불린다.

(3) 제비의 상금액이 $[l, w]$의 범위를 가지는 경우에 식(2)의 $u_2(x)$와 전략적으로 동등한 "단위" 효용함수 $u_3(x)$를 구하라.

# 06 베이즈 의사결정분석

## 6.1 사후분포

베이즈 분석은 사전정보 $\pi(\theta)$와 표본신호 $x$를 사후분포 $\pi(\theta|x)$로 결합시키는 것으로부터 시작되는데, 바로 이 사후분포로부터 모든 결정과 추론이 이루어진다.

### 6.1.1. 사후분포의 정의

신호랜덤변수 $X$의 밀도함수 또는 $\theta$의 우도함수를 $f(x|\theta)=L(\theta|x)$로 나타내고 모수 $\theta$의 사전분포를 $\pi(\theta)$로 나타내자. 그러면 $\theta$와 $X$의 결합밀도함수 $h(x,\theta)$는 다음과 같이 주어진다:

$$h(x,\ \theta) = \pi(\theta)f(x|\theta). \tag{6.1.1}$$

또 $X$의 주변밀도함수 $m(x)$는 다음과 같이 주어진다:

$$\begin{aligned} m(x) &= \int_{\Theta} f(x|\theta)\,dF^{\pi}(\theta) \\ &= \int_{-\infty}^{\infty} h(x,\ \theta)\,d\theta,\ \theta\text{가 연속일 때.} \end{aligned} \tag{6.1.2}$$

이로부터 $\theta$의 사후분포 $\pi(\theta|x)$는 다음과 같이 주어진다:

$$\pi(\theta|x) = \frac{\pi(\theta)f(x|\theta)}{m(x)} \propto \pi(\theta)f(x|\theta). \tag{6.1.3}$$

**예 6.1.1**

다음을 가정하자: $X \sim f(x|\theta) = N(\theta,\sigma^2)$, 여기서 $\theta$는 알려지지 않았고 $\sigma^2$는 알려져 있다; $\theta \sim \pi(\theta) = N(\mu,\tau^2)$, 여기서 $\mu$와 $\tau^2$는 모두 알려져 있다. 그러면 $X$와 $\theta$의 결합밀도함수는 다음과 같이 주어진다:

$$
\begin{aligned}
h(x,\ \theta) &= \pi(\theta) f(x|\theta) \\
&= (2\pi\sigma\tau)^{-1} \exp\left\{-\frac{1}{2}\left[\frac{(\theta-\mu)^2}{\tau^2} + \frac{(x-\theta)^2}{\sigma^2}\right]\right\}.
\end{aligned}
$$

$\rho$를 다음과 같이 정의하자:

$$
\rho = \tau^{-2} + \sigma^{-2} = \frac{\tau^2 + \sigma^2}{\tau^2 \sigma^2}.
$$

그러면 exp의 지수항의 ½[ · ]는 다음과 같이 $\theta$를 수반하는 제곱합과 나머지로 분리될 수 있다:

$$
\begin{aligned}
&\frac{1}{2}\left[\frac{(\theta-\mu)^2}{\tau^2} + \frac{(x-\theta)^2}{\sigma^2}\right] \\
&= \frac{1}{2}\rho\left[\theta - \frac{1}{\rho}\left(\frac{\mu}{\tau^2} + \frac{x}{\sigma^2}\right)\right]^2 + \frac{(\mu-x)^2}{2(\sigma^2+\tau^2)}.
\end{aligned}
$$

따라서 결합분포 $h(x,\theta)$와 주변분포 $m(x)$는 각각 다음과 같이 주어진다:

$$
\begin{aligned}
h(x,\ \theta) &= (2\pi\sigma\tau)^{-1} \exp\left\{-\frac{1}{2}\rho\left[\theta - \frac{1}{\rho}\left(\frac{\mu}{\tau^2} + \frac{x}{\sigma^2}\right)\right]^2\right\} \exp\left\{-\frac{(\mu-x)^2}{2(\sigma^2+\tau^2)}\right\}, \\
m(x) &= \int_{-\infty}^{\infty} h(x,\ \theta)\, d\theta = (2\pi\rho)^{-1/2}(\sigma\tau)^{-1} \exp\left\{-\frac{(\mu-x)^2}{2(\sigma^2+\tau^2)}\right\}.
\end{aligned}
$$

이로부터 사후분포는 다음과 같이 주어진다:

$$
\begin{aligned}
\pi(\theta|x) &= \frac{h(x,\ \theta)}{m(x)} \\
&= \left(\frac{\rho}{2\pi}\right)^{-1/2} \exp\left\{-\frac{1}{2}\rho\left[\theta - \frac{1}{\rho}\left(\frac{\mu}{\tau^2} + \frac{x}{\sigma^2}\right)\right]^2\right\}. \qquad (6.1.4)
\end{aligned}
$$

위 등식들로부터 $X$의 주변분포 $m(x)$와 $x$가 주어졌을 때 $\theta$의 사후분포 $\theta|x \sim \pi(\theta|x)$는 다음과 같은 정규분포로 식별된다:

- $m(x) = N(\mu,\ \sigma^2 + \tau^2)$
- $\theta | x \sim \pi(\theta | x) = N(\mu',\ \tau'^2)$, 여기서

$$\mu' = \frac{\sigma^2}{\sigma^2 + \tau^2}\mu + \frac{\tau^2}{\sigma^2 + \tau^2}x = \frac{n_0}{n_0 + 1}\mu + \frac{1}{n_0 + 1}x, \qquad (6.1.5)$$

그리고

$$\tau'^2 = \rho^{-1} = (\tau^{-2} + \sigma^{-2})^{-1} = \frac{\tau^2\sigma^2}{\tau^2 + \sigma^2} = \frac{\sigma^2}{n_0 + 1}, \qquad (6.1.6)$$

여기서 $n_0 = \sigma^2/\tau^2$는 사전분포의 의사표본크기(pseudo sample size, PSS)를 나타낸다(4.5.2절 참조).

분산의 역수는 흔히 정밀도(precision)라 불린다. 우리는 위 예로부터 다음과 같은 관찰을 얻을 수 있다.

[관찰 6.1.1] 사후 정밀도는 사전 정밀도와 데이터 정밀도의 합이다:

$$\tau'^{-2} = \tau^{-2} + \sigma^{-2}.$$

[관찰 6.1.2] 사후평균은 사전평균과 데이터 평균의 가중평균이며 이때, 가중값은 그들의 정밀도에 비례한다:

$$\mu' = \frac{\sigma^2}{\sigma^2 + \tau^2}\mu + \frac{\tau^2}{\sigma^2 + \tau^2}x = \frac{n_0}{n_0 + 1}\mu + \frac{1}{n_0 + 1}x.$$

**예 6.1.2 IQ 검사 문제**

한 어린이가 지능검사를 받았다. 검사결과 $X$는 $N(\theta, 100)$이라고 가정하자. 여기서 $\theta$는 이 검사에 의해 측정되는 이 어린이의 참 IQ 수준이다. 모집단에서 $\theta$는 $N(100, 225)$에 따라 분포한다고 가정하자. 위의 식들을 이용하면 $X$의 주변분포는 $N(100, 325)$이고, $x$가 주어졌을 때 $\theta$의 사후분포는 다음과 같은 평균과 분산을 가지는 정규분포이다:

$$\mu(x) = \frac{(100)(100) + x(225)}{100 + 225} = \frac{400 + 9x}{13},$$

$$\rho^{-1} = \frac{(100)(225)}{100 + 225} = \frac{900}{13} = 69.23.$$

따라서 이 어린이가 이 검사에서 115점을 기록했다면 그의 참 IQ $\theta$는 사후분포로 $N(110.39, 69.23)$를 가진다. $X$의 주변분포 $N(100, 325)$는 모집단에서 실제 검사점수라고 "주관적으로" 예측되는 분포이다.

[보조정리 6.1.1] $T$가 $\theta$에 대한 충분통계량이고 그의 밀도함수와 주변밀도함수가 각각 $g(t|\theta)$와 $m(t)$로 표현된다고 하자. $m(t)>0$과 인수분해 정리(factorization theorem)가 성립한다고 가정하자. 그러면, $T(x)=t$에서

$$\pi(\theta|x) = \pi(\theta|t) = \frac{\pi(\theta)g(t|\theta)}{m(x)} \propto \pi(\theta)g(t|\theta). \qquad (6.1.7)$$

우리는 이 정리에 의해서 사후분포를 얻기 위해 $f(x|\theta)$와 $m(x)$에 연연할 필요가 없다. 우리는 다루기 거추장스러운 $X$ 대신에 적당한 충분통계량 $T$를 이용하여 사후분포를 구하면 된다.

**예 6.1.3**

$\boldsymbol{X} = (X_1, \ldots, X_n)$이 $N(\theta, \sigma^2)$로부터의 랜덤 표본이라고 하자(여기서 $\sigma^2$는 기지이다). 그리고 $\theta \sim \pi(\theta) = N(\mu, \tau^2)$라 하자(여기서 $\mu$와 $\tau^2$는 모두 기지이다). $\overline{X}$는 $\theta$에 대한 충분통계량이므로 [보조정리 6.1.1]에 의해 $\pi(\theta|\boldsymbol{x}) = \pi(\theta|\overline{x})$. 따라서

$$\theta|\boldsymbol{x} \sim \pi(\theta|\boldsymbol{x}) = N(\mu', \tau'^2),$$

여기서

$$\mu' = \frac{\sigma^2/n}{\sigma^2/n + \tau^2}\mu + \frac{\tau^2}{\sigma^2/n + \tau^2}\overline{x}$$

$$
= \frac{\sigma^2/\tau^2}{\sigma^2/\tau^2 + n}\mu + \frac{n}{\sigma^2/\tau^2 + n}\bar{x}
$$

$$
= \frac{n_0}{n_0 + n}\mu + \frac{n}{n_0 + n}\bar{x}, \tag{6.1.8}
$$

그리고

$$
\tau'^2 = \rho^{-1} = (\tau^{-2} + \sigma^{-2})^{-1} = \frac{\tau^2\sigma^2}{\tau^2 + \sigma^2} = \frac{\sigma^2}{n_0 + n}. \tag{6.1.9}
$$

여기서 $n_0 = \sigma^2/\tau^2$는 사전분포의 의사표본 크기를 나타낸다.

### 6.1.2. 이산 사전분포인 경우의 사후분포 확정

사전분포가 이산적일 때 사후분포는 다음 세 단계를 통하여 확정될 수 있다:

① 사전분포 부과 $\pi(j) = P\{\theta = \theta_j\}$

② 표본신호 $(X = x_k)$에 대한 우도 부과 $f(k|j) = P\{X = x_k | \theta = \theta_j\}$

③ 베이즈 정리를 이용한 사후분포 확정

- 주변확률 계산

$$
m(x_k) = P\{X = x_k\} = \sum_i P\{X = x_k | \theta = \theta_i\} P\{\theta = \theta_i\}
$$

$$
= \sum_i f(x_k|\theta_i)\pi(\theta_i) \tag{6.1.10}
$$

- 사후분포 확정

$$
\pi(\theta_j|x_k) = P\{\theta = \theta_j | X = x_k\} = \frac{P\{X = x_k | \theta = \theta_j\}}{P\{X = x_k\}} P\{\theta = \theta_j\}
$$

$$
= \frac{f(x_k|\theta_j)}{m(x_k)}\pi(\theta_j) \tag{6.1.11}
$$

우리는 사후분포 확정을 정보 수정과정이나 인과관계 파악과정으로 볼 수 있다.

**예 6.1.4 특정한 병 진단을 위한 혈액 검사**

어떤 특정한 질병을 가졌는지 여부를 진단하기 위해 혈액 검사가 실시된다. 그 검사의 결과는 양성(이를 $x=1$로 나타내자)이거나 음성(이를 $x=0$으로 나타내자)이다. "그 병이 있다"는 자연상태를 $\theta_1$로 나타내고 "그 병이 없다"는 자연상태를 $\theta_2$로 나타내기로 하고, 임상 데이터로부터 다음과 같은 우도가 알려져 있다고 가정하자: $f(1|\theta_1)=0.8$, $f(0|\theta_1)=0.2$; $f(1|\theta_2)=0.3$, $f(0|\theta_2)=0.7$. 사전정보에 의하면, $\pi(\theta_1)=0.05$, $\pi(\theta_2)=0.95$. 그러면 주변확률과 사후확률들은 다음과 같이 주어진다:

| 상태 $\theta$ | 사전분포 $\pi(\theta)$ | 우도 $f(x\|\theta)$ | | 사전분포×우도 | | 사후분포 $\pi(\theta\|x)$ | |
|---|---|---|---|---|---|---|---|
| | | $x=0$ | $x=1$ | $x=0$ | $x=1$ | $x=0$ | $x=1$ |
| $\theta_1$ | 0.05 | 0.2 | 0.8 | 0.01 | 0.04 | 0.0148 | 0.123 |
| $\theta_2$ | 0.95 | 0.7 | 0.3 | 0.665 | 0.285 | 0.9852 | 0.877 |
| 합 | 1.00 | 주변분포 $m(x)$ | | 0.675 | 0.325 | 1.0000 | 1.000 |

혈액검사가 양성반응을 보일 때조차도 여전히 그 병이 있을 가능성이 12.3 %에 불과하다는 것은 흥미로운 관찰이다. $m(1)$와 $m(0)$은 이 혈액 검사를 받은 사람들 가운데 양성반응과 음성반응을 나타낼 것으로 예상되는 비율이다.

**예 6.1.5 비행기의 착륙 장치 미작동 경고등**

비행기에는 착륙 장치가 완전히 펴지지 않았을 때 작동되는 경고등이 있다. 때때로 그 경고등은 착륙 장치가 완전히 펴져 있을 때도 작동된다. "착륙 장치가 펴진다"는 사건을 $A_1$으로 나타내고, "착륙 장치가 펴지지 않는다"는 사건을 $A_2$로 나타내자−$A_1$과 $A_2$는 상호배반적이고 둘 중의 하나는 반드시 일어난다는 사실을 주목하라(즉, $A_1$과 $A_2$는 표본공간의 한 분할이다). "경고등이 작동된다"는 사건을 $B$로 나타내자. 과거 데이터로부터 다음과 같은 우도와 사전확률들이 알려져 있다고 가정하자: $P(B|A_2)=0.999$, $P(B|A_1)=0.005$; $P(A_1)=0.997$, $P(A_2)=0.003$. 경고등이 작동될 때에도 착륙 장치가 펴져 있을 확률을 구해보자. 이 확률은 $P(A_1|B)$로 나타낼 수 있고 베이즈 공식에 의해 다음과 같이 계산된다:

$$P(A_1|B)=\frac{(0.005)(0.997)}{(0.005)(0.997)+(0.999)(0.003)}$$
$$=\frac{0.004985}{0.004985+0.002997}=0.62453.$$

경고등이 작동 중일 때조차도 착륙 장치가 펴져 있을 확률은 62.5 %로 여전히 높다.

### 6.1.3. 우도 부과

우도는 경험 데이터를 신호 랜덤변수에 연결시키는 연결고리이다. 우도는 경험 데이터와 랜덤변수에 의해 결정된다. 우도 부과절차는 경험 데이터를 생성하는 과정에 초점을 맞춘다. 우리는 우도 부과 방법을 다음과 같이 나누어 볼 수 있다:

- 이론적 분포를 이용한 우도 부과
- 상대빈도 데이터를 이용한 우도 부과
- 주관적인 우도 부과

#### (1) 이론적 분포를 이용한 우도 부과

모수에 의해 특정되는 한 이론적 분포를 이용하여 우도를 계산하기 위한 일반적인 절차는 다음과 같다.

- 이 이론적 분포에 의해 서술되는 데이터 생성과정을 찾는다.
- 신호 랜덤변수는 이 이론적 분포의 어떤 모수들과 관련이 있어야 하며, 그 분포의 나머지 모수들은 알려져 있어야 한다.

이런 조건들을 만족한다면, 우도들이 이 이론적 분포를 이용하여 계산될 수 있다.

[과제 6.1.1] 이항분포, 프아송분포, 정규분포는 각각 어떤 경우에 적당한 우도인가?

**예 6.1.6 이항우도**

어떤 회사에서는 두 공정으로부터 한 제품을 생산하고 있다. 한 공정의 불량률은 0.3이고, 다른 한 공정의 불량률은 0.2로 알려져 있다. 이 회사에서는 통계적 공정관리를 위해 네 시간마다 두 공정 중에서 한 공정을 랜덤하게 선택하고, 이 선택된 공정으로부터 다섯 개의 제품을 랜덤하게 뽑아서 부분군들을 형성하고 있다. 이렇게 형성된 한 부분군에 들어있는 불량품 수는 두 개로 판명되었다. 이 부분군이 불량률이 0.3인 공정으로부터 형성되었을 확률은 얼마인가?

**풀이** 이 예에서 상태는 공정의 불량률 $\theta$이고, 신호랜덤변수는 부분군에 들어있는 불량품수 $X$이다.

- 상태공간 $\Omega_\theta = \{0.2, 0.3\}$
- 사전분포 $\pi(\theta) = 0.5, \ \theta = 0.2, \ 0.3$

상태가 $\theta$일 때 한 부분군에 들어있는 불량품수 $X$의 조건부 분포는 이항분포로 주어진다:

$$X|\theta \sim BIN(5, \theta).$$

따라서 $x = 2$이 관찰되었을 때 각 상태의 우도는 다음과 같이 주어진다:

$$L(\theta) = f(2|\theta) = P\{X = 2|\theta\} = \binom{5}{2}\theta^2(1-\theta)^3.$$

이와 같은 우도함수는 이항우도함수라 불린다. 이로부터

- $L(0.2) = 0.201, \ L(0.3) = 0.267$
- 사후분포 $\pi(\theta|2) \propto \pi(\theta)L(\theta)$ 즉,

$$\pi(0.2|2) = 0.429, \ \pi(0.3|2) = 0.571.$$

**예 6.1.7 프아송우도**

한 컴퓨터 칩 제조회사에서는 생산률이 같은 세 개의 공정들로부터 칩을 생산하고 있다. 각 공정으로부터 생산된 칩 속에 들어있는 결점수의 분포는 각각 평균이 1, 2, 3인 프아송 분포를 따른다고 알려져 있다. 이 회사는 칩 속에 들어있는 평균 결점수를 관리하기 위해서 한 시간마다 세 공정으로부터 생산된 칩들의 랏으로부터 랜덤하게 한 칩을 뽑아서 결점수를 기록하고 있다. 이렇게 선택된 한 칩 속에 들어있는 결점수가 한 개로 판명되었다. 이 칩이 평균 결점수가 1인 공정으로부터 생산되었을 확률은 얼마인가?

**풀이** 이 예에서 상태는 공정의 평균 결점수 $\theta$이고, 신호랜덤변수는 한 칩 속에 들어있는 결점수 $X$이다.

- 상태공간 $\Omega_\theta = \{1, 2, 3\}$
- 사전분포 $\pi(\theta) = 1/3, \ \theta = 1, 2, 3$

상태가 $\theta$일 때 한 칩 속에 들어있는 결점수 $X$의 조건부 분포는 프아송분포로 주어진다:

$$X|\theta \sim POI(\theta).$$

따라서 $x = 1$이 관찰되었을 때 각 상태의 우도는 다음과 같이 주어진다:

$$L(\theta) = f(1|\theta) = P\{X = 1|\theta\} = \frac{e^{-\theta}\theta^1}{1!}.$$

이와 같은 우도함수는 프아송 우도함수라 불린다. 이로부터

- $L(1) = 0.368,\ L(2) = 0.271,\ L(3) = 0.149.$
- 사후분포 $\pi(\theta|1) \propto \pi(\theta)L(\theta)$ 즉,

$$\pi(1|1) = 0.467,\ \pi(2|1) = 0.344,\ \pi(3|1) = 0.189.$$

**예 6.1.8 정규우도**

한 판매회사에서는 하루 평균 판매량에 따라 월간 주문량을 관리하고 있다. 하루 판매량 $X$는 표준편차가 30인 정규분포를 따른다고 알려져 있다. 과거의 경험으로부터 하루 평균 판매량 $\theta$는 평균이 100, 표준편차가 20인 정규분포를 따른다고 믿어지고 있다. $\theta$에 대한 추가적 정보를 얻기 위해 25일간 판매량을 조사한 결과 평균이 90이었다. $\theta$에 대한 사후분포를 구하라.

**풀이** 이 예에서 상태는 하루 평균 판매량 $\theta$이고, 신호랜덤변수는 하루 판매량 $X$이다.

- 하루 평균 판매량의 사전분포 $\theta \sim N(100, 20^2)$
- 상태가 $\theta$일 때 하루 판매량 $X$의 조건부 분포는 정규분포를 따른다:

$$X|\theta \sim N(\theta, 30^2).$$

이로부터 우리는 상태가 $\theta$일 때 25일간의 판매량의 평균 $\overline{X}$의 조건부 분포는 다음과 같은 정규분포를 따름을 안다:

$$\overline{X}|\theta \sim N(\theta, 30^2/25) = N(\theta, 6^2).$$

따라서 $\overline{x} = 90$이 관찰되었을 때 각 상태의 우도는 다음과 같이 주어진다:

$$L(\theta) = f_{\overline{x}}(90|\theta) = \frac{1}{\sqrt{2\pi}\,6} e^{-\frac{(90-\theta)^2}{2(6^2)}}.$$

이와 같은 우도함수는 정규우도함수라 불린다.

▪ 사후분포 $\pi(\theta|90) \propto \pi(\theta)L(\theta)$. 즉,

$$\pi(\theta|90) \propto \frac{1}{2\pi(6)(20)} e^{-\frac{(\theta-100)^2}{2(20^2)}} e^{-\frac{(90-\theta)^2}{2(6^2)}}.$$

이로부터 $\theta|\overline{x} \sim \pi(\theta|\overline{x}) = N(\mu', \tau'^2)$, 여기서

$$\mu' = \frac{\sigma^2}{\sigma^2+\tau^2}\mu + \frac{\tau^2}{\sigma^2+\tau^2}\overline{x} = \frac{6^2}{6^2+20^2}100 + \frac{20^2}{6^2+20^2}90 = 90.825,$$

$$\tau'^2 = (\tau^{-2}+\sigma^{-2})^{-1} = \frac{\tau^2\sigma^2}{\tau^2+\sigma^2} = \frac{6^2 20^2}{6^2+20^2} = 33.028.$$

이때, 의사표본크기 $n_0 = \frac{30^2}{20^2} = 2.25 = 25\frac{6^2}{20^2}$.

### (2) 상대빈도 데이터를 이용한 우도 부과

많은 데이터 생성과정들은 어떤 성질을 판정하기 위해 고안된 검사들로 볼 수 있다. 예컨대, 고객들에 대한 신용확인서들(credit checks)은 그들의 신용 가치를 드러내기 위해 고안된 것이며 잠재적인 원유함유 특성들에 관한 탄성파 탐사는 지질 구조를 드러내기 위해 고안된 것이다. 그리고 의학적 검사들은 특정한 의학적 문제들을 진단하는데 목표가 있다. 이런 검사들은 종종 특정 모집단에 적용하여 상대빈도 정보를 얻기 위해 조정된다. 어떤 경우에는 이 데이터들이 우도들을 계산하는 데 사용될 수도 있다.

**예 6.1.9 채무불이행 여부**

어떤 은행에서는 한 고객에게 대출한 돈이 채무불이행(default, D)이 될지 여부를 알고 싶어 한다. 다행히 이 고객을 저위험(A)과 고위험(B)으로 분류해 줄 신용평가 서비스가 제공되어 있다. 그리고 데이터에 의하면, 채무 불이행자들 가운데 5 %가 A군이었고 채무이행자들 가운데 90 %가 A군이었다. 이로부터 우도는 다음과 같이 주어진다: $P(A|D) = 0.05$, $P(B|D) = 0.95$; $P(A|\neg D) = 0.90$; $P(B|\neg D) = 0.10$. 이제 우리는 베이즈 공식을 이용하여 사후확률들을 계산할 수 있다. 전체 고객 가운데 3 %가 채무 불이행자가 된다면,

$$P(D|A) = (0.03\times0.05) / (0.03\times0.05 + 0.97\times0.90) = 0.0017,$$

$$P(D|B) = (0.03\times0.95) / (0.03\times0.95 + 0.97\times0.10) = 0.2271.$$

상대빈도들을 이용하여 우도를 계산하는 방법의 장점은 이 예에서 보듯이 우도에 대한 상대빈도 정보가 사전확률들에 대한 정보와는 별개로 수집될 수 있다는 것이다.

### (3) 주관적인 우도 부과

우도를 부과하기 위한 이론적 분포나 상대빈도 데이터가 존재하지 않을 때는 주관적으로 우도를 부과해야 할 것이다. 그러나 다음 관계에서 보는 바와 같이 우리가 각 우도를 직접 부과하기보다는 우도비들을 부과하면 된다:

$$\pi(\theta_j|x_k) = \frac{f(x_k|\theta_j)\pi(\theta_j)}{\sum_i f(x_k|\theta_i)\pi(\theta_i)} = \frac{\pi(\theta_j)}{\sum_i \frac{f(x_k|\theta_i)}{f(x_k|\theta_j)}\pi(\theta_i)}. \tag{6.1.12}$$

[관찰 6.1.3] 우리는 사후 아즈(odds, 확률비)가 우도비와 사전 아즈의 곱으로 표현됨을 알 수 있다.

$$\frac{\pi(\theta_j|x_k)}{\pi(\theta_i|x_k)} = \frac{f(x_k|\theta_j)}{f(x_k|\theta_i)}\frac{\pi(\theta_j)}{\pi(\theta_i)}. \tag{6.1.13}$$

**예 6.1.10** (예 6.1.9, 계속)

채무불이행 예에서, 채무 불이행자들에 대한 데이터가 존재하지 않아서 주관적으로 우도를 부과해야 할 상황이라고 가정하자. 다음과 같이 상대우도들을 부과하자: P(A|¬D)/P(A|D) = 20, P(B|¬D)/P(B|D) = 0.1. 전체 고객 가운데 3 %가 채무 불이행자가 된다면 우리는 베이즈 공식 (6.1.12)을 이용하여 사후확률들을 계산할 수 있다:

$$P(D|A) = 0.03/(0.03\times1 + 0.97\times20) = 0.0015,$$
$$P(D|B) = 0.03/(0.03\times1 + 0.97\times0.1) = 0.2362.$$

### 6.1.4. 연속 사전분포인 경우의 사후분포 확정

사전분포가 연속적일 때, 우리는 연속 분포를 이산 분포로 근사시켜서 앞 절에서 다룬 방법으로 사후분포를 구할 수 있을 것이다. 물론 연속 분포를 그대로 다룰 수도 있다. 이때는 켤레 분포족을 이용하면 사후분포가 더 쉽게 확정될 수 있을 것이다.

### 6.1.5. 켤레 분포족

일반적으로 $m(x)$와 $\pi(\theta|x)$는 계산하기가 쉽지 않다. 그래서 여러 베이지안들이 $\pi(\theta|x)$를 계산하기가 쉬운 사전분포들을 찾아내기 위해 많은 노력을 쏟아 왔다. 그러한 노력의 산물 중의 하나가 바로 켤레 사전분포(conjugate prior)이다.

[정의 6.1.1] F를 $\theta$를 모수로 가지는 모든 밀도함수들 $f(x|\theta)$의 집합 즉 분포류라 하자. 한 사전분포류 P는 다음 조건이 성립하면 신호(또는 우도) 분포류 F에 대한 켤레 분포족(conjugate families of distribution)이라고 불린다: 모든 $f \in$ F와 $\pi \in$ P에 대해, 사후분포 $\pi(\theta|x)$가 분포류 P에 속한다.

즉, 사전분포가 어떤 신호 과정에 대하여 켤레성을 띤다면 사후분포가 사전분포와 같은 부류에 속한다는 것이다. 우리가 앞 절에서 다루었던 [예 6.1.1]은 정규 사전분포류가 정규 신호분포류에 대한 켤레 분포족임을 보여 준다.

한 주어진 분포류 F에 대해서 켤레 분포족은 흔히 우도함수들을 검토하고 우도함수들과 같은 함수 형태를 가지는 분포류를 켤레 분포족으로 선택함으로써 결정될 수 있다. 이렇게 얻어진 사전분포는 자연스런 켤레 사전분포(natural conjugate prior)라고 불린다.

[관찰 6.1.4] 켤레 사전분포들을 다룰 때는 주변분포 $m(x)$를 명시적으로 계산할 필요가 없다. 그 이유와, 그렇다면 사후분포 $\pi(\theta|x)$를 어떻게 구할 수 있는지를 각각 설명해 보자. 그리고 필요하다면 결합분포 $h(x,\theta)$를 $\pi(\theta|x)$로 나눔으로써 $m(x)$를 구할 수 있을 것이다.

**예 6.1.11**

프아송 신호분포 $POI(\theta)$로부터 뽑은 크기 $n$인 랜덤표본 $\boldsymbol{X} = (X_1, \ldots, X_n)$를 고려하자. 이런 데이터에 대한 우도함수는 다음과 같이 주어진다:

$$f(\boldsymbol{x}|\theta) = \prod_{i=1}^{n} \frac{\theta^{x_i} e^{-\theta}}{x_i!} = \theta^{n\bar{x}} e^{-n\theta} / \prod_{i=1}^{n} x_i! \propto \theta^{n\bar{x}} e^{-n\theta}.$$

이 우도함수가 감마분포 형태를 가지고 있으므로 한 켤레 사전분포족에 대한 한 타당한 제안은 감마분포이다. $\theta \sim GAM(\alpha, \beta)$라 하면,

$$\pi(\theta) = \frac{1}{\beta^\alpha \Gamma(\alpha)} \theta^{\alpha-1} e^{-\theta/\beta} \propto \theta^{\alpha-1} e^{-\theta/\beta}.$$

따라서 $\boldsymbol{x}$와 $\theta$의 결합분포는 다음과 같이 주어진다:

$$h(\boldsymbol{x},\theta) = f(\boldsymbol{x}|\theta)\pi(\theta) \propto e^{-\theta(n+1/\beta)} \theta^{n\bar{x}+\alpha-1} I_{(0,\infty)}(\theta),$$

여기서 $\theta$를 수반하는 인수들을 검토해 보면 우리는 이 분포가 $GAM(n\bar{x}+\alpha, [n+1/\beta]^{-1})$임을 알 수 있다. 바로 이 분포가 $\pi(\theta|\boldsymbol{x})$이다. 우리는 이로부터 프아송 신호분포류에 대해서는 감마분포류가 켤레 사전분포족이 됨을 알 수 있다. 이때 $\boldsymbol{x}$의 주변분포는 다음과 같이 계산되며 이는 프아송-감마 혼합 분포이다:

$$\begin{aligned} m(\boldsymbol{x}) &= \int_0^\infty \prod_{i=1}^{n} \frac{\theta^{x_i} e^{-\theta}}{x_i!} \frac{\beta^\alpha \theta^{\alpha-1} e^{-\beta\theta}}{\Gamma(\alpha)} d\theta \\ &= \frac{\beta^\alpha \Gamma\left(\alpha + \sum_{i=1}^{n} x_i\right)}{\Gamma(\alpha) \prod_{i=1}^{n} x_i! (\beta+n)^{\alpha + \sum_{i=1}^{n} x_i}} \end{aligned}$$

[표 6.1.1] 몇몇 자연스런 켤레 사전분포들

| 신호랜덤변수 $X\|\theta$ | 자연스런 켤레분포 | 주변분포 (혼합(mixture) 분포) |
|---|---|---|
| 1. 성공확률이 $\theta$ 인 이항분포 $B(n,\theta)$ | 베타분포 | 베타-이항분포 (beta-binomial) |
| 2. 성공확률이 $(\theta_1,\theta_2,\ldots,\theta_k)$인 다항분포 $MN(n;\theta_1,\theta_2,\ldots,\theta_k)$ | 디리클레분포 (Dirichlet) | |
| 3. 성공확률이 $\theta$ 인 음이항분포 $NB_f(s,\theta)$ | 베타분포 | 베타-음이항분포 (beta-negative binomial) |
| 4. 평균이 $\theta$ 인 프아송분포 $POI(\theta)$ | 감마분포 | 음이항분포 |
| 5. 평균이 $\theta^{-1}$ 인 지수분포 $EXP(\theta)$ | 감마분포 | |
| 6. 평균이 $\theta$ 인 정규분포(분산은 기지) $N(\theta,\sigma^2)$ | 정규분포 | 정규분포 |
| 7. 분산이 $\theta$ 인 정규분포(평균은 기지) $N(\mu,\theta)$ | 역감마분포 | |
| 8. 정밀도가 $\theta$ 인 정규분포(평균은 기지) $N(\mu,\theta)$ | 감마분포 | |
| 9. 균일분포 $U(0,\theta)$ | 파레토분포 | |

켤레 사전분포들은 사후분포를 계산하기가 쉽다는 것 이외에도 사후분포가 사전분포와 같은 함수 형태를 유지하되 분포의 모수들이 표본정보들에 의해 갱신된다는 특징을 가지고 있다. 이와 같은 모수들의 갱신 과정은 사전정보와 표본정보의 효과를 잘 드러낸다. ([예 6.1.1]과 [예 6.1.2]를 보라.) 이것은 또한 의사표본크기라는 개념을 유용하게 만든다.

**예 6.1.12**

이항 신호분포 $X \sim BIN(n,\theta)$ 로부터 $s$ 번의 성공과 $f$ 번의 실패가 관측되었다($n=s+f$). 성공확률 $\theta$ 의 사전밀도로 베타분포 $\theta \sim BETA(a,b)$를 사용하기로 하자. 그러면 $\theta$ 의 우도함수 $l(\theta)$와 사전밀도 $\pi(\theta)$는 다음과 같이 주어진다:

$$l(\theta) = f(x|\theta) \propto \theta^s (1-\theta)^f,$$
$$\pi(\theta) \propto \theta^{a-1}(1-\theta)^{b-1}.$$

이로부터 $\theta$의 사후밀도 $\pi(\theta|s+f)$는 다음과 같이 주어진다:

$$\pi(\theta|s+f) \propto \theta^{a+s-1}(1-\theta)^{b+f-1}.$$

즉 $\theta|s+f \sim BETA(a+s, b+f)$. 따라서 베타 사전분포 $BETA(a,b)$는 $a$회의 성공과 $b$회의 실패로 구성되는 $n_0 = a+b$회의 관측에 해당한다. 참고로, 균일밀도 $U(0,1)$는 $BETA(a,b)$에서 $a=b=1$로 표현되며 이는 $n_0 = 2$회의 관측에 해당한다. 이 때 사후분포는 다음과 같이 주어진다:

$$\pi(\theta|s+f) \propto \theta^s(1-\theta)^f.$$

그러나 켤레 사전분포의 이러한 매력적인 점들은 부차적인 문제이고, 보다 근본적인 문제는 켤레 사전분포가 진정한 사전분포의 합리적인 근사 분포를 제공하는가 하는 점이다. 여하튼 적어도 초기 분석 단계에서는 켤레 사전분포가 현실적으로 매우 유용한 역할을 수행할 수 있을 것이다.

<과제 6.1.2> 자연스런 켤레 사전분포족 이외에도 다른 켤레 사전분포족이 존재한다. 다음 분포류가 켤레 사전분포족임을 보여라:

- 모든 분포류(the class of all distributions)
- 혼합 켤레류(a mixed conjugate class): 자연스런 켤레 사전분포들의 모든 유한 가중 평균들의 집합

혼합 켤레류는 쌍봉 분포 등의 복잡한 주관적 사전분포들에 대한 근사 분포를 제공하면서도 계산과정의 단순성을 유지할 수 있다.

### ● 데이터를 토대로 한 사전분포들

$x_1, \ldots, x_n$가 지수 신호분포 $f(x|\theta) = \theta e^{-\theta x}$로부터의 랜덤관측들이고 우리가 편평 사전분포(flat prior) $\pi(\theta) \propto \theta^{-1}$를 사용한다면 사후분포는 감마분포가 된다:

$$\pi(\theta|x_1, \ldots, x_n) \propto \theta^{n-1} e^{-n\bar{x}\theta}.$$

$y_1, \ldots, y_m$ 이 $f(x|\theta)$ 로부터의 새로운 관측들이고, 우리가 $\pi(\theta|x_1, \ldots, x_n)$ 를 사전분포로 사용한다면(이것은 이전 관측들을 토대로 한 초모수들에 대한 자연스런 켤레분포이다), 사후분포는 다음과 같이 주어진다:

$$\pi(\theta|y_1, \ldots, y_n; x_1, \ldots, x_n) \propto \theta^{m+n-1} e^{-(m\bar{y}+n\bar{x})\theta}.$$

이것은 $m+n$ 관측들을 토대로 한 감마 사후분포와 같은 형태이다.

### 6.1.6. 불완전 사전분포들

사전분포들이 불완전한(improper) 경우에도 사후분포 확정 과정은 다를 것이 없다. 물론 이렇게 얻어진 사후분포가 주어진 $x$ 에서 $\theta$ 의 조건부 분포라고 엄밀하게 주장할 수는 없지만, 대개는 문제가 되지 않는다. 불완전 사전분포에 대해서는 4.7.1절을 참고하라.

### 6.1.7. 사후분포의 일치성

$X_1, \ldots, X_n$ 이 $f(x|\theta_0)$ 로부터의 랜덤표본일 때, $\pi(\theta|x)$ 이 퇴화분포(degenerate distribution) $p_{\theta_0}$ 로 수렴하면 이 사후분포는 참값 $\theta_0$ 에서 일치적이라고 일컬어진다. 사후분포의 일치성은 베이지안 방법의 타당성을 시사하는 것으로 간주될 수 있다.

일치성은 적어도 궁극적으로는 데이터가 사전 의견들을 융합해야 한다는 요구조건으로 해석될 수 있다. 비모수적인 경우에는 특히 좋은 일치성 성질들을 가지는 사전분포들을 탐색할 필요가 있다.

## 6.2 베이즈 추론

$\theta$ 에 관한 추론문제들은 베이즈 분석을 이용하여 쉽게 해결할 수 있다. 사후분포가 $\theta$ 에 대한 모든 가용한 정보들을 담고 있으므로 $\theta$ 에 관한 어떤 추론도 이 사후분포의 특징들만으로 구성되어야 한다.

통계적 추론이 우리의 주제가 아니므로 이 절에서는 추론에 대한 베이지안 접근법의 기본 요소들을 소개하는 정도에 그칠 것이다. 물론 추론은 의사결정 문제로도 다루어질 수 있으며, 우리는 다음 절에서 이를 보게 될 것이다.

### 6.2.1. 점 추정

#### (1) 점 추정값

$\theta$의 점 추정값으로 흔히 쓰이는 것들은 사후분포의 평균, 중위수 그리고 최빈값이다. 먼저 최빈값을 살펴보자.

[정의 6.2.1] (일반화 최우추정값) 사후분포 $\pi(\theta|x)$의 최빈값 $\breve{\theta}$은 $\theta$의 일반화 최우추정값 (generalized maximum likelihood estimate, GMLE)이라 불린다.

**예 6.2.1** (예 6.1.1, 계속)

우리는 $f$와 $\pi$가 정규밀도들일 때 사후밀도가 $N(\mu(x), \rho^{-1})$인 것을 살펴보았다. 정규밀도는 평균에서 최댓값이 되므로 이 경우에 $\theta$의 GMLE는 다음과 같이 주어진다:

$$\breve{\theta} = \mu(x) = \frac{\sigma^2 \mu}{\sigma^2 + \tau^2} + \frac{\tau^2 x}{\sigma^2 + \tau^2}.$$

**예 6.2.2**

다음과 같은 우도함수와 사전분포를 고려하자:

$$f(x) = e^{-(x-\theta)} I_{(\theta,\infty)}(x);\ \pi(\theta) = [(1+\theta^2)\pi]^{-1}.$$

그러면 사후분포는 다음과 같이 주어진다:

$$\pi(\theta|x) = \frac{e^{-(x-\theta)} I_{(\theta,\infty)}(x)}{m(x)(1+\theta^2)\pi}.$$

우리는 $\pi(\theta|x)$를 최대화시키는 $\theta$의 범위로 $\theta \leq x$만을 고려하면 된다. (왜냐하면 $\theta > x$이면 $I_{(\theta,\infty)}(x) = 0$이고 따라서 $\pi(\theta|x) = 0$이 된다.) 그런데 이 범위에서 $\pi(\theta|x)$는 $\theta$의 증가함수이므로 $\pi(\theta|x)$는 $\breve{\theta} = x$에서 최대가 된다. 이로부터 $\breve{\theta} = x$는 $\theta$의 GMLE이다.

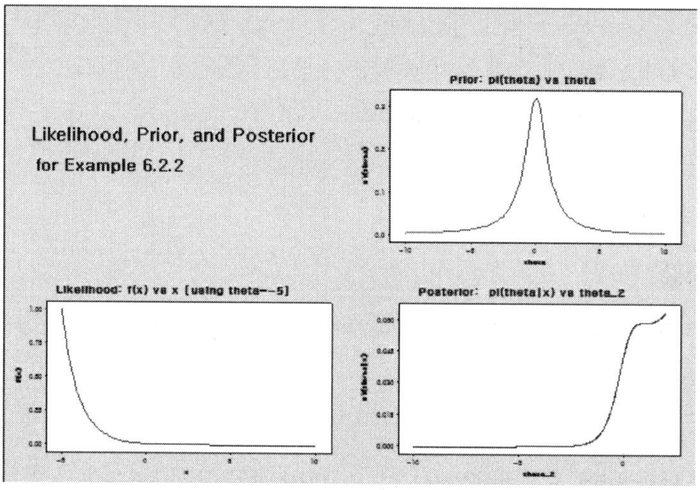


[그림 6.2.1] [예 6.2.2]에 대한 우도, 사전밀도, 사후밀도

$\pi(\theta|x)$의 평균과 중위수도 $\theta$의 베이지안 추정값으로 흔히 사용된다. [예 6.2.1]에서 이들은 최빈값 $\mu(x)$와 일치한다. 그러나 [예 6.2.2]에서 이들은 최빈값과 다르며 수치적으로 계산되어야 한다.

이들 점 추정값들은 켤레 사전분포족을 사용할 경우에 비교적 구하기가 쉽다. [예 6.1.11]에서 $\pi(\theta|x)$는 $GAM(n\bar{x}+\alpha, [n+1/\beta]^{-1})$로 주어지므로 평균은 $(n\bar{x}+\alpha)/(n+1/\beta)$이고 중위수는 감마분포표를 이용하여 얻어질 수 있다.

대개 최빈값 보다는 평균이나 중위수가 더 좋은 추정값이다. 베이지안 분석에서는 이 셋을 모두 구하여 비교하는 것이－특히 사전분포의 변화에 대한 그들의 민감성(또는 강건성)과 관련하여－도움이 될 것이다.

흔히 비정보적 사전분포를 이용한 베이지안 추론이 쉽고도 합리적인 분석법이 된다. 다음 추정문제 예를 보자.

**예 6.2.3 제한된 모수 공간 문제**

$X \sim N(\theta, \sigma^2)$를 관찰하는 상황을 고려하자. (여기서 $\sigma^2$는 알려진 값이고, $\theta$는 명백히 양수 값을 가지는 어떤 양의 한 측도이다.) $\theta$에 대한 고전적 추정값은 $x$인데, $x$가 음수일 때는 명백히 부적절하다. 특정한 사전정보를 가지고 있지 않다는 가정 하에 대안 추정값을 개발하기 위한 합리적인 방법은 비정보적 사전분포 $\pi(\theta) = I_{(0,\infty)}(\theta)$를 사용하는 것이다. 그러면 사후분포는 다음과 같이 주어진다:

$$\pi(\theta|x) = \frac{\exp\{-(\theta-x)^2/(2\sigma^2)\} I_{(0,\infty)}(\theta)}{\int_0^\infty \exp\{-(\theta-x)^2/(2\sigma^2)\} d\theta}.$$

이 사후분포의 평균은 다음과 같이 주어진다:

$$\mu^\pi(x) = E^{\pi(\theta|x)}[\theta] = x + \frac{(2\pi)^{-1/2}\sigma \exp\{-x^2/(2\sigma^2)\}}{1-\Phi(-x/\sigma)},$$

여기서 $\Phi$는 표준정규분포의 누적분포를 나타낸다. 사후분포의 평균으로 주어지는 $\theta$의 이 추정값은 단순하고 이용하기가 쉽다.

위 예와 같이 제한된 모수 공간도 비정보적 사전분포를 이용하여 쉽게 다룰 수 있다. 즉, 아무런 제한이 없을 때의 사전분포를 $\pi_0(\theta)$라 할 때 $\pi(\theta) = \pi_0(\theta) I_{\Theta'}(\theta)$로 두고 분석을 수행하면 된다. 이때, 사후평균 등을 확정하는 데 있어서 계산상의 어려움이 있을 수 있지만 개념적으로는 아무런 어려움이 없다.

<과제 6.2.1> 모수 공간이 다음과 같이 제한된 상황들을 예시해 보아라.

- 모수가 양수이다: 분산 성분 문제.
- 모수들의 크기에 확정적인 또는 확률적인 순서가 있다.

### (2) 추정오차

통계적 추정값을 제시할 때 대개 추정의 정확도를 함께 제시하는 것이 필요하다. 한 추정값의 정확도에 대한 보편적인 베이지안 측도는 추정값의 사후분산이다.

[정의 6.2.2] (사후분산) $\theta$가 사후분포 $\pi(\theta|x)$를 가지는 실 모수이고, $\delta$가 $\theta$의 한 추정값이라 할 때, $\delta$의 사후분산은 다음과 같이 정의된다:

$$V_\delta^\pi(x) \equiv E^{\pi(\theta|x)}[(\theta-\delta)^2].$$

$\delta$가 사후평균—즉, $\delta = \mu^\pi(x) \equiv E^{\pi(\theta|x)}[\theta]$)—이라면, $V^\pi(x) \equiv V_{\mu^\pi}^\pi(x)$는 단순히 사후분산이라고 불린다. 이때, 사후표준편차는 $\sqrt{V^\pi(x)}$이다.

우리는 흔히 $\sqrt{V_\delta^\pi(x)}$ 을 추정값 $\delta$의 표준오차로 사용한다. 다음 관계식은 계산에 유용하다:

$$V_\delta^\pi(x) = E^{\pi(\theta|x)}[(\theta-\delta)^2] = V^\pi(x) + [\mu^\pi(x) - \delta]^2. \tag{6.2.1}$$

우리는 식(6.2.1)로부터 사후평균이 표준오차를 가장 작게 하는 추정값임을 알 수 있다. 이런 이유로 흔히 사후평균 $\mu^\pi(x)$를 $\theta$에 대한 추정값으로 사용하고 $\sqrt{V^\pi(x)}$를 표준오차로 보고한다.

**예 6.2.4 (예 6.1.2, 계속) 켤레 사전분포**

명백히

$$V^\pi(x) = \rho^{-1} = \frac{\sigma^2\tau^2}{\sigma^2+\tau^2}.$$

따라서 $x = 115$인 어린이의 IQ 추정값으로 사후평균 $\mu^\pi(115) = 110.39$과 이에 따른 사후 표준오차 $\sqrt{V^\pi(115)} = \sqrt{69.23} = 8.32$가 보고될 것이다.

일반적인 정규분포문제에서 $\theta$의 고전적 추정값은 $\delta = x$이며, 식(6.2.1)로부터 이 추정값의 사후분산은 다음과 같이 주어진다:

$$\begin{aligned} V_\delta^\pi(x) &= V^{\pi(x)} + (\mu^\pi(x) - x)^2 \\ &= V^\pi(x) + \left(\frac{\sigma^2\mu}{\sigma^2+\tau^2} + \frac{\tau^2 x}{\sigma^2+\tau^2} - x\right)^2 \\ &= V^\pi(x) + \frac{\sigma^4(\mu-x)^2}{\sigma^2+\tau^2} = \frac{\sigma^2\tau^2 + \sigma^4(\mu-x)^2}{\sigma^2+\tau^2} \\ &= \frac{\sigma^2[\tau^2+\sigma^2(\mu-x)^2]}{\sigma^2+\tau^2}. \end{aligned} \tag{6.2.2}$$

따라서 [예 6.1.2]의 IQ 예에서 고전적 추정값 $\delta = x = 115$는 다음과 같은 사후 표준오차를 가진다:

$$\sqrt{V_{115}^{\pi}(115)} = [69.23 + (110.39 - 115)^2]^{1/2} = \sqrt{90.48} = 9.49.$$

물론 $\delta = x$ 의 고전적 표준오차는 $\sigma$ 이다. 식(6.2.2)로부터 $(\mu - x)^2 > 1$이면 $V_{\delta}^{\pi}(x) > \sigma^2$. 따라서 사전분포가 $\pi$ 라고 믿고 있는 베이지안은 $(\mu - x)^2 > 1$일 때 $\sqrt{V_{\delta}^{\pi}(x)}$ 보다 더 작은 수인 $\sigma$ 를 표준오차로 보고하는 것은 부정직하다고 느낄 것이다.

[관찰 6.2.1] 베이지안은 $\theta$ 를 추정하기 위해 표본정보뿐 아니라 사전정보도 이용하기 때문에 그의 추정값은 대개 고전적 통계가가 고전적 추정값에 대해 보고하게 될 표준오차보다 더 작은 (베이지안) 표준오차를 가지게 될 것이다－비정보적 사전분포가 사용될 때를 제외하면.

**예 6.2.5 비정보적 사전분포**

$X \sim N(\theta, \sigma^2)$ ($\sigma^2$ 은 기지)이고 비정보적 사전분포 $\pi(\theta) = 1$이 사용되면 $x$ 가 주어졌을 때 $\theta$ 의 사후분포는 $N(x, \sigma^2)$ 이다. 따라서 사후평균은 $\mu^{\pi}(x) = x$ 이고, 사후분산과 사후표준편차는 각각 $\sigma^2$ 과 $\sigma$ 이다.

[예 6.2.5]에서 보듯이 비정보적 사전분포를 이용한 베이지안 분석의 보고서－추정값과 표준오차－는 흔히 고전적 보고서와 외형적으로 동일하다. 그 두 보고서에 대한 해석은 다르지만, 그 숫자들은 외형적으로 동일하다. 고전적 통계학이 번창한 이유는 많은 표준적인 상황들에서 고전적인 숫자들이 의미가 있는 베이지안 해석을 가질 수 있었기 때문이라고 볼 수 있다. 두 보고서가 서로 다른 상황들에서는 고전적 보고서가 거의 예외 없이 비교 우위를 누리지 못하고 있다.

베이지안 분석의 또다른 강점은 $V^{\pi}(x)$의 계산이 $\mu^{\pi}(x)$의 계산보다 훨씬 더 어려운 경우가 거의 없다는 것이다. 그 계산이 수치적이면 난이도에서 실질적으로 아무런 차이가 없다. 그리고 $\mu^{\pi}(x)$가 해석적으로 구해질 수 있는 경우에는, 대개 $V^{\pi}(x)$도 해석적으로 구해질 수 있다－다음 예처럼.

**예 6.2.6** **(예 6.2.3, 계속)**

우리는 사후평균이 다음과 같이 주어짐을 알고 있다:

$$\mu^{\pi}(x) = E^{\pi(\theta|x)}[\theta] = x + b(x),$$

여기서

$$b(x) = \frac{(2\pi)^{-1/2}\sigma \exp\{-x^2/(2\sigma^2)\}}{1-\Phi(-x/\sigma)}.$$

$V^{\pi}(x)$를 쉽게 계산하기 위한 관계식을 유도해보자. 식(6.2.1)에서 $\delta = x$를 사용하면,

$$V^{\pi}(x) = V_x^{\pi}(x) - [\mu^{\pi}(x) - x]^2 = V_x^{\pi}(x) - [b(x)]^2.$$

$V_x^{\pi}(x)$는 다음과 같이 계산된다:

$$V_x^{\pi}(x) = E^{\pi(\theta|x)}[(\theta - x)]^2 = -x\,b(x) + \sigma^2.$$

따라서

$$V^{\pi}(x) = \sigma^2 - [x + b(x)]b(x).$$

표준오차 계산에서 베이지안의 전형적인 단도직입성은 고전적 접근법에 비해 우위를 가진다: 빈도주의자는 한 추정량 $\delta(x)$를 제안하고, 다음 식과 같이 정의되는 표준오차 $\sqrt{\overline{V}}$를 계산해야 한다:

$$\overline{V} = \sup_{\theta} E_{\theta}^{X}[(\delta(X) - \theta)^2] \ : \ \delta\text{의 최대 평균제곱오차.}$$

이 계산은 합리적인 추정량이 존재하지 않을 때 매우 어려울 수도 있으며, $\overline{V}$의 값이 모든 $\delta$에 대해 매우 클 수도 있다. 그리고 $\overline{V}$의 값이 합리적인 경우에도 그 사용이 직관에 반할 수도 있다–다음 예처럼.

**예 6.2.7** (예 6.2.3, 계속)

$\theta$에 대한 한 자연스런 빈도주의자 추정량은 $\hat{\theta} = \delta(x) = \max\{x, 0\}$이며, 이때 $\overline{V} = \sigma^2$이다. 따라서 우리는 $\delta(x)$와 함께 빈도주의자 표준오차 $\sqrt{\overline{V}} = \sigma$를 보고할 것이다. 이 보고서가 직관에 반하는 점은 $\theta>0$이라는 것이 알려지지 않았을 때도 빈도주의자는 $\delta(x) = x$ (이 경우에도 $\sqrt{\overline{V}} = \sigma$)를 사용하였을 것이라는 점이다. 즉, 두 경우에 모두 동일한 표준오차가 보고되었을 터인데, 직관적으로 $\theta>0$인 경우에 표준오차가 더 작을 것으로 예상된다. 앞에 제시된 베이즈 분석은 이렇게 추가된 지식을 반영한다. $V^{\pi}(x)$는 $x$의 증가함수이다: $V^{\pi}(0) = (1-2/\pi)\sigma^2$ 그리고 $V^{\pi}(\infty) = \sigma^2$. 즉, 작은 $x$에 대해서는 $\theta>0$이라는 지식이 [예 6.2.5]의 유사한 분석에서보다 훨씬 더 작은 표준오차를 보고하는 데 사용되고 있다. Cramér-Rao 부등식에 의하면 어떤 추정량도 $\sigma$보다 더 작은 빈도주의자 표준오차를 낳을 수 없다. 따라서 빈도주의 접근법은 결코 이 추가적인 지식을 이용할 수 없다.

### (3) 다변량 추정

한 벡터 $\boldsymbol{\theta} = (\theta_1, \theta_2, \ldots \theta_p)$에 대한 베이지안 추정도 역시 단도직입적이다. 흔히 일반화 최우추정값은 합리적인 추정값이다. 그리고 사후평균 $\boldsymbol{\mu}^{\pi}(x) = E^{\pi(\theta|x)}[\boldsymbol{\theta}]$은 매우 매력적인 추정값이며, 그의 정확도는 사후 공분산행렬에 의해 기술될 수 있다:

$$\boldsymbol{V}^{\pi}(x) = E^{\pi(\theta|x)}[(\boldsymbol{\theta} - \boldsymbol{\mu}^{\pi}(x))(\boldsymbol{\theta} - \boldsymbol{\mu}^{\pi}(x))']. \tag{6.2.3}$$

$\theta$의 일반적인 추정량 $\delta$에 대해 식(6.2.1)에 대응되는 관계식은 다음과 같다:

$$\begin{aligned} V_{\delta}^{\pi}(x) &= E^{\pi(\boldsymbol{\theta}|x)}[(\boldsymbol{\theta}-\boldsymbol{\delta})(\boldsymbol{\theta}-\boldsymbol{\delta})'] \\ &= V^{\pi}(x) + (\boldsymbol{\mu}^{\pi}(x) - \boldsymbol{\delta})(\boldsymbol{\mu}^{\pi}(x) - \boldsymbol{\delta})'. \end{aligned} \tag{6.2.4}$$

우리는 이 식에서 사후평균이 $V_{\delta}^{\pi}(x)$를 최소화함을 볼 수 있다.

**예 6.2.8** 다변량 정규 신호 확률벡터, 다변량 정규 사전분포

$\boldsymbol{X} \sim N_p(\boldsymbol{\theta}, \boldsymbol{\Sigma})$이고 $\pi(\boldsymbol{\theta})$가 $N_p(\boldsymbol{\mu}, \boldsymbol{A})$ 밀도라고 하자. (여기서 $\boldsymbol{\mu}$는 알려진 $p$-벡터이고, $\boldsymbol{\Sigma}$와 $\boldsymbol{A}$는 모두 알려진 차수가 $p \times p$인 양의 정부호 행렬이다.) 이때, $\pi(\boldsymbol{\theta}|\boldsymbol{x})$는 $N_p(\boldsymbol{\mu}^{\pi}(\boldsymbol{x}), \boldsymbol{V}^{\pi}(\boldsymbol{x}))$ 밀도를 가진다. 여기서

$$\mu^{\pi}(x) = x - \Sigma(\Sigma + A)^{-1}(x - \mu),$$
$$V^{\pi}(x) = (A^{-1} + \Sigma^{-1})^{-1} = \Sigma - \Sigma(A + \Sigma)^{-1}\Sigma.$$

### 6.2.2. 구간 추정

#### (1) HPD(highest posterior density, 최고사후밀도) 베이지안 신뢰집합

고전적인 신뢰집합(또는 신뢰구간)에 상응하는 베이지안 도구는 베이지안 신뢰집합(credible set)이다.

[정의 6.2.3] $\theta$에 대한 $100(1-\alpha)\%$ 신뢰집합은 다음을 만족하는 $\Omega_\theta$의 부분집합 $C$이다:

$$1-\alpha \leqq P(C|x) = \int_C dF^{\pi(\theta|x)}(\theta) = \begin{cases} \int_C \pi(\theta|x)\,d\theta, \\ \sum_{\theta \in C} \pi(\theta|x). \end{cases} \tag{6.2.5}$$

<과제 6.2.2> 신뢰집합에 대한 고전적 해석과 베이지안 신뢰집합에 대한 베이지안 해석의 차이를 설명하라.

사후분포는 실제 확률분포이므로 신뢰수준은 신뢰집합이 $\theta$를 둘러쌀 확률—비록 대개 주관적이긴 하지만—그 자체이다. 반면에 고전적 신뢰수준은 랜덤구간이 모수를 둘러쌀 포함확률(coverage probability)일 뿐이다. $\theta$에 대한 베이즈 신뢰구간을 선택할 때, 대개 그 폭을 최소화하는 것이 바람직하다.

[정의 6.2.4] $\theta$에 대한 $100(1-\alpha)\%$ HPD 신뢰집합은 다음을 만족하는 $\Omega_\theta$의 부분집합 $C$이다:

$$C = \{\theta \in \Omega_\theta : \pi(\theta|x) \geqq k(\alpha)\}, \tag{6.2.6}$$

여기서 $k(\alpha)$는 아래 그림과 같이 다음을 만족하는 가장 큰 상수이다:

$$P(C|x) \geqq 1-\alpha.$$

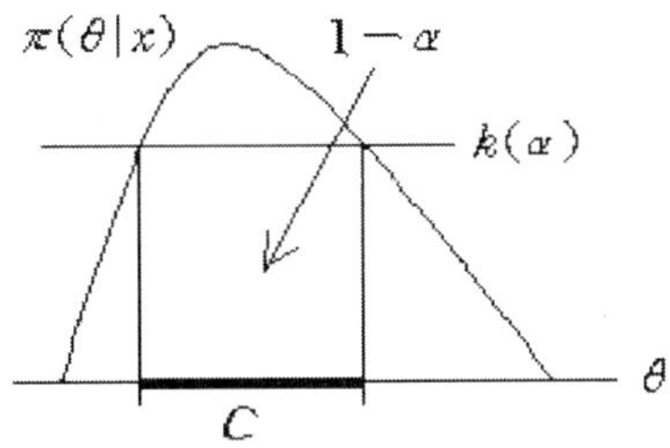


[그림 6.2.2] $100(1-\alpha)$ % HPD 신뢰집합

**예 6.2.9** **(예 6.1.1, 계속)**

$x$가 주어졌을 때 $\theta$의 사후분포는 $N(\mu(x), \rho^{-1})$로 주어지는데, 이 분포는 단봉이고 $\mu(x)$에 대하여 대칭이므로 명백히 $\theta$의 $100(1-\alpha)$ % HPD 신뢰집합은 다음과 같이 주어진다:

$$C = \left(\mu(x) - z_{\alpha/2}\rho^{-1/2},\ \mu(x) + z_{\alpha/2}\rho^{-1/2}\right),$$

여기서 $z_\alpha$는 표준정규분포의 $(1-\alpha)$−분위수이다.

IQ 예에서 그 어린이는 115점을 얻었고 $\theta$의 사후분포는 $N(110.39,\ 69.23)$이므로 $\theta$의 95 % HPD 신뢰집합은 다음과 같다:

$$C = (110.39 - 1.96\sqrt{69.23},\ 110.39 + 1.96\sqrt{69.23}) = (94.08,\ 126.70).$$

한편 랜덤 IQ 점수 $X$는 $N(\theta, 100)$이므로 $\theta$의 고전적인 95 % 신뢰구간은 다음과 같이 주어진다:

$$(115 - 1.96(10),\ 115 + 1.96(10)) = (95.4,\ 134.6).$$

**예 6.2.10** **(예 6.2.5, 계속)**

$x$가 주어졌을 때 $\theta$의 사후분포는 $N(x, \sigma^2)$이므로 $\theta$의 $100(1-\alpha)$ % HPD 신뢰집합은 다음과 같이 주어진다:

$$C = \left(x - z_{\alpha/2}\sigma,\ x + z_{\alpha/2}\sigma\right).$$

이것은 $\theta$ 에 대한 고전적 신뢰구간과 정확히 일치하는데, 이는 고전적 추론과 비정보적 사전 베이지안 추론의 유사성을 보여주는 많은 사례 가운데 하나이다.

베이지안 신뢰집합들은 대개 고전적 신뢰집합보다 계산하기가 더 쉽다. 특히, 간단한 충분 통계량들이 존재하지 않을 때는 그 차이가 더욱 드러난다.

**예 6.2.11**

$\boldsymbol{X}=(X_1,\ldots,X_n)$ 이 $CAU(\theta,1)$ 로부터의 랜덤표본이고 $\theta$>0이라고 가정하자. 그리고 비정보적 사전 베이지안 분석이 요구된다고 가정하자. $\theta$ 가 제한된 위치모수이므로 $\theta$ 의 한 합리적인 비정보적 사전분포는 $\theta$>0에서 $\pi(\theta)=1$이 될 것이다. 그러면 $\boldsymbol{x}=(x_1,\ldots,x_n)$이 주어졌을 때 $\theta$>0에서 $\theta$ 의 사후분포는 다음과 같이 주어진다:

$$\pi(\theta|\boldsymbol{x})=\frac{\prod_{i=1}^{n}[1+(\theta-x_i)2]^{-1}}{\int_0^{\infty}\prod_{i=1}^{n}[1+(\theta-x_i)2]^{-1}d\theta}. \tag{6.2.7}$$

이 사후분포는 다루기가 편한 것은 아니지만, 수치적으로 $100(1-\alpha)$ % HPD 신뢰집합을 구하는 것은 별로 어려운 작업이 아니다. 예컨대, $n=5$이고 $\boldsymbol{x}$ =(4.0, 5.5, 7.5, 4.5, 3.0)이라면, $\theta$ 의 95 % HPD 신뢰집합은 구간 (3.10, 6.06)이다.

반면에 이 문제에 대해 어떻게 좋은 고전적 신뢰구간을 개발할 수 있는지는 명확하지 않다. 고전적인 신뢰 집합 계산절차들은 대개 일반적인 적용성을 가지지 못하는 여러 기교를 통해서 개발된다.

<과제 6.2.4> $\pi(\theta|x)$가 $\theta$ 에 대해서 연속인 경우의 HPD 신뢰집합 계산절차를 제시해 보자.

때로 HPD 신뢰집합이 여러 서로소인 구간들로 구성될 수도 있다. 이때는 HPD 기준 대신에 연결된 베이지안 신뢰집합을 구할 수도 있지만, 그렇게 해야 할 별다른 근거는 없다. 사전정보와 표본정보가 상충할 때 서로소인 구간들이 나타날 수 있으며, 이런 정보 충돌을 잡아내는 것은 매우 중요하다. 자연스런 켤레 사전분포들은 대개 단봉이고 단봉 사후분포들을 낳

고, 이런 충돌들을 가리게 된다. (바로 이것이 켤레 사전분포들을 사용할 때 유의해야 할 점들 가운데 하나가 된다.)

종종 HPD 신뢰집합에 대한 유용한 근사가 사후분포에 대한 정규근사를 통해서 이루어 질 수 있다－표본이 클 때나 정규 우도함수를 사용할 때, 일변량인 경우에 가장 자연스런 정규근사는 $\pi(\theta|x)$를 $N(\mu^{\pi}(x),\ V^{\pi}(x))$로 근사시키는 것이다. 이때, $\theta$에 대한 근사적인 $100(1-\alpha)$ % HPD 신뢰집합은 다음과 같이 얻어질 것이다:

$$C = \mu^{\pi}(x) \pm z_{1-\alpha/2}\sqrt{V^{\pi}(x)}. \tag{6.2.8}$$

**예 6.2.12 (예 6.2.11, 계속)**

식(6.2.7)에 제시된 사후분포는 명백히 정규분포가 아니며, 따라서 단지 다섯 개의 커시 관측들만을 가지고 정규근사를 시도하는 것은 매우 부정확한 결과를 가져올 것이라는 의심이 들 것이다. 그러나 이 사후분포는 단봉이며 2.5 백분위수와 97.5 % 백분위수 사이에서 정규근사는 매우 근사하다. 수치적으로 $\mu^{\pi}(\boldsymbol{x}) = 4.55$와 $V^{\pi}(\boldsymbol{x}) = 0.562$이 얻어지며, 실제값과 근사값들은 [표 6.2.1]과 같다:

[표 6.2.1] 실제/근사 사후 백분위수들

| $\alpha$ | 2.5 | 25 | 50 | 75 | 97.5 |
|---|---|---|---|---|---|
| $\pi(\theta\|\boldsymbol{x})$의 $\alpha$ 백분위수 | 3.17 | 4.07 | 4.52 | 5.00 | 6.15 |
| $N(\mu^{\pi},\ V^{\pi})$의 $\alpha$ 백분위수 | 3.08 | 4.05 | 4.55 | 5.06 | 6.02 |

그러나 이 범위를 벗어나는 극단적인 꼬리에서 정규근사는 매우 부정확해진다. 식(6.2.8)을 사용한 근사 95 % HPD 신뢰집합은 $C = (3.08,\ 6.02)$인데, 이는 실제 95 % HPD 신뢰집합 (3.10, 6.06)에 매우 근사하다. 그리고 이 근사 신뢰집합 $C$는 식(6.2.7)에 의한 실제 사후확률이 0.948인데 이는 명목확률 0.95에 매우 가깝다.

□ 다변량인 경우

다변량 $\boldsymbol{\theta}$에 대해서도 HPD 신뢰집합에 대한 정의는 마찬가지이다.

**예 6.2.13** **(예 6.2.8, 계속)**

이 문제에서 사후밀도는 $N_p(\mu^\pi(x),\ V^\pi(x))$ 인데, 이 밀도의 값은 다음 이차형식의 값이 클 때 크다:

$$[\theta - \mu^\pi(x)]'\, V^\pi(x)^{-1}[\theta - \mu^\pi(x)].$$

더욱이 이 이차형식은 자유도가 $p$ 인 카이제곱분포를 따른다. 따라서 $100(1-\alpha)$ % HPD 신뢰집합은 다음과 같이 얻어진다:

$$C = \left\{\theta : [\theta - \mu^\pi(x)]'\, V^\pi(x)^{-1}[\theta - \mu^\pi(x)] \leqq \chi^2_{p,\alpha}, \right. \tag{6.2.9}$$

여기서 $\chi^2_{p,\alpha}$ 는 자유도가 $p$ 인 카이제곱분포의 $1-\alpha$ 분위수이다.

다변량인 경우에 증가되는 계산량 때문에 사후분포에 대한 정규근사는 종종 필수적이다.

### (2) HPD 신뢰집합에 대한 대안들

HPD 신뢰집합들은 변환에 대한 불변성을 가지고 있지 못하다.

**예 6.2.14** **(예 6.2.2, 계속)**

이 예를 약간 수정하여 모수공간이 $\Omega_\theta = (0, \infty)$ 라고 가정하자. 그러면 사후분포는 다음과 같이 주어진다:

$$\pi(\theta | x) = c e^\theta (1+\theta^2)^{-1} I_{(0,x)}(\theta).$$

이것은 $\theta$ 의 증가함수이며 따라서 $\theta$ 의 HPD 신뢰집합은 $((1-\alpha)b, x)$ 형태이다. 이제 $\theta$ 대신에 $\theta$ 의 일대일 변환인 $\eta = \exp\{\theta\}$ 를 모수로 고려해 보자. $\eta$ 의 사후분포는 다음과 같이 주어진다:

$$\begin{aligned}\pi^*(\eta | x) &= \eta^{-1} c e^{\log\eta}[1+(\log\eta)^2]^{-1} I_{(0,x)}(\log\eta) \\ &= c[1+(\log\eta)^2]^{-1} I_{(1,\exp\{x\})}(\eta).\end{aligned}$$

이것은 $\eta$의 감소함수이며, 따라서 $\eta$의 HPD 신뢰집합은 $(1, (1-\alpha)d)$ 형태이다. 이 신뢰집합을 다시 $\theta$ 좌표시스템으로 다시 변환시키면 이 구간은 $(0, \log(1-\alpha)d)$ 형태가 된다. 이 극단적인 충돌을 어찌할까?

□ 전체 사후분포

이와 같은 상반된 결과들에 대해 아무런 명확한 해결책도 존재하지 않는다. 이 점이 많은 베이지안들이 전체 사후분포를 보고할 것을 권장하는 한 이유이다.

□ 선호되는 모수화 $-\theta$의 자연스런 단위

때로 $\theta$가 어떤 종류의 자연스런 단위를 가지고 있을 수도 있다는 점에서 선호되는 모수화(parametrization)가 존재하며, HPD 신뢰집합에서 그런 모수화를 사용하는 것이 불합리한 것은 아니다. 보다 공식적으로 말하자면, 한 베이지안 신뢰집합을 특정하는 제2의 기준을 정의할 수 있다는 것이다. 그런 한 자연스런 기준은 크기(size)이다.

한 집합 $C$의 크기는 일반적으로 다음과 같이 정의된다:

$$S(C) = \int_C s(\theta)d\theta,$$

여기서 $s$는 한 비음 함수이다. 만일 $s(\theta) \equiv 1$ 이라면, $S(C)$는 $C$의 보통 르베그 측도(Lebesgue measure)이다.

[정의 6.2.5] $S$에 관해 최소 크기를 가지는 $100(1-\alpha)$ % 신뢰집합은 $S$-최적($S$-optimal) $100(1-\alpha)$ % 신뢰집합이라 불린다.

연속적인 경우에 $S$-최적 $100(1-\alpha)$ % 신뢰집합은 어떤 양수 $k$에 대해 다음과 같이 주어진다:

$$C = \{\theta : \pi(\theta|x) > k s(\theta)\}.$$

만일 $s(\theta) \equiv 1$라면, $S$-최적 신뢰집합은 단순히 HPD 신뢰집합이 된다.

한 베이지안 신뢰집합을 특정하기 위해 $S$를 이용하는 것은 $S$의 선택이 명백히 선택된 모수화에 의존할 것이라는 점에서변환에 대한 최적성을 보존한다.

### 6.2.3. 가설 검정

고전적 가설 검정에서는 영가설(null hypothesis) $H_0$: $\theta \in \Omega_0$과 대립가설(alternative hypothesis) $H_1$: $\theta \in \Omega_1$이 특정된다. 한 검정 절차는 제1종 오류와 제2종 오류를 범할 확률들에 의해 평가된다. 이런 오류확률들(error probabilities)은 이 절차가 그른 가설을 채택할 결과를 가져올 표본이 관측될 확률을 나타낸다.

베이즈 분석에서는 $H_0$와 $H_1$ 사이에서 결정하는 일이 개념적으로 더욱 단도직입적이다. 우리는 단지 사후확률들 $\alpha_0 = P(\Omega_0|x)$와 $\alpha_1 = P(\Omega_1|x)$을 계산하고 이 확률값에 따라 $H_0$과 $H_1$ 사이에서 결정하면 된다. 이 절차의 개념적 이점은 $\alpha_0$와 $\alpha_1$이 데이터와 사전정보에 비추어서 계산된 가설들의 실제−주관적−확률들이라는 것이다.

사후확률들이 검정 문제에서 주된 베이지안 측도들이긴 하지만 다음과 같은 관련된 개념들도 관심을 끈다. 이 절에서 우리는 $\pi_0$와 $\pi_1$를 사용하여 각각 $\Omega_0$와 $\Omega_1$의 사전확률들을 나타낼 것이다.

[정의 6.2.6] $\alpha_0/\alpha_1$는 $H_1$에 대한 $H_0$의 사후 아즈(posterior odds)라고 불리며, $\pi_0/\pi_1$는 사전 아즈(prior odds)라고 불린다. 또 다음과 같이 정의되는 $B$는 $H_0$ 지지(in favor of $H_0$) 베이즈 계수(Bayes factor)라고 불린다:

$$B = \frac{\text{사후 아즈}}{\text{사전 아즈}} = \frac{\alpha_0/\alpha_1}{\pi_0/\pi_1} = \frac{\alpha_0 \pi_1}{\alpha_1 \pi_0}. \tag{6.2.10}$$

베이즈 계수에 대한 관심은 그것이 때로 데이터에 의해 주어진 $H_1$에 대한 $H_0$의 아즈로 해석될 수 있다는 점에 있다. 이런 해석은 가설들이 모두 단순할 때는 명백히 타당하다: $\Omega_0 = \{\theta_0\}$이고 $\Omega_1 = \{\theta_1\}$일 때,

$$\frac{\alpha_0}{\alpha_1} = \frac{\pi_0 f(x|\theta_0)}{\pi_1 f(x|\theta_1)} \text{ 이고 따라서 } B = \frac{f(x|\theta_0)}{f(x|\theta_1)}.$$

즉, $B$는 바로 $H_0$ 대 $H_1$의 우도비이며 이것은 흔히 (많은 비베이지안들에 의해서도) 데이터에 의해 주어진 $H_1$에 대한 $H_0$의 아즈로 간주된다.

그러나 일반적으로 $B$는 사전정보에 의존한다. 이런 의존성을 탐구하기 위해서 사전분포를 다음과 같이 나타내자:

$$p(\theta) = \begin{cases} \pi_0 g_0(\theta), \theta \in \Omega_0 \\ \pi_1 g_1(\theta), \theta \in \Omega_1 \end{cases},$$

여기서 $g_0$와 $g_1$는 사전 확률질량이 두 가설 위에서 어떻게 퍼져 있는지를 기술하는 (완전) 밀도함수들을 나타낸다. 그러면 사후 아즈는 다음과 같이 주어진다:

$$\frac{\alpha_0}{\alpha_1} = \frac{\pi_0 \int_{\Omega_0} f(x|\theta)\, dF^{g_0}(\theta)}{\pi_1 \int_{\Omega_1} f(x|\theta)\, dF^{g_1}(\theta)} = \frac{\pi_0 \int_{\Omega_0} f(x|\theta)\, g_0(\theta)\, d\theta}{\pi_1 \int_{\Omega_1} f(x|\theta)\, g_1(\theta)\, d\theta}.$$

따라서 베이즈 계수는 다음과 같이 얻어진다:

$$B = \frac{\int_{\Omega_0} f(x|\theta)\, dF^{g_0}(\theta)}{\int_{\Omega_1} f(x|\theta)\, dF^{g_1}(\theta)}. \tag{6.2.11}$$

이로부터 베이즈 계수는 $H_0$ 대 $H_1$의 ($g_0$와 $g_1$에 의한) 가중 우도비로 해석된다.

이와 같이 베이즈 계수가 $g_0$와 $g_1$를 수반하기 때문에 우리가 베이즈 계수를 데이터만에 의해 제공된 가설들에 대한 상대적 지지 측도로 간주할 수는 없다. 그러나 $B$는 합리적으로 선택된 $g_0$와 $g_1$에는 상대적으로 둔감하며 그때는 그와 같은 해석이 합리적이다.

그런 안정된 베이즈 계수를 확보하는 것의 중요한 실용적 이점은 과학적 보고서가 이런 베이즈 계수를 담을 수 있다는 점이다. 그러면 아무 독자는 이 보고된 베이즈 계수에 자신의 주관적 사전 아즈를 곱함으로써 그의 사후 아즈를 결정할 수 있게 된다.

**예 6.2.15 (예 6.1.2, 계속)**

IQ 검사를 받는 어린이는 평균 IQ(100) 이하와 평균 IQ(100) 초과로 분류된다.
따라서 우리는 $H_0: \theta \leqq 100$ 대 $H_1: \theta > 100$를 검정할 필요가 있다. $\theta$의 사후분포는 $N(110.39, 69.23)$이므로 사후확률들은 다음과 같이 얻어진다:

$$\alpha_0 = P(\theta \leqq 100|x) = 0.106;\ \alpha_1 = P(\theta > 100|x) = 0.894.$$

따라서 사후 아즈는 $\alpha_0 / \alpha_1 = 0.118$. 또 사전분포는 $N(100, 225)$이므로 사전확률들은 다음과 같이 계산된다:

$$\pi_0 = P^{\pi}(\theta \leqq 100 | x) = 0.5 = \pi_1 .$$

따라서 사전 아즈는 $\pi_0 / \pi_1 = 1$. 이로부터 베이즈 계수는 $B = 0.118/1 = 0.118$.

### (1) 단측 검정

단측 검정은 베이지안 검정에서 아무런 예외적인 특징이 없지만 베이지안 정당화를 확보하는 고전적 검정의 검정 상황 중 하나라는 점에서 관심을 끈다.

**예 6.2.16** (예 6.2.5, 계속)

$X \sim N(\theta, \sigma^2)$이고 $\theta$가 비정보적 사전분포 $\pi(\theta) = 1$를 가질 때, 우리는 사후분포 $\pi(\theta | x)$가 $N(x, \sigma^2)$임을 보았다. 이제 $H_0: \theta \leqq \theta_0$ 대 $H_1: \theta > \theta_0$를 검정하는 상황을 고려하자. 그러면 영가설의 사후확률은 다음과 같이 주어진다:

$$\alpha_0 = P\{\theta \leqq \theta_0 | x\} = \Phi((\theta_0 - x) / \sigma).$$

또 고전적인 p-값은 다음과 같이 계산된다:

$$\text{P} - \text{값} = P\{X \geqq x | \theta_0\} = 1 - \Phi((x - \theta_0) / \sigma).$$

따라서 이 경우에 $\alpha_0$는 p-값과 같다.

이 예와 같이 많은 단측 검정 상황에서 애매한 사전정보와 그를 표현한 비정보적 사전분포는 p-값과 비슷한 사후확률들을 낳는 경향이 있다. 그러나 이것이 모든 단측 검정 상황에 적용된다는 것은 물론 아니다. 또한 고전적 검정의 제1종 오류와 제2종 오류의 확률들은 대개 가설들에 대한 사후확률들과 아무런 밀접한 대응 관계를 가지지 못한다. 이것이 고전적 검정을 수행할 때 제1종과 제2종 오류확률들 대신 p-값들을 사용하는 것을 선호하는 현상에 대한 한 가지 설명이 될 수도 있다.

### (2) 점 영가설(point null hypothesis) 검정

고전 통계학에서 다음과 같은 점 영가설을 검정하는 문제는 흔히 발생한다:

$$H_0:\ \theta = \theta_0 \text{ 대 } H_1:\ \theta \neq \theta_0.$$

[관찰 6.2.1] 점 영가설들에 대한 검정들이 부적절한 상황에서 수행될 때가 많다. 실제로 영가설이 정확히 $\theta = \theta_0$라기보다는 $\theta \in \Omega_0 = (\theta_0 - b, \theta_0 + b)$라는 것이 더 합리적일 것이다. (여기서 $b > 0$는 모든 $\theta \in \Omega_0$가 $\theta_0$와 구별될 수 없다고 간주될 수 있는 어떤 상수이다.)

우리가 실제로 $H_0:\ \theta \in \Omega_0 = (\theta_0 - b, \theta_0 + b)$를 검정해야 한다고 하자. 그렇다면 $H_0$를 $H_0:\ \theta = \theta_0$로 근사시키는 것이 어느 경우에 적합한 것인지를 알 필요가 있다. 베이지안 전망하에서 이 질문에 대한 유일하게 의미 있는 대답은 두 상황에서 $H_0$에 대한 사후확률들이 거의 동일하다면 그 근사가 합리적이라는 것이다. 이것이 성립하는 한 강한 조건은 관측된 우도함수가 $(\theta_0 - b, \theta_0 + b)$ 구간에서 근사적으로 상수여야 한다는 것이다－상수우도 상황.

**예 6.2.17**

$X_1, \ldots, X_n$는 정규 신호확률분포 $N(\theta, \sigma^2)$ ($\sigma^2$은 기지)로부터 뽑은 크기 $n$인 랜덤표본이라고 하자. 그러면, 관측된 우도함수는 $N(\overline{x}, \sigma^2/n)$에 비례한다. 이것은 $b$가 $\sigma/\sqrt{n}$에 비해서 작을 때 $(\theta_0 - b, \theta_0 + b)$ 구간에서 거의 상수이다.

점 영가설 근사는 위와 같은 상수우도 상황보다 실질적으로 더 일반적인 상황에서 만족스럽게 이루어질 수 있다. 그러나 대체로 한 베이지안이 근사의 충분성을 확인하는 것보다는 구간 가설을 직접 다루기가 더 쉽다. 그런데도 우리는 고전적 검정을 평가하기 위하여 점 영가설에 대한 베이지안 검정법을 소개할 것이다.

점 영가설 $H_0:\ \theta = \theta_0$에 대한 베이지안 검정을 수행하기 위해서 연속 사전밀도를 사용할 수는 없다. 왜냐하면 어떤 그런 밀도함수도 $\theta_0$에 사전－또한 사후－확률 0을 부여할 것이기 때문이다. 따라서 한 합리적인 방법은 $\theta_0$에 양수 확률 $\pi_0$를 부여하고, $\theta \neq \theta_0$에 밀도 $\pi_1 g_1(\theta)$를 부여하는 것이다. 여기서 $\pi_1 = 1 - \pi_0$이고 $g_1$은 (완전)밀도함수이다. 우리는 $\pi_0$를, 점 영가설 근사가 사용되지 않았다면 실제적인 가설 $H_0:\ \theta \in \Omega_0 = (\theta_0 - b, \theta_0 + b)$에 할당되었을 확률질량이라고 생각할 수 있을 것이다.

이런 상황에 대한 베이지안 분석은 꽤나 단도직입적이다. $X$에 대한 주변 밀도함수는 다음과 같이 주어진다:

$$m(x) = \int f(x|\theta)\, dF^{\pi}(\theta) = f(x|\theta_0)\pi_0 + (1-\pi_0)m_1(x),$$

여기서

$$m_1(x) = \int_{\theta \neq \theta_0} f(x|\theta)\, dF^{g_1}(\theta)$$

는 $g_1$에 관한 $X$의 주변밀도함수이다. 따라서 $\theta = \theta_0$에 대한 사후확률은 다음과 같이 주어진다:

$$\begin{aligned}\alpha_0 \equiv \pi(\theta_0|x) &= f(x|\theta_0)\pi_0 / m(x) \\ &= \frac{f(x|\theta_0)}{f(x|\theta_0) + (1-\pi_0)m_1(x)} \\ &= \left[1 + \frac{1-\pi_0}{\pi_0} \cdot \frac{m_1(x)}{f(x|\theta_0)}\right]^{-1}.\end{aligned}$$

그리고 $H_1$에 대한 사후확률은 $\alpha_1 = 1 - \alpha_0$이다. 또한 사후 아즈는 다음과 같이 주어진다:

$$\frac{\alpha_0}{\alpha_1} = \frac{\pi(\theta_0|x)}{1-\pi(\theta_0|x)} = \frac{\pi_0}{\pi_1} \cdot \frac{f(x|\theta_0)}{m_1(x)}.$$

따라서 $H_1$에 대한 $H_0$ 지지 베이즈 계수는 다음과 같다:

$$B = \frac{f(x|\theta_0)}{m_1(x)}.$$

**예 6.2.18** (예 6.2.17, 계속)

충분통계량 $\overline{X}$는 정규우도 함수를 낳는다:

$$f(\bar{x}|\theta) = \frac{1}{\sqrt{2\pi\sigma^2/n}} \exp\left\{-\frac{n}{2\sigma^2}(\theta - \bar{x})^2\right\}.$$

$g_1(\theta)$이 $\theta \neq \theta_0$에서 $N(\mu, \tau^2)$라고 가정하자. 그러면 $m_1$은 $N(\mu, \tau^2 + \sigma^2/\sqrt{n})$이다. 따라서 $H_0$의 사후확률은 다음과 같이 주어진다:

$$\begin{aligned}\alpha_0 &= \pi(\theta_0|x)\\ &= \left[1 + \frac{1-\pi_0}{\pi_0}\frac{\{2\pi(\tau^2+\sigma^2/n)\}^{-1/2}\exp\{-(\bar{x}-\mu)^2/[2(\tau^2+\sigma^2/n)]\}}{(2\pi\sigma^2/n)^{-1/2}\exp\{-(\bar{x}-\theta_0)^2/(2\sigma^2/n)\}}\right]^{-1}.\end{aligned}$$

특히 $\mu = \theta_0$일 때,

$$\begin{aligned}\alpha_0 &= \left[1 + \frac{1-\pi_0}{\pi_0}\frac{\exp\{-(\bar{x}-\theta_0)^2 n\tau^2/[2\sigma^2(\tau^2+\sigma^2/n)]\}}{(1+n\tau^2/\sigma^2)^{1/2}}\right]^{-1}\\ &= \left[1 + \frac{1-\pi_0}{\pi_0}\frac{\exp\left\{\frac{1}{2}z^2[1+\sigma^2/(n\tau^2)]^{-1}\right\}}{(1+n\tau^2/\sigma^2)^{1/2}}\right]^{-1}.\end{aligned}$$

여기서 $z = \sqrt{n}\,|\bar{x} - \theta_0|/\sigma$는 고전적 추론에서 $H_0$: $\theta = \theta_0$를 검정하는 데 사용되는 보편적인 통계량이다. 우리는 다음과 같은 관계가 성립함을 알 수 있는데, 이 관계는 뒤에서 인용될 것이다:

$$\alpha_0 \geq \left[1 + \frac{1-\pi_0}{\pi_0}\frac{\exp\left\{\frac{1}{2}z^2\right\}}{(1+n\tau^2/\sigma^2)^{1/2}}\right]^{-1}. \tag{6.2.12}$$

검정 통계량값이 $z = \sqrt{n}\,|\bar{x} - \theta_0|/\sigma = 1.96$ (p-값=0.05)일 때, $H_0$의 사후확률들은 [표 6.2.2]에서 보는 바와 같이 표본 크기 $n$에 따라 0.35에서 1 사이의 값을 가진다.

[표 6.2.2] $n$에 따른 $H_0$의 사후확률($\alpha_0$)의 변화

| $z$ (p-값) \ $n$ | 1 | 5 | 10 | 20 | 50 | 100 | 1000 |
|---|---|---|---|---|---|---|---|
| 1.645(0.1) | 0.42 | 0.44 | 0.49 | 0.56 | 0.65 | 0.72 | 0.89 |
| 1.960(0.05) | 0.35 | 0.33 | 0.37 | 0.42 | 0.52 | 0.60 | 0.80 |
| 2.576((0.01) | 0.21 | 0.13 | 0.14 | 0.16 | 0.22 | 0.27 | 0.53 |
| 3.291(0.001) | 0.086 | 0.026 | 0.024 | 0.026 | 0.034 | 0.045 | 0.124 |

이 예에서와 같은 고전적 결과와 베이지안 결과의 상충은 파헤쳐 볼 만한 가치가 있을 것이다. 물론 베이지안 분석은 사전분포 선택 때문에 의문시될 수 있다. 결과가 사전분포의 특징들에 크게 의존적일 때 베이지안은 그 특징들에 대한 주관적 특정을 시도할 수밖에 없다. 그러나 우리는 고전적-베이지안 충돌의 크기를 모든 $\tau$에 걸쳐서 $\alpha_0$의 최솟값을 구함으로써 드러낼 수 있을 것이다. 우리는 실제로 한발 더 나아가 모든 $g_1$에 걸쳐서 최솟값을 구할 것이다.

[정리 6.2.1] $\theta \neq \theta_0$상의 아무 분포 $g_1$에 대해서,

$$\alpha_0 \equiv \pi(\theta_0|x) \geq \left[1 + \frac{1-\pi_0}{\pi_0} \cdot \frac{r(x)}{f(x|\theta_0)}\right]^{-1},$$

여기서 $r(x) = \sup_{\theta \neq \theta_0} f(x|\theta)$. (대개 $r(x) = f(x|\hat{\theta})$, 여기서 $\hat{\theta}$는 $\theta$의 최우추정값을 나타낸다.) 그리고 $H_1$에 대한 $H_0$ 지지 베이즈 계수에 대한 대응 한계는 다음과 같이 주어진다:

$$B = \frac{f(x|\theta_0)}{m_1(x)} \geq \frac{f(x|\theta_0)}{r(x)}. \tag{6.2.13}$$

**예 6.2.19** **(예 6.2.17, 계속)**

우도 함수 $f(\overline{x}|\theta)$가 $N(\overline{x}, \sigma^2/n)$이므로 명백히 모든 $\theta \neq \theta_0$에 대해서 $\sup_{\theta \neq \theta_0} f(\overline{x}|\theta) = f(\overline{x}|\overline{x})$. 즉,

$$r(x) = f(\overline{x}|\overline{x}) = (2\pi\sigma^2/n)^{-1/2}.$$

따라서

$$\alpha_0 \geq \left[1 + \frac{1-\pi_0}{\pi_0} \cdot \frac{(2\pi\sigma^2/n)^{-1/2}}{(2\pi\sigma^2/n)^{-1/2}\exp\left\{-(\bar{x}-\theta_0)^2/(2\sigma^2/n)\right\}}\right]^{-1}$$

$$= \left[1 + \frac{1-\pi_0}{\pi_0} \cdot \exp\left\{\frac{1}{2}z^2\right\}\right]^{-1}$$

이고

$$B \geq 1/\exp\left\{\frac{1}{2}z^2\right\},$$

여기서 $z = \sqrt{n}\,|\bar{x}-\theta_0|/\sigma$. [표 6.2.3]은 [표 6.2.2]에 제시된 $z$들에 대해 이 한계값들을 보여준다. [표 6.2.3]에서 $\alpha_0$에 대한 한계값들이 [표 6.2.2]에 주어진 값들보다 상당히 작지만 그래도 대응되는 p-값들보다는 상당히 크다.

[표 6.2.3] $\alpha_0$와 $B$에 대한 하한값들

| $z$ | p-값 | $\alpha_0$에 대한 한계값 | $B$에 대한 한계값 |
|---|---|---|---|
| 1.645 | 0.1 | 0.205 | 1/3.87 = 0.2584 |
| 1.960 | 0.05 | 0.127 | 1/6.83 = 0.1464 |
| 2.576 | 0.01 | 0.035 | 1/27.60 = 0.0362 |
| 3.291 | 0.001 | 0.0044 | 1/224.83 = 0.0044 |

p-값이 영가설에 대한 사후확률이 아니라는 것은 잘 알려져 있다. 그러나 많은 사용자들은 p-값 = 0.05이면 $H_0$가 그르다는 것을 꽤 확신할 수 있다고 느낀다. 그러나 증거는 그와 상반된다. 따라서 위와 같은 상황에서 고전적 오류확률 즉, p-값은 $H_0$에 대한 반증 정도를 전혀 왜곡되게 전달해 준다. ([표 6.2.3] 참조)

□ 대안 검정법들. 점 영가설에 대한 고전적 검정이 오도적이라는 움직일 수 없는 증거가 있으므로 우리는 더 나은 방법을 모색하지 않을 수 없다. 물론 우리는 기본적으로 주관적인 베이지안 방법을 추천한다. 그러나 더 객관적인 의미 있는 분석이 존재하는지를 살펴볼 필요가 있을 것이다. 우리는 이런 맥락에서 다음과 같은 접근법들을 고려해 볼 수 있다:

- 비정보적 사전분포를 이용한 베이지안 분석
- 준거 정보적 사전분포를 이용한 표준화된 베이지안 분석
- [정리 6.2.1]에 의해 구해진 $\alpha_0$와 $B$에 대한 하한들을 제시
- $g_1$의 형태에 자연스런 제약을 가해 보다 정확하게 구해진 $\alpha_0$와 $B$에 대한 하한들을 제시하는 방법. 예컨대, $g_1$을 다음과 같은 $G$에 속하는 것으로 제한하는 것은 합리적이며, 더욱이 이런 $G$는 다루기가 매우 쉽다.

$$G = \{g_1\colon g_1\text{은 } \theta_0\text{에 대해 대칭이고 } |\theta - \theta_0|\text{에 대해 비감소적이다}\} \tag{6.2.14}$$

**예 6.2.20** **(예 6.2.17, 계속)**

$z \leqq 1$이면 식(6.2.6)에 속하는 아무 $g_1$에 대해 $\alpha_0 \geqq \pi_0$이고, $B \geqq 1$. $z > 1$이면 식(6.2.6)에 정의된 사전분포류에 대해 $\alpha_0$와 $B$에 대한 하한들은 다음과 같이 주어진다:

$$\alpha_0 \geqq \left[1 + \frac{1-\pi_0}{\pi_0} \cdot \frac{[\phi(k+z)+\phi(k-z)]}{2\phi(z)}\right]^{-1}, \tag{6.2.15}$$

$$B \geqq \frac{2\phi(z)}{[\phi(k+z)+\phi(k-z)]}, \tag{6.2.16}$$

여기서 $k$는 $z \geq 1.645$일 때 근사적으로 다음과 같은 관계를 만족한다($k$의 정확한 값은 Berger(1985)의 식(4.112)의 해로 주어진다):

$$k = z + [2\log\{k/\Phi(k-z)\} - 1.838]^{1/2}.$$

(여기서 $\phi$와 $\Phi$는 각각 표준정규분포의 확률밀도함수와 분포함수를 나타낸다.)

□ 근사 규칙. [표 6.2.4]는 [표 6.2.2]와 [표 6.2.3]에 제시된 $z$값들에 대해 식(6.2.15)와 (6.2.16)을 이용하여 $\alpha_0$와 $B$의 하한들을 계산한 것이다. 이 한계값들은 [표 6.2.3]의 대응되는 값들보다 훨씬 더 크며 실제로 [표 6.2.2]에 제시된 정확한 값들에 가깝다. $B$의 하한들은 두 가설에 대한 데이터의 상대적 지지도의 하한들로 해석될 수 있다.

[표 6.2.4] $\alpha_0$와 $B$에 대한 $G$-하한값들

| $z$ | p-값 | $\alpha_0$에 대한 $G$-한계값 | $B$에 대한 $G$-한계값 |
|---|---|---|---|
| 1.645 | 0.1 | 0.390 | 1/1.56 = 0.6410 |
| 1.960 | 0.05 | 0.290 | 1/2.45 = 0.4082 |
| 2.576 | 0.01 | 0.109 | 1/8.17 = 0.1224 |
| 3.291 | 0.001 | 0.018 | 1/54.56 = 0.0183 |

[그림 6.2.3]은 [표 6.2.4]에 제시된 값들을 사용하여 작성된 산점도이다. 이 그림은 ($z$, p-값)의 산점도보다는 ($z$+1, p-값)의 산점도가 ($z$,$B$의 하한)의 산점도와 더 가까움을 보여준다(이 그림에는 나타나지 않았지만 $z$의 전 영역에 대해 이런 관계가 성립한다.)

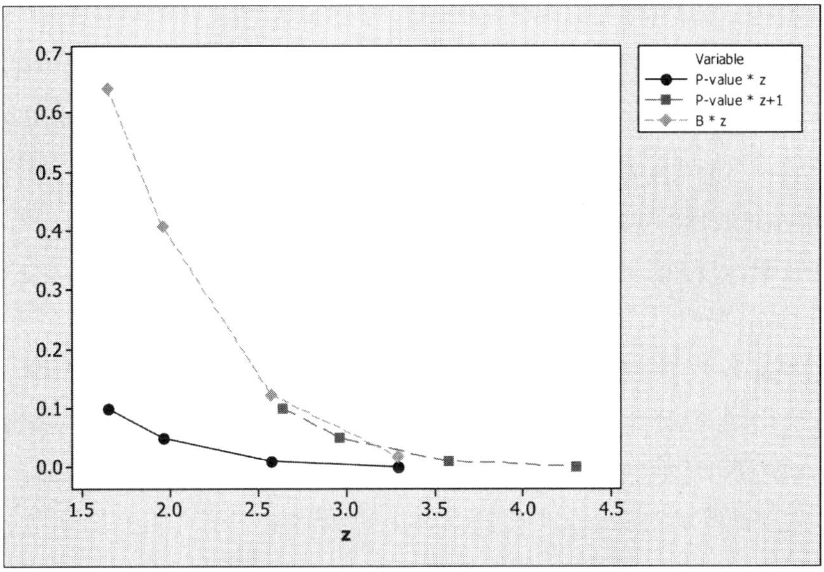


[그림 6.2.3] $z$에 대한 p-값과 $B$의 한계값

이는 우리가 흔히 사용하는 근사 규칙을 다음 근사 규칙으로 대체해야 함을 시사한다:

- $z = 1$은 $H_0$에 대해 아무런 반증도 없음을 의미한다.
- $z = 2$는 $H_0$에 대해 매우 미약한(very mild) 반증만 있음을 의미한다.
- $z = 3$은 $H_0$에 대해 현저한(significant) 반증이 있음을 의미한다.
- $z = 4$는 $H_0$에 대해 매우 현저한(very significant) 반증이 있음을 의미한다.

□ 대표본 현상. 우리가 $B$의 하한들이 두 가설들에 대한 데이터의 상대적 지지도의 하한들로 해석될 수 있음을 언급했지만, 그것들이 상대적 지지도의 실제 측도들로 사용될 수 있는 지에는 의문이 있다. 그 이유는 모든 한계들이 $n$과 독립적이라는 것이다. 식 (6.2.12)에 이르는 $g_1$에 대해서 $z$가 고정되었을 때 $n \to \infty$이면 $\alpha_0 \to 1$임은 명백하다 ([표 6.2.2] 참조). 이런 현상은 실질적으로 아무 고정된 사전분포와 점 영가설 검정 문제에서도 실제로 성립한다.

예컨대, 만일 $g_1$이 $\theta_0$에서 한 연속밀도를 가진다면 큰 $n$에 대해서 $x$가 중간 정도의 p값에 해당할 때 $\alpha_0$에 대한 한 정확한 근사는 다음과 같다:

$$\alpha_0 \approx \left[1 + \frac{1-\pi_0}{\pi_0} \cdot \frac{g_1(\theta_0)}{f(x|\theta_0)}\right]^{-1}.$$

$n$이 크고 p-값이 너무 작지 않을 때, $f(x|\theta_0)$는 클 것이고 $\alpha_0$는 1에 가까워질 것이다. 따라서 큰 $n$에 대해서 $H_0$에 대한 참된 반증은 $\alpha_0$나 $B$에 대한 하한들에 의해 시사되는 것들보다 훨씬 더 작기가 쉽다. 그렇다면 우리는 그 문제에 대한 한 주관적 베이즈 분석을 시행할 도리밖에 없는 것이다. 여기서 비정보적 사전분포를 이용한 어떤 베이지안 분석도 적합하지 않다는 점은 흥미롭다.

이런 대표본 현상은 한 점 영가설에 대한 고전적 검정과 베이지안 검정의 충돌을 극명하게 드러낸다. 우리는 고전적으로 p-값이 $10^{-10}$이면 $H_0$를 기각한다. 그러나 $n$이 매우 크다면 $H_0$의 사후확률은 1에 매우 가까울 것이다. 이런 놀라운 결과는 린들리 역설(Lindley's paradox; 균일 사전분포의 경우) 또는 젭후리 역설(Jeffreys' paradox; 커시 사전분포의 경우)이라고 불린다.

### (3) 다중 가설검정

베이지안 전망 하에서 다중 가설검정이 두 가설들에 대한 검정보다 어려운 점은 전혀 없다. 우리는 단지 각 가설의 사후확률을 구하여 비교하면 된다.

**예 6.2.21 (예 6.1.1, 계속) IQ 검사 문제**

IQ 검사를 받는 어린이는 평균 IQ 미달(90 미만), 평균 IQ(90에서 110), 그리고 평균 IQ 초과(110 초과)로 분류된다. 이 세 영역을 각각 $\Phi_1$, $\Phi_2$, 그리고 $\Phi_3$라 하자. $\theta$의 사후분포는 $N(110.39, 69.23)$이므로 사후확률들은 다음과 같이 얻어진다:

$$P(\Phi_1 | x = 115) = 0.007,\ P(\Phi_2 | x = 115) = 0.473,\ P(\Phi_1 | x = 115) = 0.520.$$

## 6.2.4. 예측적 추론

예측적 추론(predictive inference)이란 $X \sim f(x|\theta)$로부터의 관측을 토대로 한 랜덤변수 $Z \sim g(z|\theta)$를 예측하려는 시도이다. 우리는 편의상 $X$와 $Z$가 독립이라고 가정할 것이다. (만일 $X$와 $Z$가 독립이 아니라면 아래 설명에서 필요한 변화는 단지 $g(z|\theta)$를 $g(z|\theta, x)$로 대체하는 것뿐이다.)

베이지안 예측적 추론의 기본 발상은, $\pi(\theta|x)$가 $\theta$의 (사후)분포이므로 $g(z|\theta)\pi(\theta|x)$는 주어진 $x$에서 $z$와 $\theta$의 결합분포이며, 따라서 이를 $\theta$에 걸쳐서 적분함으로써 주어진 $x$에서 $z$의 분포가 얻어진다는 것이다.

[정의 6.2.7] $\theta$에 대한 사전분포가 $\pi$일 때, 주어진 $x$에서 $Z$의 예측적 밀도함수는 다음과 같이 정의된다:

$$p(z|x) = \int_{\Omega_\theta} g(z|\theta)\, dF^{\pi(\theta|x)}(\theta). \tag{6.2.17}$$

특히 $Z = X$일 때 다음과 같이 정의되는 예측적 밀도함수는 사후 예측적 분포(posterior predictive distribution)라고 불린다(4.9.1 절에서 언급된 사전 예측적 분포와 비교하라):

$$p(x_{new}|x) = \int_{\Omega_\theta} p(x_{new}|\theta)\, dF^{\pi(\theta|x)}(\theta). \tag{6.2.18}$$

**예 6.2.22**

단순선형회귀 모형을 고려하자:

$$Z = \theta_1 + \theta_2 Y + \epsilon,$$

여기서 $\epsilon \sim N(0, \sigma^2)$이고, $\sigma^2$은 알려져 있다. 우리에게는 독립적인 데이터 $(z_1, y_1), \ldots, (z_n, y_n)$가 주어져 있다. $\boldsymbol{\theta} = (\theta_1, \theta_2)$에 대한 한 충분 통계량은 최소제곱 추정량 $\boldsymbol{X} = (X_1, X_2)$이다. 여기서

$$X_2 = SS_{ZY} / SS_Y, \quad X_1 = \overline{Z} - X_2 \overline{Y}.$$

더욱이 $\boldsymbol{X} \sim N_2(\boldsymbol{\theta}, \sigma^2 \Sigma)$, 여기서

$$\boldsymbol{\Sigma} = (Y' Y)^{-1} = \frac{1}{SS_Y} \begin{pmatrix} \frac{1}{n} \sum_{i=1}^{n} y_i^2 & -\overline{y} \\ -\overline{y} & 1 \end{pmatrix}.$$

만일 $\boldsymbol{\theta}$에 대해 비정보적 사전분포 $\pi(\boldsymbol{\theta}) = 1$가 사용된다면 사후분포 $\pi(\boldsymbol{\theta} | \boldsymbol{x})$는 $N_2(\boldsymbol{x}, \sigma^2 \boldsymbol{\Sigma})$이 됨을 쉽게 알 수 있다.

우리가 한 주어진 $y$에 대응되는 한 미래 $Z$를 예측하려고 한다고 하자. 이때, 명백히 $g(z | \boldsymbol{\theta})$는 $N(\theta_1 + \theta_2 y, \sigma^2)$이며 주어진 $\boldsymbol{x}$ (그리고 주어진 $y$) 에서 $(z, \boldsymbol{\theta})$의 결합밀도함수도 정규분포를 따른다. 구하려고 하는 예측적 분포 $p(z | \boldsymbol{x})$는 이 결합 정규사후분포로부터 얻어지는 $Z$의 주변분포이다. 이 주변분포도 역시 정규분포이며 이때, 평균은 $x_1 + x_2 y$이고 분산은 $V = \sigma^2 (1 + n^{-1} + (\overline{y} - y)^2 / SS_Y)$임을 알 수 있다.

이제 이 예측적 분포는 아무 베이지안 추론을 위해서도 사용될 수 있다. 예컨대, $Z$에 대한 $100(1-\alpha)\%$ HPD 신뢰집합은 다음과 같이 주어질 것이다:

$$(x_1 + x_2 y) \pm z_{\alpha/2} \sqrt{V}. \tag{6.2.19}$$

우리는 이 신뢰집합이 고전적 예측집합과 외형적으로 동일함을 알 수 있다.

## 6.3 베이즈 결정 이론

이 절에서는 사전정보의 영향뿐 아니라 손실함수의 영향도 고려될 것이다. 의사 결정론에 대한 베이즈 접근법은 개념적으로 매우 단도직입적이다. 앞에서 본 바와 같이 베이즈 결정 분석은 다음과 같이 분류해 볼 수 있다:

- 사전분석(prior analysis): 손실함수와 사전분포를 이용해서 행동을 선택하기 위한 분석
- 사후분석(posterior analysis): 손실함수와 표본 증거를 통해 수정된 사후분포를 이용해서 행동을 선택하기 위한 분석
- 사전사후 분석(preposterior analysis): 정보(획득) 비용과 의사결정 개선으로 인한 혜택 간의 비용/혜택 분석(cost/benefit analysis, 비용/편익 분석). 추가 정보를 얻어서 사후분석을 할 것인지 아니면 사전분석으로 그칠지를 선택하기 위한 분석으로서 정보의 가치 분석이 필요하다. 이 부분은 다음 장에서 다루어질 것이다.

의사결정규칙에 관한 기본적인 정의와 개념에 대해서는 1.3.6절을 참조하기 바란다.

### 6.3.1. 사후 결정 분석

조건부 베이즈 결정원리를 적용하면, 우리는 의사결정 시점에서 도달한 $\theta$의 분포를 적용하여 한 행동의 기대손실을 구할 수 있다. 우리는 이제 이 분포가 사후분포 $\pi(\theta|x)$라는 것을 안다.

[정의 6.3.1] 사후분포가 $\pi(\theta|x)$일 때, 한 행동 $a$의 사후 기대손실은 다음과 같이 주어진다:

$$\rho(\pi(\theta|x), a) = \int_{\Omega_\theta} L(\theta, a)\, dF^{\pi(\theta|x)}(\theta). \tag{6.3.1}$$

한 (사후) 베이즈 행동 $\delta^\pi(x)$는 사후 기대손실 $\rho(\pi(\theta|x), a)$, 또는 동등하게 다음 기대손실을 최소화해주는 아무 행동 $a \in A$이다.

$$\int_{\Omega_\theta} L(\theta, a) f(x|\theta)\, dF^\pi(\theta). \tag{6.3.2}$$

이 기대손실은 $L(\theta, a)f(x|\theta)$ 즉 우손실(likely loss)의 사전 기대치 즉 사전 기대 우손실(prior expected likely loss)이라고 해석될 수 있다.

베이즈 접근법의 단순성은 한 최적 행동이 단순히 사후 기대손실 (6.3.1)이나 사전 기대 우손실 (6.3.2)를 최소화함으로써 얻어질 수 있다는 데 있다. (식(6.3.2)를 사용하면 $m(x)$를 계산할 필요가 없다는 계산상의 이점이 있다.)

또 다른 종류의 베이즈 분석이 앞에서 언급된 바 있는데 바로 (빈도주의자) 베이즈 위험 $r(\pi, \delta)$를 최소화해주는 한 의사결정 규칙을 선택하는 것이다. $r(\pi, \delta)$를 최소화하는 것이 사후 기대손실을 최소화하는 것보다 더 어려운 문제이긴 하지만(왜?) 다음 결과에 의해 이 두 문제는 사실상 동일한 것이다.

[결과 6.3.1] 한 베이즈 규칙 $\delta^{\pi}$는 주변분포가 $m(x)>0$인 각 $x$에 대해서 사후 기대손실 (6.3.1)−또는 동일하게 사전 기대 우손실 (6.3.2)−을 최소화해주는 한 행동을 선택함으로써 구해질 수 있다. $m(x)=0$일 때 그 규칙은 아무렇게나 정의될 수 있다.

[사후] 베이즈 행동이 유일할 필요가 없으므로, 베이즈 규칙도 유일할 필요가 없다. (때로는 심지어 랜덤화되도록 선택될 수도 있다.) 또한 만일 모든 $\delta$에 대해서 $r(\pi, \delta)=\infty$라면 아무 의사결정규칙이라도 베이즈 규칙이 된다. [결과 6.3.1]이 성립하기 위한 어떤 기술적 조건들이 있긴 하지만 이 결과는 실제적인 문제에서는 거의 예외가 없이 성립한다. [결과 6.3.1]은 다음 결과에서 바로 얻어질 수 있다.

[결과 6.3.2] 만일 $\delta$가 확정적 의사결정규칙이라면, 베이즈 위험은 다음과 같이 주어진다:

$$r(\pi, \delta) = \int_{x:\, m(x)>0} \rho(\pi(\theta|x), \delta(x))\, dF^{m}(x). \tag{6.3.3}$$

[증명] 우리는 정의에 의해 다음 관계를 얻는다:

$$\begin{aligned} r(\pi, \delta) &= \int_{\Theta} R(\theta, \delta)\, dF^{\pi}(\theta) \\ &= \int_{\Theta}\int_{\chi} L(\theta, \delta(x))\, dF^{X|\theta}(x)\, dF^{\pi}(\theta). \end{aligned}$$

이는 후비니 정리(Fubini's theorem)에 의해 적분 순서가 바뀔 수 있으므로 다음과 같이 전개된다:

$$r(\pi,\delta)=\begin{cases}\displaystyle\int_{\Omega_x}\left[\int_{\Omega_\theta}L(\theta,\delta(x))f(x|\theta)\,dF^\pi(\theta)\right]dx, & \Omega_x:\ \text{연속적}\\ \displaystyle\sum_{x\in\Omega_x}\left[\int_{\Omega_\theta}L(\theta,\delta(x))f(x|\theta)\,dF^\pi(\theta)\right], & \Omega_x:\ \text{이산적}\end{cases}$$

그리고 $m(x)=0$라면, $\pi$에 관해 거의 모든 점에서(almost everywhere) $f(x|\theta)=0$라는 사실과 $\pi(\theta|x)$와 $\rho(\pi(\theta|x),\delta)$의 정의로부터 (6.3.3)이 유도된다.

[결과 6.3.1]은 [결과 6.3.2]로부터 쉽게 얻어진다. $m(x)>0$인 각 $x$에 대해서 식 (6.3.3)의 피적분함수를 최소화함으로써 최소화해주는 $\delta$를 찾을 수 있으며 이것은 바로 한 사후 베이즈 행동에 대한 앞의 정의와 같다.

베이즈 규칙을 찾는 방법에 따라 베이즈 분석의 형태를 다음과 같이 분류할 수 있다:

- 정규형(normal form): 가능한 모든 $\delta$들 가운데 $r(\pi,\delta)$를 최소화해주는 $\delta$를 찾음으로써 베이즈 규칙을 특정하려는 시도를 베이즈 분석의 정규형이라 한다. 정규형 베이즈 분석은 흔히 의사결정표를 사용하여 이루어진다. 정규형은 사전분포를 분석의 마지막 단계에서 적용하므로 사전분포에 대한 민감도 분석이 용이하다.
- 전개형(extensive form): 모든 $x$에 대해 $\rho(\pi(\theta|x),a)$를 최소화해주는 $a$를 찾음으로써 베이즈 규칙을 확정하려는 시도를 베이즈 분석의 전개형이라 한다. 전개형 베이즈 분석은 흔히 의사결정나무를 사용하여 이루어진다. 전개형은 모든 가능한 의사결정 규칙들 또는 전략들을 다룰 필요가 없으므로 일반적으로 계산량이 정규형보다 적다.

실제 문제에 있어서 우리는 거의 항상 전개형 베이즈 분석을 실시하게 되며 이렇게 얻어진 결과를 베이즈 규칙 $\delta^\pi(x)$ – 문맥에 따라 한 행동 또는 의사결정규칙 – 이라 부른다. 베이즈 분석의 정규형이 고려될 필요가 있는 경우는 아마도 의사결정규칙들의 집합이 매우 제한되어 있을 때뿐일 것이다.

손실에 대한 효용이론과 조건부 전망 하에서 이 상황을 바라보는 올바른 방법은 $\rho(\pi(\theta|x),a)$를 최소화하는 것이다. 우리는 알려진 것 즉, $x$를 조건화하여 (우도원리에 따라서) 알려지지 않은 것 즉, $\theta$에 걸쳐서 효용을 평균 낸다. 이런 전망에서 보자면 $r(\pi,\delta)$를

최소화하는 것은 좀 어색하게 여겨진다.

지금까지 우리는 $\pi$가 완전 사전분포라고 가정하였다. 그러나 종종 $\pi$가 불완전하더라도 사후 기대손실을 최소화하는 것이 의미가 있다.

[정의 6.3.2] $\pi$가 불완전 사전분포이고, 주변분포가 $m(x)>0$인 각 $x$에 대해서 $\delta^{\pi}(x)$가 식 (6.3.1) 또는 (6.3.2)를 최소화시키는 한 행동일 때, $\delta^{\pi}$는 한 일반화된 베이즈 규칙이라고 불린다.

사전분포와 손실함수를 선택하고 사후 기대손실을 최소화하는 베이즈 의사결정론의 방법론은 거의 모든 상황에 적용될 수 있다. 이제 베이즈 의사결정론의 몇몇 표준적인 적용 분야들을 살펴보기로 하자.

### 6.3.2. 추정

한 실수값 모수 $\theta$에 대한 베이즈 추정에서－다루기가 쉽거나 강건하거나 유용해서－다음과 같은 손실함수들이 널리 사용되고 있다:

- 제곱오차 손실함수, 가중 제곱오차 손실함수 그리고 이차(quadratic) 손실함수

$$L(\theta, a) = (\theta - a)^2 \tag{6.3.4}$$

$$L(\theta, a) = w(\theta)(\theta - a)^2 \tag{6.3.5}$$

$$L(\theta, a) = (\theta - a)' Q(\theta - a), \tag{6.3.6}$$

여기서 $Q$는 아무 양의 정부호 행렬(positive definite matrix)이다.

- 절대오차 손실함수

$$L(\theta, a) = |\theta - a| \tag{6.3.7}$$

- 선형 손실함수

$$L(\theta, a) = \begin{cases} K_0(\theta - a), \theta - a \geq 0 \text{일 때}, \\ K_1(a - \theta), \theta - a < 0 \text{일 때} \end{cases} \tag{6.3.8}$$

[결과 6.3.3] 손실함수가 제곱오차 손실함수 (6.3.4)이거나 이차 손실함수 (6.3.6)일 때, 베이즈 규칙 즉 베이즈 추정량은 사후평균이다(양의 정부호 행렬 $\boldsymbol{Q}$는 아무런 영향을 미치지 못한다.):

$$\delta^{\pi}(x) = \bar{\theta}_x = E^{\pi(\theta|x)}[\theta].$$

**예 6.3.1 (예 6.1.2, 계속) IQ 문제—정규 사후분포와 제곱오차 손실함수**

$f$와 $\pi$가 모두 정규분포이므로 IQ의 평균 $\theta$의 사후분포는 $N(\mu(x),\ \rho^{-1})$이다. 이 분포의 평균은 $\mu(x)$이다. 따라서 제곱오차 손실함수에 대한 베이즈 추정량은 다음과 같이 주어진다:

$$\delta^{\pi}(x) = \mu(x) = \frac{\sigma^2}{\sigma^2+\tau^2}\mu + \frac{\tau^2}{\sigma^2+\tau^2}x.$$

[결과 6.3.4] 손실함수가 가중 제곱오차 손실함수 (6.3.5)일 때, 베이즈 추정량은 사후 가중평균이다:

$$\delta^{\pi}(x) = \frac{E^{\pi(\theta|x)}[\theta w(\theta)]}{E^{\pi(\theta|x)}[w(\theta)]} = \frac{\displaystyle\int \theta w(\theta) f(x|\theta)\, dF^{\pi}(\theta)}{\displaystyle\int w(\theta) f(x|\theta)\, dF^{\pi}(\theta)},$$

여기서 $\theta w(\theta)$는 가중모수(weighted parameter)로 해석될 수 있다.

우리는 이 식의 마지막 표현으로부터 가중 함수 $w(\theta)$가 사전분포 $\pi(\theta)$와 같은 역할을 하고 있음을 볼 수 있다. 이는 가중함수에 대한 강건성 문제가 사전분포에 대한 강건성 문제와 같이 다루어질 수 있음을 시사한다.

[결과 6.3.5] 손실함수가 절대오차 손실함수 (6.3.7)일 때, 베이즈 추정량은 사후 중위수이다. 즉, $\delta^{\pi}(x) = \hat{\theta}$, 여기서 $\hat{\theta}$는 다음을 만족한다:

$$F^{\pi(\theta|x)}(\hat{\theta}) = 0.5.$$

**예 6.3.2** **(예 6.1.2, 계속) IQ 문제—정규 사후분포와 절대오차 손실함수**

정규분포에 대해서는 평균과 중위수가 동일하다. IQ의 평균 $\theta$의 사후분포가 평균이 $\mu(x)$인 정규분포이므로 이는 또한 중위수가 된다. 따라서 절대오차 손실함수에 대한 베이즈 추정량은 다음과 같이 주어진다:

$$\delta^{\pi}(x) = \mu(x) = \frac{\sigma^2}{\sigma^2 + \tau^2}\mu + \frac{\tau^2}{\sigma^2 + \tau^2}x.$$

일반적으로 사후분포가 단봉이고 대칭적이라면 $|\theta - a|$의 증가함수인 $L(|\theta - a|)$ 형태의 아무 손실함수에 대해서 베이즈 추정량은 사후 중위수이다. 이것은 과소 추정과 과대 추정이 동일하게 취급될 경우에 손실함수로 사용되는 $|\theta - a|$의 정확한 함수 형태는 그렇게 중요한 것이 아닐 수도 있다는 것을 시사한다. 그러나 손실함수에 사용되는 가중 함수 $w(\theta)$는 큰 영향을 미친다는 것을 기억해야 할 것이다.

[결과 6.3.6] 손실함수가 선형 손실함수 (6.3.8)일 때, 베이즈 추정량은 아무 사후 $K_0/(K_0 + K_1)$-분위수(fractile)이다. 즉, $\delta^{\pi}(x) = \hat{\theta}$, 여기서 $\hat{\theta}$는 다음을 만족한다:

$$F^{\pi(\theta|x)}(\hat{\theta}) = K_0/(K_0 + K_1).$$

**예 6.3.3** **(예 6.1.2, 계속) IQ 문제**

그 어린이의 IQ를 추정할 때 과소추정은 과대추정에 비해 두 배만큼 해롭다고 여겨지고 있다. 따라서 $K_0 = 2$와 $K_1 = 1$인 선형 손실함수가 적절하다고 판단된다. $N(0, 1)$의 ⅔-분위수는 약 0.43이다. 따라서 $\theta$의 사후분포 $N(110.39, 61.23)$의 ⅔-분위수는 다음과 같이 주어진다:

$$110.39 + (0.43)(61.23)^{1/2} = 113.97.$$

지금까지 살펴본 표준적인 손실함수들이 다루기 쉽다는 것과 이 손실함수들이 주어진 현실 문제에 적합한지 여부는 전혀 별개의 문제이다. 만일 이런 손실함수가 적합하다면, 우리는 대개 사후 기대손실을 수치적으로 계산하고 최소화하는 작업을 해야 할 것이다.

### 6.3.3. 유한 행동공간 문제와 가설검정

#### (1) 두 행동 문제 – 가설검정 문제

추정에서는 일반적으로 행동공간이 무한하다. 그러나 흥미를 끄는 많은 통계적인 문제들은 유한 행동공간을 가진다. 물론 가장 중요한 유한 공간 문제는 가설검정이다.

유한 행동공간 문제는 전개형으로 고려될 때 쉽게 해결된다. 만일 $\{a_1, \ldots, a_n\}$이 행동공간이고 $L(\theta, a_i)$가 대응되는 손실함수라면 베이즈 행동은 단순히 사후 기대손실 $E^{\pi(\theta|x)}[L(\theta, a_i)]$이 가장 작은 행동이다. 이제 몇몇 특정한 유한 행동 문제들이 고려될 것이다.

$H_0$: $\theta \in \Omega_0$ 대 $H_1$: $\theta \in \Omega_1$를 검정할 때, 고려되는 행동들은 $a_0$와 $a_1$이다. (여기서 $a_i$는 $H_i$를 채택하는 행동을 나타낸다.) 실제로 이것은 마차를 말 앞으로 끌어다 놓는 것과 비슷한 면이 있다. 왜냐하면 진정한 의사결정 문제에서는 가설들이 대개 가용한 행동들에 의해 정해지기 때문이다. 가설이 먼저냐 행동이 먼저냐를 구분하는 것이 가설검정 문제에 대한 합리적인 정식화를 논의하는 데에는 중요하지만 한 주어진 문제를 실제로 정식화하는 데에는 아무런 차이가 없다.

가설검정 문제에서는 흔히 다음과 같은 손실함수들이 고려된다:

- 0-1 손실함수

$$L(\theta, a_i) = \begin{cases} 0, & \theta \in \Omega_i \\ 1, & \theta \notin \Omega_i \end{cases} \tag{6.3.9}$$

- 0-$K_i$ 손실함수

$$L(\theta, a_i) = \begin{cases} 0, & \theta \in \Omega_i \\ K_i, & \theta \notin \Omega_i \end{cases} \tag{6.3.10}$$

[결과 6.3.7] 손실함수가 0-1 손실함수 (6.3.9)라면 $a_i$의 사후 기대손실은 $\Omega_j (j \neq i)$의 사후확률 $P\{\Omega_j|x\}$이다. 따라서 베이즈 결정은 단순히 사후확률이 더 큰 가설이다. 또 손실함수가 0-$K_i$ 손실함수 (6.3.10)라면, $a_i$의 사후 기대손실은 $K_i P\{\Omega_j|x\}$ $(j \neq i)$이다. 따라서 베이즈 결정은 사후 기대손실이 작은 가설이다.

[증명] 0-1 손실함수에 대해서만 결과를 보이자.

$$E^{\pi(\theta|x)}[L(\theta, a_1)] = \int L(\theta, a_1)\, dF^{\pi(\theta|x)} = \int_{\Omega_0} dF^{\pi(\theta|x)} = P(\Omega_0|x),$$

그리고

$$E^{\pi(\theta|x)}[L(\theta, a_0)] = P(\Omega_1|x).$$

이제 0-$K_i$ 손실함수를 사용하는 베이즈 검정과 고전적 가설검정의 관계를 살펴보자. 베이즈 검정에서 영가설은 다음 조건 하에서 기각된다:

$$K_0 P\{\Omega_1|x\} > K_1 P\{\Omega_0|x\},$$

또는

$$K_0 / K_1 > P\{\Omega_0|x\} / P\{\Omega_1|x\}. \tag{6.3.11}$$

만일 $\Omega_0 \cup \Omega_1 = \Omega_\theta$ 라면

$$P\{\Omega_1|x\} = 1 - P\{\Omega_0|x\}.$$

이때, 부등식 (6.3.11)은 다음과 같이 전개된다:

$$K_0 / K_1 > (1 - P\{\Omega_1|x\}) / P\{\Omega_1|x\} = 1 / P\{\Omega_1|x\} - 1.$$

즉,

$$P\{\Omega_1|x\} > K_1 / (K_0 + K_1).$$

고전적 검정의 용어를 빌리자면, 베이즈 검정의 기각역은 다음과 같이 주어진다:

$$C = \{x \mid P\{\Omega_1|x\} > K_1 / (K_0 + K_1)\}.$$

이 기각역 $C$는 고전적 (우도비) 검정의 기각역과 같은 형태이다.

**예 6.3.4** **(예 6.1.2, 계속)**

사전분포 $\pi(\theta)$가 $N(\mu, \tau^2)$이고, 신호 분포 $f(x|\theta)$가 $N(\theta, \sigma^2)$일 때, 0-$K_i$ 손실함수 하에서 $H_0: \theta \geq \theta_0$ 대 $H_1: \theta < \theta_0$를 검정하려고 한다. 사후분포 $\pi(\theta|x)$가 $N(\mu(x), \rho^{-1})$를 따르므로 베이즈 기각역은 다음과 같이 주어진다:

$$P\{\Omega_1|x\} = \int_{-\infty}^{\theta_0} \pi(\theta|x)\,d\theta > K_1/(K_0 + K_1).$$

이를 정리하면

$$x < \theta_0 + \frac{\sigma^2}{\tau^2}(\theta_0 - \mu) - \sigma^2\rho^{1/2} z\left(\frac{K_1}{K_0 + K_1}\right),$$

여기서 $z(\alpha)$는 표준정규분포의 $\alpha$-분위수를 뜻한다. 예상한 대로 베이즈 검정은 손실함수와 사전정보에 의해 정해짐을 알 수 있다. 한편 고전적 검정의 크기 $\alpha$인 균일최강 기각역은 단순히 $\alpha$에 의해서만 정해진다:

$$x < \theta_0 + \sigma z(\alpha).$$

위와 같은 상황에서 우리는 베이즈 방법이 검정의 크기를 선택하는 합리적 수단이나 지침을 제공한다고 생각할 수 있다.

### (2) 여러 행동 문제-다중 가설검정 문제, 분류 문제

가능한 행동이 세 가지 이상인 의사결정 문제들도 많다. 가설검정에서 흔히 부딪히는 상황은 무차별 지역의 존재 여부에 대한 문제이다. 그 발상은 $\theta \in \Omega_0$이거나 $\theta \in \Omega_1$인 경우에 대응되는 행동들인 $a_0$나 $a_1$이외에, $\theta \in \Omega_2$이면 무차별을 뜻하는 제3의 행동 $a_2$를 선택하는 것이다. 예를 들어 두 가지 약품 중 어느 것이 더 효과적인지 검정하려 한다고 가정하자. $\theta_1$과 $\theta_2$를 각각 그 두 약품의 치유 확률들을 나타낸다고 할 때, 이 문제를 모형화하는 한 합리적인 방법은 다음과 같은 세 가설 검정일 것이다: $H_0: \theta_1 - \theta_2 < -\epsilon$, $H_1: \theta_1 - \theta_2 > \epsilon$, 그리고 $H_2: |\theta_1 - \theta_2| \leq \epsilon$.

고전적 가설검정에서도 흔히 세 가지 행동들이 고려된다: $a_0 - H_0$ 채택, $a_1 - H_1$ 채택, 그리고 $a_2$ − 결론 보류 ($H_0$나 $H_1$를 채택할 만큼 유의한 (현저한) 증거가 없다). 이런 행동들 가운데 선택이 고전적으로는 오류 확률들의 비공식적 선택에 의해 이루어진다. 그러나 베이즈 의사결정론적 시각에서 이 문제에 접근하는 것이 더 자연스럽게 보인다.

우리가 자주 접하는 또 다른 유한 행동 문제는 분류(classification) 문제 − 한 관측을 여러 가능한 범주들 가운데 하나로 분류하는 문제 − 이다.

**예 6.3.5** **(예 6.1.2, 계속)**

그 아이를 $a_1$: 평균 미달($\theta < 90$), $a_2$: 평균($90 \leqq \theta \leqq 110$), $a_3$: 평균 초과($\theta > 110$)로 분류하려고 하며 다음 손실함수가 적절하다고 판단된다:

$$L(\theta, a_i) = \begin{cases} 0, & \theta \in \Omega_i \text{ 일 때} \\ |\theta - \theta_i|, & \theta \in \Omega_j \text{ 이고 } |i-j| = 1 \text{일 때} \\ 2|\theta - \theta_i|, & \theta \in \Omega_j \text{ 이고 } |i-j| = 2 \text{일 때} \end{cases}$$

여기서 $i - j > 0$ 이면 $\theta_i = \theta_{iL}$이고, $i - j < 0$이면 $\theta_i = \theta_{iU}$이며, $\theta_{1U} = \theta_{2L} = 90$이고 $\theta_{2U} = \theta_{3L} = 110$이다. $\pi(\theta|x) = N(110.39, 69.23)$이므로 각 행동의 사후 기대손실은 각각 34.32, 3.55, 3.27이다. 따라서 베이즈 행동은 $a_3$이다.

[참고] 사후 기대손실을 계산할 때 우리는 다음 관계를 이용할 수 있다:

$$\begin{aligned} &\int_a^b \frac{\theta - c}{\sqrt{2\pi}\,\sigma} \exp\left\{-\frac{(\theta-\mu)^2}{2\sigma^2}\right\} d\theta \\ &= \int_{\frac{a-\mu}{\sigma}}^{\frac{b-\mu}{\sigma}} \frac{\mu - c + \sigma z}{\sqrt{2\pi}} \exp\left\{\frac{-z^2}{2}\right\} dz \\ &= \frac{\mu - c}{\sqrt{2\pi}} \int_{\frac{a-\mu}{\sigma}}^{\frac{b-\mu}{\sigma}} \exp\left\{\frac{-z^2}{2}\right\} dz + \sigma \int_{\frac{a-\mu}{\sigma}}^{\frac{b-\mu}{\sigma}} z \exp\left\{\frac{-z^2}{2}\right\} dz \\ &= \frac{\mu - c}{\sqrt{2\pi}} \left[\Phi\left(\frac{b-\mu}{\sigma}\right) - \Phi\left(\frac{a-\mu}{\sigma}\right)\right] + \sigma \left[\exp\left\{-\frac{1}{2}\left(\frac{b-\mu}{\sigma}\right)^2 + \frac{1}{2}\left(\frac{a-\mu}{\sigma}\right)^2\right\}\right]. \end{aligned}$$

### 6.3.4. 추론 손실

추론문제에서 의사결정론은 적어도 두 가지 면에서 유용하다. 첫째, 많은 보편적 추론 측도들이 공식적인 의사결정론적 해석을 받을 수 있다. 예를 들어 검정에서 0-1 손실함수를 선택하면 표준적인 베이즈 검정 측도들에 도달한다: 한 가설을 기각하는 행동의 사후 기대손실은 그 가설의 사후확률이 된다. 이런 공식적인 관계는 추론문제 해결에 의사결정론적 도구를 사용하는 길을 터 준다.

추론에서 의사결정론의 또 다른 용도는 손실함수를 사용하여 정보 전달에서 추론의 실질적 성공을 나타내는 것이다. 다음 예를 보자.

**예 6.3.6**

한 신뢰규칙 $C$와 이와 관련된 신뢰 $\alpha(x)$를 고려하자. ($x$가 관찰되면, $\alpha(x)$가 집합 $C(x)$에 대해 "보고되는" 신뢰가 될 것이다.) 여기서 추론은 $(C(x), \alpha(x))$ 쌍으로 이루어질 것이다. 문제를 단순화하기 위하여 $C(x)$는 특정되어 있다고 가정하자. 그러면 우리가 결정해야 할 것은 적절한 $\alpha(x)$를 선택하는 것뿐이다. $\alpha(x)$를 보고하는 목적은 $C(x)$에 둘 수 있는 신뢰감을 표현하는 것이며, $\alpha(x)$가 얼마나 좋은 성능을 발휘하는지를 측정하기 위한 한 가지 방법은 다음과 같은 손실함수를 고려하는 것이다:

$$L_C(\theta, \alpha(x)) = (I_{C(x)}(\theta) - \alpha(x))^2,$$

여기서 $I_C$는 지시함수이다. (우리가 $L$에 하첨자 $C$를 붙인 이유는 $C$를 주어진 것으로 다루고 있기 때문이다; 명백히 $C$를 선택하는 문제를 고려할 수도 있으며 이를 감안한 더 일반적인 손실함수를 개발할 수도 있을 것이다.) $L_C$는 다음과 같은 점에서 $C$의 성능에 대한 한 합리적인 측도이다: $\theta$가 $C(x)$에 있으면, 우리는 $\alpha(x)$가 1 가까이 있기를 바랄 것이다 (그러면 $L_C(\theta, \alpha(x))$는 0에 가까울 것이다). 반면에 $\theta$가 $C(x)$에 있지 않으면 우리는 $\alpha(x)$가 0 가까이 있기를 바랄 것이다 (그러면 다시 $L_C$는 작아질 것이다).

이 예에서 우리가 $\alpha(x)$를 $\theta$가 $C(x)$안에 있다고 느끼는 신뢰도로 보고하기 때문에 그 보고서의 정확도를 다음과 같이 측정하려고 시도하였다:

$$L_C(\theta, \alpha(x)) = (I_{C(x)}(\theta) - \alpha(x))^2.$$

이 손실은 의사결정론적으로, 보고값 $\alpha(x)$ 선택을 시사하도록 사용될 수 있을 것이다. 예를 들어 $C(x)$가 베이즈 추론에서 사용되는 신뢰집합이라면 $L_C$에 대한 사후 기대손실이 최소화되도록 $\alpha(x)$를 선택하는 것이 합리적일 것이다. 그러면 [결과 6.2.3]에 의해 $\alpha(x)$에 대한 베이즈 선택은

$$\alpha^{\pi}(x) = E^{\pi(\theta|x)}[I_{C(x)}(\theta)] = P^{\pi(\theta|x)}\{\theta \in C(x)\}.$$

따라서 $C(x)$에 부여될 가장 좋은 (베이즈) 보고값은 그 집합의 사후확률이라는 자명한 결론에 도달한다.

# 연습문제

**01** 다음을 설명하라.

(1) 켤레(conjugate) 사전분포
(2) 베이즈 분석의 정규형과 전개형

**02** 한 투자자가 한 특정한 지역에 대한 프랜차이즈(franchise, 독점판매권)를 구입하려는 계획을 세우고 있다. 그는 이 사업이 이익을 내려면 적어도 시장 점유율이 25 %는 되어야 한다는 보고서를 가지고 있다.

그는 한 시장조사 회사에 이 프랜차이즈에 대한 시장조사를 하도록 의뢰하였다. 그는 이 회사로부터 랜덤하게 뽑힌 20명의 고객 가운데 4명이 그의 서비스를 구입할 의사가 있다는 응답을 하였다는 조사결과를 얻었다. 이 결과가 참이라면 그는 손익분기점에 위치하게 된다. 따라서 그는 이 조사만으로는 그의 계획을 계속 추진해야 하는지에 대한 확신을 가지지 못하고 있다. 다행히도 이 프랜차이즈 회사는 새로운 지역의 시장점유율에 대한 풍부한 데이터를 가지고 있다. 그 데이터는 [아래 표]와 같이 요약될 수 있다.

[아래 표] 이 프랜차이즈의 시장점유율

| 시장점유율($p$) | 프랜차이즈들의 상대빈도 |
|---|---|
| 0.10 | 0.05 |
| 0.15 | 0.05 |
| 0.20 | 0.20 |
| 0.25 | 0.20 |
| 0.30 | 0.40 |
| 0.35 | 0.10 |
| 합 | 1.00 |

이 투자자는 이 상대빈도를 시장점유율에 대한 그의 사전분포로 사용하기로 하였다. 시장조사 회사의 시장조사결과와 이 사전분포를 결합하여 이 지역의 프랜차이즈의 시장점유율에 대한 사후확률을 구하라.

**03** 프아송 신호분포 $POI(\theta)$로부터 뽑은 크기 $n$인 랜덤표본 $\boldsymbol{X} = (X_1, \ldots, X_n)$를 고려하자. 이런 데이터에 대한 우도함수는 다음과 같이 주어진다:

$$f(\boldsymbol{x}|\theta) = \prod_{i=1}^{n} \frac{\theta^{x_i} e^{-\theta}}{x_i!} = \theta^{n\bar{x}} e^{-n\theta} / \prod_{i=1}^{n} x_i! \propto \theta^{n\bar{x}} e^{-n\theta}$$

이 우도함수가 감마분포 형태를 가지고 있으므로 한 켤레 사전분포족에 대한 한 타당한 제안은 감마분포이다. $\theta \sim GAM(\alpha, \beta)$라 하면,

$$\pi(\theta) = \frac{1}{\beta^{\alpha}\Gamma(\alpha)} \theta^{\alpha-1} e^{-\theta/\beta} \propto \theta^{\alpha-1} e^{-\theta/\beta}.$$

(1) 켤레 사전분포(conjugate prior)란 무엇인가?

(2) 이로부터 사후분포 $\pi(\theta|\boldsymbol{x})$를 특정하시오.

**04** 모수 $\theta$에 대한 사전분포 $\pi(\theta)$와 사후분포 $\pi(\theta|x)$가 각각 다음과 같이 주어졌다.

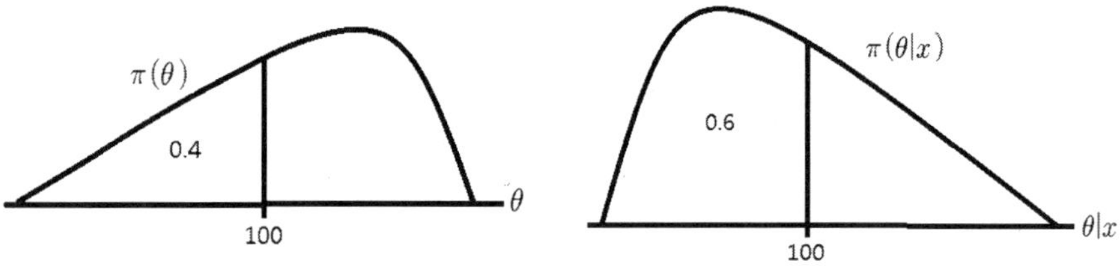


(1) $\theta$에 대한 GMLE(generalized MLE) $\check{\theta}$을 표시하라.

(2) $\theta$에 대한 95 % HPD(highest posterior density) 신뢰집합(베이지안 신뢰집합)을 표시하라. (대략적으로)

(3) 가설쌍 $H_0: \theta \leq 100$ 대 $H_1: \theta > 100$에 대해,

① 귀무가설이 참일 사전아즈 $\pi_0 / \pi_1$를 구하고 결론을 내려보아라.

② 귀무가설이 참일 사후아즈 $\alpha_0 / \alpha_1$를 구하고 결론을 내려보아라.

③ 베이즈계수(Bayes factor) $B$를 구하고, 그 뜻을 설명하라.

# 07 정보와 그 가치

## 7.1 정보개념(Concept of information)

정보란 개인의 지식에 기여하는 메시지(message or communication)의 한 형태이다. 이 메시지는 흔히 신호(a signal)라고 불린다. 이 신호 또는 정보의 크기는 여러 가지 방법으로 측정될 수 있다. 통신공학자들은 한 신호에 들어있는 정보량 즉 정보의 비트수(엔트로피)에 관심을 가진다. 의사결정자의 입장에서는 정보의 (경제적) 가치에 관심을 가진다. 그에게 정보가치의 적절한 측도는 확률과 선호에 관계된다. 한 신호가 그의 지식상태를 변화시키지 못한다면, 그것은 정보로서 자격이 없다. 이것은 정보라는 개념이 불확실성과 관련되어 있음을 뜻한다. 신호를 받아들이기 전에 전혀 지식이 결여되어 있지 않다면, 그는 그 메시지가 정보를 제공한다고 여기지 않는다. 이러한 지식(결여) 또는 믿음은 그의 불확실성을 반영하며 확률분포에 의해 모형화될 수 있다. 만일 한 신호가 의사결정자의 행동을 변화시키지 못한다면, 그것은 아무런 가치가 없다. 이것은 정보의 가치가 의사결정문제와 의사결정자의 선호들에 의존함을 뜻한다. 그의 믿음은 그 안에 정보가 들어있는 신호를 받아들임으로써 변화된다. 새로운 정보에 비추어서 확률분포를 수정하는 공식적인 절차는 베이즈 정리에 의해 제공된다.

## 7.2 정보원천(Source of information)

정보원천은 경험 데이터와 전문가의견으로 분류될 수 있다.

### (1) 경험 데이터

경험 데이터는 확률분포를 부과할 때 직접 사용될 수도 있고, 또는 사전분포, 우도와 결합하여 사후분포를 얻을 때 사용할 수도 있다.

### (2) 전문가 의견

전문가 의견을 활용하는 수준은 다음 세 가지로 나누어 볼 수 있다.

① 전문가의 전문지식을 습득한다: 그 후에 의사결정자는 불확실한 사건에 대한 주관적 분포를 부과하고 선택한다.

② 특정 불확실한 사건에 대해서만 전문가판단을 활용한다: 의사결정자는 베이즈 정리를 이용해서 사전분포와 전문가판단으로부터 사후분포를 도출해야 할 것이다. 이때 우도는 전문가의 신뢰성(credibility)이 된다.

③ 전문가에게 의사결정을 맡긴다: 이때는 전문가의 믿음뿐 아니라 그의 선호도 개입된다.

## 7.3 정보가치(Value of information)

정보를 획득하기 위해서는 비용 즉, 정보비용(information costs)이 들어간다. 따라서 정보를 획득하기 전에 정보가치를 계산하여 그 정보가 정보비용을 상쇄할 만한 가치가 있는지 평가해보아야 할 것이다. 그렇다면 한 특정한 상황에서 정보가치는 얼마나 되는가? 정보가치를 계산하는 기본 원리는 의사결정문제에서 정보는 의사결정자의 결정을 바꿀 수 있을 때에 한해서 가치가 있다는 것이다.

정보가치는 지금까지 사용한 방법으로 구할 수 있다: 즉, 정보대안(information alternative) －정보가 주어졌을 때의 대안－을 만들어서 다른 대안들과 마찬가지로 의사결정표나 의사결정나무에 포함시키되 아무 정보비용도 고려하지 않는다. 여기서 정보대안과 추가정보 없이 구한 최적대안을 동등하게 만드는 비용인 최대 정보비용이 정보가치인 것이다. 이 절에서는 의사결정자가 모험중립형인 경우, 즉 기대화폐가치 의사결정자(Expected Monetary Value Decision Maker, EMVDM)로 제한해서 다룰 것이다.

### 7.3.1. 완전정보의 기대가치

[정의 7.3.1] 완전정보의 기대가치(Expected Value of Perfect Information, EVPI)는 완전정보 대안의 기대화폐가치와 추가정보 없이 구한 기존 최량 대안의 기대화폐가치의 차이이다. 즉,

$$\text{EVPI} = \text{EMV}(\text{완전정보 대안}) - \text{EMV}(\text{기존 최량 대안})$$

주어진 불확실한 상황에 대한 완전정보는 결과들에 대한 불확실성을 완전히 제거시킨다. 즉, 그 정보를 얻은 후에는 어떤 결과가 발생할지 정확히 알게 될 것이다. 완전정보를 획득할

수 있는 경우도 있고 그렇지 못한 경우도 있다. 완전정보를 획득할 수 없는 경우에도 이것은 쓸모가 있는 개념이다. 왜냐하면 정보가치의 상한을 제시해 주기 때문이다.

<과제 7.3.1>

① 완전정보를 획득할 수 있는 경우와 그렇지 못한 경우의 예를 들어보아라.

② 천리안(clairvoyant)과 마법사(wizard)의 기능을 비교하여 보아라.

우리는 다음과 같은 몇 가지 방법들로 EVPI를 구할 수 있다.

① 방법 1: 완전정보 대안과 추가정보 없이 구한 최량 대안의 기대화폐가치들의 차

**예 7.3.1 아이스크림 문제**

한 아이스크림 제조회사가 생산시설을 확장할 것을 고려하고 있다. 이때 회사가 받는 이익 또는 손실은 날씨에 따라 좌우된다. 즉, 올여름이 무더울수록 대규모 확장이 유리하다. [표 7.3.1]은 기존 대안들과 완전정보 대안의 기대화폐가치(EMV)들을 보여주고 있다. (화폐액의 단위: 1억 원)

[표 7.3.1] 이익행렬: 기존 대안들과 완전정보 대안의 EMV들

| 대안 \ 상태(확률) | 무더위(0.7) | 한냉(0.3) | EMV |
|---|---|---|---|
| $a_1^*$(대규모 확장) | 10 | −5 | 5.5* |
| $a_2$(중규모 확장) | 8 | −3 | 4.7 |
| $a_3$(소규모 확장) | 4 | −2 | 2.2 |
| $a_4$(완전정보 대안) | 10 | −2 | 6.4 |

이로부터

$$\begin{aligned}\text{EVPI} &= \text{EMV(완전정보 대안)} - \text{EMV(기존 최량 대안)} \\ &= 6.4 - 5.5 = 0.9\end{aligned}$$

② 방법 2: 최소 기대후회(the minimum expected regret)

3.2절에서 설명한 바와 같이 후회(regret) 또는 기회손실(opportunity loss)은 각 상태에 따라 최량 대안을 선택하지 못함으로써 발생하는 가상적인 손실을 뜻한다. 그리고 기대후회(ER)를 최소로 해주는 대안과 기대가치를 최대로 하는 대안은 서로 같다(3.3절 참조). 가용한

최량 대안의 기대후회는 최량 결과와 주어진 대안의 결과간의 차이이다. 완전정보가 주어진다면 이러한 차이는 영이 될 수 있을 것이다. 즉, 완전정보 대안이란 기대후회가 0인 대안이다. 그러므로 최량 대안의 기대후회가 바로 완전정보의 기대가치가 된다.

**예 7.3.2** **(예 7.3.1, 계속)**

[표 7.3.2]는 기존 대안들과 완전정보 대안의 기대후회들을 보여주고 있다. 이로부터
EVPI = ER(최량 대안) = 0.9

[표 7.3.2] 후회행렬: 기존 대안들과 완전정보 대안의 ER들

| 대안 \ 상태(확률) | 무더위(0.7) | 한냉(0.3) | ER |
|---|---|---|---|
| $a_1^*$(대규모 확장) | 0 | 3 | 0.9* |
| $a_2$(중규모 확장) | 2 | 1 | 1.7 |
| $a_3$(소규모 확장) | 6 | 0 | 4.2 |
| $a_4$(완전정보 대안) | 0 | 0 | 0 |

우리는 [표 7.3.2]로부터 완전정보대안의 기대후회가 0임을 확인할 수 있다. 우리는 또 [표 7.3.1]의 이익행렬과 [표 7.3.2]의 후회행렬로부터 각 대안의 기대 화폐가치와 기대후회의 합이 모두 6.4라는 것을 관찰할 수 있는데, 이는 일반적인 현상이다.

[관찰 7.3.1] 각 대안의 기대화폐가치와 기대후회의 합은 일정하다.

③ 방법 3: 각 상태별 정보가치의 기대치

우리는 완전한 정보가 상태별로 의사결정자에게 얼마만 한 가치가 있는가를 고려할 수 있을 것이다. 이러한 상태별 정보가치의 기대치가 바로 완전정보의 기대가치가 된다.

**예 7.3.3** **(예 7.3.1, 계속)**

[표 7.3.3]은 각 상태별로 우리의 결정과 이익의 변화량을 보여주고 있다. 이로부터

$$EVPI = 0.7(0) + 0.3(3) = 0.9$$

[표 7.3.3] 각 상태별 정보가치

| 상태 | 확률 | 현 결정 | 주어진 상태가 참일 때의 결정 | 이익의 변화량 |
|---|---|---|---|---|
| 무더위 | 0.7 | $a_1$ | $a_1$ | 0 |
| 한냉 | 0.3 | $a_1$ | $a_3$ | 3 |

**예 7.3.4**

[예 1.3.1]의 유전탐사문제에서 지질예언가로부터 지질구조에 대한 자문을 받으면 지질구조에 대한 완전정보를 얻을 수 있다. 당신이 이 지질예언가에게 지불할 자문료의 상한(즉 EVPI)은 얼마인가?

**풀이** 완전정보의 기대가치(EVPI)는 다음과 같은 세 가지 방법으로 구해질 수 있다:

① 완전정보대안의 기대가치 − 기존 최량대안의 기대가치

$$= (0.2)(8)+(0.4)(2)+(0.4)(0) - \{(0.2)(8)+(0.4)(2)+(0.4)(-2)\}$$

$$= 2.4 - 1.6 = 0.8$$

② 기존 최량대안의 기대후회 $= (0.2)(0)+(0.4)(0)+(0.4)(2) = 0.8$

③ 상태별 정보가치의 기대치 $= (0.2)(0)+(0.4)(0)+((0.4)(2) = 0.8$

## 7.3.2. 표본정보의 기대가치

[정의 7.3.2] 표본정보의 기대가치(Expected Value of Sample (or Imperfect) Information, EVSI)는 불완전 정보대안의 기대화폐가치와 추가정보 없이 구한 최량 대안의 기대화폐가치의 차이이다. 즉,

VSI = 불완전 정보대안의 기대화폐가치 − 기존 최량 대안의 기대화폐가치

가용한 정보가 완전하지는 않지만 의사결정문제와 관련된 불확실성을 감소시킬 가능성이 있다면 그 정보의 기대가치를 계산해볼 필요가 있다. 표본추출로부터 얻는 정보는 대개 이런 범주에 속한다. 정보획득과정에 대한 모형을 세울 수 있다면 베이즈 정리를 이용해서 분포를 수정하고 이로부터 정보가치를 계산할 수가 있을 것이다. 물론 확률부과형태에 따라 베이즈 정리를 이용하는 것이 필요하지 않을 수도 있다.

완전정보의 기대가치에 대한 표본정보의 기대가치의 비는 표본정보의 효율(efficiency of sample information)이라고 불린다. 표본정보의 효율 Eff(SI)은 화폐가치(또는 효용)로 환산했을 때 표본정보가 완전정보에 얼마나 가까운지를 나타낸다:

$$\text{Eff(SI)} = \frac{\text{EVSI}}{\text{EVPI}}$$

**예 7.3.5** **(예 7.3.1, 계속)**

아이스크림 문제에서 날씨전문가로부터 올여름 날씨에 대한 자문을 받으면 정확도가 80 %인 불완전정보를 얻을 수 있다. 당신이 이 날씨전문가에게 지불할 자문비용의 상한(즉 EVSI)은 얼마인가?

[표 7.3.4] 인풋 데이터－아이스크림 문제

| Sample Results | | Cost of Sample = | 0 |
|---|---|---|---|
| "무덥다" | | | |
| "시원타" | | | |
| | | | |
| | | Likelihoods | |
| States of Nature | Priors | "무덥다" | "시원타" |
| 무더위 | 0.7 | 0.8 | 0.2 |
| 한냉 | 0.3 | 0.2 | 0.8 |
| | | | |
| | Payoffs | | |
| Actions | 무더위 | 한냉 | |
| 대규모 확장 | 10 | -5 | |
| 중규모 확장 | 8 | -3 | |
| 소규모 확장 | 4 | -2 | |

**풀이** [표 7.3.4]에 제시된 사전확률과 날씨전문가의 날씨예보에 대한 우도로부터 사후분포는 [표 7.3.5]와 같이 계산된다.

[표 7.3.5] 결합확률과 사후분포－아이스크림 문제

| Sample Result = | "무덥다" | | | |
|---|---|---|---|---|
| States of Nature | Prior | Likelihood | Prior*Likelihood | Posterior |
| 무더위 | 0.7 | 0.8 | 0.56 | 0.9032 |
| 한냉 | 0.3 | 0.2 | 0.06 | 0.0968 |
| | | Marginal = | 0.62 | |
| | | | | |
| Sample Result = | "시원타" | | | |
| States of Nature | Prior | Likelihood | Prior*Likelihood | Posterior |
| 무더위 | 0.7 | 0.2 | 0.14 | 0.3684 |
| 한냉 | 0.3 | 0.8 | 0.24 | 0.6316 |
| | | Marginal = | 0.38 | |

[그림 7.3.1]과 [그림 7.3.2]로부터 표본(날씨전문가)을 이용할 경우의 기대치는 5.7(억 원)이고 이용하지 않을 경우의 기대치는 5.5(억 원)이다. 따라서 표본정보비용(날씨전문가의 자문비용)으로 지불할 수 있는 상한선은 0.2(억 원)이며 이 표본정보의 효율은 0.2/0.9 = 0.222이다.

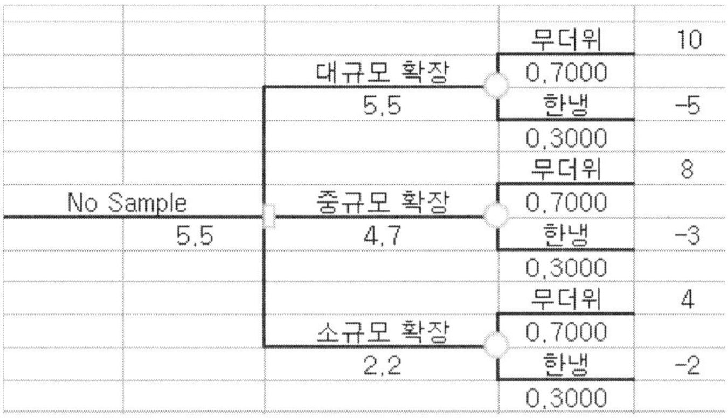


[그림 7.3.1] 날씨전문가를 이용하지 않은 의사결정

[그림 7.3.2] 날씨전문가를 이용한 의사결정

[관찰 7.3.2] 표본정보의 기대가치는 표본결과별 정보가치의 기대치와 같다. 예컨대, [표 7.3.6]은 아이스크림 문제에서 날씨전문가의 예보별로 결정의 변화와 이에 따른 이익의 변화량을 보여주고 있다. 이로부터

$$EVSI = 0.62(0) + 0.38(0.5263) = 0.2000$$

[표 7.3.6] 아이스크림 문제에서 각 예보별 정보가치

| 예보 | 확률 | 현 결정 | 주어진 예보에 따른 결정 | 이익의 변화량 |
|---|---|---|---|---|
| "무덥다" | 0.62 | $a_1$ | $a_1$ | 0 |
| "시원타" | 0.38 | $a_1$ | $a_2$ | 0.5263 |

예 7.3.6

[예 1.3.1]의 유전탐사문제에서 표본정보를 이용하여 시추여부를 결정하는 것을 고려하고 있다. 여기서 표본정보는 탄성파탐사(seismic test)를 실시하여 배상구조(dome)의 존재여부−있음, 없음−에 대한 정보를 얻는 것이다. 탄성파탐사의 정확도 즉, 우도는 [표 7.3.7]에 제시되어 있다. 당신이 이 표본정보(탄성파탐사의 결과)에 지불할 비용의 상한(즉 EVSI)은 얼마인가?

[표 7.3.7] 인풋데이터−유전탐사 문제

| Sample Results | Cost of Sample = | | 0 |
|---|---|---|---|
| 배상구조 있음 | | | |
| 배상구조 없음 | | | |
| | | | |
| | | Likelihoods | |
| States of Nature | Priors | 배상구조 있음 | 배상구조 없음 |
| 대규모 유전 | 0.2 | 0.99 | 0.01 |
| 소규모 유전 | 0.4 | 0.8 | 0.2 |
| 맨땅 | 0.4 | 0.05 | 0.95 |
| | | | |
| | | Payoffs | |
| Actions | 대규모 유전 | 소규모 유전 | 맨땅 |
| 시추한다 | 8 | 2 | -2 |
| 시추하지 않는다 | 0 | 0 | 0 |

**풀이** [표 7.3.7]에 제시된 사전확률과 탄성파탐사에 대한 우도로부터 사후분포는 [표 7.3.8]과 같이 계산된다.

[표 7.3.8] 결합분포와 사후분포-유전탐사 문제

| Sample Result = | 배상구조 있음 | | | |
|---|---|---|---|---|
| States of Nature | Prior | Likelihood | Prior*Likelihood | Posterior |
| **대규모 유전** | 0.2 | 0.99 | 0.198 | 0.3680 |
| **소규모 유전** | 0.4 | 0.8 | 0.32 | 0.5948 |
| **맨땅** | 0.4 | 0.05 | 0.02 | 0.0372 |
| | | Marginal = | 0.538 | |
| | | | | |
| Sample Result = | 배상구조 없음 | | | |
| States of Nature | Prior | Likelihood | Prior*Likelihood | Posterior |
| **대규모 유전** | 0.2 | 0.01 | 0.002 | 0.0043 |
| **소규모 유전** | 0.4 | 0.2 | 0.08 | 0.1732 |
| **맨땅** | 0.4 | 0.95 | 0.38 | 0.8225 |
| | | Marginal = | 0.462 | |

[그림 7.3.3]과 [그림 7.3.4]로부터 표본(탄성파탐사)을 이용할 경우의 기대치는 2.184(억원)이고 이용하지 않을 경우의 기대치는 1.6(억 원)이다. 따라서 표본정보비용(탄성파탐사)으로 지불할 수 있는 상한선은 0.584(억 원)이다.

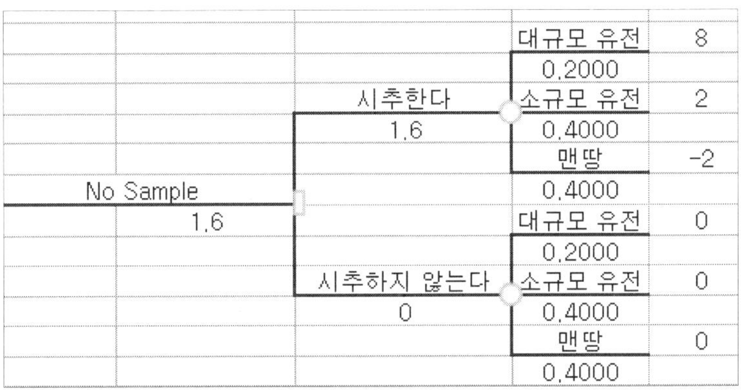


[그림 7.3.3] 탄성파탐사를 이용하지 않은 의사결정

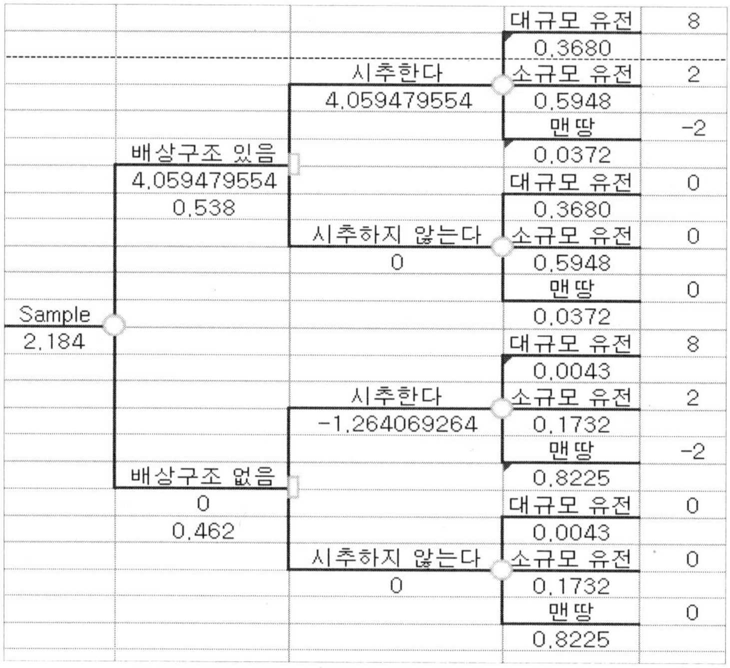


[그림 7.3.4] 탄성파탐사를 이용한 의사결정

## 7.4 효용의사결정자인 경우의 정보가치

모험중립형이 아닌 의사결정자 즉, 효용의사결정자(Utility Decision Maker, UDM)인 경우에는 그의 효용함수를 이용하여 정보가치를 계산해야 한다. 즉, 가용한 최량 대안의 기대효용과 정보대안의 각 결괏값에서 아무 비용을 뺀 제비의 기대효용이 같아질 때의 비용인 최대정보비용이 정보가치가 된다. 이러한 최대정보비용을 구하려면 일반적으로 시행착오법을 이용해야 할 것이다.

**예 7.4.1** **(예 7.3.1, 계속)**

아이스크림 문제에서 의사결정자의 효용함수가 다음과 같이 주어져 있다. 이 효용의사결정자가 천리안에게 지불할 자문료의 상한 즉 완전정보의 가치(VPI, Value of Perfect Information)는 얼마가 되겠는가?

$$u(x) = (4/3)\left(1 - 0.5^{x/5}\right).$$

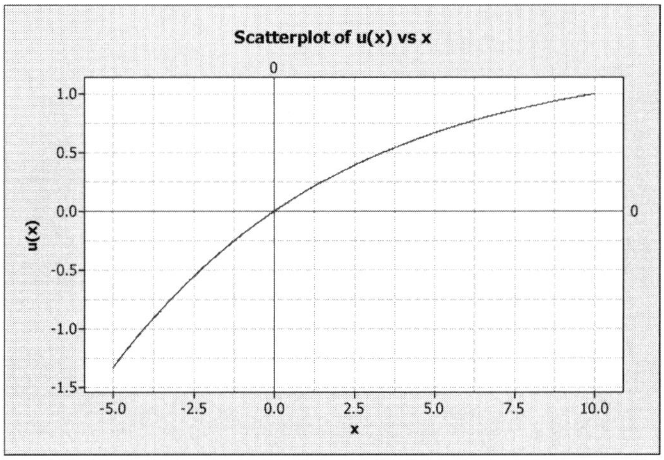


[그림 7.4.1] [예 7.4.1]의 효용곡선

**풀이** 세 대안의 효용인 기대효용은 [그림 7.4.2]에서 보듯이 다음과 같이 주어진다:

$$U[a_1] = 0.7u(10) + 0.3u(-5) = 0.3,$$
$$U[a_2] = 0.7u(8) + 0.3u(-3) = 0.419162,$$
$$U[a_3] = 0.7u(4) + 0.3u(-2) = 0.269471.$$

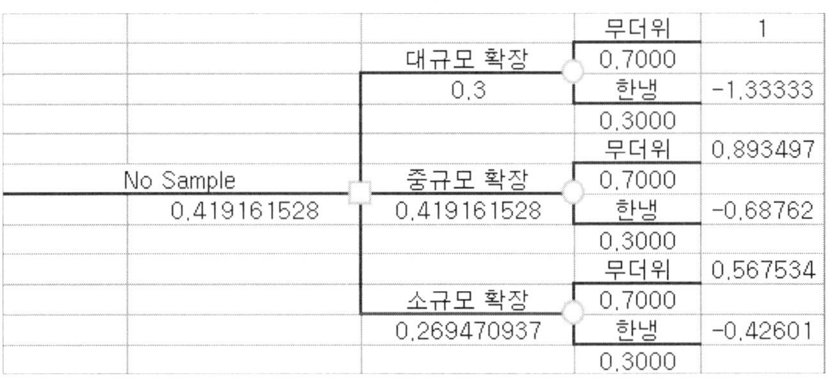


[그림 7.4.2] 사전정보만을 이용한 효용의사결정

이로부터 이 효용의사결정자에게 $a_2$가 최량 대안이 된다. 구하려고 하는 정보가치를 $v$라 하자. 그러면 완전 정보대안 $a_4$의 각 결괏값에서 $v$를 뺀 제비의 기대효용이 기존 최량 대안의 기대효용과 같아야 한다: 즉,

$$U[a_4 - v] = 0.7u(10 - v) + 0.3u(-2 - v) = 0.419162.$$

또는

$$0.7[(4/3)(1-0.5^{2-0.2v})]+0.3[(4/3)(1-0.5^{-0.4-0.2v})]=0.419162.$$

이 관계를 만족하는 $v$는 시행착오법에 의해 $v=1.32155$로 주어진다. 따라서 이 효용의사결정자에게 완전정보의 가치 VPI는 1.32155(억원)이다.

**예 7.4.2 (예 7.3.5와 예 7.4.1, 계속)**

[예 7.4.1]에 제시된 효용함수를 가지는 효용의사결정자가 [예 7.3.5]에서 소개된 날씨전문가에게 지불할 자문료의 상한 즉 불완전정보의 가치(VSI, Value of Sample Information)는 얼마인가?

**풀이** 이 표본 정보대안을 $a_5$로 나타내자. 구하려고 하는 정보가치를 $v$라 하자. 불완전 정보대안 $a_5$의 각 결괏값에서 $v$를 뺀 제비의 기대효용이 기존 최량 대안의 기대효용과 같아야 한다: 즉,

$$U[a_5-v]=0.419162.$$

이 관계를 만족하는 $v$는 시행착오법에 의해 $v=0.30667$로 주어진다. 따라서 이 효용의사결정자에게 이 불완전정보의 가치 VSI는 0.30667(억 원)이다.

<과제 7.4.1> 위 두 예에서 $v$를 계산하는 과정을 보이시오.

### ● 델타 성질을 가지는 의사결정자

불변 모험기피성을 가지는 의사결정자 즉, 선형이나 음지수형 효용함수를 가지는 의사결정자는 델타 성질을 가지므로 기대가치의사결정자인 경우에서와 마찬가지 방법으로 정보가치를 계산할 수 있다. 즉,

$$\text{VPI(VSI)} = \text{CE[(불)완전정보대안]} - \text{CE[기존최량대안]}.$$

**예 7.4.3** **(예 7.4.1, 계속)**

이 효용의사결정자의 효용함수는 음지수 효용함수에 다름 아니다([예 5.6.5] 참조). 이 효용의 사결정자에게 완전정보대안의 효용은 다음과 같이 주어진다:

$$U[a_4] = 0.7u(10) + 0.3u(-2) = 0.572197.$$

따라서

$$\begin{aligned}\mathrm{VPI} = \mathrm{CE}[a_4] - \mathrm{CE}[a_2] &= u^{-1}(0.572197) - u^{-1}(0.419162)\\ &= 4.0440535 - 2.722505 = 1.32155(\text{억 원}).\end{aligned}$$

**예 7.4.4** **(예 7.4.2, 계속)**

이 효용의사결정자에게 이 불완전 정보대안의 효용은 [그림 7.3.7]의 의사결정나무로부터 $U[a_5] = 0.457212$. 따라서

$$\begin{aligned}\mathrm{VSI} = \mathrm{CE}[a_5] - \mathrm{CE}[a_2] &= u^{-1}(0.457212) - u^{-1}(0.419162)\\ &= 3.029175 - 2.722505 = 0.30667(\text{억 원}).\end{aligned}$$

[그림 7.3.7] 날씨전문가를 이용한 효용의사결정

[관찰 7.4.1] 모험기피성 의사결정자의 정보가치는 정보의 기대가치보다 크다:

$$VPI > EVPI \text{ 그리고 } VSI > EVSI.$$

예컨대, 아이스크림 문제에서

$$VPI = 1.32155 > EVPI = 0.9$$
$$VSI = 030667 > EVSI = 0.2$$

<과제 7.4.2> [예 7.3.4]와 [예 7.3.6] 그리고 7장의 연습문제 7번을 참조하여 유전탐사 문제에 대해서도 [관찰 7.4.1]이 성립하는지 확인하여 보자.

$$VPI = ?,\ EVPI = 0.8,$$
$$VSI = ?,\ EVSI = 0.584$$

## 7.5 정보가치에 대한 민감도분석

정보가치는 천리안(clairvoyant)이나 마법사(wizard)에게 지불할 수 있는 비용과 비교할 수 있다. 정보가치는 불확실성의 양(또는 사전확률)과 결괏값들 모두에 의존하므로 그 값들의 변화에 따른 정보가치의 변화를 살펴보는 것은 의사결정에 도움을 줄 것이다. [그림 7.5.1]은 최적 정보량을 결정하는 과정을 나타내고 있다.

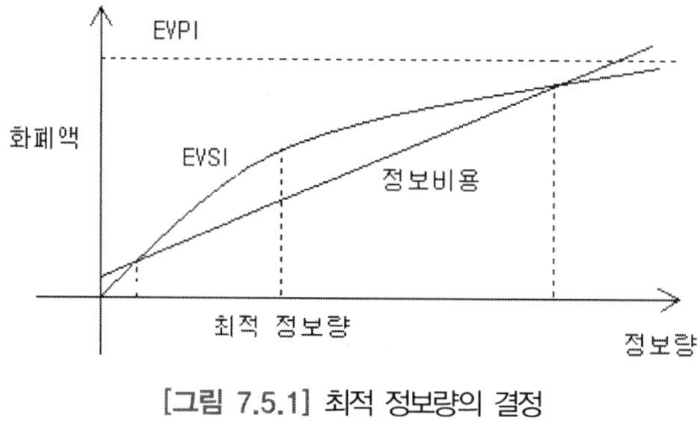


[그림 7.5.1] 최적 정보량의 결정

### 7.5.1. 사전분포에 대한 민감도 분석

사전확률값－즉, 확률변수(probability variable)－이 변함에 따라 정보가치가 어떻게 변화하는지를 살펴보는 것은 유익할 것이다.

**예 7.5.1 투자문제**

당신은 소액투자자로서 여유자금을 6개월간 투자할 대안을 결정해야 한다고 가정하자. 가능한 투자대안은 은행예금, 채권, 그리고 주식이다. 어느 투자대안이 유리한가는 [그림 7.5.2]의 의사결정나무에서 보는 바와 같이 경제상황에 따라 좌우된다. 당신은 경제 정보를 종합하여 앞으로 6개월간 경기가 활황일 확률을 0.4로 판단하고 있다.

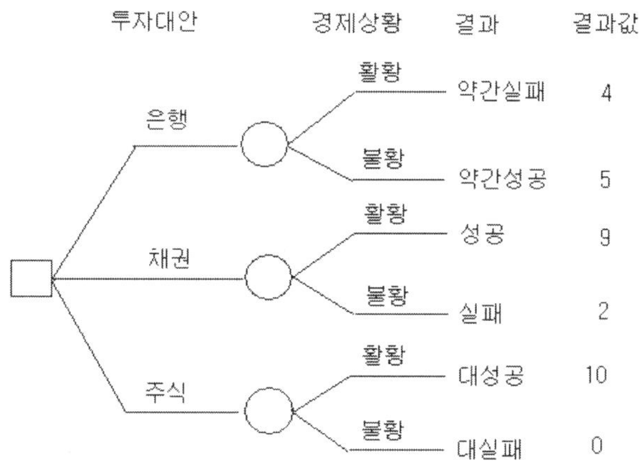


[그림 7.5.2] 투자문제에 대한 의사결정나무

① 앞으로 6개월 동안 경기가 호황일 확률을 $p(0 \leq p \leq 1)$라 할 때, $p$에 따라 EVPI가 어떻게 변하는지를 살펴보자.

①-1 세 가지 투자대안들의 기대화폐가치(EMV)를 구하고, 이를 그래프로 나타내어라. ($p$를 가로축으로, EMV들을 세로축으로 나타내어라.)

**풀이** EMV[은행투자대안] $= 4p + 5(1-p) = 5 - p$

EMV[채권투자대안] $= 9p + 2(1-p) = 2 + 7p$

EMV[주식투자대안] $= 10p$

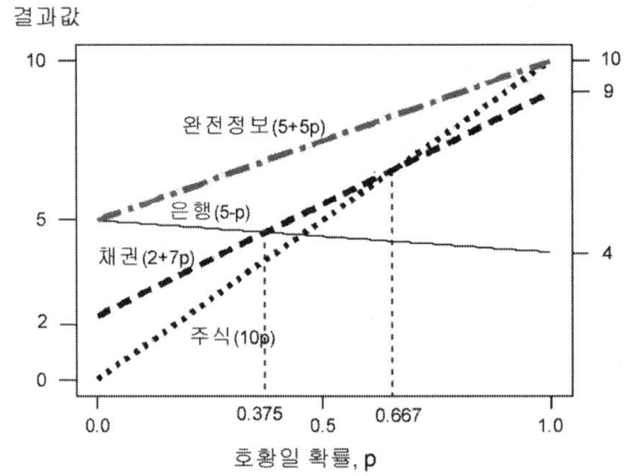


①-2 $p$ 에 따라 최량대안이 어떻게 변하는지 위 그래프로부터 구하라.

**풀이** $0 \leqq p \leqq 0.375$ 에서는 은행투자가 최적 대안이다;

$0.375 \leqq p \leqq 0.667$ 에서는 채권투자가 최적대안이다;

$0.667 \leqq p \leqq 1$ 에서는 주식투자가 최적대안이다.

①-3 완전정보대안의 EMV를 구하고, 이를 위 그래프에 나타내어라.

**풀이** 완전정보대안은 다음과 같은 대안이다. 이로부터

$$\text{EMV[완전정보대안]} = 10p + 5(1-p) = 5 + 5p$$

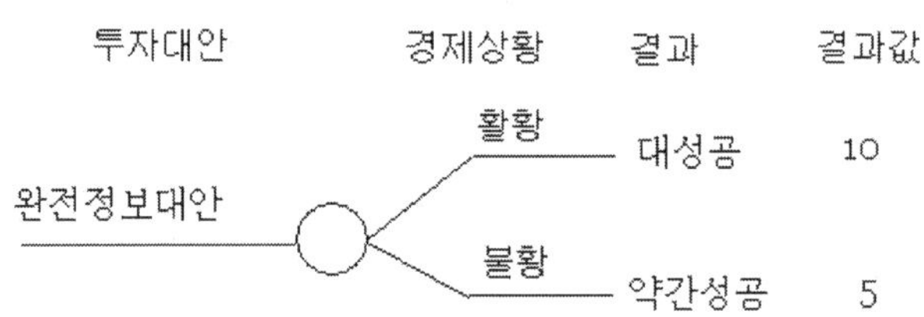


①-4 완전정보의 기대가치(EVPI)가 $p$ 에 따라 어떻게 변하는지를 그래프로 나타내어라.

**풀이** $0 \leqq p \leqq 0.375$: $5 + 5p - (5 - p) = 4p$

$0.375 \leqq p \leqq 0.667$: $5 + 5p - (2 + 7p) = 3 - 2p$

$0.667 \leqq p \leqq 1$: $5 + 5p - (10p) = 5 - 5p$

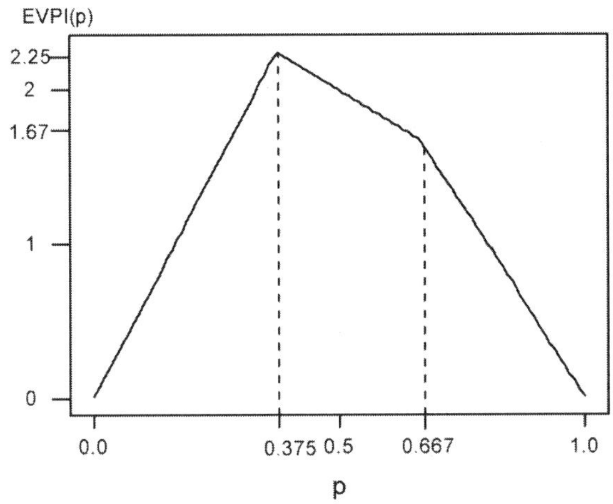


② 경기가 호황일 확률(사전확률)이 $p=0.4$로 부과되었다.

②-1 이때의 최적대안은 무엇인가?

**풀이** 위 (1)과 (2)로부터, 채권투자

②-2 한 경제예언가로부터 경제상황에 대한 자문을 받으면 경제상황에 대한 완전정보를 얻을 수 있다. 당신이 이 경제예언가에게 지불할 자문료의 상한(즉 EVPI)은 얼마인가?

**풀이** EVPI = EMV[완전정보대안] − EMV[채권투자] = $3-2p=2.2$

③ (사전사후분석). 한 경제예측가로부터 경제상황에 대한 자문을 받으면 경제상황에 대해 정확도(즉 우도)가 80 %인 불완전정보를 얻을 수 있다. 즉, 실제로 경기가 호황일 때 이 예측가가 "호경기"이라고 예측할 확률이 80 %이고, 실제로 경기가 불황일 때 이 예측가가 "불경기"라고 예측할 확률이 80 %이다.

| | | Likelihoods | |
|---|---|---|---|
| States of Nature | Priors | "호경기" | "불경기" |
| 호황 | 0.4 | 0.8 | 0.2 |
| 불황 | 0.6 | 0.2 | 0.8 |

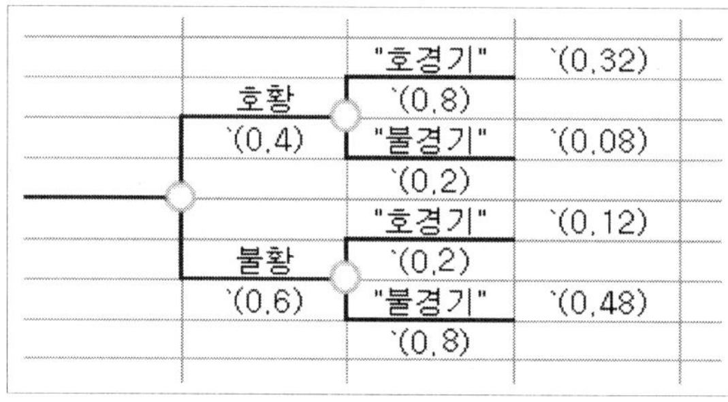


[사전확률과 우도]

③-1 이 경제예측가의 예측을 받아들일 때 사후확률들을 구하라.

**풀이** 사전확률과 우도로부터 다음과 같이 사후확률들이 계산된다:

P{호황“호경기”} = 0.32/(0.32+0.12) = 0.32/0.44 = 8/11 = 0.727

P{불황“호경기”} = 3/11 = 0.273

P{호황“불경기”} = 0.08/(0.08+0.48) = 0.08/0.56 = 1/7 = 0.143

P{불황“불경기”} = 6/7 = 0.857

| Sample Result = | "호경기" | | | |
|---|---|---|---|---|
| States of Nature | Prior | Likelihood | Prior*Likelihood | Posterior |
| 호황 | 0.4 | 0.8 | 0.32 | 0.7273 |
| 불황 | 0.6 | 0.2 | 0.12 | 0.2727 |
| | | Marginal = | 0.44 | |
| | | | | |
| Sample Result = | "불경기" | | | |
| States of Nature | Prior | Likelihood | Prior*Likelihood | Posterior |
| 호황 | 0.4 | 0.2 | 0.08 | 0.1429 |
| 불황 | 0.6 | 0.8 | 0.48 | 0.8571 |
| | | Marginal = | 0.56 | |

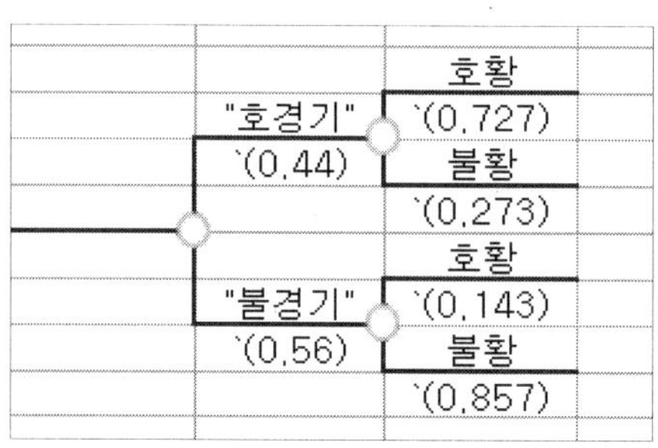


[주변확률과 사후확률]

③-2 위 사후확률들을 토대로 다음 각 경우에 최적 대안을 구하라.

- 이 예측가가 "호경기"라고 예측할 때

**풀이** 이때의 최적 대안은 주식투자이며, 기대치는 (0.727)(10) + (0.273)(0) = 7.27이다.

- 이 예측가가 "불경기"라고 예측할 때

**풀이** 이때의 최적 대안은 은행이며, 기대치는 (0.143)(4) + (0.857)(5) = 4.86이다.

③-3 당신이 이 경제예측가에게 지불할 자문료의 상한(즉, EVSI)은 얼마인가?

**풀이** 사전 최적 대안은 채권투자이며 이때의 기대치는 4.8이다. 한편, 경제 예측가가 "호경기"라고 예측할 때의 최적 대안은 주식투자이며 이때의 기대치는 7.27이다; 이 예측가가 "불경기"라고 예측할 때의 최적 대안은 은행이며 이때의 기대치는 4.86이다. 경제 예측가가 "호경기"와 "불경기"로 예측할 확률은 각각 0.44와 0.56이다. 따라서 [관찰 7.3.2]로부터 이 경제 예측가에게 지불할 자문료의 상한은 다음과 같이 주어진다:

$$(0.44)(7.27-4.8)+(0.56)(4.86-4.8)=(0.44)(7.27)+(0.56)(4.86)-4.8=1.12$$

**예 7.5.2 피버노바 문제**

당신은 2002 월드컵 축구경기의 공인구인 피버노바를 생산하기 위해 두 종류의 공정 A와 B 중에서 한 공정을 선택하려고 한다. 공정 A는 소량생산에 적합하고, 공정 B는 대량생산에 적합하다. 피버노바의 월간 주문량의 규모(대규모, 소규모)에 따른 월 이익은 [그림 7.5.3]의 의사결정나무에 표현되어 있다. 주문량의 규모에 대한 주관적 확률부과의 민감성을 분석하라.

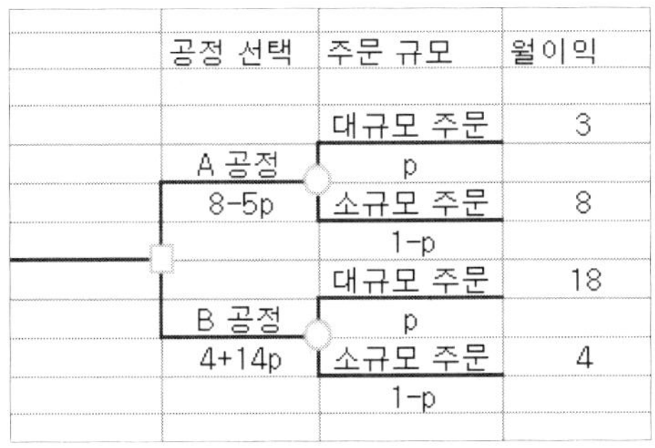


[그림 7.5.3] 피버노바 문제

**풀이** 대규모 주문이 발생할 확률을 $p$로 부과할 때, 확률변수 $p$에 따라 각 공정에서 발생하는 월 이익은 아래 그림과 같이 변화한다. 그림에서 보듯이 대규모 주문이 발생할 확률 $p$가 0.21보다 작을 때는 A 공정을 선택하는 것이 유리하고, $p$가 0.21보다 클 때는 B 공정을 선택하는 것이 유리하다. $p$가 0.21보다 훨씬 크거나 작은 영역에서는 의사결정이 주관적 확률부과에 민감하지 않다.

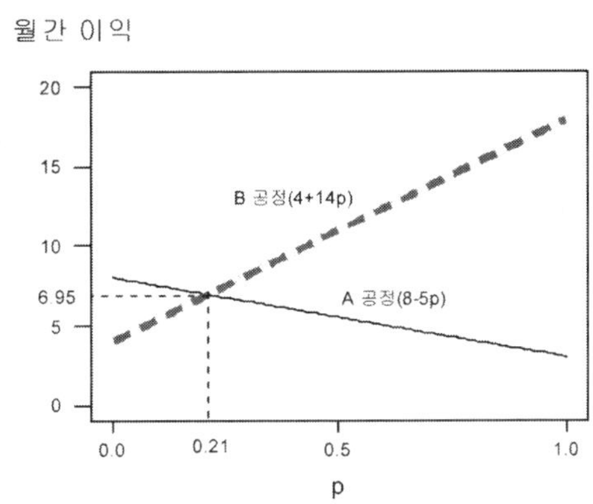


## 예 7.5.3

[예 7.5.2]의 피버노바 문제를 다시 고려하자. 각 공정을 사용하였을 때의 월간 이익에 대한 99.9 % 베이즈 신뢰구간 또는 신용구간(credible interval)이 다음과 같이 주어졌다고 가정하자. 이 신용구간의 범위에 걸쳐서 주문량의 규모에 대한 주관적 확률부과의 민감성을 분석하라.

[월간 이익의 99.9 % 신용구간]

| | 대규모 주문 | 소규모 주문 |
|---|---|---|
| A 공정 선택 | [2, 5] | [7, 10] |
| B 공정 선택 | [16, 19] | [2, 5] |

**풀이** 대규모 주문이 발생할 확률을 $p$로 부과할 때, 확률변수 $p$에 따라 각 공정에서 발생하는 월간 이익 구간은 아래 그림과 같이 변화한다. 아래 그림에서 보듯이 대규모 주문이 발생할 확률 $p$의 범위에 따라 다음과 같이 결론을 내릴 수 있다: $p$가 0.421보다 크면 B 공정을 선택하는 것이 최적 대안이다; $p$가 0.105보다 작으면 A 공정을 선택하는 것이 최적 대안이다; $p$가 0.105와 0.421 사이에 있으면 어느 한 공정이 우위에 있다고 판정할 수 없다. 따라서 $p$가 이 근방에 있는 것으로 믿어지고 있다면, 공정을 선택하기 위해 더 상세한 분석이 요구된다.

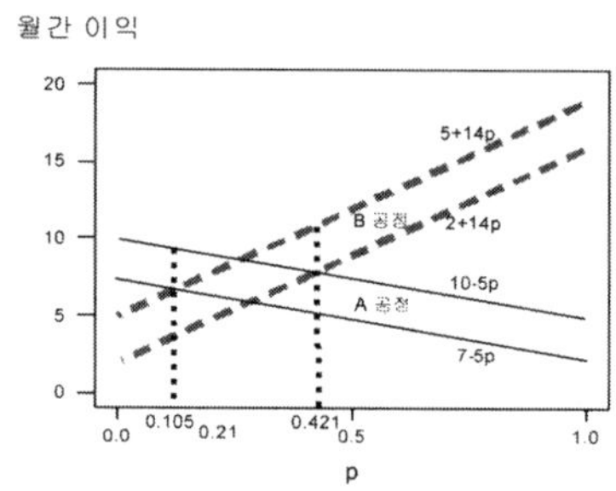


## 예 7.5.4 확장된 피버노바 문제

[예제 7.5.2]의 피버노바 문제에서 피버노바를 생산할 수 있는 공정이 세 가지(A, B, C)이고, 주문규모도 세 가지(대규모, 중규모, 소규모)로 좀 더 세분되어 있는 경우를 고려하자. 공정 A는 소량생산에, 공정 B는 중량 생산에, 그리고 공정 C는 대량생산에 적합하다. 피버노바의 월간 주문량의 규모에 따른 월간 이익은 [그림 7.5.4]의 의사결정나무에 표현되어 있다. 주문량의 규모에 대한 주관적 확률부과의 민감성을 분석하라.

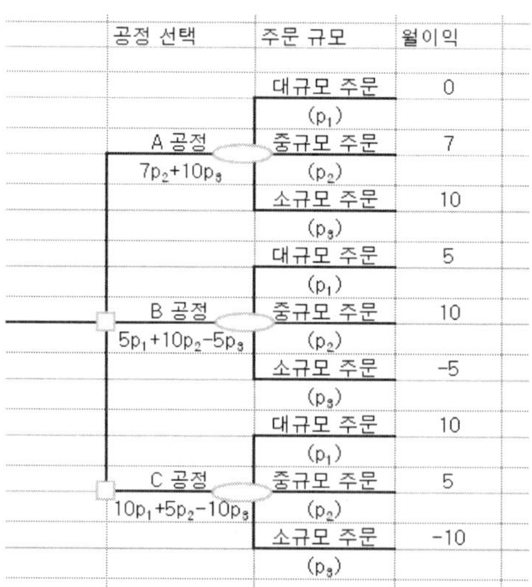


[그림 7.5.4] 확장된 피버노바 문제

풀이 먼저 세 공정이 무차별해지는 점 I를 구해보자. 대규모, 중규모, 그리고 소규모 주문이 발생할 확률을 각각 $p_1$, $p_2$, 그리고 $p_3$로 부과할 때, 우리는 이 점이 다음 연립방정식의 해로 주어짐을 쉽게 알 수 있다:

$$7p_2 + 10p_3 = 5p_1 + 10p_2 - 5p_3 = 10p_1 + 5p_2 - 10p_3,$$
$$p_1 + p_2 + p_3 = 1.$$

이로부터 I = (5/18, 9/18, 4/18) = (0.278, 0.5, 0.222). 이 전체 무차별점을 벗어나면 어느 공정이 유리해질까?

먼저 $p_3 = 0$인 경우를 고려해 보자. 이때 세 공정의 기대 월간 이익은 각각 다음과 같이 주어진다:

공정 A: $7p_2$; 공정 B: $5p_1 + 10p_2$; 공정 C: $10p_1 + 5p_2$

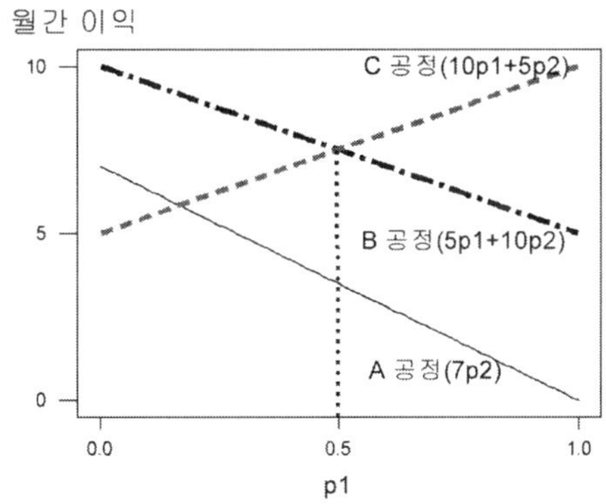


[p3 = 0일 때의 세 공정의 월간 이익]

이 그림에서 보듯이 A 공정을 선택하는 대안은 B 공정을 선택하는 대안에 비해 열등하다. 그리고 공정 B와 공정 C가 무차별해지는 $p_1$의 값은 다음 연립방정식으로부터 구해진다:

.

$$5p_1 + 10p_2 = 10p_1 + 5p_2,$$
$$p_1 + p_2 = 1.$$

이로부터 $p_1 = p_2 = 0.5$. 즉, 이 $p_1 < 0.5$인 영역에서는 B 공정이 유리하고, $p_1 > 0.5$인 영역에서는 A 공정이 유리하다. 이 B-C 무차별점 ($p_1 = 0.5$, $p_2 = 0.5$, $p_3 = 0.0$)이 아래 심플렉스 좌표계에 점 J로 표시되어 있다.

마찬가지 방법을 $p_2 = 0$일 경우에 적용하면, 공정 B가 열등해지고 ($p_1 = 2/3$, $p_2 = 0.0$, $p_3 = 1/3$)이 A-C 무차별점이 되며 아래 심플렉스 좌표계에 점 K로 표시되어 있다.
똑같은 방법을 $p_1 = 0$일 경우에 적용하면 공정 C가 열등해지고 ($p_1 = 0.0$, $p_2 = 5/6$, $p_3 = 1/6$)이 A-B 무차별점이 되며 아래 심플렉스 좌표계에 점 L로 표시되어 있다.
전체 무차별점 I를 두-공정 무차별점들 J, K, L과 연결하면 심플렉스가 세 구역으로 분할된다. 이 세 구역은 [그림 7.5.5]의 심플렉스 좌표계에 표현된 대로 각각 특정한 공정이 유리한 영역이 되며 경계선들은 각각 두-공정 무차별선이 된다. 무차별점이나 무차별선에 가까운 영역에서는 의사결정의 결과가 확률에 민감하게 반응하므로 확률부과에 신중을 기해야 한다. 참고로 경우에 따라서는 전체 무차별점이 존재하지 않을 수도 있다. (이 심플렉스 그래프는 SAS 프로그램에 의한 결과이다.)

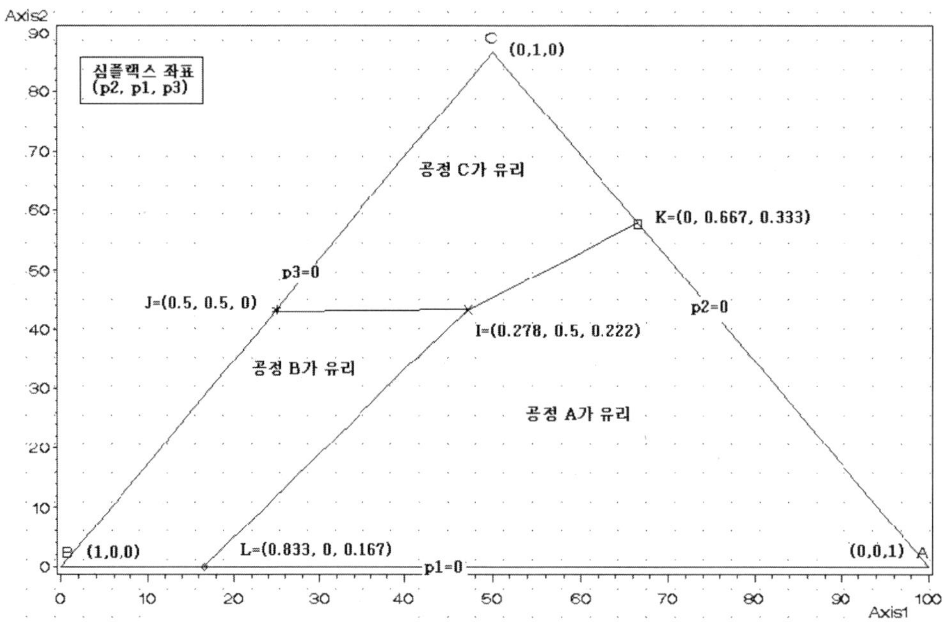


[그림 7.5.5] 심플렉스 좌표계에 표현된 확률에 따른 월간 이익의 변화

## 7.5.2. 위험인자에 대한 민감도분석

관건이 되고 있는 랜덤변수값들의 변화에 따른 기대결괏값(또는 확실성등가)의 변화를 살펴봄으로써 그 랜덤변수에 대한 정보가 정보로서 가치가 있는지를 알 수 있게 된다.

**예 7.5.5**

[예 1.3.1]의 유전탐사문제에서 유전개발로 인한 이익 $g$(단위: 억 원)은 다음과 같이 매장량 $r$(단위: 1억 배럴)과 시추깊이 $d$(단위: 1000m)의 함수로 주어진다: $g = r \times 1 - d \times 1$. 대규모 유전, 소규모 유전, 그리고 맨땅의 매장량은 각각 10, 4, 0으로 추정되고 있다. 시추깊이는 2로 추정되고 있으나 1.5에서 4까지 변할 여지가 있다. 시추 깊이의 변화가 기대가치 의사결정자의 의사결정에 어떠한 영향을 미치는지에 대한 민감도분석을 실시하라.

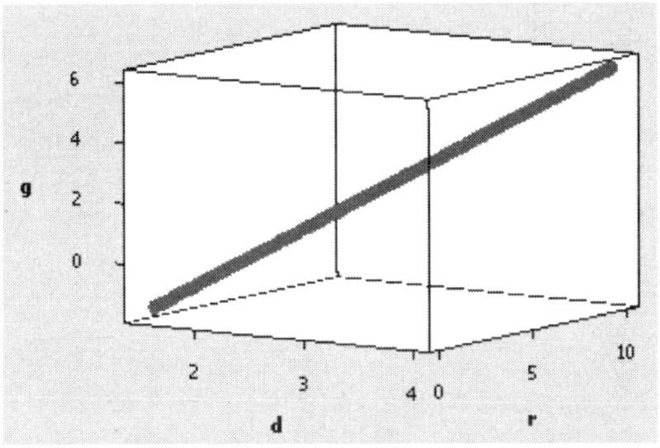


**풀이** 시추깊이가 $d$일 때 두 대안의 기대이익을 구해보자:

$$E[g(a_1)] = 0.2 \times (10-d) + 0.4 \times (4-d) + 0.4 \times (0-d) = 3.6 - d$$

$$E[g(a_2)] = 0$$

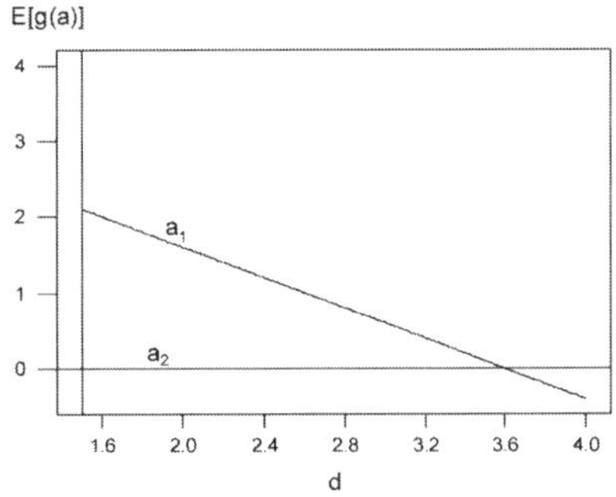


이로부터 시추깊이 $d$가 3.6이하이면 $a_1$ 이 최적행동이고, 그렇지 않으면 $a_2$ 가 최적 행동이 됨을 알 수 있다.

<과제 7.5.1> [예 7.5.1]의 투자문제에서 각 경제상황에서 투자대안들의 결괏값의 변화에 따른 수익변화를 분석하라.

## 연습문제

**01** GSNU 영화사가 새로운 영화를 제작하였다. 이 영화사는 이 영화를 극장용으로 출시할 것인지, 아니면 바로 비디오로 출시할 지를 결정하려고 한다. 다음 의사결정표는 이 영화의 흥행성적에 따른 각 대안의 이익(단위: 백만 원)을 나타내고 있다. (아무 것도 출시하지 않는 것도 하나의 대안으로 고려하자.) 이 영화사는 기대화폐가치(EMV) 의사결정자이고, 당신은 이 영화사의 의사결정분석을 도와주는 의사결정분석가이다.

| 대안 \ 상태 | 흥행 성공 | 흥행 실패 |
|---|---|---|
| 극장 출시 | 5,000 | −2,000 |
| 비디오 출시 | 3,000 | −1,000 |
| 출시하지 않음 | 0 | 0 |

1.1 (사전분포에 대한 민감도분석) 이 영화가 성공할 확률을 $p(0 \leq p \leq 1)$라 할 때,

(1) 두 가지 대안의 기대화폐가치(EMV)를 구하고, 이를 그래프로 나타내어라. ($p$를 가로축으로, EMV들을 세로축으로 나타내어라.)
(2) $p$에 따라 최량대안이 어떻게 변하는지 위 그래프로부터 구하라.
(3) 완전정보대안의 EMV를 구하고, 이를 위 그래프에 나타내어라.
(4) 완전정보의 기대가치(EVPI)가 $p$에 따라 어떻게 변하는지를 그래프로 나타내어라.

1.2 (사전분석) 이 영화가 성공할 확률(사전확률)이 $p = 0.3$으로 부과되었다.

(1) 사전분석을 실시하여 극장 출시와 비디오 출시 중 추천하라.
(2) 한 천리안이 흥행 성적에 관한 완전정보를 300에 판다고 한다. 그래서 GSNU 영화사는 이 완전정보를 구입하는 대안을 고려하고 있다.
(3) 이 천리안에게 지불할 정보비용의 상한 즉 완전정보의 기대가치(EVPI)를 구하라.
(4) 완전정보 구입을 추천하겠는가?

1.3 (사전사후분석) 그런데 이 천리안이 갑자기 사라져 버렸다. 그래서 GSNU 영화사는 이 영화를 홍보하기 위하여 또 흥행 성적을 가늠하기 위하여 시사회 개최를 고려하고 있다. 시사회 개최비용은 100 정도가 들어간다. 성공한 영화들 가운데 70 %는 시사회에서 호평을 받았었고, 실패한 영화들 가운데 80 %는 시사회에서 악평을 받았었다. 다음 조건부 확률들(사후확률들)에 관한 물음들에 답하라.

(1) 시사회에서 호평을 받았다는 조건 아래에서, 이 영화가 성공할 확률을 구하라.
(2) 시사회에서 악평을 받았다는 조건 아래에서, 이 영화가 성공할 확률을 구하라.

1.4 시사회를 개최한 후 영화를 출시하는 대안과 그대로 영화를 출시하는 대안과 관련한 의사결정문제를 의사결정나무로 표현하고 최적 정책을 추천하라. (사건가지에는 적절한 확률을 ()에 써넣어라. 의사결정가지에는, 필요하다면, 화폐가치를 써넣어라. 가지 끝에는 적절한 기여를 써넣어라.)

1.5 사전사후분석과 관련한 다음 물음들에 답하라.

(1) 시사회의 평가를 영화 출시방향 선택에 활용하는 표본정보대안의 기대가치를 구하고 이로부터 표본정보의 기대가치(EVSI)를 구하라.
(2) 시사회 개최를 추천하겠는가?
(3) 이 표본정보(시사회 개최)의 효율을 구하라.

1.6 (사후분석) 아무튼 GSNU 영화사는 시사회를 개최하게 되었다. 사후분석과 관련한 다음 물음들에 답하라.

(1) 시사회를 개최하였더니 호평이 나왔다. 극장 출시와 비디오 출시 중 추천하라.
(2) 시사회를 개최하였더니 악평이 나왔다. 극장 출시와 비디오 출시 중 추천하라.

**02** [예 1.3.1]의 유전탐사 문제에서, 유전규모(대규모, 소규모, 맨땅)에 대한 주관적 확률부과의 민감성을 분석하라.

**03** [예 7.3.1]의 아이스크림 문제에서, 올여름의 날씨(무더위, 한냉)에 대한 주관적 확률부과의 민감성을 분석하라.

**04** 버거 프린스 레스토랑은 메인가에 새로운 레스토랑을 열려고 계획하고 있다. 버거 프린스는 좌석 용량에 따라 세 가지 모형(A, B, C)을 고려하고 있다. 버거 프린스는 동일한 확률로 시간당 손님의 수가 80, 100, 또는 120 중의 하나가 될 것으로 전망하고 있다. 이익행렬은 다음과 같다:

이익(단위: 만원)

| 모형 \ 손님수 | s1 = 80 | s2 = 100 | s3 = 120 |
|---|---|---|---|
| 모형 A | 1,000 | 1,500 | 1,400 |
| 모형 B | 800 | 1,800 | 1,200 |
| 모형 C | 600 | 1,600 | 2,100 |

(1) 각 모형에 대한 기대치를 계산하라.

(2) 완전정보의 기대가치(EVPI)를 구하라.

(3) 버거 프린스는 스탠튼 마켓팅에 시장조사를 의뢰할지 여부를 결정해야 한다. 시장조사 비용은 100만 원이다. 조사결과는 "우호적" 또는 "비우호적"이다. 이 조사의 조건부 확률은 다음과 같다:

> P{"우호적"|시간당 손님 수 80명} = 0.2
> P{"우호적"|시간당 손님 수 100명} = 0.5
> P{"우호적"|시간당 손님 수 120명} = 0.9

버거 프린스는 스탠튼 마켓팅에 시장조사를 의뢰해야 하는가?

**05** 두 가지 주식시장 상태(오르막이다, 내리막이다)를 고려하자. 주식시장이 오르막 또는 내리막일 확률은 각각 0.7과 0.3으로 상정되고 있다. 다음 표는 세 포트폴리오로부터의 이익들을 나타낸다.

이익(단위: 만원)

| 포트폴리오 \ 시장상태 | 오르막 | 내리막 |
|---|---|---|
| A | 100 | −60 |
| B | 75 | −50 |
| C | 60 | −40 |

(1) 최대최소(maximin), 최대최대(maximax), 그리고 최대후회최소(minimax regret) 규칙들에 의한 결정들을 각각 구하라.

(2) 의사결정 과정에 미치는 기회손실의 영향을 평가하라.

(3) 완전정보의 기대가치(EVPI)를 구하고, 시장상태의 확률분포 형태에 따른 기대이익의 민감도를 평가하라.

(4) 의사결정 나무 분석을 실시하라.

**06** [예 7.5.5]의 유전탐사 문제에서, 시추값이는 2로 추정되고 있다. 대규모 유전, 소규모 유전, 그리고 맨땅의 매장량은 각각 10, 4, 0으로 추정되고 있으나 대규모 매장량 $d_1$은 8에서 20까지 변할 여지가 있다. 대규모 유전의 매장량의 변화가 기대가치 의사결정자의 의사결정에 어떠한 영향을 미치는지에 대한 민감도분석을 실시하라.

**07** [예 7.3.4]와 [예 7.3.6]의 유전탐사문제를 다시 고려하자. 그는 기대가치의사결정자가 아니라 아래와 같은 효용함수를 가지는 효용의사결정자이다. 그가 완전정보와 표본정보에 지불할 정보비용의 상한을 각각 구하라.

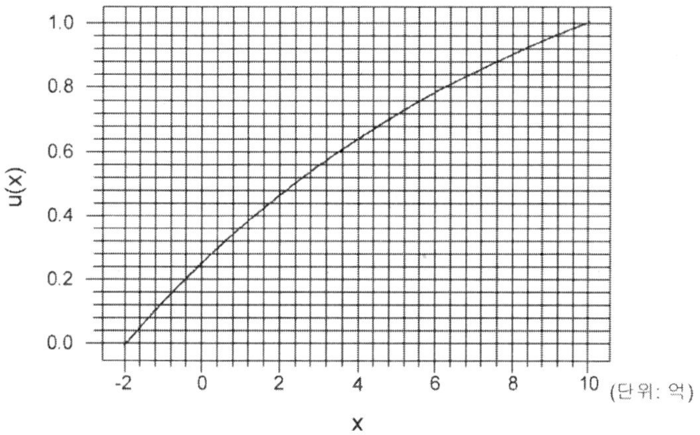

**08** (확장된 아이스크림 문제) 한 아이스크림 제조회사가 생산시설을 확장할 것을 고려하고 있다. 이때 회사가 받는 이익 또는 손실은 날씨에 따라 좌우된다. 즉, 올여름이 무더울수록 대규모 확장이 유리하다. 이 회사는 효용의사결정자이고, 그의 효용함수는 다음과 같이 주어져 있다. ([주] 이 효용함수는 5장 연습문제 14번에서 제시된 효용함수의 형태와 동일하다.)

$$u(x) = (4/3)\left(1 - 0.5^{x/5}\right), \; -5 \leq x \leq 10$$

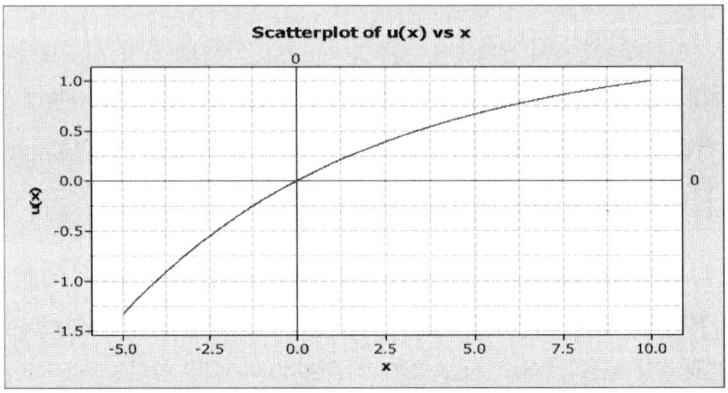


[그림 1] 아이스크림 회사의 효용곡선

이 회사는 천리안으로부터 완전정보를 구입하거나 날씨전문가로부터 불완전정보를 구입할 것을 고려하고 있다. [아래 표]는 기존 대안들과 완전정보 대안, 그리고 불완전정보 대안의 기대화폐가치(EMV)와 효용(U)들을 보여주고 있다. (화폐액의 단위: 10억 원)

[아래 표] 각 대안의 이익, 기대화폐가치(EMV), 그리고 효용(U)

| 상태(확률) / 대안 | 무더위(0.7) | 한냉(0.3) | EMV |
|---|---|---|---|
| $a_1$ (대규모 확장) | 10 | −5 | 5.5 |
| $a_2$ (중규모 확장) | 8 | −3 | 4.7 |
| $a_3$ (소규모 확장) | 4 | −2 | 2.2 |
| $a_4$ (완전정보 대안) | 10 | −2 | 6.4 |
| $a_5$ (불완전정보 대안) | "무덥다"(0.62)<br>8.548 | "시원타"(0.38)<br>1.053 | 5.7 |

(1) 잠정적으로 이 회사가 기대가치의사결정자라고 가정하자.

(1-1) 이때 이 회사가 천리안에게 지불할 자문료의 상한 즉, 완전정보의 기대가치(EVPI, Expected Value of Perfect Information)는 얼마가 되겠는가?

(1-2) 이 회사가 날씨전문가로부터 올여름 날씨에 대한 자문을 받으면 정확도가 80 %인 불완전정보를 얻을 수 있다.

① [표 2]에서 주변확률 P("무덥다") = 0.62가 계산된 과정을 보여라.

② 이 회사가 날씨전문가에게 지불할 자문료의 상한 즉 불완전정보의 기대가치(EVSI, Expected Value of Sample Information)를 구하라.

(2) 이 의사결정자가 실제로는 위에 제시된 효용함수를 가지는 효용의사결정자이다.

(2-1) 이 효용의사결정자가 천리안에게 지불할 자문료의 상한 즉, 완전정보의 가치(VPI, Value of Perfect Information)는 얼마가 되겠는가?

(2-2) 이 회사가 날씨전문가로부터 올여름 날씨에 대한 자문을 받으면 정확도가 80 %인 불완전정보를 얻을 수 있다. 이 효용의사결정자가 날씨전문가에게 지불할 자문료의 상한 즉 불완전정보의 가치(VSI, Value of Sample Information)는 얼마인가?

# 08 집단의사결정

## 8.1 집단의사결정 문제

우리가 지금까지 다루어 온 개인의사결정은 여러 대안들 가운데 의사결정자의 (모험)선호에 따라 선택하는 문제이다. 반면에 집단의사결정은 여러 대안들에 대한 집단구성원들의 개인선호들을 하나의 결정으로 줄여나가는 문제이다. 이때, 합리성과 공정성을 유지하는 것이 관건이 된다. 우리는 집단의사결정 문제를 크게 두 가지로 같이 분류할 수 있다: 사회적 선택이론, 그리고 전문가판단과정 또는 집단참가과정. 우리는 이 장에서 사회적 선택이론을 투표를 중심으로 하여 다룰 것이다. 전문가판단과정 또는 집단참가과정에 대해서는 김성희(1994)를 참고할 수 있을 것이다.

## 8.2 사회적 선택이론

### 8.2.1. 사회적 선택문제

여러 개인들로 구성된 한 집단이 선택할 대안으로 두개 또는 그 이상의 집단행동들을 가지고 있다. 이 집단의 구성원들－앞으로 시민들(citizens)이라고 지칭될 것이다－은 이 집단선택과 관련해서 그들 각자의 선호를 가지고 있다. 문제는 이 대안들 가운데 집단선택을 개발하는 것이다.

사회적 선택문제는 다음과 같은 두 가지 과제를 가지고 있다:

① 사회적 선호순서: 시민들의 선호들을 결합해서 한 사회적 선호순서(social preference ordering)를 확보하는 문제
② 집단 확률함수: 시민들의 확률분포 부과들을 결합해서 한 집단 확률함수(group probability function)를 확보하는 문제

그러나 집단 확률분포라는 것이 어떤 의미를 가지고 있는지가 명확하지 않기 때문에 사회적 선택이론에서 집단 확률분포 부과문제는 거의 다루어지지 않고 있다. 따라서 우리도 사회

적 선호순서 문제에 집중할 것이다. 각 시민이 순서효용척도를 생성하기 위해 사용된 순서화 조건들 O1-O8을 만족시키는 한 개인적 선호순위(personal preference ranking)를 이미 확립했다고 가정하자(3.1절을 참조하라). 그런 개인적 순서들의 한 집합은 집단선호측면(group preference profile)이라고 불린다.

**예 8.2.1**

세 시민들−갑, 을, 그리고 병−로 구성된 한 사회를 고려하자. 그들은 저녁으로 네 가지 일품 음식을 먹는다: 곰탕, 삼계탕, 매운탕, 그리고 칼국수. 갑은 메뉴에 주어진 순서대로의 선호를 가지고 있다. 을은 갑과 반대의 선호순서를 가지고 있다. 병은 삼계탕과 매운탕 간에는 무차별하지만 그것들을 곰탕보다는 선호하고, 또 곰탕을 칼국수보다는 선호한다. 이것은 이 사회와 대안들의 집합에 대한 한 선호측면을 서술한다. 우리는 이 선호측면을 [표 8.2.1]에서와 같이 음식 이름을 사용하여 나타낼 수 있다. 이것은 이 경우에 가능한 많은 선호측면들 가운데 하나일 뿐이다.

[표 8.2.1] 저녁 메뉴에 대한 집단선호측면

| 선호순위 | 갑 | 을 | 병 |
|---|---|---|---|
| 1 | 곰탕 | 칼국수 | 삼계탕, 매운탕 |
| 2 | 삼계탕 | 매운탕 | 칼국수 |
| 3 | 매운탕 | 삼계탕 | 곰탕 |
| 4 | 칼국수 | 곰탕 | |

사회적 선택규칙(social, or collective, choice rule)은 집단선호측면들 위에서 작용하여 대안들의 한 사회적 순서(social ordering)를 생성하는 방법이다. 우리는 항상 대안들의 수와 시민들의 수가 유한하다고 가정할 것이다. 우리는 또 사회복지함수(social welfare function, SWF; 사회후생함수)라고 불리는 특별한 형태의 사회적 선택규칙들에 초점을 맞출 것이다.

SWF는 대안들과 시민들의 한 주어진 집합에 대해서 가능한 모든 선호측면들 위에서 작용하며, 조건들 O1-O8을 만족하는 사회적 순서들을 생성한다. 그러나 어떤 사회적 선택규칙들은 그렇지 못하다. 예컨대,

- 2/3 다수결(two-thirds majority rule)은 어떤 대안도 시민들의 2/3에 의해 선호되지 못하는 선호측면들에 대해서 사회적 순서를 생성하지 못한다.
- 단순다수결(simple majority rule)은 순환적인 사회적 순서를 생성한다: [표 8.2.2]에서

$a:b$ 에서는 다수가 $a$ 를, $b:c$ 에서는 다수가 $b$ 를, 그리고 $c:a$ 에서는 다수가 $c$ 를 선택한다. 이와 같은 순환은 투표역설(voting paradox)이라고 불린다.

[표 8.2.2] 투표역설

| 1 | 2 | 3 |
|---|---|---|
| $a$ | $b$ | $c$ |
| $b$ | $c$ | $a$ |
| $c$ | $a$ | $b$ |

투표역설은 다수결과 같이 널리 사용되는 사회적 선택규칙이 SWF가 아니라는 것을 보여준다. 그렇다면 SWF가 너무 이상적인 기준인가? 그렇지는 않다. 많은 집단선택 상황은 O1-O8을 만족하는 선호순서를 요구한다.

**참고** 다수결에 의한 표결(voting, 투표제도)과 관련된 용어 정리(미국식 용어를 기준으로)

- 단순다수(simple majority, 단순과반수): 유효투표(valid votes) – 무효나 기권이 아닌 표 – 중 과반수
- 절대다수(absolute majority): 한 집단의 모든 구성원들 – 결석 여부나 기권 여부나 유효투표 여부에 관계없이 – 의 과반수
- 상대다수(relative majority, plurality): 대안들이 받은 득표 가운데 최고 득표수

두 사회적 선택기전이 동일한 선호측면들에 대해 동일한 사회적 순서를 생성한다면 그들은 동일한 SWF로 간주된다. 또 시장의 행동을 통해 생성되는 집단 선호와 같이 공식적인 사회적 선택규칙으로 구현되지 못하는 SWF도 허용된다. 예컨대, 우리가 재화와 용역에 지불하는 가격들에 의해 표현되는 바대로의 통합된 개별 선택들은 총괄적으로 사회에 열려있는 선택들을 결정한다. 따라서 아무도 한 호떡가게에서 호떡을 사지 않으면, 우리의 경제적 투표는 이 호떡가게가 곧 문을 닫도록 만들 것이다.

한 SWF는 한 특정한 사회와 한 특정한 대안들의 집합에 대해 정의된다. 사회적 선택 이론가들이 합리적인 SWF가 만족해야 한다고 생각하는 여러 조건들과 이들의 관련성이 알려져 있다. 여기서는 단순히 그 가운데 몇 가지를 나열할 것이다. 이들에 대한 상세한 논의는 Resnik(1988)를 참고할 수 있다.

□ (조건 U) SWF는 모든 선호측면들에 대해 사회적 순서를 생성해야 한다.

- 이 조건은 무제한 영역 조건(the unrestricted domain condition, U)이라고 불린다.

□ (조건 D) SWF가 독재적(dictatorial)이어서는 아니 된다.

- 이 조건은 비독재 조건(the no-dictatorial condition, D)이라고 불린다.
- 한 SWF가 항상 시민들 중의 어떤 특정한 시민의 선호순서와 같은 사회적 순서를 생성할 때, 이 SWF는 독재적이다.

□ (조건 CS) 모든 상이한 대안들의 쌍 $x$와 $y$에 대해 SWF가 $x$를 $y$보다 우위에 두는 한 사회적 순서를 생성하는 선호측면이 적어도 하나는 존재해야 한다.

- 이 조건은 시민주권 조건(the citizens' sovereignty condition, CS)이라고 불린다.
- 상수 SWF(constant SWF)는 모든 선호측면들에 대해 동일한 사회적 순서를 연결시킨다. 즉 상수 SWF는 동일한 사회적 순서를 부과한다. 상수 SWF는 순서를 부과하는 SWF와 독재적인 SWF 간의 중요한 차이를 보여준다: 독재적인 SWF는 사회적 순서를 사회의 한 구성원-즉, 이 사회의 독재자-의 순서와 동일시한다. 반면에 부과된 순서(imposed ordering)는 어떤 한 시민의 선호순서를 그대로 반영하는 것이 되어서는 아니 된다.
- 인간사에서 부과된 사회적 순서가 적절한 경우가 있긴 하지만, 대부분의 경우에 한 사회적 순서를 부과하는 것은 비현실적이며 공정하지 못하다. 조건 CS는 사회적 순서 부과를 배제시키기 위해 고안되었다.

□ (조건 PA) 한 SWF가 한 주어진 선호측면에 대해 대안 $x$를 대안 $y$보다 우위에 둔다면, 이 SWF는 한 명 이상의 시민들이 그들의 선호순서들에서 $x$의 순위를 상향조정했다는 점 이외에는 원래의 선호측면과 정확하게 일치하는 어떤 선호측면에서도 $x$를 $y$보다 우위에 두어야 한다.

- 이 조건은 개별 가치와 사회적 가치 간의 양연관성 조건(the condition of positive association between individual and social values, PA)이라고 불린다.

□ (조건 I) 만일 모든 시민이 선호측면들 $P_1$과 $P_2$에서 대안들 $x$와 $y$에 같은 순서를 매긴다면, $x$와 $y$는 이 SWF가 $P_1$과 $P_2$에 대해 생성하는 사회적 순서들에서 서로와 관련해서 동일한 순서에 있어야 한다.

- 이 조건은 무관대안 독립조건(independence-of-irrelevant-alternatives condition, I)이라고 불린다.
- 조건 I는 SWF가 다른 대안들과는 별개로 대안들을 한 번에 두 개씩 비교함으로써 사회적 순서를 얻도록 요구한다.

- 조건 I를 만족시키는 SWF는 N-M 효용척도를 구축하는 데 사용된 정보에 반응할 수 없는데, 그 이유는 이 조건이 대안들을 그들을 수반하는 제비들과 비교하는데 의존하기 때문이다.
- 조건 I는 또 시민 순위(citizen rankings)에서 그들이 차지하는 위치에 따라 점수들을 할당하고 이들을 합산하여 사회적 순위(social rankings)를 얻는 순위-순서법(rank-ordering method)을 배제시킨다. 이들은 평점을 얻는데 전체 순위(entire rankings)를 사용한다.

□ (조건 P) 만일 모든 시민이 한 주어진 선호측면에서 $x$ 보다 $y$를 우위에 둔다면 SWF는 그 선호측면에서 $x$ 보다 $y$를 우위에 두어야 한다.

- 이 조건은 파레토 조건(the Pareto condition, P)이라고 불리며 만장일치규칙(unanimity rule)의 조건으로 해석될 수 있다.
- 파레토 조건은 시민주권조건의 충분조건이다: P → CS.

□ 파레토 보조정리(Pareto's lemma). 조건들 PA, CS, 그리고 I는 파레토 조건(P)의 충분조건이다.

□ 애로우 조건들(Arrow's conditions). 조건들 CS, D, I, PA, 그리고 U는 애로우 조건들이라 불린다.

□ 애로우 정리(Arrow's theorem). 세 가지 이상의 대안들과 두 명 이상의 시민들이 개재된 상황에서 애로우 조건들을 모두 만족시키는 SWF는 존재하지 않는다.

- 이 정리는 애로우의 불가능 법칙이라고 불리는데 그 이유는 애로우 조건들을 만족하는 "완벽하게 공정한 민주적 제도"는 불가능하기 때문이다.
- (애로우 정리의 파레토 버전) 어떤 SWF도 조건들 D, I, U 그리고 P를 동시에 만족시키지 못한다. 이는 또 다음 명제와 논리적으로 동등하다:
- 만일 한 SWF가 조건들 U, P 그리고 I를 만족시키면 이것은 독재적일 수밖에 없다.

### 8.2.2. 다수결

다수결(majority rule)에서 각 시민은 한 단일 대안을 선택하고 과반수를 얻은 대안이 사회적 선택이 된다. 두 개의 대안들만이 존재할 때 다수결은 애로우 조건들을 만족시킨다. 다수결은 대안들의 수가 셋 이상일 때에도 조건 U를 제외한 나머지 애로우 조건들을 만족시킨다. 다수결이 모든 선호들이 단봉 선호측면들(single-peaked preference orderings)에게로 제한된다면 이는 조건들 CS, D, I, 그리고 PA를 만족시킬 뿐만 아니라 순서화 조건들 O1-O8를 만족시키는 사회적 순서를 생성한다.

애로우의 정리는 실망스럽지만 애로우 조건들의 일부를 완화시키면 우리는 합리적인 사회적 선택규칙들을 생성할 수 있다. 이제 그런 조건들을 살펴보자.

□ (조건 A) 만일 한 선호측면이 시민들 간의 선호 순서교환에 의해 다른 선호측면으로부터 얻어질 수 있다면 SWF는 두 개의 선호 측면들 $P_1$과 $P_2$에 대해 동일한 사회적 순서를 생성한다.

- 이 조건은 익명 조건(the anonymity condition, A)이라고 불린다.
- 조건 A를 만족시키는 어떤 SWF도 이 두 선호측면에 동일한 사회적 순서를 할당한다. 이것은 이 SWF가 어떤 시민도 편애할 수 없으며, 따라서 독재자를 배제한다는 것을 의미한다. 따라서 조건 A는 조건 D의 강화된 버전이다.

□ (조건 N) $P_1$과 $P_2$가 두 개의 선호측면들이라고 하자. 그리고 $x$와 $y$는 $z$와 $w$가 $P_2$에서 차지하는 위치와 동일한 상대적 위치를 $P_1$에서 차지한다고 가정하자. 그러면 $x$와 $y$는 $z$와 $w$가 $P_2$에 대한 사회적 순서에서 차지하는 위치와 동일한 상대적 위치를 $P_1$에 대한 사회적 순서에서 차지해야 한다.

- 이 조건은 중립성 조건(the neutrality condition, N)이라고 불린다.
- 조건 A에 관한 위의 정의에서 $z$를 $x$로 그리고 $w$를 $y$로 교체하면 우리는 다음과 같은 결과를 얻는다: "만일 $x$와 $y$가 선호측면들 $P_1$과 $P_2$에서 동일한 상대적 위치들을 차지한다면 그들은 $P_1$과 $P_2$에 대한 사회적 순서들에서 동일한 상대적 위치를 차지해야 한다." 이것은 바로 조건 I이다. 따라서 조건 N은 조건 I의 충분조건이다.
- 조건 N은 SWF가 고려하고 있는 대안들의 성격을 무시하도록 요구한다.

□ (조건 PR) $P_1$에 대해서 사회가 $x$를 적어도 $y$만큼 좋게 본다면 그리고 $P_1$과 $P_2$ 간에 $x$와 $y$의 순위에서 유일한 차이는 어떤 시민들이 그들의 순서에서 $x$를 위로 올린 것이라면 사회는 $P_2$에 대해서 $x$를 $y$보다 선호해야 한다.

- 이 조건은 양반응성 조건(the positive responsiveness condition, PR)이라고 불린다.
- 사회가 이미 $x$를 $y$보다 선호한다면 사회는 그런 변화하에서 계속 $x$를 $y$보다 선호해야 한다. 따라서 조건 PR은 조건 PA의 충분조건이다.

□ (May의 정리) 조건들 A, N, 그리고 PR을 만족시키는 유일한 SWF는 다수결이다.

[표 8.2.3] 합리적 사회복지함수(SWF)를 위한 기본적인 조건들

| 이름 | 내용 |
|---|---|
| 무제한 영역 조건<br>(the unrestricted domain condition, U) | SWF는 모든 선호측면들에 대해 사회적 순서를 생성해야 한다. |
| 비독재 조건(the no-dictatorial condition, D) | SWF가 독재적(dictatorial)이어서는 아니 된다. |
| 시민주권 조건<br>(the citizens' sovereignty condition, CS) | 모든 상이한 대안들의 쌍 $x$와 $y$에 대해 SWF가 $x$를 $y$보다 우위에 두는 한 사회적 순서를 생성하는 선호측면이 적어도 하나는 존재해야 한다. |
| 개별 가치와 사회적 가치 간의 양연관성 조건<br>(the condition of positive association between individual and social values, PA) | 한 SWF가 한 주어진 선호측면에 대해 대안 $x$를 대안 $y$보다 우위에 둔다면, 이 SWF는 한 명 이상의 시민들이 그들의 선호순서들에서 $x$의 순위를 상향 조정했다는 점 이외에는 원래의 선호측면과 정확하게 일치하는 어떤 선호측면에서도 $x$를 $y$보다 우위에 두어야 한다. |
| 무관대안 독립조건<br>(independence-of-irrelevant-alternatives condition, I) | 만일 모든 시민이 선호측면들 $P_1$과 $P_2$에서 대안들 $x$와 $y$에 같은 순서를 매긴다면 $x$와 $y$는 이 SWF가 $P_1$과 $P_2$에 대해 생성하는 사회적 순서들에서 서로와 관련해서 동일한 순서에 있어야 한다. |

[표 8.2.4] 합리적 사회복지함수(SWF)를 위한 조건들 간의 관계

| 이름 | 내용 | 성질 |
|---|---|---|
| 파레토 조건 (the Pareto condition, P) | 만일 모든 시민이 한 주어진 선호측면에서 $x$보다 $y$를 우위에 둔다면 SWF는 그 선호측면에서 $x$보다 $y$를 우위에 두어야 한다. | ▪ P → CS<br>▪ {파레토 보조정리(Pareto's lemma)}: PA, CS, I → P |
| 애로우 조건들 (Arrow's conditions) | 조건들 CS, D, PA, U, I | ▪ {애로우 정리(Arrow's theorem)}: 세 가지 이상의 대안들과 두 명 이상의 시민들이 개재된 상황에서 애로우 조건들을 모두 만족시키는 SWF는 존재하지 않는다.<br>▪ {애로우 정리의 파레토 버전} 어떤 SWF도 조건들 D, U, P, I를 동시에 만족시키지 못한다. |
| 익명 조건 (the anonymity condition, A) | 일 한 선호측면이 시민들 간의 선호 순서교환에 의해 다른 선호측면으로부터 얻어질 수 있다면, SWF는 두 개의 선호 측면들 $P_1$과 $P_2$에 대해 동일한 사회적 순서를 생성한다. | ▪ 조건 D의 강화된 버전 |
| 중립성 조건 (the neutrality condition, N) | $P_1$과 $P_2$가 두 개의 선호측면들이라고 하자. 그리고 $x$와 $y$는 $z$와 $w$가 $P_2$에서 차지하는 위치와 동일한 상대적 위치를 $P_1$에서 차지한다고 가정하자. 그러면 $x$와 $y$는 $z$와 $w$가 $P_2$에 대한 사회적 순서에서 차지하는 위치와 동일한 상대적 위치를 $P_1$에 대한 사회적 순서에서 차지해야 한다. | |
| 양반응성 조건 (the positive responsiveness condition, PR) | $P_1$에 대해서 사회가 $x$를 적어도 $y$만큼 좋게 본다면, 그리고 $P_1$과 $P_2$ 간에 $x$와 $y$의 순위에서 유일한 차이는 어떤 시민들이 그들의 순서에서 $x$를 위로 올린 것이라면, 사회는 $P_2$에 대해서 $x$를 $y$보다 선호해야 한다. | (May의 정리) 조건들 A, N, PR을 만족시키는 유일한 SWF는 다수결이다. |

### 8.2.3. 표결 시스템

사회적 선택이론가들은 많은 표결 시스템(voting system, 투표제도)을 고안했으며 다양한 표결 상황에 대해 가장 적합한 제도를 확정하려고 시도해왔다. 표결 시스템은 여러 투표자들의 인풋을 토대로 대안들 가운데 하나를 선택하는 수단이다. 표결(voting)은 만장일치 의사결정(consensus decision making)과 대비될 수 있다.

표결 시스템은 투표자들이 그들의 의사를 표현하는 규칙－예컨대, 투표용지(ballot)의 형식－과 이런 의사들을 통합하여 최종 결과를 산출하는 규칙－예컨대, 집계방법(tallying method)－으로 이루어진다. 대부분의 표결 시스템은 다수결(majority rule)－투표자들의 과반수가 그들이 원하는 결과를 얻어야 한다는 원리－개념을 토대로 하고 있다. 대안이 둘 뿐이라면 승자는 다수결 원리 만으로 결정될 것이다. 그러나 대안이 셋 이상이라면 다수(majority, 과반수)에 의해 선호되는 대안이 존재하지 않을 수도 있으며 이런 상황에서는 표결 시스템에 따라 상이한 결과가 산출될 수 있다. 따라서 표결 시스템의 선택은 민주적 의사결정을 위한 중요한 요소이다. 우리는 이 소절에서 단일-승자 표결 시스템(single-winner voting system)에 대해서만 소개할 것이다.

#### (1) 상대다수투표제(relative majority voting, plurality voting)

상대다수투표제는 가장 널리 시행되고 있는 단일-승자 표결 시스템이다. 상대다수투표제는 가장 많은 표를 얻은 대안을 승자로 결정한다. 다음 예는 선거에서 흔히 사용되는 상대다수투표제가 후보가 셋 이상일 때는 그다지 합리적인 규칙이 되지 못함을 잘 드러내고 있다.

**예 8.2.2**

한 선거에서, 세 명의 후보 갑, 을, 병에 대한 유권자들의 선호가 다음과 같다: 200명은 갑 > 병 > 을, 195명은 을 > 병 > 갑, 그리고 20명은 병 > 을 > 갑.

이때, 상대다수투표제에 의한 선거결과는 갑:을:병의 득표가 200:195:20으로 갑이 당선된다. 사람들은 유권자들의 선호가 갑이냐 을이냐를 둘러싸고 관심을 기울일 것이며 병의 미미한 지지도는 그가 유권자들의 관심밖에 있다는 것을 시사하는 것처럼 보인다.

그러나 우리가 후보들을 쌍으로 비교하면 유권자들이 가장 선호하는 후보는 병이 된다: 유권자들은 215 대 200으로 병을 갑보다 더 선호하고, 220 대 195로 병을 을보다 더 선호하며, 215 대 200으로 을을 갑보다 더 선호한다. 이런 쌍별 비교 결과는 유권자들의 실제 선호는 "병 > 을 > 갑"이라는 것을 시사한다. 이 결과는 상대다수투표제에 의한 선호순위와 상충하며 더욱이 정반대이다. 이 예는 병의 득표 부족이 유관자들의 무관심에 기인한다기보다는 보편적으로 사용되는 선거절차－상대다수투표제－의 불완전성을 반영한다는 것을 보여주고 있다.

### (2) 승인투표제(approval voting)

승인투표제(또는 찬성투표제)에서 유권자는 각 후보에 대해 승인여부(1 또는 0)를 나타내는 표를 행사한다. 그러나 승인투표제는 두 번째 선호후보를 승인해주는지 여부에 따라 거의 랜덤한 결과가 나타날 수 있다. 더욱이 전략적 투표(tactical voting)에 의해 결과가 왜곡될 수도 있다.

### (3) 결선투표제(runoff voting)

결선투표제는 예선에서－과반수를 얻는 대안이 없을 경우에－득표수에 의해 두 대안을 선정한 후 결선에서 다수결에 의해 승자를 결정한다. 결선투표제는 상대다수투표제의 문제점을 다소 해결해 주기도 하지만 여전히 문제점을 드러낸다. [예 8.2.2]에서는 갑과 을의 결선투표에서 을이 이기지만 병은 아예 결선투표에 올라가지도 못한다.

### (4) 즉석결선투표제(instant runoff voting, IRV)

즉석결선투표제 또는 선호투표제(preferential, or preference, voting)는 투표자들에 의해 제공된 순위들로부터 후보들을 한 번에 한 명씩 제거해 나간다. 투표자들은 한 후보에 대해 한 표를 던지는 대신에 1, 2, 3 등으로 순위를 매긴다. 만일 어떤 후보도 과반수의 일등 표를 얻지 못하면 일등 표가 가장 적은 후보가 제거된다. 이 표들의 2순위 표들은 다른 후보들에게 양도된다. 표들은 다시 계수되고 후보들은 이런 방식으로 한 명의 후보가 과반수를 얻을 때까지 제거된다.

구체적으로 즉석결선투표제는 다음과 같이 후보를 확정한다:

단계 0 각 투표자는 선호하는 후보의 순위를 매긴다.

단계 1 1순위에서 과반수가 나오면 후보가 확정되지만 과반수가 나오지 않으면 최하위 득표자를 탈락시키고 그가 받은 2 순위 지지표를 다른 후보들에게 "1순위표"로 비례배분한다.

단계 2 1순위와 2순위의 합에서 과반수가 나오면 후보가 확정되지만 과반수가 나오지 않으면 최하위 득표자를 탈락시키고 그가 받은 3순위 지지표를 다른 후보들에게 배분한다.

단계 3 후보가 확정될 때까지 위 과정을 되풀이한다.

즉석결선투표제에 의하면 [예 8.2.2]에서 병이 첫 단계에서 탈락하고 갑이 둘째 단계에서 확정된다.

### (5) 보다 계수투표제(Borda count voting)

프랑스 수학자 Jean-Charles de Borda에 의해 제안된 보다 계수 투표제는 각 투표자가 모든 대안들에 대해 선호순위를 형성하는 절차이다. 보다 계수투표제에서 유권자는 각 후보에 대해 평점을 부여한다: 후보의 수가 $m$ 라면, $m-1$, $m-2$, …, 0까지. 이때 가장 많은 평점을 얻은 후보가 승자가 된다. 보다 계수투표제는 "일인, 일표" 정신을 잘 반영한 공정한 제도로 간주되고 있다. 보다 계수를 적용하면 [예 8.2.2]에서 선거순위는 병>을>갑이며 점수는 435:410:400이다.

### (6) 콩도르세 기준(Condorcet criterion)

콩도르세 승자(Condorcet winner)는 일련의 쌍별 경쟁에서 모든 다른 대안들을 제압하거나 비기는 한 대안이다. 콩도르세 기준을 채택한 투표제는 콩도르세 승자가 존재하는 경우에는 반드시 그것을 선택한다.

콩도르세 기준이 투표제를 평가하는 유력한 수단이긴 하지만 콩도르세 승자가 과연 집단 선택을 나타내는지가 명확하지 않은 상황이 존재한다.

### (7) 단일 양도성투표제(single transferable vote, STV)

이 시스템에서 투표자들은 모든 후보들에 대한 선호순위를 제출한다. 일정한 수 이상의 일등 표를 얻은 후보는 모두 선출된다. 만일 선출자들이 선출을 위해 필요한 것보다 더 많은 표를 얻었다면, 그 초과 표들은 낙선 후보들이 얻은 이등 표에 따라 그들에게 분배된다. 다시 일정한 수 이상의 일등 표를 얻은 후보는 선출되고 이런 재분배 절차는 계속된다. 만일 이 재분배 절차가 더는 재분배될 표가 없는 상태에 도달하고 선출될 자리가 더 남아 있다면, 가장 적은 표를 받은 후보가 제거되고 그의 표가 재분배된다.

- STV는 선호절단(truncation of preferences)에 취약하다.
- STV는 비단조성에 취약하다.

**예 8.2.3**

네 명의 후보 $a$, $b$, $c$, $d$에 대해 16명의 유권자가 선호순위를 매긴 결과가 다음과 같다:

- (계급 1) 6명은 $d\,a\,b\,c$
- (계급 2) 6명은 $d\,b\,c\,a$
- (계급 3) 5명은 $d\,c\,a\,b$

네 명의 후보 중 두 명이 선출되어야 하고, 한 후보가 선출되려면 아무 라운드에서라도 정수 쿼터 $q=6$표를 받아야 한다고 가정하자. STV 절차는 다음과 같이 진행된다.

- 일 라운드: $d$가 17개의 일등 표를 받아서 선출된다.
- 이 라운드: 11개의 잉여표가 $a,b,c$에게 6:6:5의 비율로 분배된다. 그러면 $a,b,c$가 얻은 일등 표는 각각 3.9표, 3.9표, 3.2표로 모두 쿼터인 6표에 미달된다. 따라서 가장 적은 일등 표를 얻은 $c$가 제거되고, 그의 지지자들(계급 3)은 그들의 그 다음 선택(즉, $a$)에 3.2표를 양도한다. 따라서 $a$는 7.1개의 일등 표를 얻어서 선출된다.

**참고** $n$이 유권자들의 수를 나타내고, $m$이 선출될 후보들의 수를 나타낸다고 할 때, 정수 쿼터(integer quota) $q$는 $(n/(m+1))+1$를 초과하지 않는 최대정수로 정의된다. 정수 쿼터는 일 라운드에서 일등 표에 의해 $m$명의 후보보다 더 많은 수를 선출하는 것을 불가능하게 만드는 가장 작은 수이다. 이 예에서 $q=6$이고 $n=17$이므로 일 라운드에서 기껏해야 두 명의 후보가 이 쿼터를 얻을 수 있다.

### (8) 범위투표제(range voting)

범위투표제에서 유권자들은 각 대안에 수치 등급(numeric rating)을 매기며 가장 높은 총점을 받은 대안이 승자가 된다.

- 승인투표제는 수치 등급이 0과 1만으로 제한되는 경우의 범위투표제로 간주될 수 있다.

지금까지의 논의에서 보듯이, 공정한 투표절차를 확보한다는 것은 쉬운 일이 아니다. 새로운 후보가 들어오거나 기존 후보가 사퇴할 때 무슨 일이 벌어지는가? 어떤 방법이 유권자들의 의도를 가장 정확하게 반영하는가? 여러 연구들에 의하면, 공정한 투표는 “일인, 일표(one man, one vote)” 정신을 반영해야 한다.

# 연습문제

**01** 공리주의(utilitarianism)를 사회적 선택이론으로 설명하여라. ((3.2.7절 참조)

**02** 여러 단체의 선거제도를 조사해 보자.

**03** 단일 승자 표결 시스템을 평가하기 위한 기준들을 조사해 보자.

**04** 복수-승자 표결 시스템들(multiple-winner voting systems)에 대해 조사해 보자.

**05** 집단의사결정과 관련해서 다음을 설명하라.

(1) 집단선호측면(group preference profile)
(2) 사회복지함수(social welfare function, SWF; 사회 후생함수)

**06** 한 선거에서, 세 명의 후보 갑, 을, 병에 대한 유권자들의 선호가 다음과 같다: 100명은 갑〉병〉을, 90명은 을〉병〉갑, 그리고 10명은 병〉을〉갑. 다음과 같은 단일-승자 표결 시스템(single-winner voting system)에 대해 설명하고, 위에 제시된 선호들을 토대로 누가 승자가 되는지 그 결과를 제시하라.

(1) 상대다수투표제(relative majority voting, plurality voting)
(2) 즉석결선투표제(instant runoff voting, IRV) 또는 선호투표제(preferential, or preference, voting)
(3) 보다 계수투표제(Borda count voting)

# 09 다속성 의사결정

## 9.1 다기준 의사결정문제들의 유형

다기준 의사결정(multi-criterion decision making, MCDM)은 상충하는 여러 기준들–목적들, 목표들, 속성들–이 존재하는 상황에서 모든 기준들에 걸쳐서 가장 매력적인 대안을 설계하거나 선택(또는 탐색)하는 과정을 수반한다.

MCDM에 대한 접근법은 흔히 다음과 같이 두 부류로 나누어진다: 다속성 의사결정(multi-attribute decision making, MADM)과 다목적 의사결정(multi-objective decision making, MODM). 의사결정의 결과를 서술하는 데 한 평가단위로는 충분치 않다면, 우리는 다속성 의사결정문제에 직면해 있는 것이다. 다속성을 가진 대안들 가운데 선택하는 것은 불확실성이 개입되지 않더라도 쉽지 않다.

구체적으로 MADM이란 의사결정의 결과가 벡터형태–하나의 속성이 하나의 차원을 가진다–로 주어지는 경우에 유한개의 대안들 중에서 최적대안을 찾는 선택 문제를 가리킨다. 따라서 다속성 의사결정이란 의사결정 결과벡터들 간에 선호를 판단하는 문제로 귀결된다.

MODM이란 주어진 제약조건들을 만족하는 (무한개의) 대안들 중에서 여러 목적들을 최적화하는 대안을 찾는 설계문제를 가리킨다.

**예 9.1.1 Duwamish Waterway 서식지 재개발**

Duwamish Waterway는 [그림 9.1.1]에서 보는 바와 같이 남부 시애틀을 통해서 Puget 해협–이곳에 시애틀 항이 위치해 있다–의 Elliot 만으로 들어가는 Duwamish 강의 개발구역이다. 여기서 의사결정 문제는 다음과 같이 두 단계로 구성된다:

(1) 서식지 개발을 위한 후보지역 찾기.
(2) 제한된 예산 1000만 달러 범위 내에서 개발될 수 있는 가장 유망한–평가기준들에 의해 측정된–지역들을 선정하기.

[그림 9.1.1] Duwamish Waterway

첫 번째 단계의 결과는 다음 그림과 같이 21군데의 후보 지역들을 찾아내는 것으로 귀결되었다. 지도에서 회색(진회색) 지역은 공업지역을 나타내고 황색(연회색) 지역은 주거지역을 나타낸다.

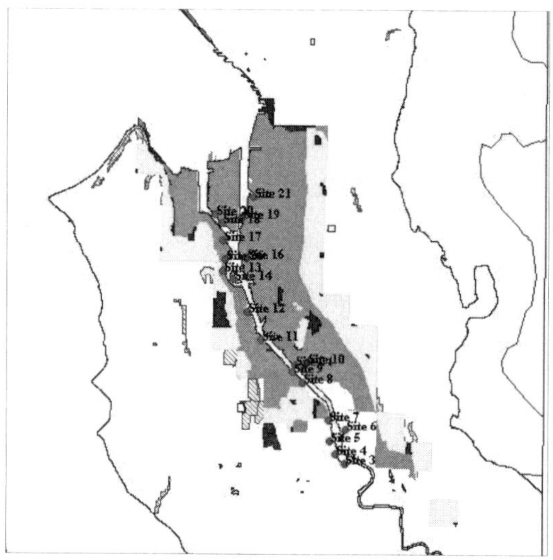


[그림 9.1.2] 21 후보 지역들

두 번째 단계는 11개의 기준들을 토대로 21 지역들을 평가하는 것이다. 기준들의 몇 예는 다음과 같다:

- 그 지역에 대한 복원 활동이 물고기와 야생에 끼칠 상처의 정도
- 그 지역으로부터 가장 가까운 오염지역까지의 거리
- 설계 · 건설 · 유지비용
- 서식지 적합성－생태 시스템 전체에 가져다 줄 이익의 정도

**예 9.1.2 전투기 기종선정 문제**

국방부에서는 공군의 작전능력을 높이기 위하여 전투기들을 구입하려 한다. 국방부의 전투기 선정 위원회에서 전투기의 성능을 평가할 때 고려하기로 결정한 기준들은 다음과 같다: 임무수행능력(최대속도, 순항거리, 최대 적재용량), 운용적합성, 기술이전, 그리고 수명주기 비용. 이 전투기 구매 입찰에 참가하기로 결정한 회사들에서 보내온 기종들에 관한 자료들을 토대로 정리한 것이 [표 9.1.1]이다. 이런 표는 대안-기준표(alternative-criterion table)라고 불린다.

[표 9.1.1] 전투기 기종 선정문제에 대한 대안-기준 표

| 기준 / 기종 | 최대속도 (마하) | 순항거리 (1,000해리) | 적재용량 (1,000Kg) | 운용 적합성 | 기술이전 | 비용 (10억원) |
|---|---|---|---|---|---|---|
| A1 | 1.8 | 2.0 | 2.1 | 높음 | 높음 | 4.5 |
| A2 | 2.0 | 1.5 | 2.0 | 보통 | 가장 높음 | 5.5 |
| A3 | 2.5 | 2.7 | 1.8 | 낮음 | 보통 | 6.5 |
| A4 | 2.2 | 1.8 | 2.0 | 보통 | 보통 | 5.0 |

**참고** 다기준 의사결정문제에서 대안-기준표는 흔히 의사결정표라고 불린다. 그러나 우리는 용어의 혼동을 피하기 위하여 의사결정표라는 이름은 그 동안 사용해 온 대로 행동-상태 조합에 대한 결과(효용이나 손실을 포함하여)를 나타내는 표에 대해서만 사용될 것이다.

[용어]

- 기준(criteria). 기준 또는 평가기준(evaluation criteria)이란 DM이 의사결정 대안들을 평가하는데 사용하는－또는 의사결정의 결과들에 대한 선호를 판단하는데 사용하는－근거를 가리키는 일반적인 용어이다. 기준은 대개 목적(objective)이나 목표(goal) 또는 속성(attribute)으로 구체화된다.

[연구 9.1.1] 집단의사결정에서 의사결정자들도 상충하는 기준들로 간주될 수 있을 것이다. 따라서 집단의사결정이나 사회적 선택을 다기준 의사결정의 맥락에서 탐구하려는 시도가 요구된다.

평가기준은 MODM에서는 목적들을 수반하고 MADM에서는 속성들을 수반한다. 목적들로서 평가기준들은 의사결정문제에 관련된 주관심사들을 표현한다. 속성들로서 평가기준들은 의사결정문제에 관련된 주관심사들을 달성하기 위한 척도들을 표현한다.

- 속성(attribute). 의사결정의 결과들이 비교될 때 고려되는 각 요소 또는 측면은 속성이라고 불린다. 이들은 대개 동일한 측정단위를 가지지 못하고(noncommensurate) 상충적이다.

**예 9.1.3** (예 9.1.2, 계속)

전투기 기종선정 문제에서, 최대속도, 순항거리, 최대 적재용량, 운용 적합성, 기술이전, 그리고 비용 등이 속성들이다.

- 목적(objective). 목적은 속성들의 일부와 함수적으로 관련되거나 그들로부터 유도되는 복합적 특성이다. DM은 그의 가치와 필요를 밀접하게 반영하는 형태로 각 목적에 대해 최적화를 추구할 방향이나 수치적 목표(goal)를 설정하게 된다.
- 목표(goal, target). 각 목적이나 속성에 대해 의사결정자가 달성하려고 하는 수준은 그 목적이나 속성의 목표라고 불린다.
- 대안-기준 행렬(alternative-criterion matrix). $X_{m \times n}$의 $(i, j)$-원소 $x_{ij}$는 $i$ 번째 대안을 $j$ 번째 기준의 관점에서 평가한 가치이다. 특히, 기준이 속성일 때 대안-기준 행렬은 대안-속성 행렬이라고 불린다.

## 9.2 평가기준

평가기준은 목적들과 속성들을 포함한다. MODM에서 목적은 개선의 방향을 나타낸다－예컨대, 물의 오염을 최소화하거나 레크리에이션 기회를 최대화하는 등－. 이런 때때로 모호한 언급은 속성들에 의해 더 구체화될 수 있다. 예컨대, 레크리에이션 기회를 최대화하는 것은 다음과 같은 속성들을 최대화함으로써 달성될 수 있다: 강을 따라서 배치된 소풍용 탁자들의 수, 야영장의 수, 또는 자전거 도로의 길이 등이 있다. 이 예에서와 같이 MODM에서 속성들은 한 목적함수에 표현된 의사결정변수들이다.

한편, MADM에서 한 속성은 한 의사결정 대안의 직접적인 측도이다. MODM에서 한 목적을 달성해 가는 정도를 평가하는데 여러 속성들이 관여하듯이 MADM에서도 한 의사결정 대안의 성능을 평가하는데 여러 속성들이 관여할 수 있다.

### 9.2.1. 기준들을 선택하기 위한 방법들

평가기준들을 선택하는 것은 창의적인 활동이다. 평가기준들의 잠재적 원천은 다양하다－값들, 목표들과 목적들, 법률과 규정, 과학적 이론과 데이터, 개인과 사회의 갈망과 관심 등−. 평가기준들을 너무 많이 포함하거나 너무 적게 포함하는 것은 모두 문제 특정을 어렵게 만든다.

흔히 기준들은 다음과 같은 계층적 구조를 면밀히 검토함으로써 도출될 수 있다: 값들 > 목표들 > 목적들 > 기준들. 다음 예는 이와 같은 계층적 구조를 통한 기준들의 도출과정을 잘 나타내고 있다.

**예 9.2.1**

환경보존은 우리 사회의 많은 구성원들이 받아들이는 가치이다. 국유림의 어떤 지역에 위치해 있는 한 유역(watershed)을 어떻게 관리해야 하는지를 결정해야 하는 문제에 부딪혔을 때 이해 당사자들은 다음과 같은 두 가지 목표들을 설정하게 될 것이다:

- 높은 수질을 유지한다.
- 심미적으로 즐거운 경관(viewsheds, 경역)을 보존한다.

첫 번째 목표는 "침전작용(sedimentation)을 최소화한다"는 목적에 의해 구현될 수 있을 것이다. 이 목표는 다시 다음과 같은 두 기준들(속성들)에 의해 측정될 수 있을 것이다: "개벌지(clearcuts)가 있는 경치의 백분율"과 "하천으로부터 100m 이내에 있는 도로의 길이."
두 번째 목표는 다음과 같은 목적에 의해 표현될 수 있을 것이다: "심미적으로 즐거운 경관을 최대화한다." 이 목적은 차례로 다음과 같은 기준(속성)에 의해 측정될 수 있을 것이다: "좋은 시계를 가지는 도로의 길이." 이 기준 대신에 "빈터가 있는 경치의 백분율"이라는 기준이 사용될 수도 있을 것이다.

"값들 > 목표들 > 목적들 > 기준들"이라는 계층적 구조를 통해 기준들을 도출하는 과정은 연역적 추론과정이다. 이 연역적 추론과정은 의사결정 상황과 의사결정 문제영역에 대한 전문화된 지식, 사회에 의해 공유되는 일반적인 지식, 그리고 이해 당사자들의 갈망과 선호들에 의존한다. 연역적 추론과정은 머리 맞대기(brainstorming), 사례연구 분석, 조사와 문헌연구 등과 같은 귀납적 추론에 의해 지원을 받을 수 있을 것이다. 의사결정 대안들을 평가하기 위한 많은 기준들은 흔히 법률이나 규정에 저촉되지 않도록 구현되어야 한다.

쓰레기 매립지 선정 문제를 예로 들어 보자. 많은 지방자치단체들은 매립지 개발자들에게 다음과 같은 후보지 속성들을 고려하도록 요구하는 환경규정을 가지고 있다: 투과성(permeability), 지표(land cover), 지하수까지의 깊이, 가장 가까운 포장도로까지의 거리 등. 때때로 속성들에 대한 특정한 표준들이 설정되어서 실행가능한 의사결정 대안이 되려면 고려중인 어떤 후보지라도 이런 표준들을 만족시켜야 한다. 이런 경우에 특정한 표준들이 부과된 속성들은 의사결정 문제의 제약조건들이 된다.

평가기준들을 특정하는 것은 과학과 예술의 결합이라고 할 수 있다. 따라서 개인적 지식이나 경험을 토대로 시각화, 데이터 탐색, 컴퓨터 모의실험 등에 의한 결과들을 접목하여 합리적인 평가 기준들을 특정할 수 있을 것이다.

### 9.2.2. 평가기준들이 갖추어야 할 성질들

우리는 평가기준들이 갖추어야 할 성질들을 개별적 성질과 집합적 성질로 대별할 수 있다.

● 평가기준들 각각이 갖추어야 할 성질들

① 포괄성(comprehensiveness)

포괄성은 각 평가기준이 관련된 목표를 달성하는 정도를 명확히 나타내는가에 관한 것이다. 이는 2.1.1절(의사결정 문제특정)에서 언급된 관련성(relevancy)과 유사한 개념이다.

② 측정가능성(measurability)

측정가능성은 각 평가기준이 측정(또는 계량화)될 수 있는가에 관한 것이다. 이 성질은 결괏값 측정가능성, 선호(효용) 부과가능성, 확률분포 부과가능성 등으로 확장될 수 있다.

● 평가기준들의 집합이 갖추어 야 할 성질들

① 완비성(completeness)

완비성은 한 평가기준들의 집합이 의사결정자와 그 결정에 의해 영향을 받는 사회 구성원들의 입장에서 한 의사결정 문제와 관련된 모든 측면들을 빠짐없이 다루고 있는가에 관한 것이다.

② 운용가능성(operationality)

운용가능성이란 한 평가기준들의 집합이 의사결정자가 이해할 수 있고 그 의사결정 상황에 의미가 있는가에 관한 것이다.

③ 분해가능성(decomposability)

분해가능성이란 한 평가기준들의 집합이 부분집합들로 분해될 수 있는가에 관한 것이다. 이 성질은 의사결정에 대한 계층적 접근을 용이하게 한다. 속성들과 관련해서 분해가능성은 속성들이 유형별로 묶여서 다루어질 수 있도록 한다.

④ 비중복성(nonredundancy)

비중복성은 한 평가기준들의 집합이 실제적으로는 동일한 기준들을 중복해서 가지고 있지는 않은가에 관한 것이다. 동일한 기준들이 중복해서 사용되면 의사결정 결괏값들이 중복해서 계산되는 것을 피할 수 없다.

완비성과 비중복성을 가지는 평가기준들의 한 집합은 최소완비집합(minimal complete set)이라고 불린다.

## 9.3 평가기준들에 대한 공통척도 개발

평가기준들은 다양한 측정척도를 나타낼 수 있다. 이것은 의사결정 대안들에 대한 평가를 다룰 때 유명한 "사과와 오렌지(apples and oranges)"를 다루는 문제를 야기한다. 앞에서 들었던 쓰레기 매립지의 후보들을 투과성(permeability), 지표계급(land cover class), 지하수까지의 깊이, 그리고 가장 가까운 포장도로까지의 거리와 같은 다양한 기준들로 평가하는 것을 생각해 보자. 각 기준은 다른 측정척도를 사용하기 때문에 기준값들은 쉽게 하나의 총체적인 함수값－의사결정 대안들을 정렬하고 순위를 매기는 데 사용될 수 있는－으로 통합될 수가 없다.

이런 문제는 기준들을 한 공통척도로 변환시킴으로써 극복될 수 있다. 우리는 이 절에서 확정적 기준값들에 적용될 수 있는 변환기법들을 주로 다룰 것이다. 확률적/모호 기준값들에 대한 기법들은 다음 절에서 다루어질 것이다.

### 9.3.1. 질적 기준들의 계량화

척도 관점에서 볼 때, 하위의 척도(예컨대, 순서척도)를 상위의 척도(예컨대, 구간척도)로 변환하는 것은 가능한 일이 아니다. 그러나 MCDM에서는 흔히 양극법(the bipolar method)을 사용하여 질적 기준을 양적 기준으로 변환하려고 시도한다. 양극법이란 각 기준에서 가장 바람직한 값과 가장 바람직하지 못한 값의 범위를 등간격의 구간으로 나누어 척도값을 할당하는 것이다. MCDM에서는 다음과 같은 9점 척도가 주로 사용된다:

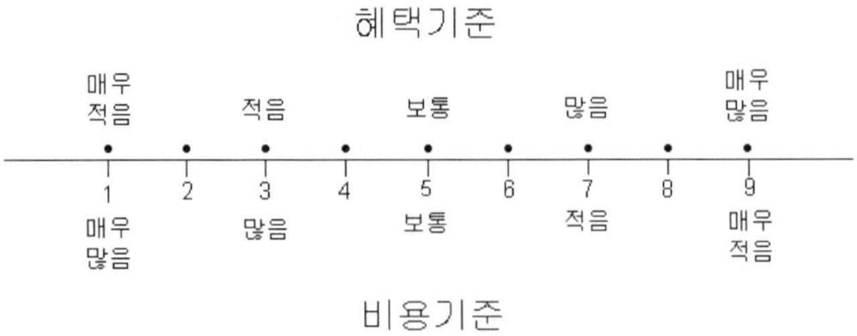


[그림 9.3.1] 질적 기준들의 계량화를 위한 9점 척도

**예 9.3.1** **(예 9.1.2, 계속)**

전투기 기종선정문제에서, 기동성과 신뢰도는 질적 기준들이다. 이 기준들에 9점 척도를 적용하여 양적 기준들로 변환시키면, [표 9.1.1]의 대안-기준표는 [표 9.3.1]과 같이 변환된다:

[표 9.3.1] 전투기 기종 선정문제에 대한 정량화된 대안–기준 표

| 기준 / 기종 | 최대속도 (마하) | 순항거리 (1,000해리) | 적재용량 (1,000Kg) | 신뢰성 | 기동성 | 가격 (10억 원) |
|---|---|---|---|---|---|---|
| A1 | 1.8 | 2.0 | 2.1 | 7 | 7 | 4.5 |
| A2 | 2.0 | 1.5 | 2.0 | 5 | 9 | 5.5 |
| A3 | 2.5 | 2.7 | 1.8 | 3 | 5 | 6.5 |
| A4 | 2.2 | 1.8 | 2.0 | 5 | 5 | 5.0 |

## 9.3.2. 평가단위가 다른 양적 기준들에 대한 정규화

MODM 문제들에는 대개 클수록 좋은 혜택기준(benefit criteria, 편익기준)과 작을수록 좋은 비용기준(cost criteria)이 혼재하며 다른 기준들은 다른 차원－또는 척도－을 가지게 된다. 모든 기준들을 무차원 단위들로 측정하고 기준간 비교를 용이하게 하기 위하여 기준값들－즉, 대안-기준 행렬의 원소들－을 정규화(normalization)할 필요가 있다. 우리는 정규화된 대안-기준 행렬을 $R$로 나타낼 것이다. 이때, $R$의 원소들 $r_{ij}$의 크기는 소속정도(membership degree)를 나타내는 것으로 해석될 수 있다.

● 선형변환(linear transformation)

변환점수가 원점수의 선형함수로 표현되는 변환절차는 선형변환이라고 불린다.

### (1) 비표준화(ratio standardization)

비표준화는 가장 단순한 선형변환으로서 최대(또는 최소)점수변환(maximum score transformation)이라고도 불린다:

$$r_{ij} = \begin{cases} \dfrac{x_{ij}}{x_j^{\max}}, \text{ 혜택 기준인 경우} \\ \dfrac{x_j^{\min}}{x_{ij}}, \text{ 비용 기준인 경우} \end{cases}$$

여기서, 그리고 앞으로도 $x_j^{\max} = \max\{x_{1j}, x_{2j}, \ldots, x_{mj}\}$ 즉, 모든 대안들에 대한 $j$번째 기준의 최댓값을 나타내고, $x_j^{\min} = \min\{x_{1j}, x_{2j}, \ldots, x_{mj}\}$ 즉, 모든 대안들에 대한 $j$번째 기준의 최솟값을 나타낸다.

**예 9.3.2** **(예 9.1.2, 계속)**

전투기 기종선정 문제에서 비표준화에 의해 정규화된 대안-기준 행렬은 다음과 같이 주어진다:

$$R = \begin{bmatrix} 0.72 & 0.74074 & 1.00000 & 1.00000 & 0.77778 & 1.00000 \\ 0.80 & 0.55556 & 0.95238 & 0.71429 & 1.00000 & 0.81818 \\ 1.00 & 1.00000 & 0.85714 & 0.42857 & 0.55556 & 0.69231 \\ 0.88 & 0.66667 & 0.95238 & 0.71429 & 0.55556 & 0.90000 \end{bmatrix}.$$

여기서 가격을 제외한 모든 기준들은 혜택기준이다.

□ 비표준화에 대한 논의

- 비표준화의 장점은 원점수와 변환된 점수 간의 비례성이다. 이는 원점수 간의 상대적 거리가 변환점수 간에도 그대로 보존된다는 것을 뜻한다.
- 비표준화의 사소한 단점은 변환점수의 최솟값이 0이 아니라는 점이다. 비표준화의 또 다른 문제점은 원점수에 음의 값과 양의 값이 섞여 있을 때는 해석하기가 곤란한 값들을 낳는다는 것이다. 이때는 다음에 소개되는 구간 표준화를 사용할 수 있을 것이다.

### (2) 구간표준화(interval standardization)

구간표준화는 점수범위 변환(score range transformation)이라고도 불리는데 다음과 같이 각 기준값들이 0과 1 사이에 오도록 변환한다:

$$r_{ij} = \begin{cases} \dfrac{x_{ij} - x_j^{\min}}{x_j^{\max} - x_j^{\min}}, & \text{혜택기준인 경우} \\ \dfrac{x_j^{\max} - x_{ij}}{x_j^{\max} - x_j^{\min}}, & \text{비용기준인 경우} \\ \dfrac{|x_{ij} - T|}{\max\{x_j^{\max} - T, T - x_j^{\min}\}}, & \text{목표가 } T\text{인 경우} \end{cases}$$

구간표준화는 흔히 위 식의 처음 두 경우로 정의된다. 그런데 세 번째 경우가 보강된 구간 표준화 절차는 GRG(gray relational generating) 절차에 다름이 아니다(Deng, 1989).

**예 9.3.3** **(예 9.1.2, 계속)**

전투기 기종선정 문제에서 구간표준화에 의해 정규화된 대안-기준 행렬은 다음과 같이 주어진다:

$$R = \begin{bmatrix} 0.00000 & 0.41667 & 1.00000 & 1.0 & 0.5 & 1.00 \\ 0.28571 & 0.00000 & 0.66667 & 0.5 & 1.0 & 0.50 \\ 1.00000 & 1.00000 & 0.00000 & 0.0 & 0.0 & 0.00 \\ 0.57143 & 0.25000 & 0.66667 & 0.5 & 0.0 & 0.75 \end{bmatrix}.$$

여기서 비용을 제외한 모든 기준들은 혜택기준이다.

□ 구간표준화에 대한 논의

- 구간표준화의 장점은 변환된 점수들이 정확하게 0과 1사이에 있다는 것이다.
- 구간표준화의 단점은 변환된 점수들이 더 이상 원점수들에 비례하지 않고 따라서 원 점수들간의 상대적 거리들을 보존하지 않는다는 것이다.

(3) 구성비 변환(compositional transformation)

구성비 변환은 각 기준값을 해당하는 열의 기준값들의 합으로 나누어서 정규화한다. 따라서 각 열의 구성비들의 합은 1이 된다. 구성비 변환에 100을 곱하면 백분율 변환(percentage transformation)이 된다.

$$r_{ij} = \frac{x_{ij}}{\sum_{i=1}^{m} x_{ij}}.$$

**예 9.3.4** **(예 9.1.2, 계속)**

전투기 기종선정 문제에서 구성비 변환에 의해 정규화된 대안-기준 행렬은 다음과 같이 주어진다:

$$R = \begin{bmatrix} 0.2117647 & 0.2500 & 0.2658228 & 0.35 & 0.2692308 & 0.2093023 \\ 0.2352941 & 0.1875 & 0.2531646 & 0.25 & 0.3461538 & 0.2558140 \\ 0.2941176 & 0.3375 & 0.2278481 & 0.15 & 0.1923077 & 0.3023256 \\ 0.2588235 & 0.2250 & 0.2531646 & 0.25 & 0.1923077 & 0.2325581 \end{bmatrix}.$$

□ 구성비 변환에 대한 논의

구성비 변환은 혜택기준과 비용기준을 고려하지 않고 있으므로 대안 선택 단계에서 이를 고려해 주어야 한다.

### (4) 벡터 정규화(vector normalization)

벡터 정규화는 흔히 대안-기준 행렬을 정규화하는 데 사용된다. 벡터 정규화는 대안-기준 행렬의 각 열벡터를 자신의 길이(norm)로 나누는 것이다:

$$r_{ij} = \frac{x_{ij}}{\sqrt{\sum_{i=1}^{m} x_{ij}^2}}.$$

**예 9.3.5** **(예 9.1.2, 계속)**

전투기 기종선정 문제에서 벡터 정규화에 의해 정규화된 대안-기준 행렬은 다음과 같이 주어진다:

$$R = \begin{bmatrix} 0.420428 & 0.488241 & 0.530838 & 0.673575 & 0.521749 & 0.414698 \\ 0.467142 & 0.366181 & 0.505560 & 0.481125 & 0.670820 & 0.506853 \\ 0.583927 & 0.659125 & 0.455004 & 0.288675 & 0.372678 & 0.599008 \\ 0.513856 & 0.439417 & 0.505560 & 0.481125 & 0.372678 & 0.460776 \end{bmatrix}.$$

□ 벡터 정규화에 대한 논의

벡터 정규화는 모든 속성이 비차원적(non-dimensional) 단위로 표현된다. 그러나 각 대안의 최댓값과 최솟값이 같지 않기 때문에 대안들을 단순 비교하는 데는 어려움이 있다. 그리고 벡터 정규화도 구성비 변환과 마찬가지로 혜택기준과 비용기준을 고려하지 않고 있으므로 대안 선택 단계에서 이를 고려해 주어야 한다.

● 순위점수 변환(rank order transformation)

(1) 순위점수 구간표준화(rank order interval standardization)

순위점수 구간표준화는 기준값들의 순위들에 대해 구간표준화를 적용시킨 것이다.

**예 9.3.6** (예 9.1.2, 계속)

전투기 기종 선정문제에서 순위점수 표준화에 의해 정규화된 대안-기준 행렬은 다음과 같이 주어진다:

$$R = \begin{bmatrix} 0.00000 & 0.66667 & 1.0 & 1.0 & 0.5 & 1.00000 \\ 0.33333 & 0.00000 & 0.5 & 0.5 & 1.0 & 0.33333 \\ 1.00000 & 1.00000 & 0.0 & 0.0 & 0.0 & 0.00000 \\ 0.66667 & 0.33333 & 0.5 & 0.5 & 0.0 & 0.66667 \end{bmatrix}.$$

여기서 비용을 제외한 모든 기준들은 혜택기준이다. (순위는 오름차이든 내림차이든 관계가 없다.)

● 가치함수/효용함수 변환

기준값들을 한 공통척도의 값들로 변환시키는 다른 접근법은 가치함수(확실한 상황)나 효용함수(불확실한 상황)를 사용하는 것이다. 가치함수나 효용함수는 원 기준값을 주관적이고 개인적인 가치(worth)와 연결시킨다. 우리는 앞에서 하나의 기준 또는 속성에 대한 가치함수나 효용함수를 다루었었다. 가치함수는 예컨대, 중간값법(midvalue method)을 이용하여 그리고 효용함수는 예컨대, 50-50 제비법(50-50 lottery method)을 이용하여 부과될 수 있다.

가치함수/효용함수 변환절차에서는 각 평가기준에 대해 하나의 효용함수/가치함수가 부과되어야 한다. 이렇게 부과된 여러 효용함수/가치함수들을 통합하는 문제는 다음 소절에서 다루어질 것이다.

**예 9.3.7** Lotov 호수 게임

Lotov 호수 게임의 목적은 최량의 토지 이용 할당 계획을 찾는 것이다. 각 결정은 관개수 이용, 호수면의 해발 수준, 그리고 호수-강 시스템의 오염수준 면에서 결과들을 낳는다. 이 게임의 의사결정 활동은 곡물 생산량, 호수면의 해발 수준의 강하 그리고 오염수준 간의 절충을 평가하는 것이다. 이들은 상충하는 기준들이다.

의사결정자(DM)는 각 기준들에 대해 효용함수를 부과함으로써 기준들을 정규화할 수 있다. 예컨대, Lotov 호수의 오염수준에 대한 효용을 부과해 보자. 수질오염은 0 mg/l에서 15 mg/l까지 걸칠 것으로 파악되고 있다. 따라서 u(0 mg/l) = 1과 u(15 mg/l) = 0. DM은 50-50 기준제비 – L(0.5, 0, 15) – 와 무차별한 한 확실성등가(CE) 오염수준을 선택하도록 요청을 받는다. 이 물음에 대한 DM의 대답이 7 mg/l이었다면, 7 mg/l에 대한 DM의 효용은 다음과 같이 계산된다:

$$u(7\ \text{mg/l}) = 0.5u(0\ \text{mg/l}) + 0.5u(15\ \text{mg/l}) = (0.5)(0) + (0.5)(1) = 0.5.$$

의사결정자는 다시 하위 50-50 제비들 L(0.5, 0, 7)과 L(0.5, 7, 15)에 대한 확실성 등가 오염수준들을 부과하도록 요청을 받고, 이로부터 그런 오염수준들에 대한 효용들이 계산된다. 이런 과정이 거듭되어 효용함수가 특정된다.

## 9.4 의사결정 대안들과 제약조건들

### 9.4.1. 의사결정 대안들과 의사결정 변수들

의사결정 대안들은 의사결정에 목적을 제공한다. 예컨대, 공간 의사결정 문제들에서 각 의사결정 대안은 다음과 같은 두 가지 요소들로 이루어진다:

- 행동 – 무엇을 할 것인가?
- 위치 – 어디에서 할 것인가?

각 의사결정 대안은 의사결정 변수들을 수반한다. 한 의사결정 변수는 각 의사결정 대안에 대해 한 확정된 값을 가지는 측정가능한 양이다. 공간 의사결정 문제에서 평가기준들은 의사결정변수가 된다 – 각 의사결정 대안에 대해 기준값들이 바뀐다는 의미에서. 의사결정변수들은 다음과 같이 세 가지 유형으로 구분될 수 있다: 확정적 변수들, 랜덤 변수들, 그리고 언어적 변수들. 언어적 변수들은 자연언어로 표현되는 애매한 결과들을 가지는 의사결정 대안들을 나타낸다.

**예 9.4.1** (예 9.1.1, 계속)

Duwamish Waterway 서식지 재개발 문제를 다시 고려하자. 이 의사결정 상황에서 행동요소는 Duwamish Waterway 서식지 재개발을 위한 소수의 좋은 후보지역들을 선택하도록 요구한다. 위치요소는 20 후보지역들로부터 지역들을 선택하도록 요구한다. 11가지 평가기준들은 다음과 같은 두 가지 이유로 의사결정변수의 역할을 한다: (1) 기준값들은 지역들에 따라 변한다. (2) 의사결정자는 이 문제분석을 위해 어떤 기준들을 채택할지를 결정할 수 있다.

### 9.4.2. 의사결정 대안들의 표현

MADM에서 의사결정 대안들은 흔히 행벡터로 표현된다. 예컨대, 공간 의사결정 대안들은 두 가지 공간 데이터 모형들을 사용하여 표현될 수 있다: 래스터(raster)와 벡터. 래스터 모형에서는 한 단일 칸(cell)이나 여러 칸들의 모임인 한 지역(zone)이 한 의사결정 대안들을 표현할 수 있다. 벡터 모형에서는 점, 선, 다각형, 또는 이들의 조합이 한 의사결정 대안을 표현할 수 있다.

**예 9.4.2** (예 9.1.1, 계속)

Duwamish Waterway 서식지 재개발 문제에서 [그림 9..1.2]에서 보는 바와 같이 20 의사결정 지역들이 점들－번호2에서 번호 21이 붙어있다－에 의해 표현되고 있다. 각 지역은 타당한 의사결정 대안이다.

### 9.4.3. 의사결정 제약조건들

제약조건들은 의사결정 대안들에 제한들을 부과한다. 의사결정 제약조건들을 만족시키는 의사결정 대안들은 실행가능하다(feasible)고 일컬어진다. 어떤 제약조건들은 문턱값(threshold)의 달성에 관한 요구조건을 나타낸다. 예를 들어 쓰레기 매립지 선정에서 후보지의 최소크기－즉, 문턱 값－에 대해 제약조건이 부과될 수도 있다. 이런 종류의 제약조건은 목표제약조건(target constraint)이라고 불린다. 이진(Boolean) 제약조건은 0-1 값에 의해 운용된다. 예컨대, 후보지가 습지의 외부에 있어야 한다는 제약조건은 이진 제약조건이다.

제약조건들은 또 상쇄적이냐(compensatory) 비상쇄적이냐에 따라 분류될 수도 있다. 비상쇄적 제약조건들은 평가기준들에 대해 설정된 문턱값들을 만족시키지 못하는 의사결정대안들을 제거시킨다. 비상쇄적 제약조건들을 사용한 제거과정은 연접선별(conjunctive screening)

과 이접선별(disjunctive screening)에 의해 구현될 수 있다.

상쇄적 제약조건들은 의사결정 변수들(평가기준들) 간의 상쇄를 허용한다. 상쇄라는 개념은 한 의사결정 대안이 한 기준에 대해 보이는 빈약한 결과가 그 대안이 다른 기준에 대해 보이는 우수한 결과에 의해 만회될 수 있다－비길 수 있다－는 것이다. 예를 들어, 한 쓰레기 매립 후보지가 토양 투과성에서 낮은 점수가 예상되고, 지하수까지의 거리가 충분히 멀어서 높은 점수가 예상된다고 하자. 이 제약조건들이 상쇄적이라면 이 후보지는 제거되지 않고 계속적인 고려대상으로 남아있을 수 있다. 상쇄적 선별방법들은 의사결정 대안의 여러 기준들에 대한 결과들을 하나의 목적함수로 통합하여 평가한다. 이 목적함수에 대한 절단(cutoff) 제약조건을 만족시키지 못하는 대안들은 제거된다.

### 9.4.4. 의사결정 공간과 기준 결괏값 공간

의사결정 공간(decision space)은 모든 실행가능한－모든 제약조건들을 만족시키는－의사결정 대안들에 의해 정의된다. 각 기준에 대한 의사결정 결괏값들의 집합은 기준 결괏값 공간을 형성한다. 의사결정 기준이 두 개인 경우에 의사결정 공간은 이차원 산점도 위에 표현될 수 있다. (3.5.5 절의 파레토 우월 원리를 참조하라)

## 9.5 기준들에 대한 가중치 부여

MCDM에서 기준들에 대한 의사결정자의 선호도(또는 중요도)를 밝혀내는 것은 매우 중요한 단계이다. MCDM 문제들은 대개 DM에게 다양한 중요도들을 가지는 기준들을 수반한다. 기준들의 다양한 중요도는 정책들, 기존 제도들, 인과관계들 또는 주관적 선호들로부터 유래한다. 선호도는 DM의 가치를 표현한 것이다. 선호도는 MCDM 맥락에서 기준들에 부여된 중요도를 나타낸다. 예를 들어 [예 9.1.1]의 Duwamish Waterway 문제에서 DM이 "서식지 손상 비율" 기준보다 "서식지 복구에 대한 생태학적 적합성" 기준에 더 높은 선호를 부여하였다고 가정하자. 이 경우 후자의 기준은 전자의 기준보다 더 중요해진다.

가중치들은 DM의 선호를 끌어내는 과정을 통해서 얻어진다. 한 기준에 부여되는 가중치는 주어진 의사결정상황에서 다른 기준들에 비하여 그 기준의 상대적 중요성을 나타내는 수치이다. 가중치가 클수록 그 기준은 더 중요하다. 가중치는 대개 총합이 1이 되도록 정규화된다. 가중치가 묵시적으로 각 기준의 변동폭의 차이를 설명해준다는 점은 가중치가 어떻게 부여되어야 하는지를 시사해준다. 예를 들어, Duwamish Waterway 문제에서 복구비용이 100

만 달러에서 8백만 달러에 이르고, 서식지 손상 비율은 85 %에서 100 %에 이른다고 하자. 이 두 기준 가운데 어느 기준이 더 중요하다고 생각되는가? 일반적 규칙은, 우리는 각 기준 결과가 최소 수준에서 최대 수준으로 변할 때 수반되는 상대적 이점에 관심을 가지고 있다는 것이다.

우리는 이 절에서 다음과 같은 가중치 부여방법들을 소개할 것이다: 순위화 절차, 등급화 절차, 쌍별비교 절차, 갈망수준절차, 그리고 엔트로피 절차.

### 9.5.1. 순위화 절차

순위화 절차는 DM의 선호를 반영하여 기준들을 중요도 순으로 정렬하는 것으로 시작한다. 이렇게 기준들의 순위—중요도가 가장 높은 기준이 1 순위가 되는 오름차 순위—가 매겨지면, 이 순위정보를 가중치로 전환시키는 방법들이 사용될 수 있다.

#### (1) 순위합(rank sum)

순위합법은 순위들의 합에서 한 기준의 순위가 차지하는 비중을 그 기준의 가중치로 부여한다. 구체적으로 기준들의 수를 $n$으로 나타내고 $j$번째 기준의 순위를 $r_j$로 나타내자. 그러면 $j$번째 기준의 가중치 $w_j$는 다음 식에 의해 산정된다:

$$w_j = \frac{n - r_j + 1}{\sum_k (n - r_k + 1)}. \tag{9.5.1}$$

#### (2) 순위역수(rank reciprocal)

순위역수법은 순위들의 역수의 합에서 한 기준의 순위의 역수가 차지하는 비중을 그 기준의 가중치로 부여한다. 구체적으로 $j$번째 기준의 가중치 $w_j$는 다음 식에 의해 산정된다:

$$w_j = \frac{1/r_j}{\sum_k 1/r_k}. \tag{9.5.2}$$

#### (3) 순위거듭곱(rank exponent)

순위거듭곱법은 순위들의 거듭곱의 합에서 한 기준의 순위의 거듭곱이 차지하는 비중을 그 기준의 가중치로 부여한다. 구체적으로 $j$번째 기준의 가중치 $w_j$는 다음 식에 의해 산정된다: 비음인 실수 $p$에 대해

$$w_j = \frac{(n - r_j + 1)^p}{\sum_k (n - r_k + 1)^p}. \tag{9.5.3}$$

순위거듭곱법에서 $p = 0$이면 모든 가중치는 동일해지며 $p = 1$이면 순위합법과 같은 결과를 준다.

**예 9.5.1**

기준들의 수가 5인 경우에 위 세 가지 순위화 절차에 의한 가중치는 다음 표와 같이 얻어진다.

| $r_j$ | 순위합법 | | 순위역수법 | | 순위거듭곱법($p = 2$) | |
|---|---|---|---|---|---|---|
| | $n - r_j + 1$ | $w_j$ | $1/r_j$ | $w_j$ | $(n - r_j + 1)^2$ | $w_j$ |
| 1 | 5 | 5/15 | 60/60 | 60/137 | 25 | 25/55 |
| 2 | 4 | 4/15 | 30/60 | 30/137 | 16 | 16/55 |
| 3 | 3 | 3/15 | 20/60 | 20/137 | 9 | 9/55 |
| 4 | 2 | 2/15 | 15/60 | 15/137 | 4 | 4/55 |
| 5 | 1 | 1/15 | 12/60 | 12/137 | 1 | 1/55 |
| 합 | 15 | 1 | 137/60 | 1 | 55 | 1 |

□ 순위화 절차에 대한 논의

순위화 절차의 가장 큰 장점은 그 절차의 단순성이다. 그러나 기준들의 수가 늘어남에 따라 순위를 부여하는 작업이 불안정해지며 따라서 순위화 절차들은 현실성이 적어진다. 심리측정학에 의하면 보통 사람들이 순위를 매길 수 있는 기준들의 수의 한계는 9개 정도라고 알려져 있다. 이런 한계는 계층적 순위화에 의해 어느 정도 극복될 수 있다. 순위화 절차의 다른 문제점은 이론적 근거가 부족하다는 것이다.

## 9.5.2. 등급화 절차

등급화 절차(rating procedure)는 DM이 사전에 정해진 척도로 기준들에 점수들을 할당하는 것으로부터 시작한다.

### (1) 점수할당(point allocation)

점수할당법은 0-100 척도를 사용하며 DM에게 그의 판단에 따라 100점을 평가기준들에 할당하도록 요구한다. 점수할당법의 발상은 많은 점수를 받은 평가기준이 그렇지 않은 기준들에 비해 더 중요하다는 것이다. 이렇게 할당된 점수들은 0-1 가중치 척도로 정규화된다: $j$ 번째 기준이 받은 점수(즉 등급)를 $r_j$로 나타내자. 그러면 $j$ 번째 기준의 가중치 $w_j$는 다음 식에 의해 산정된다:

$$w_j = \frac{r_j}{100}. \qquad (9.5.4)$$

이때 0점을 받은 기준은 제거되어야 한다. 마찬가지로 한 기준이 100점을 받았다면 그 기준 이외의 다른 모든 기준들은 제거되어야 한다.

□ 등급화 절차에 대한 논의

등급화는 우리가 가진 돈(자원)을 우선순위에 따라 여러 기준들에 배분하는 것과 유사하므로 이해하기가 쉽다. 그러나 등급화 절차는 순위화 절차와 마찬가지로 이론적 근거가 부족하고 기준들의 수가 많아지면 현실성이 떨어진다.

## 9.5.3. 쌍별 비교(pairwise comparison) 절차

쌍별 비교 절차는 AHP(Analytic Hierarchy Process, 분석적 계층과정)라는 MADM 기법의 맥락에서 Saaty(1980, 1988)에 의해 개발되었으며, 비교적 견고한 이론적 토대를 가지고 있다. 이 절차는 모든 가능한 기준쌍들의 상대적 중요도를 평가하여 쌍별 비교행렬을 작성하는 것으로부터 시작한다. 이 쌍별 비교행렬의 최대고유벡터가 기준들의 가중치 벡터로 추정된다.

### (1) 쌍별 비교행렬 작성

우리는 각 속성쌍 $(c_i, c_j)$에 대해 쌍별 비교값 $a_{ij}$를 구한 후 이들로부터 쌍별 비교행렬(pairwise comparison matrix)을 작성할 것이다:

$$A_{n \times n} = \{a_{ij}\}. \qquad (9.5.6)$$

Saaty(1980)는 각 속성쌍에 대해 1-9 척도로 쌍별 비교값들을 부과할 것을 제안한다. 여기서 1-9 척도의 각 척도값은 [표 9.5.1]과 같은 의미를 가진다.

[표 9.5.1] 쌍별 비교를 위한 1-9 척도

| 중요도 비교 | 척도값 | 선호도 비교 |
|---|---|---|
| 같은 정도로 중요하다 | 1 | 같은 정도로 선호한다 |
| 조금 더 중요하다 | 3 | 조금 더 선호한다 |
| 꽤 더 중요하다 | 5 | 꽤 더 선호한다 |
| 매우 더 중요하다 | 7 | 매우 더 선호한다 |
| 절대적으로 더 중요하다 | 9 | 절대적으로 더 선호한다 |
| 2, 4, 6, 8은 위에 주어진 척도값들의 중간수준을 나타낸다. | | |

쌍별 비교행렬을 특정하기 위해서 우리는 대각선 위쪽에 있는 $\frac{n(n-1)}{2}$ 개의 기준 쌍들에 대해서 쌍별 비교값들을 구하면 된다. 구체적으로, 각 기준 쌍 $(c_i, c_j)$에 대해 쌍별 비교값 $a_{ij} \in \{1/9, 1/8, \cdots, 1/1, 2/1, \cdots, 9/1\}$를 부과한다. 예컨대,

- $c_i$와 $c_j$의 중요도가 같다면 쌍별 비교값 $a_{ij} = 1$
- $c_i$가 $c_j$보다 중요도가 더 높다면 쌍별 비교값 $a_{ij} > 1$
- $c_i$가 $c_j$보다 중요도가 더 낮다면 쌍별 비교값 $a_{ij} < 1$ (이 경우에는 속성쌍 $(c_j, c_i)$에 대한 쌍별 비교값 $a_{ji}$를 구하고 이로부터 $a_{ij} = \frac{1}{a_{ji}}$를 산정하는 편이 더 용이할 것이다.)

[관찰 9.5.1] 쌍별 비교행렬은 다음 조건을 만족하는 양수 행렬이다:

- $a_{ij} = 1/a_{ji}$,
- 대각원소가 1.

이런 이유로 쌍별 비교행렬은 비음역수행렬(nonnegative reciprocal matrix)이라고도 불린다. 따라서 쌍별 비교행렬 $A$의 일반적 형태는 다음과 같이 주어진다:

$$A = \begin{bmatrix} 1 & a_{12} & a_{13} & \cdots & a_{1n} \\ \frac{1}{a_{12}} & 1 & a_{23} & \cdots & a_{2n} \\ \frac{1}{a_{13}} & \frac{1}{a_{23}} & 1 & \cdots & a_{3n} \\ \vdots & \vdots & \vdots & \ddots & \vdots \\ \frac{1}{a_{1n}} & \frac{1}{a_{2n}} & \frac{1}{a_{3n}} & \cdots & 1 \end{bmatrix}. \tag{9.5.6}$$

□ 쌍별 비교행렬과 가중치 벡터의 관계

- 속성들의 비중(중요도)을 나타내는 가중치 벡터를 $\boldsymbol{w} = (w_1, w_2, \ldots, w_n)$로 나타내자. 그러면 우리는 쌍별 비교값이 다음과 같은 관계를 만족하기를 기대한다:

$$a_{ij} = w_i / w_j. \tag{9.5.7}$$

이런 관계가 만족된다면 쌍별 비교행렬의 각 원소들 간에는 다음과 같은 관계가 성립한다:

$$a_{ij} = a_{ik} \times a_{kj}. \tag{9.5.8}$$

실제로 쌍별 비교행렬이 이런 관계를 만족한다면 부과자의 쌍별 비교값 부과과정은 일치적(consistent)이라고 불린다.

□ 쌍별 비교행렬의 일치성

쌍별 비교행렬의 일치성은 모든 $i$, $j$, $k$에 대해서 $a_{ij}$와 $a_{ik} \times a_{kj}$가 일치하는 정도를 말한다. 그런데 Saaty의 1-9 척도는 불일치의 씨앗을 잉태하고 있다. 예컨대, $a_{12} = 1/9$이고 $a_{13} = 2$라고 하자. 이때 우리는 $a_{23} = (1/a_{12})a_{13} = (9)(2) = 18$을 기대한다. 그러나 이 값은 1-9 척도의 밖에 있다.

[관찰 9.5.2] 일치적 쌍별 비교행렬에 대해서 다음 관계가 성립한다: 식(9.5.7)로부터

$$\{A\boldsymbol{w}\}_i = \sum_{j=1}^{n} a_{ij} w_j = \sum_{j=1}^{n} w_i = n w_i,$$

즉,

$$Aw = nw. \tag{9.5.9}$$

[관찰 9.5.3] 일치적 쌍별 비교행렬에 대해서 $j$ 번째 기준의 가중치 $w_j$는 $j$ 번째 열의 합의 역수로 주어진다: 식(9.5.7)로부터

$$\sum_{I=1}^{n} a_{ij} = \sum_{i=1}^{n} w_i / w_j = w_j,$$

즉,

$$w_j = \frac{1}{\sum_i a_{ij}}. \tag{9.5.10}$$

만일 이런 "일치적" 부과자가 존재한다면 그는 가중치 벡터 $w$를 일치적으로 직접 부과할 수도 있을 것이다－각 기준의 비중(상대적 중요도)이 가중치이므로－. 그러나 이런 부과자가 있을까?

[연구 9.5.1] 쌍별 비교값 부과과정의 일치성을 높이기 위한 한 가지 방법은 1-9 척도 대신 연속적인 척도를 사용하는 것이다.

[연구 9.5.2] 쌍별 비교행렬의 "규범적" 불일치성 측도를 개발해보자.

### (2) 가중치 벡터 추정

이제 주어진 쌍별 비교행렬로부터 가중치 벡터를 도출해보자. 쌍별 비교행렬이 일치적이라면, 앞 소절에서 제시된 [관찰 9.5.3]으로부터 가중치 벡터는 쉽게 도출된다. 그러나 실제의 쌍별 비교행렬은 불일치적이다. 여기서는 불일치적 쌍별 비교행렬로부터 가중치 벡터를 추정하기 위한 두 가지 방법이 소개될 것이다: 고유벡터법과 로그 최소제곱법(또는 행 기하평균법).

#### ● 고유벡터법

고유벡터법은 AHP를 위해 Saaty(1980)에 의해 제안된 방법이다. 고유벡터법은 불일치적인 쌍별 비교행렬의 최대(고유값에 대응되는) 고유벡터를 가중치 벡터로 추정해주는 방법이다:

$$Aw = \lambda w. \tag{9.5.11}$$

일반적으로는 노옴(norm)이 1인 고유벡터를 찾아주지만 여기서는 합이 1인 고유벡터를 찾아야 한다–가중치 벡터이므로.

[연구 9.5.3] $A$가 일치적이라면 이 방정식의 해는 어떻게 주어지는가?

- $Aw = nw$는 동차 선형방정식계이다. 따라서 이 방정식계가 비자명해(nontrivial solution)를 가질 필요충분조건은 $A - nI$의 행렬식이 0이 되는 것 즉, $n$이 $A$의 고유값이 되는 것이다. $A$의 계수(rank)는 1이므로 하나를 제외한 다른 고유값들은 모두 0이다. 한 행렬의 고유값들의 합은 대각합(trace)이므로 0이 아닌 한 고유값은 $n$이다.

[관찰 9.5.4] 양수행렬은 양수 고유치와 이에 대응되는 양수 고유벡터를 가진다(Frobenius 정리).

- 더욱이 쌍별 비교행렬은 유일한 양수 고유치를 가진다.

쌍별 비교행렬 $A$의 최대고유값 $\lambda_{max}$에 대해서 다음 관계가 성립한다:

$$\lambda_{max} \geqq n, \tag{9.5.12}$$

여기서 등호는 $A$가 일치적인 행렬일 때만 성립한다. 이로부터 행렬 $A$가 일치적 행렬로부터 벗어난 정도를 측정하는 불일치성 지수(consistency index) $CI$가 다음과 같이 정의될 수 있다:

$$CI = \frac{\lambda_{max} - n}{n-1}. \tag{9.5.13}$$

경험적으로 쌍별 비교행렬 $A$의 불일치성 지수 $CI$가 0.1보다 작다면 부과과정의 일치성이 양호하다고 판정된다. 또 통계적으로 행렬 $A$의 불일치성 지수를 랜덤하게 형성된 쌍별 비교행렬의 불일치성 지수와 비교해 봄으로써 쌍별 비교행렬의 불일치성 정도를 가늠해 볼 수 있다.

불일치성 비(consistency ratio) $CR$는 주관적으로 부과된 쌍별 비교행렬 $A$의 불일치성 지수와 랜덤하게 형성된 쌍별 비교행렬들의 불일치성 지수들의 평균인 랜덤지수(random index, RI)의 비로 정의된다:

$$CR = \frac{CI}{RI}. \tag{9.5.14}$$

$RI$의 값은 비교되는 기준들의 수에 의존한다. Saaty(1988)는 모의실험에 의해 다음과 같은 $RI$들을 얻었다.

[표 9.5.2] Saaty의 랜덤지수(RI)

| $n$ | $\lambda_{max}$ | $RI$ |
|---|---|---|
| 3 | 3.052 | 0.52 |
| 4 | 4.214 | 0.89 |
| 5 | 5.444 | 1.11 |
| 6 | 6.625 | 1.25 |
| 7 | 7.810 | 1.35 |
| 8 | 8.980 | 1.40 |
| 9 | 10.160 | 1.45 |
| 10 | 11.341 | 1.49 |
| 11 | 12.510 | 1.51 |
| 12 | 13.694 | 1.54 |
| 13 | 14.872 | 1.56 |
| 14 | 16.041 | 1.57 |
| 15 | 17.212 | 1.58 |

Saaty(1988)는 허용될 수 있는 불일치성 비의 최댓값으로 $n$>3일 때는 $CR = 0.1$를, $n$ = 3일 때는 $CR = 0.05$를 제안한다.

[연구 9.5.4] 모의실험에 의해 기준들의 수를 변화시켜가며 $RI$ 값들을 구해서 기존에 발표된 $RI$ 값들과 비교해 보자.

[연구 9.5.5] 쌍별 비교행렬 $A$에 대한 불일치성의 척도로서 불일치성 비 CR의 타당성에 대해 논의해 보자.

□ 근사적 방법에 의한 고유벡터 계산

행렬 $A$를 열의 합에 의해 정규화(즉 구성비 변환)시킨다. 그러면 정규화된 행렬 $A$의 각 행의 평균들은 최대고유벡터 $w_{\max}$의 한 근사가 된다.

□ 반복법에 의한 고유벡터 계산

행렬 $A$를 열의 합에 의해 정규화시킨다. 정규화된 행렬 $A$를 $k$제곱한 행렬 $A^k$의 행들의 합(벡터)을 총합으로 나눈 벡터를 $w^{(k)}$라 하자. 그러면

$$w_{\max} = \lim_{k\to\infty} w^{(k)}. \tag{9.5.15}$$

**예 9.5.2 새 차 선택문제**

새 차를 선택하는 의사결정 문제에서 다음과 같은 세 기준들이 사용되고 있다고 가정하자:

- $c_1$: 승차감
- $c_2$: 연비(km/리터)
- $c_3$: 가격

단계적으로 근사적 방법에 의해 이 기준들에 대한 가중치들을 부여해 보자.

**단계 1** 쌍별 비교행렬 $A$를 특정한다.
$n=3$이므로 쌍별 비교행렬이 특정되려면 $n(n-1)/2 = 3$개의 기준 쌍들에 대해 쌍별 비교값들이 평가되어야 한다. 아래는 한 부과자가 다음 세 쌍에 대한 비교를 진술한 내용이다:

$$c_2 \text{ 대 } c_1,\ c_3 \text{ 대 } c_1,\ c_3 \text{ 대 } c_2.$$

가격($c_3$)은 가장 중요한 기준이다: 이것은 승차감($c_1$)보다 꽤 더 중요하고, 연비($c_2$)보다 아주 조금 더 중요하다. 연비($c_2$)는 두 번째로 중요한 기준이다: 이것은 승차감($c_1$)보다 아주 조금 더 중요하다.

위 진술로부터 쌍별 비교값들은 다음과 같이 주어진다: $a_{21}=2$, $a_{31}=5$, $a_{32}=2$. 따라서 쌍별 비교행렬은 다음과 같이 특정된다:

$$A = \begin{bmatrix} 1 & 1/2 & 1/5 \\ 2 & 1 & 1/2 \\ 5 & 2 & 1 \end{bmatrix}.$$

**단계 2** 쌍별 비교행렬 $A$의 열들을 합하여 판단을 합성한다.

| | $c_1$ | $c_2$ | $c_3$ |
|---|---|---|---|
| $c_1$ | 1 | 1/2 | 1/5 |
| $c_2$ | 2 | 1 | 1/2 |
| $c_3$ | 5 | 2 | 1 |
| 합 | 8 | 3.5 | 1.7 |

**단계 3** 쌍별 비교행렬 $A$의 각 열을 그 열의 합으로 나누어 정규화한다. 즉, 행렬 $A$의 (열) 구성비 행렬을 구한다.

| | $c_1$ | $c_2$ | $c_3$ |
|---|---|---|---|
| $c_1$ | 1/8 | 1/7 | 1/8.5 |
| $c_2$ | 2/8 | 2/7 | 1/3.4 |
| $c_3$ | 5/8 | 4/7 | 1/1.7 |
| 합 | 1.0 | 1.0 | 1.0 |

**단계 4** $A$의 열 구성비 행렬의 각 행의 평균을 구한다.

| | $c_1$ | $c_2$ | $c_3$ | 평균 |
|---|---|---|---|---|
| $c_1$ | 1/8 | 1/7 | 1/8.5 | 0.1285 |
| $c_2$ | 2/8 | 2/7 | 1/3.4 | 0.2766 |
| $c_3$ | 5/8 | 4/7 | 1/1.7 | 0.5949 |
| 합 | 1.0 | 1.0 | 1.0 | 1.0 |

이 평균벡터 $(0.1285 \;\; 0.2766 \;\; 0.5949)^t$는 쌍별 비교행렬 $A$의 최대고유벡터의 한 근사로서 우리가 구하려고 하는 가중치 벡터 $\boldsymbol{w}$의 한 추정값이 된다: 즉, 연비는 승차감보다 2.15배만큼 중요하고, 가격도 연비보다 2.15배만큼 중요하다.

단계 5 불일치성비(consistency ratio)를 구한다.

(5-1) 행렬 A에 추정된 가중치 벡터 $w$를 곱하여 가중평균 벡터를 구한다:

$$\begin{bmatrix} 1 & 1/2 & 1/5 \\ 2 & 1 & 1/2 \\ 5 & 2 & 1 \end{bmatrix} \begin{bmatrix} 0.1285 \\ 0.2766 \\ 0.5949 \end{bmatrix} = \begin{bmatrix} 0.38578 \\ 0.83105 \\ 1.7906 \end{bmatrix}.$$

(5-2) 가중평균 벡터의 각 원소를 가중치 벡터의 해당하는 원소로 나누어 일치성 벡터(consistency vector)를 구한다:

$$\begin{bmatrix} 0.38578 \\ 0.83105 \\ 1.7906 \end{bmatrix} \div \begin{bmatrix} 0.1285 \\ 0.2766 \\ 0.5949 \end{bmatrix} = \begin{bmatrix} 3.01790 \\ 3.00452 \\ 3.00992 \end{bmatrix}.$$

(5-3) 최대 고유값은 일치성 벡터의 원소들의 평균으로 추정된다:

$$\lambda_{max} = (3.01790 + 3.00452 + 3.00992)/3 = 3.01078.$$

(5-4) 불일치성 지수를 계산한다:

$$CI = \frac{\lambda_{max} - n}{n-1} = \frac{3.01078 - 3}{3-1} = 0.00538.$$

(5-5) 불일치성비를 계산한다:

$$CR = \frac{CI}{RI} = \frac{0.00538}{0.52} = 0.01035.$$

불일치성 비가 0.1보다 매우 작으므로 이 부과자는 매우 높은 수준의 일치성을 보이고 있다고 판단된다.

[비교] 쌍별 비교행렬 $A$의 정확한 최대 고유값 $\lambda_{max}$와 이에 대응되는 최대고유벡터 $w_{max}$는 다음과 같은 행렬식에 관한 방정식−특성방정식(characteristic equation)이라 불린다−으로부터 계산될 수 있다:

$$\det(A - \lambda I) = \begin{vmatrix} 1-\lambda & 1/2 & 1/5 \\ 2 & 1-\lambda & 1/2 \\ 5 & 2 & 1-\lambda \end{vmatrix} = 0.$$

이 특성방정식은 다음과 같은 3차 방정식으로 정리된다:

$$\lambda^3 - 3\lambda^2 - 0.05 = 0.$$

이로부터 $\lambda_{max} = 3.0055351$. 그리고 $\boldsymbol{w}_{max}$는 다음 방정식을 만족하는 $w_i$들로 구성된다:

$$\begin{bmatrix} 1-3.0055351 & 1/2 & 1/5 \\ 2 & 1-3.0055351 & 1/2 \\ 5 & 2 & 1-3.0055351 \end{bmatrix} \begin{bmatrix} w_1 \\ w_2 \\ w_3 \end{bmatrix} = 0.$$

이로부터 합이 1인 가중치 벡터－즉, 고유벡터－는 다음과 같이 주어진다:

$$\boldsymbol{w} = \begin{bmatrix} 0.128271 \\ 0.276350 \\ 0.595379 \end{bmatrix}.$$

우리는 이 예에서 사용된 근사적인 방법이 정말로 근사한 결과를 가져옴을 알 수 있다. [프로그램 eigen.sas, eigen_w.sas]

● 로그 최소제곱법(logarithmic least squares)

로그 최소제곱법은 다음과 같이 경험적으로 부과된 쌍별 비교값들과 이론적으로 부과된 쌍별 비교값들에 대한 로그값들의 편차 제곱합이 최소화되도록 가중치를 정해준다:

$$\text{Minimize} \quad L = \sum_{i=1}^{n}\sum_{j=1}^{n}\left(\log a_{ij} - \log\frac{w_i}{w_j}\right)^2 \tag{9.5.16-1}$$

$$= \sum_{i=1}^{n}\sum_{j=1}^{n}\left[\log(a_{ij} \cdot w_j) - \log w_i\right]^2 \tag{9.5.16-2}$$

s.t.

$$\prod_{i=1}^{n} w_i = 1, \tag{9.5.16-3}$$

$$w_i > 0, \; i = 1, 2, \ldots, n. \tag{9.5.16-4}$$

이와 같은 등식형태의 제약조건을 만족하는 최소제곱해는 Lagrange 승수법에 의해 얻어질 수 있다. 이때, $i$번째 기준의 가중치 $w_i$는 $i$번째 행의 기하평균으로 주어진다: 즉,

$$w_i = \left(a_{i1}\, a_{i2} \cdots\, a_{in}\right)^{1/n}. \tag{9.5.17}$$

이런 이유로 로그 최소제곱법은 행 기하평균법(row geometric mean)이라고도 불린다.

**참고** 가중치 벡터 $w$는 다음 연립방정식의 해로 주어진다:

$$\frac{\partial L}{\partial w_i} = 0:\ \sum_{i=1}^{n}\sum_{j=1}^{n} \frac{1}{w_i}\left(\log a_{ij} - \log\frac{w_i}{w_j}\right) = 0,\ i = 1, \ldots, n, \tag{9.5.18}$$

$$\frac{\partial L}{\partial w_j} = 0:\ \sum_{i=1}^{n}\sum_{j=1}^{n} \frac{1}{w_j}\left(\log a_{ij} - \log\frac{w_i}{w_j}\right) = 0,\ j = 1, \ldots, n. \tag{9.5.19}$$

[연구 9.5.6] 다음과 같은 보통 최소제곱법 대신 로그 최소제곱법을 사용한 근거는 무엇인가?

$$L = \sum_{i=1}^{n}\sum_{j=1}^{n} \left(a_{ij} w_j - w_i\right)^2. \tag{9.5.20}$$

- 로그 최소제곱법은 쌍별비교 과정에 대한 승법 모형을 토대로 한다:

$$a_{ij} = (w_i / w_j)\,\epsilon_{ij}, \tag{9.5.21}$$

여기서 $\epsilon_{ij}$는 쌍별비교값 부여과정에 개재되는 랜덤오차항이다.

- 반면에 보통 최소제곱법은 쌍별비교 과정에 대한 가법 모형을 토대로 한다:

$$a_{ij} = (w_i / w_j) + \epsilon_{ij}. \tag{9.5.22}$$

**예 9.5.3 (예 9.5.2, 계속)**

새 차 선택문제에서 쌍별 비교행렬은 다음과 같이 특정되어 있다. 이에 대해 로그최소제곱법에 의한 가중치 벡터를 구해보자.

$$A = \begin{bmatrix} 1 & 1/2 & 1/5 \\ 2 & 1 & 1/2 \\ 5 & 2 & 1 \end{bmatrix}.$$

**풀이** 먼저 $A$의 행들의 기하평균을 구하자:

$$g_1 = [(1)(1/2)(1/5)]^{1/3} = 0.464159$$
$$g_2 = [(2)(1)(1/2)]^{1/3} = 1$$
$$g_3 = [(5)(2)(1)]^{(1/3)} = 2.15443$$

기하평균들을 합이 1이 되도록 정규화하면 원하는 가중치 벡터를 얻을 수 있다:

$$w = [0.128271 \quad 0.276350 \quad 0.595379]'.$$

[관찰 9.5.5] 로그 최소제곱법과 고유벡터법에 의한 가중치 벡터는 매우 근사하다. 특히 $n \leq 3$인 경우 두 방법은 동일한 가중치 벡터를 제공한다.

□ 쌍별 비교절차에 대한 논의

쌍별 비교는 순위화나 등급화에 비하면 기준쌍들에 대한 비척도 판단과 쌍별 비교행렬의 성질에 토대를 둠으로써 비교적 견고한 이론적 근거를 가지고 있다. 이 절차의 장점은 핸드북이나 회귀분석 결과를 활용할 수 있다는 점이며 또 의사결정자나 전문가에게 개별적인 인자들에게 순위를 매기도록 요청할 수 있다는 점이다. 쌍별 비교의 단점은 기준들의 수가 많을 때는 많은 수의 판단이 내려져야 하며 따라서 평가의 불일치성이 증가하는 경향을 보이게 된다는 점이다.

### 9.5.4. 갈망수준 절차

기준들에 대한 가중치들은 갈망수준으로부터 도출될 수 있다. 갈망수준은 한 기준에 대해 바람직하다고 여기는 결과이다. 갈망수준은 달성해야만 하는 의무적인 수준이 아니고 절충이 가능한 목표수준이다. 갈망수준 관점에서 볼 때, 갈망수준에 도달하기 어려운 기준은 중요한 기준이고 갈망수준에 도달하기 쉬운 기준은 덜 중요한 기준이다.

모든 기준들에 대해 갈망수준이 주어져 있다면 $j$ 번째 기준에 대한 가중치는 다음과 같이 주어진다:

$$w_j = \begin{cases} \dfrac{A_j - x_j^{\min}}{x_j^{\max} - x_j^{\min}}, & \text{혜택기준인 경우} \\ \dfrac{x_j^{\max} - A_j}{x_j^{\max} - x_j^{\min}}, & \text{비용기준인 경우} \end{cases} \tag{9.5.23}$$

여기서 $A_j$는 $j$번째 기준에 대한 갈망수준을 나타낸다.

**예 9.5.4** **(예 9.1.2, 계속)**

전투기 기종선정 문제에서, 다음과 같이 기준들에 대한 갈망수준이 주어져 있다고 하자: 최대속도 2.4, 순항거리 2.5, 적재용량 2.2, 군운용 적합성 8, 기술이전 8, 비용 5.0. 갈망수준 절차에 의해 기준들에 대한 가중치 벡터를 구해보자.

**풀이** 정규화되기 전의 가중치들은 다음과 같이 주어진다:

$$\begin{aligned}
w_1 &= (2.4 - 1.8)/(2.5 - 1.8) = 0.85714 \\
w_2 &= ((2.5 - 1.5)/(2.7 - 1.5) = 0.83333 \\
w_3 &= (2.2 - 1.8)/(2.1 - 1.8) = 1.33333 \\
w_4 &= (8 - 3)/(7 - 3) = 1.25 \\
w_5 &= (8 - 5)/(9 - 5) = 0.75 \\
w_6 &= (6.5 - 5.0)/(6.5 - 4.5) = 0.75
\end{aligned}$$

따라서 합이 1이 되도록 이들을 정규화하면 원하는 가중치 벡터를 얻을 수 있다:

$$w = [0.147656 \quad 0.144465 \quad 0.231144 \quad 0.216698 \quad 0.130019 \quad 0.130019]'.$$

□ 갈망수준 절차에 대한 논의

갈망수준 절차는 각 기준이 필수수준(반드시 달성해야 하는), 갈망수준(바람직한, 그러나 절충이 가능한), 그리고 무시수준(이 문턱값을 초과해도 만족이 높아지지 아니하는)들을 가지고 있다는 전제 아래에서 이론적인 근거를 가진다. 갈망수준들이 의미를 가지려면 DM이 기준 결과들 간의 절충에 익숙해야 하는데, 이것은 쉬운 일이 아니다.

### 9.5.5. 엔트로피 절차

엔트로피 절차는 대안-기준 행렬로부터 가중치 벡터를 추정해낸다. 대안-기준 행렬은, 엔트로피 관점에서 보면, 그 자체로 기준들에 대한 가중치들을 추정해 낼 수 있는 정보를 담고 있다: 즉 대안들 간의 차이가 큰 기준은 중요한 기준이고 대안들 간의 차이가 적은 기준은 덜 중요한 기준이다.

- 먼저 기준 $j$에 대한 대안 $i$의 평가값 $p_{ij}$를 다음과 같이 기준 $j$의 기준값들의 합에 대한 대안 $i$의 기준값의 비율로 정의하자:

$$p_{ij} = \frac{x_{ij}}{\sum_{k=1}^{m} x_{kj}}. \tag{9.5.24}$$

그러면 기준 $j$의 엔트로피 $e_j$는 다음과 같이 정의된다:

$$e_j = -\sum_{i=1}^{m} p_{ij} \log p_{ij}. \tag{9.5.25}$$

이때, 우리는 $e_j$의 가능한 범위가 다음과 같이 주어짐을 쉽게 보일 수 있다:

$$0 \leqq e_j \leqq \log m. \tag{9.5.26}$$

따라서 정규화된 엔트로피 $u_j = \frac{e_j}{\log m}$는 균일도(degree of uniformity)로 기능할 수 있다:

$$0 \leqq u_j \leqq 1. \tag{9.5.27}$$

이로부터 기준 $j$의 다양도(degree of diversity) $d_j$는 다음과 같이 정의된다:

$$d_j = 1 - u_j. \tag{9.5.28}$$

그러면 기준 $j$의 가중치 $w_j$는 다음과 같이 정규화된 다양도로 정의된다:

$$w_j = \frac{d_j}{\sum_{k=1}^{n} d_k}. \tag{9.5.29}$$

만일 의사결정자가 각 기준들의 중요도에 대해 주관적인 가중치 $s_j$들을 가지고 있었다면, 수정된 가중치 $w_j^*$는 다음과 같이 계산된다:

$$w_j^* = \frac{s_j w_j}{\sum_{i=1}^{n} s_i w_i}. \tag{9.5.30}$$

**예 9.5.5** **(예 9.1.2, 계속)**

전투기 기종선정 문제에서 평가값 행렬은 [예 9.3.4]에서 구했던 구성비 변환행렬이다:

$$P = \begin{bmatrix} 0.2117647 & 0.2500 & 0.2658228 & 0.35 & 0.2692308 & 0.2093023 \\ 0.2352941 & 0.1875 & 0.2531646 & 0.25 & 0.3461538 & 0.2558140 \\ 0.2941176 & 0.3375 & 0.2278481 & 0.15 & 0.1923077 & 0.3023256 \\ 0.2588235 & 0.2250 & 0.2531646 & 0.25 & 0.1923077 & 0.2325581 \end{bmatrix}.$$

이로부터 엔트로피($e$), 균일도($u$), 다양도($d$), 그리고 가중치($w$)는 다음 표와 같이 계산된다.
[프로그램 entropy.sas]

| | 최대속도 | 순항거리 | 적재용량 | 신뢰성 | 기동성 | 가격 |
|---|---|---|---|---|---|---|
| $e$ | 1.3789316 | 1.3626556 | 1.3847522 | 1.3451529 | 1.3546053 | 1.3769661 |
| $u$ | 0.9946889 | 0.9829482 | 0.9988876 | 0.9703227 | 0.9771412 | 0.9932711 |
| $d$ | 0.0053111 | 0.0170518 | 0.0011124 | 0.0296773 | 0.0228588 | 0.0067289 |
| $w$ | 0.0641897 | 0.2060882 | 0.0134446 | 0.35868 | 0.2762719 | 0.0813256 |

한편, 의사결정자가 사전에 다음과 같은 주관적 가중치를 가지고 있었다고 하자:

$$s = (0.2 \;\; 0.2 \;\; 0.2 \;\; 0.1 \;\; 0.1 \;\; 0.2)'.$$

그러면 수정된 주관적 가중치 벡터는 다음과 같이 주어진다:

$$w^* = (0.094048 \quad 0.301950 \quad 0.019698 \quad 0.262760 \quad 0.202390 \quad 0.119154)'.$$

□ 엔트로피 절차에 대한 논의

엔트로피는 정보이론에서 한 주어진 메시지의 기대정보량(expected information content)의 측도로 기능한다. 대안-기준행렬은 일정량의 정보를 담고 있다. 따라서 엔트로피는 속성의 중요도를 평가하는 도구로 기능할 수 있다.

[연구 9.5.7] "최대엔트로피" 가중치 벡터에 대해 연구해 보자.

## 9.6 확실성하의 다속성 의사결정규칙들

의사결정규칙은 대안들을 가장 바람직한 것으로부터 가장 바람직하지 못한 것까지 순서를 매기기 위한 절차이다. 의사결정규칙은 대안들에 대한 총괄적인 평가를 위해 대안들과 의사결정자의 선호들에 대한 데이터를 통합함으로써 선택의 기반을 제공한다. 이런 총괄적인 평가는 흔히 한 점수로 표현된다.

다속성 의사결정에서 이 총괄적인 평가점수는 여러 평가기준들(즉, 속성들)에 대한 각 의사결정 대안의 결과들을 통합하는 한 함수에 의해 주어진다. 이런 이유로 다속성 의사결정에서 의사결정규칙들은 통합함수(aggregation function)라고도 불린다. 다목적 의사결정에서 이 총괄적인 평가점수는 의사결정 목적을 향한 의사결정변수들의 통합적인 결과에 의해 표현된다.

우리는 이 절에서 확실성하의 다속성 의사결정을 위한 의사결정 규칙들을 다룰 것이다. 확실성하의 다속성 의사결정은 각 속성별로 의사결정의 기본목표가 설정된다(다목표 의사결정). 확실성하의 다속성 의사결정 기법들은 속성 간에 상쇄를 허용하는 여부, 평가기준 점수들과 의사결정자의 선호들을 통합하는 방법 등에 따라 분류될 수 있다. 속성 간에 상쇄를 허용하는 여부에 따라 다속성 의사결정 기법들은 두 부류로 나뉠 수 있다: 상쇄적 절차와 비상쇄적 절차.

● 의사결정자의 선호구조: 확실성하의 다속성 의사결정

확실성하의 다속성 의사결정 규칙과 관련해서 다음과 같은 개념을 정리해 둘 필요가 있다.

□ 선호 독립성(preference independence)이란 확실성 하의 의사결정에서 한 속성에 부여된 상대적 선호가 다른 속성들의 값이 변해도 바뀌지 않는 성질을 말한다.

예컨대, 신제품을 시장에 내놓으려는 한 회사의 가격결정문제에서 다음과 같이 두 개의 속성을 고려하려고 하자: 시장점유율(%) $x$와 수익(억 원) $y$. A 안과 B 안의 시장점유율이 각각 5와 10이고, 수익은 두 대안 모두 100일 때 의사결정자(DM)가 A안보다 B안을 선호한다고 하자: 즉, A: (5, 100) < B: (10, 100). 만일 수익이 변해도(예컨대, 50으로) 여전히 DM이 B 안을 선호한다면, 이 DM에게 있어서 시장점유율 $x$는 수익 $y$에 선호독립이다: A': (5, 50) < B': (10, 50).

- (상호 선호독립성). $x$가 $y$에 선호독립이고 $y$도 $x$에 선호독립이면 $x$와 $y$는 상호선호독립이다.

일반적으로 비상쇄적 절차들은 선호독립성을 전제로 하고 상쇄적 절차들은 선호독립성을 요구하지 않는다.

### 9.6.1. 비상쇄적 절차

비상쇄적 절차들(noncompensatory or descriptive procedures)에서 한 대안이 어떤 기준에 대해 보이는 열등한 결과는 다른 기준에 대해 보이는 우등한 결과에 의해 벌충(상쇄)될 수 없다. 비상쇄적 절차들은 각 평가기준들에 대해 설정된 기준치들을 맞추지 못하는 대안들을 고려에서 제거한다. 비상쇄적 절차는 상쇄적 절차에 비해 인지적으로 덜 까다롭다－왜냐하면 이 접근법은 기껏해야 기준들에 대한 의사결정자의 순위를 요구할 뿐이기 때문이다.

**예 9.6.1**

당신은 스포츠 센터를 건립하기 위해 네 곳 가운데 한 곳을 선정하려고 한다. 당신이 관심을 가지고 있는 속성들은 다음과 같다: 구입비, 크기, 입지, 교통비. 아래 표는 네 대안을 네 속성에 대해 정리한 대안-속성표이다. 여기서 구입비와 교통비는 낮을수록 좋은 비용기준들이고, 크기와 입지는 높을수록 좋은 혜택기준들이다.

| 속성 / 대안 | 구입비 (단위: 만원) | 크기 (단위: ha) | 입지 | 교통비 (단위: 만 원) |
|---|---|---|---|---|
| L1 | 60 | 2.7 | C | 300 |
| L2 | 80 | 2.0 | B | 200 |
| L3 | 100 | 3.4 | A | 250 |
| L4 | 75 | 1.8 | A | 150 |

### (1) 우월(dominance)

만일 대안 A가 모든 속성들에서 대안 B보다 선호된다면, 그리고 적어도 하나의 속성에서는 협의로 선호된다면 대안 A는 대안 B보다 우월하다고 일컬어진다.

- 대안 선별에 적합하다.

**예 9.6.2** **(예 9.6.1, 계속)**

스포츠 센터 위치 선정문제를 약간 수정하여 구입비와 크기만을 평가기준들로 고려해 보자. 그러면 L1은 L2와 L4보다 우월하다. 따라서 우월법은 L1과 L3를 선별한다.

### (2) 만족화 수준(satisficing)

만족화 수준법은 모든 속성들에 대해 각각 만족화 수준들(satisfying levels)을 정해놓고 이들을 모두(연접법) 또는 하나이상(이접법) 만족하는 대안들을 찾는다.

- 만족화 수준법에서 사용할 속성별 만족화 수준 설정이 쉽지 않다.
- 만족화 수준법에서는 속성들이 개별적으로 다루어지므로 속성들간에 선호 독립성을 가정할 수 있어야 한다.

(2-1) 연접법(conjunctive method)

연접법은 각 속성에 대한 만족화 수준을 모두 만족하는 대안들을 찾는다.

- 연접법은 대안 선별에 적합하다.
- 연접법 애호가들은 하나의 대안만 남을 때까지 만족화 수준들을 변화시켜 나갈 것을 제안한다.

**예 9.6.3** **(예 9.6.1, 계속)**

스포츠 센터 위치선정문제에서 다음과 같은 만족화 수준을 고려하자: 구입비 100 이하, 크기 2.0 이상, 입지 B 등급 이상, 교통비 250 이하. 연접법은 어떤 대안들을 선별하는가?

**풀이** L1은 입지 속성과 교통비 속성에 의해 걸러진다. L4는 크기 속성에 의해 걸러진다. 따라서 연접법은 L2와 L3를 선별한다.

(2-2) 이접법(disjunctive method)

이접법은 각 속성에 대한 만족화 수준을 하나이상 만족하는 대안들을 찾는다.

- 이접법은 각 대안을 가장 좋은 속성만으로 비교한다.
- 이접법은 대안 선별에 적합하다.

때로는 연접법과 이접법이 함께 사용되기도 한다. 예컨대, 한 새로운 의료센터를 개원하기 위한 훌륭한 입지는 다음과 같은 요구사항들을 만족시켜야 한다: 이 위치는

- 산과 진료 서비스 또는 일차 건강 진료 서비스에 대한 수요 센터들에 인접해야 한다. 그리고
- 의료 시설들(병원, 클리닉)에 인접해야 한다. 그리고
- 훌륭한 교통망 그리고 훌륭한 교육 기회 그리고 건전한 인력시장(job market)이 있는 지역 내에 있어야 한다.

### (3) 사전식 비교법(lexicographic method)

사전식 비교법에서는 먼저 속성들에 순위를 매긴 후 가장 높은 순위를 가지는 속성부터 시작하여 대안들을 한 번에 한 속성씩 하나의 대안이 선택될 때까지 비교해 나간다.

- 사전식 비교법을 적용하려면 속성들에게 우선순위(중요도)가 부여될 수 있어야 한다.
- 사전식 비교법에서는 속성들이 개별적으로 다루어지므로 속성들간에 선호 독립성을 가정할 수 있어야 한다.

**예 9.6.4** **(예 9.6.1, 계속)**

스포츠센터 위치선정 문제에서 당신은 네 가지 속성에 대해 다음과 같은 순으로 중요도를 평가하였다: 입지, 구입비, 교통비, 크기. 사전식 비교법을 사용하여 최적 대안을 선정하여라.

**풀이** 먼저 일 순위 속성인 입지 속성에 대해 네 대안들을 비교하여 보자. 입지 속성에 의하면 L3와 L4는 서로 대등하고, L1과 L2보다는 선호된다. 따라서 L1과 L2는 제거된다. 이제는 이 순위 속성인 구입비 속성에 대해 L3와 L4를 비교할 차례이다. 구입비 면에서는 L4가 L3보다 선호된다. 이제 유일한 대안 L4에 도달하였으므로 이 절차는 종료된다.

### (4) 조합법(combination method)

우리는 앞에서 소개한 세 가지 절차들을 조합하여 사용할 수 있다. 예컨대, 먼저 우월법으로 열등한 대안들을 제거해낸다. 그 다음 만족화 수준법으로 어떤 속성들에서 불충분한 대안들을 걸러낸다. 끝으로 우월법과 만족화 수준법을 모두 통과한 대안들에 대해 사전식 비교법이 적용된다.

- 조합법을 적용하려면 속성들 간에 선호 독립성을 가정할 수 있어야 한다.

## 9.6.2. 상쇄적 절차

상쇄적 절차들(compensatory procedures)은 한 대안이 어떤 기준에 대해 보이는 열등한 결과는 의사결정자의 선호구조(preference structure)에 따라 다른 기준에 대해 보이는 우등한 결과에 의해 상쇄될 수 있다는 가정을 토대로 하고 있다. 상쇄적 절차는 비상쇄적 절차에 비해 인지적으로 더 까다롭다－왜냐하면 이 접근법은 기준들에 대한 의사결정자의 가중치 부여를 요구하기 때문이다.

상쇄적 절차들은 의사결정 변수들 사이에 상쇄를 허용한다. 상쇄적 절차들에서는 의사결정 대안들의 결과가 한 목적함수로 통합된다.

### (1) 단순가중합(Simple Additive Weighting, SAW)

단순가중합법에서 행렬과 속성들의 중요도를 나타내는 가중치 벡터 $w$가 주어진 경우에 각 대안의 점수는 정규화된－구체적으로, 구간 표준화된－속성값들의 가중평균으로 계산된다. 그러면 최적 대안은 가중평균이 가장 높은 대안이다.

**예 9.6.5** (예 9.1.2, 계속)

전투기 기종선정문제에서 구간표준화에 의해 정규화된 대안-기준 행렬은 다음과 같이 주어진다(예 9.3.3 참조):

$$R=\begin{bmatrix} 0.00000 & 0.41667 & 1.00000 & 1.0 & 0.5 & 1.00 \\ 0.28571 & 0.00000 & 0.66667 & 0.5 & 1.0 & 0.50 \\ 1.00000 & 1.00000 & 0.00000 & 0.0 & 0.0 & 0.00 \\ 0.57143 & 0.25000 & 0.66667 & 0.5 & 0.0 & 0.75 \end{bmatrix}.$$

각 기준의 가중치로는 엔트로피 절차에 의해 얻어진 다음 가중치 벡터를 사용하기로 하자:

$$w = [0.0641897\ \ 0.2060882\ \ 0.0134446\ \ 0.35868\ \ 0.2762719\ \ 0.0813256]'.$$

이로부터 대안들의 가중평균 벡터는 다음과 같이 주어진다:

$$Rw = \begin{bmatrix} 0.677457 \\ 0.523577 \\ 0.270278 \\ 0.337499 \end{bmatrix}.$$

따라서 단순가중합법(SAW)에 의한 최적 대안은 A1이다.

### (2) 순위점수 통합(Rank Order Aggregation, ROA)

순위점수 통합법에서 각 대안의 점수는 표준화된 순위점수들의 가중평균으로 계산된다. 그러면 최적 대안은 가중평균이 가장 높은 대안이다.

**예 9.6.6 (예 9.1.2, 계속)**

전투기 기종선정문제에서 순위점수 표준화에 의해 정규화된 대안-기준 행렬은 다음과 같이 주어진다(예 9.3.6 참조):

$$R = \begin{bmatrix} 0.00000 & 0.66667 & 1.0 & 1.0 & 0.6 & 1.00000 \\ 0.33333 & 0.00000 & 0.5 & 0.5 & 1.0 & 0.33333 \\ 1.00000 & 1.00000 & 0.0 & 0.0 & 0.0 & 0.00000 \\ 0.66667 & 0.33333 & 0.5 & 0.5 & 0.0 & 0.66667 \end{bmatrix}.$$

각 기준의 가중치로는 앞에서와 같이 엔트로피 절차에 의해 얻어진 다음 가중치 벡터를 사용하기로 하자:

$$\mathrm{w} = [0.0641897\ \ 0.2060882\ \ 0.0134446\ \ 0.35868\ \ 0.2762719\ \ 0.0813256]'.$$

이로부터 대안들의 가중평균 벡터는 다음과 같이 주어진다:

$$Rw = \begin{bmatrix} 0.756606 \\ 0.510839 \\ 0.270278 \\ 0.351768 \end{bmatrix}.$$

따라서 순위점수통합(ROA)에 의한 최적 대안은 A1이다.

### (3) 분석적 계층과정(Analytic Hierarchy Process, AHP)

분석적 계층과정(AHP)은 의사결정문제를 대안들과 기준들의 계층구조로 분해하여 양적 요소들뿐 아니라 질적 요소들도 합리적으로 고려할 수 있도록 Saaty(1980)에 의해 개발된 유연한 의사결정과정이다. 분석적 계층과정은 흔히 다음과 같이 네 단계로 운용된다.

**단계 1** 의사결정 요소들 간의 관계를 분석하여 계층구조를 형성한다. 여기서 요소란 계층에 따라 목적들, 속성들, 또는 대안들이 될 수 있다.

**단계 2** 각 계층내의 의사결정 요소들 사이의 쌍별 비교를 통해 쌍별 비교행렬들을 구한다.

**단계 3** 각 계층내의 의사결정요소들에 대해 상대적 중요도(요소가 기준이나 속성인 경우)나 선호도(요소가 대안인 경우)를 부과한다.

- 가중치 벡터: 계층별 최대 고유벡터들

**단계 4** 각 계층별로 부과된 요소들의 중요도/선호도를 결합하여 대안들에 대한 선호도를 계산한다.

**예 9.6.7 직장 선택문제**

올해 대학을 졸업할 예정인 김군은 취업이 가능한 직장 J1, J2, J3 중에서 하나를 선택하려고 한다. 그는 직장을 선택할 때 다음과 같은 여섯 가지 요소들을 고려하기로 하였다: 업무, 전망, 봉급, 인간관계, 복지, 그리고 위치.

**단계 1** 이 문제에 대한 분석적 계층은 [그림 9.6.1]과 같이 표현될 수 있다. 의사결정의 궁극적 기준은 직장에 대한 만족수준이며, 이것은 업무, 인간관계 등의 여섯 가지 세부기준들로 나뉠 수 있다.

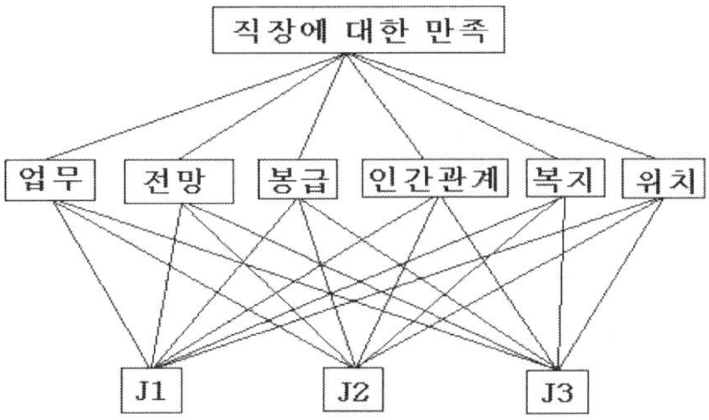


[그림 9.6.1] 직장선택문제의 분석적 계층

단계 2 (각 계층내의 의사결정 요소들 사이의 쌍별 비교행렬)

[단계 2-1] (계층 2의 세부기준들에 대한 쌍별 비교행렬) 김군은 심혈을 기울인 끝에 여섯 가지 세부 기준들 간의 상대적 중요도를 평가하여 [표 9.6.1]와 같은 쌍별 비교표를 작성하였다.(9.5.3절 참조)

[표 9.6.1] 직장선택문제의 쌍별 비교표: 기준들간의 상대적 중요도

| | 업무 | 전망 | 봉급 | 인간관계 | 복지 | 위치 |
|---|---|---|---|---|---|---|
| 업무 | 1 | 3 | 1 | 4 | 3 | 4 |
| 전망 | 1/3 | 1 | 1 | 5 | 5 | 3 |
| 봉급 | 1 | 1 | 1 | 1/3 | 5 | 1/3 |
| 인간관계 | 1/4 | 1/5 | 3 | 1 | 7 | 3 |
| 복지 | 1/3 | 1/5 | 1/5 | 1/7 | 1 | 1/6 |
| 위치 | 1/4 | 3 | 1/3 | 1 | 6 | 1 |

[단계 2-2] (계층 2의 각 세부기준에 대한 계층 3의 대안들의 쌍별 비교) 김군은 또 각 세부 기준별로 세 직장 대안들 간의 상대적 선호도를 평가하여 [표 9.6.2]와 같은 쌍별 비교표를 작성하였다.

[표 9.6.2] 직장선택문제의 기준별 대안들의 쌍별 비교표

| 업무 | $J1$ | $J2$ | $J3$ |
|---|---|---|---|
| $J1$ | 1 | 3 | 3 |
| $J2$ | 1/3 | 1 | 2 |
| $J3$ | 1/3 | 1/2 | 1 |

| 전망 | $J1$ | $J2$ | $J3$ |
|---|---|---|---|
| $J1$ | 1 | 2 | 2 |
| $J2$ | 1/2 | 1 | 1 |
| $J3$ | 1/2 | 1 | 1 |

| 봉급 | $J1$ | $J2$ | $J3$ |
|---|---|---|---|
| $J1$ | 1 | 1/5 | 1/9 |
| $J2$ | 5 | 1 | 1/7 |
| $J3$ | 9 | 7 | 1 |

| 인간관계 | $J1$ | $J2$ | $J3$ |
|---|---|---|---|
| $J1$ | 1 | 1 | 1 |
| $J2$ | 1 | 1 | 1 |
| $J3$ | 1 | 1 | 1 |

| 복지 | $J1$ | $J2$ | $J3$ |
|---|---|---|---|
| $J1$ | 1 | 1/5 | 1/5 |
| $J2$ | 5 | 1 | 1 |
| $J3$ | 5 | 1 | 1 |

| 위치 | $J1$ | $J2$ | $J3$ |
|---|---|---|---|
| $J1$ | 1 | 1/3 | 1/6 |
| $J2$ | 3 | 1 | 1/4 |
| $J3$ | 6 | 4 | 1 |

단계 3 [단계 2]에서 주어진 쌍별 비교표들을 토대로 세부적 기준들과 대안들에 대한 가중치들을 계산한다.

[단계 3-1] [표 9.6.1]로부터 고유벡터법에 의한 세부적 기준들의 가중치 벡터는 다음과 같이 주어진다:

$$w = [0.32 \quad 0.24 \quad 0.13 \quad 0.14 \quad 0.03 \quad 0.14]'.$$

[단계 3-2] [표 9.6.2]으로부터 각 기준별로 대안들에 대한 상대적 선호도 점수가 [표 9.6.3]과 같이 주어진다:

[표 9.6.3] 기준별로 계산된 대안들에 대한 상대적 선호도

| | $J1$ | $J2$ | $J3$ | 합 |
|---|---|---|---|---|
| 업무 | 0.59 | 0.25 | 0.16 | 1.00 |
| 전망 | 0.50 | 0.25 | 0.25 | 1.00 |
| 봉급 | 0.05 | 0.18 | 0.77 | 1.00 |
| 인간관계 | 0.33 | 0.33 | 0.33 | 1.00 |
| 복지 | 0.09 | 0.46 | 0.45 | 1.00 |
| 위치 | 0.09 | 0.22 | 0.69 | 1.00 |

이로부터

$$J = [J1 \quad J2 \quad J3]$$

단계 4 [표 9.6.3]에 주어진 각 대안의 기준별 선호도 점수들을 기준들에 대한 가중치 벡터로 가중 평균한 점수가 각 대안의 최종 점수이다:

$$J' w = \begin{bmatrix} 0.376800 \\ 0.254200 \\ 0.367600 \end{bmatrix},$$

여기서 $J$는 [표 9.6.3]에 주어진 기준별 대안들의 상대적 선호도로 구성된 행렬을 나타낸다. 이로부터 $J1$이 가장 만족스러운−그러나 $J3$보다는 아주 근소하게만 더 만족스러운−대안임을 알 수 있다.

□ 분석적 계층과정(AHP)에 대한 논의

AHP는 대안들의 수는 제한되지만 기준(또는 속성)들의 수가 많고 계량화하기가 어려운 상황에서 의사결정과정에 구조를 제공하는 데 효과적으로 사용되고 있다. 그러나 AHP는 다소 임의적이고(왜 1-9 척도를 사용하는가?) 숨겨진 가정들을 가지고 있다(부과과정의 일치성 등)는 점도 인식되어야 한다.

### (4) 절충법(trade-off method)

절충법은 원래의 대안들을 한 속성을 제외한 나머지 속성들의 수준(값)들이 동일한 대안들로 바꾼 후에 비교한다. 절충법은 속성들 간에 선호 독립성 가정을 요구하지 않는다.

동일한 수준이 되도록 다루어지는 속성들의 집합은 기저집합(the base set)이라고 불리고, 그런 수준들은 기저수준(base levels)이라고 불린다. 그리고 기저집합에 포함되지 않는 한 단일 속성은 생존속성(surviving attribute)이라고 불린다. 이처럼 원래의 대안들과 동등한 대안들이 마련되었다면 결정은 단도직입적이다: 즉, 가장 선호되는 생존속성의 값을 가지고 있는 대안을 선택하면 된다. 많은 경우에 생존속성으로는 금액이 적절하다.

우리는 절충법의 절차를 다음과 같은 네 단계로 정리해볼 수 있다:

**단계 1** 한 생존속성을 선택한다.

**단계 2** 나머지 속성들에 대한 한 기저수준을 선택한다.

**단계 3** 기존집합과 동등하지만 생존속성을 제외한 속성들이 기저수준으로 변화된 속성들을 가지는 대안들을 고안한다.

**단계 4** 생존속성들을 비교하여 선호대안을 선택한다.

불행히도 원래의 대안들과 동등한 대안들을 자동으로 생성해주는 기전(mechanism)이 존재하지 않는다. 어떤 경우에는 기저를 이루는 속성들에 대한 시장의 존재가 도움된다. 또 다른 경우에는 변화에 수반되는 비용들이 도움되기도 한다.

**예 9.6.8**

한 소규모 시장조사회사에 선거여론조사 계약이 제안되었다. 이 회사는 시장조사분야에는 상당한 전문지식을 보유하고 있지만 정치 분야에는 참여해 본 경험이 없다. 따라서 이 계약은 수익을 기대하기보다는 새로운 분야의 능력획득이라는 의미를 가지고 있다. 실제로 이 계약은 약간의 손해를 감수해야 한다. 그런데 시장조사분야는 최근에 퇴조를 보이고 있으며 따라서 이 회사는 사업분야의 다각화를 모색하고 있었다. 실상 이번 계약을 받아들이지 않으면 3명의 직원을 해고해야 할 형편이다. 김사장은 이 계약의 수락 여부와 관련하여 다음과 같은 대안-속성표를 작성하였다.

| 대안 \ 속성 | 기여(단위: 백만원) | 해고 | 능력획득 |
|---|---|---|---|
| 계약 수락 | −5 | 0 | Yes |
| 계약 거절 | 0 | 3 | No |

① “기여”와 “해고”라는 두 가지 속성만을 고려하여 절충법에 의해 최적 대안을 찾아보아라.

- 대안 1(계약 수락): (기여 = −5, 해고 = 0)
- 대안 2(계약 거절): (기여 = 0, 해고 = 3)

**단계 1** “기여”를 생존속성으로 잡자.

**단계 2** 그리고 “해고 = 3”을 기저수준으로 잡자.

**단계 3** 우리가 시도할 절충은 대안 1에서 “해고 = 3”으로 변경하는 것을 상쇄시키는 기여의 액수이다. 이를 위해 “해고 = 0”과 “해고 = 3 & 기여 = 3”이 무차별하다고 가정하자. 그러면 “해고 = 3”인 대안들 가운데 대안 1과 동등한 대안은 다음과 같이 주어진다:

대안 1A: (기여 = −5+3 = −2, 해고 = 3) ~ 대안 1.

**단계 4** 우리는 쉽게 다음과 같은 선호 관계에 도달한다:

대안 2 > 대안 1A ~ 대안 1.

즉, 대안 1에 비해 대안 2가 더 선호된다.

우리는 절충법을 무차별 곡선(indifference curves)으로 설명할 수 있다. 아래 그림에서 대안 1은 점 1에 대응되고 대안 2는 점 2에 대응된다. 대안 1과 무차별한 대안 1A는 점 1A에 의해 표현되고 있다. 기저수준을 “해고 = 3”으로 잡은 것은 대안들에 대한 비교공간(the space of comparisons)을 “해고 = 3”을 지나는 수직선으로 제한한 것이다.

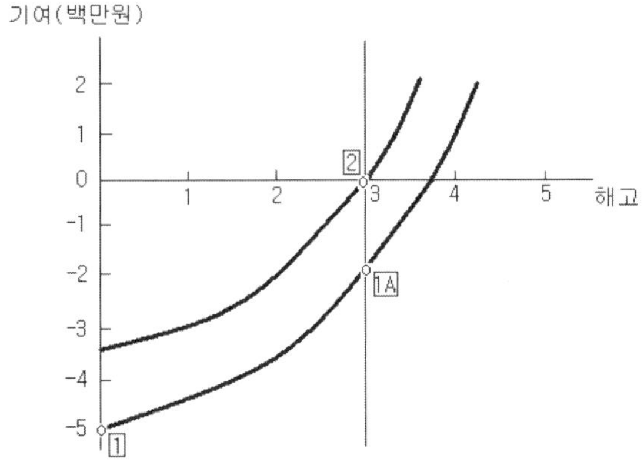


[그림 9.6.2] [예 9.6.8]의 대안들에 대한 무차별곡선

② 이번에는 "기여", "해고", "능력획득"이라는 세 가지 속성을 모두 고려하여 절충법에 의해 최적 대안을 찾아보아라.

- 대안 1(계약 수락): (기여 = −5, 해고 = 0, 능력획득 = Yes)
- 대안 2(계약 거절): (기여 = 0, 해고 = 3, 능력획득 = No)

단계 1 "기여"를 생존속성으로 잡자.

단계 2 그리고 "해고 = 3 & 능력획득 = No"를 기저수준으로 잡자.

단계 3 (문제1)의 [단계 3]에서 실시한 절충이 "능력획득 = Yes"에서 이루어졌다고 가정하자. 그러면 "해고 = 3 & 능력획득 = Yes"인 대안들 가운데 대안 1과 동등한 대안은 다음과 같이 주어진다:

대안 1A: (기여 = −2, 해고 = 3, 능력획득 = Yes) ~ 대안 1.

이번에 실시할 절충은 대안 1A에서 "능력획득 = No"로 변경하는 것을 상쇄시키는 기여의 액수이다. "능력획득 = Yes"로부터 "능력획득 = No"로의 변경이 기여 4에 의해 상쇄된다고 판단한다면, 우리는 다음과 같은 관계를 얻는다:

대안 1B: (기여 = −2+4 = 2, 해고 = 3, 능력획득 = No) ~ 대안 1A.

단계 4 우리는 쉽게 다음과 같은 선호 관계에 도달한다:

대안 2 < 대안 1B ~ 대안 1A ~ 대안 1.

즉, 대안 2와 비교하면 대안 1이 더 선호된다.

### (5) 가치함수법

우리는 3장에서 단일 속성 가치함수에 대하여 다루었었다. 다속성 가치함수는 이를 다속성(즉, 다차원)으로 확장한 것이다. $n$개의 속성들로 이루어진 다속성 벡터 $\boldsymbol{x} = (x_1, x_2, \cdots, x_n)$에 대한 다속성 가치함수 $v(\boldsymbol{x})$는 다음 두 조건들을 만족하기만 하면 된다: 순위가 매겨진 모든 다속성 벡터 $\boldsymbol{x}$와 $\boldsymbol{y}$에 대해

① $v(\boldsymbol{x}) > v(\boldsymbol{y}) \Leftrightarrow \boldsymbol{x} > \boldsymbol{y}$,

② $v(\boldsymbol{x}) = v(\boldsymbol{y}) \Leftrightarrow \boldsymbol{x} \sim \boldsymbol{y}$.

- (가법적 가치함수) 다속성 가치함수가 속성별 가치함수의 가중평균으로 표현될 때 그 가치함수는 가법적 가치함수라 불린다. 예컨대, 속성이 셋일 때 가법적 가치함수는 다음과 같이 표현된다:

$$v(x,y,z) = w_x v_x(x) + w_y v_y(y) + w_z v_z(z). \tag{9.6.1}$$

흔히 속성별 가치함수들 $v_a(\ )$, $a = x,y,z$과 다속성 가치함수 $v(\ ,\ ,\ )$는 결과들의 범위를 [0, 1]의 가치범위로 사상하도록 부과된다. 그리고 이때, 가중치들 $w_a$, $a = x,y,z$은 각 속성의 상대적 중요도를 반영하도록 부과되는 것이 아니라 다속성 가치함수의 범위를 [0, 1]로 사상하도록 구해진 값이라는 점에 주의할 필요가 있다.

[정리 9.6.1] 다속성 가치함수가 가법적일 필요충분조건은 속성들이 상호선호 독립성을 만족하는 것이다.

속성들이 상호 선호독립성을 만족하지 않을 때 우리는 흔히 다음과 같은 승법적 가치함수를 사용한다. 물론 이런 승법적 가치함수가 속성들 간의 복잡한 의존관계를 충분히 표현하지 못하는 경우에 우리는 더욱 일반적인 다속성 가치함수를 고려해야 할 것이다.

- (승법적 가치함수) 승법적 가치함수는 다속성 가치함수를 가중 속성별 가치함수들의 곱으로 표현한다. 예컨대, 속성이 셋일 때 승법적 가치함수는 흔히 다음과 같이 표현된다:

$$wv(x,y,z) + 1 = [ww_x v_x(x) + 1][ww_y v_y(y) + 1][ww_z v_z(z) + 1]. \tag{9.6.2}$$

또는

$$\begin{aligned} v(x,y,z) = {} & w_x v_x(x) + w_y v_y(y) + w_z v_z(z) \\ & + w[w_x w_y v_x(x) v_y(y) + w_y w_z v_y(y) v_z(z) + w_z w_x v_z(z) v_x(x)] \\ & + w^2 w_x w_y w_z v_x(x) v_y(y) v_z(z). \end{aligned} \tag{9.6.3}$$

□ 가법적 가치함수에 대한 논의

가법적 가치함수에서 각 대안에 대한 최종 점수는 다음과 같이 속성별 가치들의 가중평균으로 정의된다:

$$s_i = \sum_{j=1}^{n} w_j v_j(x_{ij}), \tag{9.6.4}$$

여기서 $v_j()$는 $j$번째 기준의 가치함수이고, $x_{ij}$는 대안-기준 행렬의 $(i, j)$-원소이다.

가법적 가치함수법은 상호 선호독립성을 가정하고 있다: 한 기준에 의해 주어진 상대적 선호(즉 가치)는 다른 기준들에 의한 상대적 선호의 변화와는 무관하다.

**예 9.6.9** **(예 9.6.8(2), 계속)**

기여를 $x_1$, 해고를 $x_2$, 능력획득을 $x_3$(Yes면 = 1, No면 = 0)으로 나타냈을 때 김 사장의 가치함수가 다음과 같이 부과되었다고 하자:

$$v(x_1, x_2, x_3) = 0.1x_1 + 0.3x_2 + 0.6x_3.$$

그러면 대안 1과 대안 2의 가치는 각각 다음과 같이 주어진다:

$$s_1 = v(-5,0,1) = 0.1;\ s_2 = v(0,3,0) = 0.9.$$

따라서 대안 2가 선호된다.

이 밖에도 우리는 다음과 같은 상쇄적 절차들을 이용할 수 있다:

- TOPSIS(technique for Order Preference by Similarity to Ideal Solution)
- LINMAP(LINear programming technique for Multidimensional Analysis of Preference)
- ELECTRE(ELimination Et Choice Translating REality)

**참고** SAW, ROA, 가치함수법은 모두 가법적 의사결정규칙들이다.

## 9.7 불확실성하의 다속성 의사결정방법

의사결정이 다속성 뿐만 아니라 불확실성에 의해 더욱 복잡한 양상을 띤다면 우리는 속성들의 수준을 미리 확실하게 알 수가 없기 때문에 비상쇄적 절차를 이용할 수 없게 된다. 다행히 우리는 상쇄적 절차 가운데 절충법을 이용하여 비교적 손쉽게 불확실성하의 다속성 의사결정 문제에 접근할 수 있다.

앞 절에서 보았듯이 절충법이란 모든 대안에서 대표속성을 제외한 기저속성의 수준을 같아지도록 변경하여 기존의 대안과 동등한 대안을 만들어 냄으로써 의사결정을 쉽게 하는 방법을 말한다. 불확실성하의 다속성 의사결정에서 우리는 다음과 같이 두 단계에 의해 의사결정에 도달할 수 있다:

**단계 1** 각 결과에 대해 절충법을 실시한다.

**단계 2** 절충법의 기저-수준 수준들(base-level levels)을 이용하여 효용곡선을 평가한다.

**예 9.7.1 ([예 9.6.8]의 확장)**

이 회사가 계약을 수락할 경우의 기여 수준과 계약을 거절할 경우의 해고수준에 불확실성이 있다는 것이 밝혀졌다고 가정하자. 즉, 계약을 수락할 경우에 기여가 0일 확률은 0.3, −5일 확률은 0.7이고 계약을 거절할 경우에 해고가 0일 확률은 0.6, 3일 확률은 0.4이다. 김사장은 이 계약의 수락 여부와 관련하여 다음과 같은 대안-속성표를 작성하였다.

| 대안 \ 속성 | 불확실한 사건의 결과 (확률) | 기여 (단위: 백만원) | 해고 | 능력획득 |
|---|---|---|---|---|
| 계약 수락 | 결과 1: 기여 = 0 (0.3) | 0 | 0 | Yes |
| | 결과 2: 기여 = −5 (0.7) | −5 | 0 | Yes |
| 계약 거절 | 결과 3: 해고 = 0 (0.6) | 0 | 0 | No |
| | 결과 4: 해고 = 3 (0.4) | 0 | 3 | No |

① (효용함수에 의한 의사결정) 기여를 $x_1$, 해고를 $x_2$, 능력획득을 $x_3$ (Yes면 = 1, No면 = 0)로 나타냈을 때 김사장의 효용함수가 다음과 같이 부과되었다고 하자:

$$u(x_1, x_2, x_3) = 0.1x_1 + 0.3x_2 + 0.6x_3.$$

그러면 각 결과에 대응되는 효용은 다음과 같이 주어진다.

결과 1: $u(0, 0, 1) = 0.6$,

결과 2: $u(-5, 0, 1) = 0.1$,

결과 3: $u(0, 0, 0) = 0.0$,

결과 4: $u(0, 3, 0) = 0.9$

이로부터 대안 1과 대안 2의 효용은 각각 다음과 같이 두 결과들의 기대효용으로 주어진다:

$$U[\text{대안 } 1] = (0.3)(0.6) + (0.7)(0.1) = 0.25$$
$$U[\text{대안 } 2] = (0.6)(0.0) + (0.4)(0.9) = 0.36$$

따라서 대안 2가 최적대안이다.

② (절충법에 의한 의사결정)

**단계 1** "기여"를 생존속성으로 잡고 "해고 = 3 & 능력획득 = No"를 기저수준으로 잡자. 이제 절충법을 실시하여 불확실한 사건의 각 결과에 대해 기저수준을 가지는 동등한 결과를 찾으려 한다. 문제를 단순화하기 위해 다른 속성들의 수준과는 무관하게 "해고 = 0"에서 "해고 = 3"으로의 변경이 기여 3에 의해 상쇄되고, "능력획득 = Yes"로부터 "능력획득 = No"로의 변경이 기여 4에 의해 상쇄된다고 가정하자. 그러면 우리는 다음을 얻는다:

결과 1: (기여 = 0, 해고 = 0, 능력획득 = Yes)
결과 1A: (기여 = 0+3 = 3, 해고 = 3, 능력획득 = Yes)
결과 1B: (기여 = 3+4 = 7, 해고 = 3, 능력획득 = No)

결과 2: (기여 = −5, 해고 = 0, 능력획득 = Yes)
결과 2A: (기여 = −5+3 = −2, 해고 = 3, 능력획득 = Yes)
결과 2B: (기여 = −2+4 = 2, 해고 = 3, 능력획득 = No)

결과 3: (기여 = 0, 해고 = 0, 능력획득 = No)
결과 3A: (기여 = 3, 해고 = 3, 능력획득 = No)

결과 4: (기여 = 0, 해고 = 3, 능력획득 = No)

다음 표는 원래의 네 가지 결과들과 동등한 기저수준 결과들을 요약하고 있다.

| 대안 \ 속성 | 불확실한 사건의 결과 (확률) | 생존속성 | | |
|---|---|---|---|---|
| | | 기여 (단위: 백만원) | 해고 | 능력획득 |
| 계약 수락 | 결과 1B: 기여 = 0 (0.3) | 7 | 3 | No |
| | 결과 2B: 기여 = −5 (0.7) | 2 | 3 | No |
| 계약 거절 | 결과 3A: 해고 = 0 (0.6) | 3 | 3 | No |
| | 결과 4: 해고 = 3 (0.4) | 0 | 3 | No |

단계 2 이제 기저수준이 주어졌다는 조건하에서 생존속성인 기여(이를 $x$로 나타내자)에 대한 효용곡선을 부과할 차례이다. 직접부과법에 의해 효용곡선이 다음과 같이 부과되었다고 가정하자. (이 효용함수는 다음 식에 의해 주어진다:

$$u(x) = 1.61 - 1.61 \times 2^{-x/5}.)$$

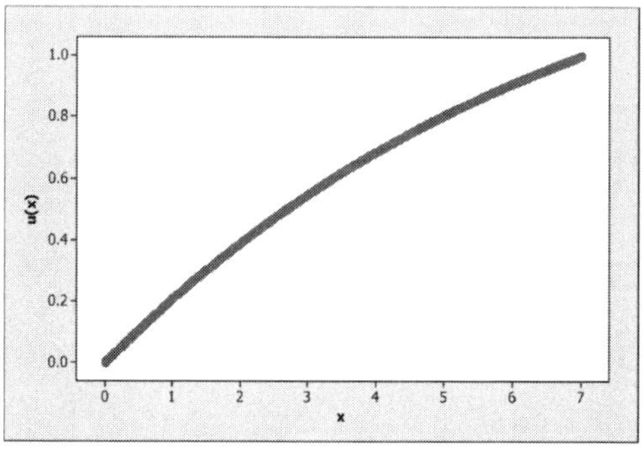


그러면

$$U[\text{결과 } 1B] = u(7) = 1;\ U[\text{결과 } 2B] = u(2) = 0.39,$$
$$U[\text{결과 } 3A] = u(3) = 0.55;\ U[\text{결과 } 4] = u(0) = 0.$$

따라서 각 대안의 효용은 다음과 같이 두 결과의 기대효용으로 주어진다:

$$U[\text{대안 } 1] = (0.3)(1) + (0.7)(0.39) = 0.573,$$
$$U[\text{대안 } 2] = (0.6)(0.55) + (0.4)(0) = 0.33.$$

따라서 대안 1이 최적대안이다.

이론적으로 불확실성하의 다속성 의사결정은 다속성 효용함수에 의해 해결될 수 있다. 그러나 다속성 효용함수를 부과하는 것이 생각만큼 쉽지는 않다. 따라서 우리는 다속성 효용함수 부과에 대해서는 다루지 않을 것이다. 다속성 효용함수 부과에 대해서는 강맹규(1992)를 참고할 수 있을 것이다.

● 의사결정자의 선호구조: 불확실성하의 다속성 의사결정

여기서는 불확실성하의 다속성 의사결정 규칙과 관련해서 다음과 같은 개념을 정리해 두는 것으로 그치려 한다.

□ 효용독립성(utility independence)이란, 불확실성 하의 의사결정에서 한 단일 속성에 대한 효용이 다른 속성들에 의존하지 않는 성질을 나타낸다.

예컨대, 신제품을 시장에 내놓으려는 한 회사의 가격결정문제에서 다음과 같이 두 개의 속성을 고려하려고 하자: 시장점유율(%) $x$와 수익(억 원) $y$. DM이 아래와 같은 두 제비 사이에 무차별하다고 하자:

$$L(0.5, (5,100), (10,100)) \sim L(1,(7,100)).$$

만일 다음과 같이 수익이 변해도(예컨대, 50으로) 여전히 DM이 두 제비 사이에 무차별하다면, 이 DM에게 있어서 시장점유율 $x$는 수익 $y$에 효용독립이다:

$$L(0.5, (5,50), (10,50)) \sim L(1,(7,50)).$$

- (상호 효용독립성). $x$가 $y$에 효용독립이고 $y$도 $x$에 효용독립이면 $x$와 $y$는 상호효용독립이다.
- (가법적 효용독립성) 다속성 효용−또는 다속성 효용함수−이 속성들의 결합분포에는 의존하지 않고 각 속성의 주변분포에만 의존할 때 그 속성들은 가법적으로 효용독립이다.

예컨대, 속성이 둘일 때 다음과 같은 두 제비 사이에 선호가 무차별하다면 두 속성은 가법적으로 효용독립이다:

$$L(0.5,(x,y),(x',y')) \sim L(0.5,(x,y'),(x',y)). \qquad (9.7.1)$$

이 두 제비에서 $x$ (그리고 $x'$)의 주변확률과 $y$ (그리고 $y'$)의 주변확률은 동일하게 0.5이다.

- (가법적 효용함수) 다속성 효용함수가 속성별 효용함수의 가중평균으로 표현될 때 그 효용함수는 가법적 효용함수라 불린다. 예컨대, 속성이 셋일 때 가법적 효용함수는 흔히 다음과 같이 표현된다:

$$u(x,y,z) = w_x u_x(x) + w_y u_y(y) + w_z u_z(z). \tag{9.7.2}$$

흔히 속성별 효용함수들 $u_a(\,)$, $a = x,y,z$과 다속성 가치함수 $u(\,,\,,\,)$는 결과들의 범위를 [0, 1]의 효용범위로 사상하도록 부과된다. 그리고 이때, 가중치들 $w_a$, $a = x,y,z$은 각 속성의 상대적 중요도를 반영하도록 부과되는 것이 아니라 다속성 효용함수의 범위를 [0, 1]로 사상하도록 구해진 값이라는 점은 다속성 가치함수에서와 마찬가지이다.

[정리 9.7.1] 다속성 효용함수가 가법적일 필요충분조건은 속성들이 가법적 효용독립성을 만족하는 것이다.

- (승법적 효용함수) 승법적 효용함수는 다속성 효용함수를 가중 속성별 효용함수들의 곱으로 표현한다. 예컨대, 속성이 셋일 때 승법적 효용함수는 흔히 다음과 같이 표현된다:

$$w u(x,y,z) + 1 = [w w_x u_x(x) + 1][w w_y u_y(y) + 1][w w_z u_z(z) + 1]. \tag{9.7.3}$$

또는

$$\begin{aligned} u(x,y,z) = {} & w_x u_x(x) + w_y u_y(y) + w_z u_z(z) \\ & + w[w_x w_y u_x(x) u_y(y) + w_y w_z u_y(y) u_z(z) + w_z w_x u_z(z) u_x(x)] \\ & + w^2 w_x w_y w_z u_x(x) u_y(y) u_z(z). \end{aligned} \tag{9.7.4}$$

[정리 9.7.2] 다속성 효용함수가 승법적일 필요충분조건은 속성들이 상호 효용독립성을 만족하는 것이다.

- (다중선형 효용함수) 다중선형 효용함수는 다속성 효용함수를 속성별 효용함수들의 가능한 모든 차수의 교차곱들의 가중평균으로 표현한다. 예컨대, 속성이 셋일 때 다중선형 효용함수는 흔히 다음과 같이 표현된다:

$$\begin{aligned} u(x,y,z) = {} & w_x u_x(x) + w_y u_y(y) + w_z u_z(z) \\ & + w_{xy} u_x(x) u_y(y) + w_{yz} u_y(y) u_z(z) + w_{zx} u_z(z) u_x(x) \\ & + w_{xyz} u_x(x) u_y(y) u_z(z). \end{aligned} \tag{9.7.5}$$

[정리 9.7.3] 다속성 효용함수가 다중선형일 필요충분조건은 속성 간에 효용독립성이 성립하는 것이다.

# 연습문제

**01** [예 9.5.2]에서 $a_{32}$ = 5/2로 (그리고 따라서 $a_{23}$ = 2/5로) 평가되었다고 하자. 이때의 가중치 벡터를 구하라.

**02** 신행정수도 후보지 평가결과가 다음과 같이 대안-속성표로 제시되었다(각 항목별로 100점 만점, 2004년 7월 5일 발표):

[표 9.8.1] 신행정수도 후보지 평가결과

| 후보지 \ 항목 | 국가균형발전 효과 | 접근성 | 주변환경에 미치는 영향 | 자연조건 | 도시개발비용 및 경제성 |
|---|---|---|---|---|---|
| 진천-음성 | 64.03 | 69.85 | 69.30 | 69.02 | 62.90 |
| 천안 | 70.04 | 80.97 | 74.34 | 80.59 | 74.30 |
| 연기-공주 | 88.60 | 89.25 | 92.74 | 87.55 | 83.50 |
| 공주-논산 | 85.17 | 74.93 | 74.50 | 79.41 | 88.80 |

(1) 엔트로피 절차에 의해 각 항목(속성)의 가중치를 구하라.

[참고] 신행정수도 후보지 평가위원회가 사용한 항목별 가중치는 다음과 같다: 35.95 %, 24.01 %, 19.84 %, 10.20 %, 10.00 %. 평가위원회는 어떻게 이 가중치에 도달하였을까?

(2) 구간표준화에 의해 대안-속성표를 정규화하라.

(3) 위 (1)과 (2)에서 얻어진 결과를 이용하여 단순가중합법에 의해 최적대안(후보지)을 구하라.

**03** 호남고속철 분기역 후보지 평가결과가 다음과 같이 대안-속성표로 제시되었다(각 항목별로 100점 만점, 2005년 6월 30일 발표):

[표 9.8.2] 호남고속철 분기역 후보지 평가결과

| 후보지 \ 항목 | 국가균형발전효과 | 교통성 | 사업성 | 환경성 | 건설의 용이성 |
|---|---|---|---|---|---|
| 천안아산 | 76.3 | 63.1 | 76.7 | 56.8 | 50.7 |
| 오송 | 98.0 | 79.0 | 98.5 | 88.2 | 66.0 |
| 대전 | 76.6 | 68.8 | 97.3 | 63.1 | 42.1 |

(1) 엔트로피 절차에 의해 각 항목(속성)의 가중치를 구하라.

[참고] 호남고속철 분기역 선정추진위원회가 사용한 항목별 가중치는 다음과 같다: 30.0 %, 30.0 %, 10.0 %, 20.0 %, 10.0 %. 평가위원회는 어떻게 이 가중치에 도달하였을까?

(2) 구간표준화에 의해 대안-속성표를 정규화하라.

(3) 위 (1)과 (2)에서 얻어진 결과를 이용하여 단순가중합법에 의해 최적대안(후보지)을 구하라.

**04** 교육부는 2007년 10월 30일에 법학전문대학원 선정을 위한 세부심사기준을 공고하였다. 심사기준은 아홉 개 영역에 132개의 세부기준들로 구성되어 있다. 아홉 개 영역과 영역별 배점은 아래 표와 같다:

| 번호 | 심사기준영역 | 영역별 배점 |
|---|---|---|
| 1 | 교육목표 | 40 |
| 2 | 입학전형 | 60 |
| 3 | 교육과정 | 345 |
| 4 | 교원 | 195 |
| 5 | 학생 | 125 |
| 6 | 교육시설 | 102 |
| 7 | 재정 | 55 |
| 8 | 관련학위과정 | 30 |
| 9 | 대학경쟁력 및 사회적 책무성 | 48 |
|  | 총점 | 1000 |

[기타 참고사항]

- 심사위원 수: 13인
- 평가방법: 서류심사와 현장평가
- 후보 대학별 점수산정방법: 세부기준별로 심사위원들의 최고점수와 최저점수를 제외한 후 11인의 평균을 구함
- 점수공개여부: 비공개

이 평가방법의 적정성에 대해 논의하라.

**05** 세 가지 속성들 $c_1 \sim c_3$에 대한 쌍별 비교행렬 $A$가 다음과 같이 부과되었다. 이로부터 세 속성들에 대한 가중치 벡터를 구하라.

$$A = \begin{bmatrix} 1 & 9 & 7 \\ 1/9 & 1 & 1/5 \\ 1/7 & 5 & 1 \\ 7 & 1/5 & 1/3 \end{bmatrix}$$

**06** 네 가지 속성들 $c_1 \sim c_4$에 대한 쌍별 비교행렬 $A$가 다음과 같이 부과되었다. 이로부터 고유벡터법과 로그최소제곱법에 의해 네 속성들에 대한 가중치 벡터를 각각 구하라.

$$A = \begin{bmatrix} 1 & 1/5 & 1/3 & 1/7 \\ 5 & 1 & 3 & 5 \\ 3 & 1/3 & 1 & 3 \\ 7 & 1/5 & 1/3 & 1 \end{bmatrix}$$

**07** (Satty의 예) 김씨는 Ford Taurus(T), Lexus(L), 그리고 Saab 9000(S) 가운데 한 대를 구입하려 한다. 그녀는 조작의 용이성(handling), 경제성(economy), 그리고 가속성(power)을 좋은 차의 기준으로 삼고 있다. 그녀는 조작의 용이성을 제동거리(braking distance, BD)와 회전반경(turning radius, TR)으로; 경제성을 구입비용(purchase cost, PC), 유지비용(maintenance cost, MC), 그리고 연비(gas milage, GM)로; 그리고 가속성을 시속 100km에 도달하는데 걸리는 시간(time, T; 단위: 초)으로 간주하고 있다. 분석적 계층과정(AHP)을 적용하여 가장 좋은 차를 구입하기 위해 아래와 같은 분석계층에 도달하였다. 아래의 쌍별비교표들을 토대로 김씨에게 가장 좋은 차를 선택하라.

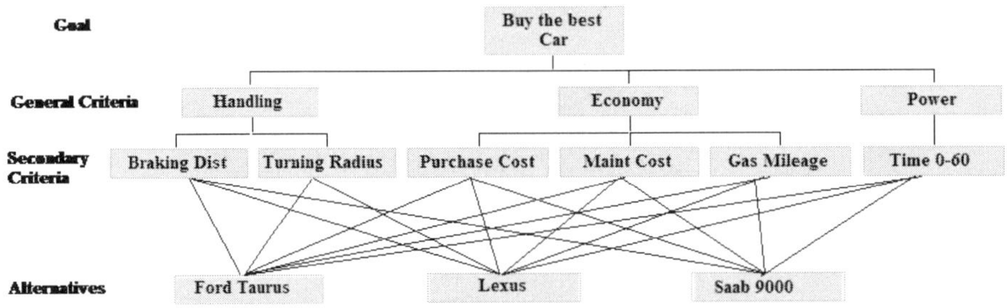


[표 9.8.3] 차 선택문제의 쌍별 비교표: 1차 기준들의 상대적 중요도

| | Handling | Economy | Power |
|---|---|---|---|
| Handling | 1 | 1/7 | 3 |
| Economy | 7 | 1 | 5 |
| Power | 1/3 | 1/5 | 1 |

[표 9.8.4] 차 선택문제의 쌍별 비교표: 2차 기준들의 상대적 중요도

| | Braking Dist | Turning Radius | Purchase Cost | Maint Cost | Gas Mileage | Time |
|---|---|---|---|---|---|---|
| Braking Dist | 1 | 3 | | | | |
| Turning Radius | 1/3 | 1 | | | | |
| Purchase Cost | | | 1 | 3 | 5 | |
| Maint Cost | | | 1/3 | 1 | 3 | |
| Gas Mileage | | | 1/5 | 1/3 | 1 | |
| Time | | | | | | 1 |

[표 9.8.5] 차 선택문제의 2차 기준별 대안들의 쌍별 비교표

| Braking Dist | T | R | S |
|---|---|---|---|
| T | 1 | 3 | 6 |
| R | 1/3 | 1 | 4 |
| S | 1/6 | 1/4 | 1 |

| Turning Radius | T | R | S |
|---|---|---|---|
| T | 1 | 5 | 5 |
| R | 1/5 | 1 | 1 |
| S | 1/5 | 1 | 1 |

| Purchase Cost | T | R | S |
|---|---|---|---|
| T | 1 | 1 | 1 |
| R | 1 | 1 | 1 |
| S | 1 | 1 | 1 |

| Maintenance Cost | T | R | S |
|---|---|---|---|
| T | 1 | 5 | 9 |
| R | 1/5 | 1 | 7 |
| S | 1/9 | 1/7 | 1 |

| Gas Mileage | T | R | S |
|---|---|---|---|
| T | 1 | 1/3 | 1/5 |
| R | 3 | 1 | 1/3 |
| S | 5 | 3 | 1 |

| Time | T | R | S |
|---|---|---|---|
| T | 1 | 1/3 | 1/3 |
| R | 3 | 1 | 1/2 |
| S | 3 | 2 | 1 |

**08** 김군은 세 곳으로부터 일자리를 제안받고 있다. 그는 일자리 선택여부와 관련하여 다음과 같은 대안-속성표를 작성하였다.

| 속성 / 대안 | 연봉 (단위: 백만 원) | 업무 | 복지 |
|---|---|---|---|
| 일자리 J1 | 20 | 불만족(1) | 보통(2) |
| 일자리 J2 | 30 | 보통(2) | 미흡(1) |
| 일자리 J3 | 15 | 만족(3) | 양호(3) |

아래 두 가지 단서조항을 참고하여 절충법에 의해 일자리를 선택하라.

[단서조항]

① "연봉"을 생존속성으로 잡고 "업무 = 불만족(1) & 복지 = 미흡(1)"을 기저수준으로 잡는다.

② 다른 속성들의 수준과는 무관하게 "업무"의 만족수준이 1단계 내려가는 것이 연봉 5에 의해 상쇄되고, "복지"의 수준이 1단계 내려가는 것이 연봉 6에 의해 상쇄된다고 가정하자.

**09** "페덱스 동북아 환적센터(transshipment center) 공항: 인천이냐, 간사이냐?"에 관한 기사를 검색하여 의사결정자의 입장에서 의사결정문제를 모형화하고 선택을 하라.

# 참고문헌


- 강맹규. (1992). 불확실성하의 의사결정론, 희중당.
- 김성희. (1988). 의사결정론, 영지문화사.
- 김성희, 정병호, 김재경. (1994). 의사결정분석 및 응용, 영지문화사.
- 안성진. (2010). 미니탭 매크로와 함께 하는 데이터 탐색, 자유아카데미.
- 안성진. (2011). 표본분위수와 표본분위의 관계, Communications in Korean Statistical Society, 18(6), 1-10.
- 정연선, 안성진. (2004). 유사이항분포와 유사다항분포의 통계적 성질, Journal of the Korean Data Analysis Society, Vol. 6, No. 5, pp: 1215-1224.
- Ahn, S. J., D. H. Lim, and S. T. Kim. (1997). Maximum Entropy Principle for Queueing Theory, 한국통계학회논문집, Vol. 4, No. 2, pp.: 497-505.
- Arrow, K. J. (1965) Aspects of the Theory of Risk-Bearing. Helsinki: Yrjo Hahnsson Foundation.
- Bellman, R. and Kabala, R. (1965) Dynamic Programming and Modern Control Theory. New York and London: Academic Press.
- Berger, J. O. (1985). Statistical Decision Theory and Bayesian Analysis(2ed), Springer-Verlag.
- Cohen, A. and Sackrowitz, H. D. (1984). 'Decision theory results for vector risks with applications,' Statistics and Decisions－Supplement, No. 1: Recent Results in Estimation Theory and Related Topics, pp. 159-174, Oldenburg, Munich.
- Cohen A. and Sackrowitz H. D. (1995). 'On stochastic ordering of random vectors,' Journal of Applied Probability, Vol. 32. pp. 960-965.
- De Finetti, B. (1937). "La Prevision: Les Logiques, ses Subjectives," Ann. Inst. Poincaire, Vol. 7, PP. 1-68. English translation in H. E. Kyburg and H. E. Smokler (eds), Studies in Subjective Probability, New York: Wiley, 1964.
- De Finetti, B. (1974). Theory of Probability, Vol. I, New York: Wiley.
- Demski, J. S. (1980). Information Analysis(2ed.), Addison-Wesley.

- Deng, J. L. (1989). Introduction to Grey System, The Journal of Grey System(UK), 1(1), 1-24.
- Edwards, A. W. F. (1972). Likelihood, Cambridge University Press, Cambridge.
- Fan, Zhiping and Ma, Jian. (1999). 'An Approach to Multiple Attribute Decision Making Based on Incomplete Information on Alternatives,' Proceedings of the 32nd Hawaii International Conferebnce on System Science.
- Feller, William. (1950). An Introduction to Probability Theory and its Applications, Vol. I, John Wiley and Sons.
- Fountain, John. (2002). 'Eliciting Beliefs from Risk Averse Forecasters Using a Log Scoring Rule,' 7th Valencia International Meeting on Bayesian Statistics, Tennerife, June 2-6, 2002.
- Harnett,, D. L. and Horrell, J. F. (1998). Data, Statistics, and Decision Models with Excel, John Wiley and Sons.
- Holloway, C. A. (1979). Decision Making under Uncertainty, Prentice-Hall .
- Howard, R. A. (1988). 'Decision Analysis: Practice and Promise,' Management Science, 34(6), 679-695.
- Jeffreys, H. (1961). Theory of Probability, Oxford, England: University Press.
- Kahneman, D. and Tversky, A. (1979) 'Prospect Theory: An Analysis of Decision Under Risk,' Econometrica, 43, 263-291.
- Kahneman, D. and Tversky, A. (1982) 'Judgement and Uncertainty: Heuristics and Biases,' New York: Cambridge University Press.
- Keeney, R. L. (1982). 'Decision Analysis: An Overview,' Operations Research, 3, 803-838.
- Keynes, J. M. (1921). A Treatise on Probability, London: Macmillan.
- Knight, Frank. (1921). Risk, Uncertainty and Profit
- Popper, Karl R. (1959). The Propensity Interpretation of Probability, The British Journal for the Philosophy of Science, Vol. 10, No. 37, pp. 25-42.
- Pratt, J. W. (1964). 'Risk Aversion in the Small and in the Large,' Econometrica, Vol. 32, pp. 122-136.
- Ramsey, F. (1964). 'Truth and Probability,' (First published in 1929.) In H. Kyburg and H. Smokler, eds, Studies in Subjective Probability, New York: Wiley.
- Resnik, M. D. (1988), Choices: An Introduction to Decision Theory, University of Minnesota Press.
- Savage, Leonard. J. (1954). Foundations of Statistics, Wiley, New York.

- Savage, Leonard. J. (1961). The subjective basis of statistical practice, Technical Report, Dept. of Statistics, Univ. of Michigan, Ann Arbor.
- Savage, Leonard. J. (1971). 'Elicitation of personal probabilities and expectations,' Journal of the American Statistical Association, 66, 783-801.
- Tversky, A. and Kahneman, D. (1992). 'Advances in Prospect Theory: Cumulative Representation of Uncertainty,' Journal of Risk and Uncertainty, 5, 297-323.
- Von Mises, R. (1943). 'On the correct use of Bayes formula,' Annals of Mathematical Statistics, 13, 156-165.
- Von Neumann, J. and Morgenstern, O. (1953). Theory of Games and Ecomomic Behavior(3ed.), Princeton University Press, Princeton, NJ.
- Wald, A. (1950). Statistical Decision Functions, Wiley, New York.

# 기호정의

| 기호 | 뜻 |
|---|---|
| $A$, $B$ 등 | 사건, 진술, 제비 또는 랜덤변수 |
| $\neg A$ | 여사건 또는 사건의 부정 |
| $a \sim b$ | $a$에 대한 선호가 $b$에 대한 선호와 무차별하다 |
| $a > b$ | $a$에 대한 선호가 $b$에 대한 선호보다 크다 |
| $a < b$ | $a$에 대한 선호가 $b$에 대한 선호보다 작다 |
| $L(p,x,y)$ | 상 $x$의 확률이 $p$, 상 $y$의 확률이 1-$p$인 제비 |
| $L(p,q,r;x,y,z)$ | 상 $x$, $y$, $z$의 확률이 각각 $p$, $q$, $r$인 제비 |
| $\Omega_a$, $\Omega_\theta$, $\Omega_c$, $\Omega_\delta$ | 행동들, 상태들, 결괏값들, 의사결정규칙들의 공간 |
| $\Omega_x$ | 표본공간 |
| $\delta(x)$ | 의사결정규칙 |
| $c(\theta, a)$ | 상태가 $\theta$이고 행동이 $a$일 때 결괏값 |
| $L(\theta, a)$ | 손실함수 |
| $\rho(\pi, a)$ | 행동 $a$의 베이즈 기대손실 |
| $R(\theta, \delta)$ | (빈도주의자) 위험, 위험함수 |
| $r(\pi, \delta)$ | 의사결정규칙 $\delta$의 베이즈 위험 |
| $U[L]$ | 제비 $L$의 효용 |
| $u(x)$, $u(\theta, a)$ | 효용함수 |
| $r(x)$ | (절대)모험기피함수, 모험함수 |
| $q(x)$ | 상대모험기피함수 |
| $CE[L]$ | 제비 $L$의 확실성등가 |
| $E[L]$ | 제비 $L$의 기대치 |
| $RP[L]$ | 제비 $L$의 모험보상 |
| $RP[L;w]$ | 재산상태가 $w$일 때 제비 $L$의 모험보상 |
| $S(r;p)$ | 평점함수 |
| $S_E(r;p)$ | 기대평점 |
| $BS(r;p)$ | 브라이어평점함수 |
| $BS(\mathbf{q}, \mathbf{r})$ | 경험적 브라이어평점 |
| EXC | 교환 가능한(exchangeable) |

| 기호 | 뜻 |
|---|---|
| $\Leftrightarrow$ | 동치조건(if and only if) |
| $B(z;\alpha,\beta)$ | 불완전 베타함수 |
| $B(\alpha,\beta)$ | 베타함수 |
| $BETA(\alpha,\beta)$ | 베타분포 |
| $NEGBETA(\alpha,\beta)$ | 이항-베타분포 |
| $BER(p)$ | 베르누이분포 |
| $BIN(n,p)$ | 이항분포 |
| $NB(s,p)$ | 음이항분포 |
| $POL(n,\alpha,\beta)$ | 베타-이항분포, Pólya 분포 |
| $CAU(\theta,\lambda)$ | 커시분포 |
| $GAM(\alpha,\beta)$ | 감마분포 |
| $N(\mu,\sigma^2)$ | 정규분포 |
| $\Phi(z)$ | 표준정규분포의 분포함수 |
| $z_\alpha$ | 표준정규분포의 $(1-\alpha)$-분위수 |
| $POI(m)$ | 프아송분포 |
| $U(a,b)$ | 균일분포 |
| $\mathrm{Ev}(E,x)$ | 실험 $E$와 데이터 $x$에 의해 제공되는 증거 |
| $L(\theta\|x)=f(x\|\theta)$ | $\theta$의 우도함수 |
| $H(\pi)$ | 엔트로피 |
| $D_{KL}(\pi\\|\pi_0)$ | 상대엔트로피, Kullback-Leibler 발산 |
| $H(P;R)$ | 교차엔트로피 |

[이산형 분포 모형들]

| 이산형 분포 | 확률함수 | 정의역 (support) | 기대치; 분산 |
|---|---|---|---|
| 베르누이분포<br>$X \sim BER(\theta),\quad 0<\theta<1$ | $\theta^x(1-\theta)^{1-x}$ | $\{0,1\}$ | $\theta;\ \theta(1-\theta)$ |
| 이항분포<br>$X \sim B(n,\theta),\ 0<\theta<1$ | $\binom{n}{x}\theta^x(1-\theta)^{n-x}$ | $\{0,1,\cdots,n\}$ | $n\theta;\ n\theta(1-\theta)$ |
| 베타-이항분포<br>$X \sim$<br>$BETABIN(n,\alpha,\beta)$<br>$\alpha>0,\ \beta>0$ | $\binom{n}{x}\dfrac{B(\alpha+x,\beta+n-x)}{B(\alpha,\beta)}$ | $\{0,1,\cdots,n\}$ | $\dfrac{n\alpha}{\alpha+\beta}$;<br>$\dfrac{n\alpha\beta(\alpha+\beta+n)}{(\alpha+\beta)^2(\alpha+\beta+1)}$ |
| 다항분포<br>$(X_1,\dots,X_k) \sim$<br>$MN(n;\theta_1,\dots,\theta_k)$<br>$\theta_i>0,\ \sum_{i=1}^{k}\theta_i=1$ | $\dfrac{n!}{x_1!x_2!\cdots x_k!}\theta_1^{x_1}\theta_2^{x_2}\cdots\theta_k^{x_k}$ | $x_i\in\{0,\dots,n\}$,<br>$\sum_{i=1}^{k}x_i=n$ | $E[X_i]=n\theta_i$;<br>$V[X_i]=n\theta_i(1-\theta_i)$ |
| 프아송분포<br>$X \sim POI(\theta)$,<br>$0<\theta$ | $\dfrac{e^{-\theta}\theta^x}{x!}$ | $\{0,1,\cdots\}$ | $\theta;\ \theta$ |
| 기하분포<br>$X \sim GEO(\theta),\ 0<\theta<1$ | $\theta(1-\theta)^x$ | $\{0,1,\cdots\}$ | $\dfrac{1-\theta}{\theta};\ \dfrac{1-\theta}{\theta^2}$ |
| 이산균일분포<br>$X \sim DU(1,m)$ | $\dfrac{1}{m}$ | $\{1,2,\cdots,m\}$ | $(m+1)/2$;<br>$(m^2-1)/12$ |
| 음이항분포<br>$X \sim NB(m,\theta)$,<br>$0<\theta<1$ | $\dfrac{\Gamma(m+x)}{\Gamma(x+1)\Gamma(m)}\theta^m(1-\theta)^x$ | $\{0,1,\cdots\}$ | $m\dfrac{1-\theta}{\theta};\ m\dfrac{1-\theta}{\theta^2}$ |

[연속형 분포 모형들]

| 연속형 분포 | 확률밀도함수 | 정의역 (support) | 기대치; 분산 |
|---|---|---|---|
| 균일분포<br>$X \sim U(a,b),\ a<b$ | $\frac{1}{b-a}$ | $[a,b]$ | $\frac{1}{2}(a+b);\ \frac{1}{12}(b-a)^2$ |
| 디리클레분포<br>$(X_1,\ldots,X_k) \sim$<br>$DIRI(\alpha_1,\ldots,\alpha_k)$<br>$\alpha_i>0$ | $\frac{1}{B(\alpha_1,\ldots,\alpha_k)}\prod_{i=1}^{k}x_i^{\alpha_i-1}$,<br>$B(\alpha_1,\ldots\alpha_k)=\frac{\prod_{i=1}^{k}\Gamma(\alpha_i)}{\Gamma(\sum_{i=1}^{k}\alpha_i)}$ | $x_i\in(0,1)$,<br>$\sum_{i=1}^{k}x_i=1$ | $E[X_i]=\frac{\alpha_i}{\alpha_+}$;<br>$V[X_i]=\frac{\alpha_i(\alpha_+-\alpha_i)}{\alpha_+^2(\alpha_++1)}$,<br>$\alpha_+=\sum_{i=1}^{k}\alpha_i$ |
| 지수분포<br>$X \sim EXP(\beta)$<br>$\beta>0$ | $\frac{1}{\beta}e^{-x/\beta}$ | $(0,\ \infty)$ | $\beta;\ \beta^2$ |
| 감마분포<br>$X \sim GAM(\alpha,\beta)$<br>$\alpha>0,\ \beta>0$ | $\frac{1}{\Gamma(\alpha)\beta^\alpha}x^{\alpha-1}e^{-x/\beta}$ | $(0,\ \infty)$ | $\alpha\beta;\ \alpha\beta^2$ |
| 역감마분포<br>$X \sim IGAM(\alpha,\beta)$<br>$\alpha>0,\ \beta>0$ | $\frac{1}{\Gamma(\alpha)\beta^\alpha}x^{-\alpha-1}e^{-1/(x\beta)}$ | $(0,\ \infty)$ | $(\alpha-1)\beta$ for $\alpha>1$;<br>$(\alpha-1)^2(\alpha-2)\beta^2$<br>for $\alpha>2$ |
| 베타분포<br>$X \sim BETA(\alpha,\beta)$<br>$\alpha>0,\ \beta>0$ | $\frac{1}{B(\alpha,\beta)}x^{\alpha-1}(1-x)^{\beta-1}$ | $(0,1)$ | $\frac{\alpha}{\alpha+\beta}$;<br>$\frac{\alpha\beta}{(\alpha+\beta)^2(\alpha+\beta+1)}$ |
| 정규분포<br>$X \sim N(\mu,\sigma^2)$<br>$\mu\in(-\infty,\infty),\ \sigma>0$ | $\frac{1}{\sigma\sqrt{2\pi}}exp\left(-\frac{(x-\mu)^2}{2\sigma^2}\right)$ | $(-\infty,\infty)$ | $\mu;\ \sigma^2$ |
| 다변량 정규분포<br>$\boldsymbol{X} \sim MN_k(\boldsymbol{\mu},\boldsymbol{\Sigma})$<br>$\boldsymbol{\mu}\in R^k,\ \boldsymbol{\Sigma}\in R^{k\times k}$ | $(2\pi)^{-k/2}\det(\boldsymbol{\Sigma})^{-1/2}$<br>$\exp\left(-\frac{1}{2}(\boldsymbol{x}-\boldsymbol{\mu})^T\boldsymbol{\Sigma}^{-1}(\boldsymbol{x}-\boldsymbol{\mu})\right)$ | $\boldsymbol{\mu}+span(\boldsymbol{\Sigma})$ | $\boldsymbol{\mu};\ \boldsymbol{\Sigma}$ |
| 로그정규분포<br>$X \sim LN(\mu,\sigma^2)$<br>$\mu\in(-\infty,\infty),\ \sigma>0$ | $\frac{1}{x\sigma\sqrt{2\pi}}exp\left(-\frac{(\ln x-\mu)^2}{2\sigma^2}\right)$ | $(0,\ \infty)$ | $\exp(\mu+\sigma^2/2)$;<br>$\exp(\sigma^2-1)\exp(2\mu+\sigma^2)$ |
| 커시분포<br>$X \sim CAU(\theta,\lambda)$<br>$\lambda>0,\ \theta\in(-\infty,\infty)$ | $\frac{1}{\pi\lambda}\frac{1}{1+\left(\frac{x-\theta}{\lambda}\right)^2}$ | $(-\infty,\infty)$ | -;- |

# 찾아보기

E



F

O



P

ㅊ

## 저자 소개

**안성진**
고려대학교 정경대학 통계학과 졸업
KAIST 산업공학과 (공학박사)
현) 경상대학교 정보통계학과 교수, 기초과학연구소 연구원
E-mail: ahnsj@gnu.ac.kr

# 통계적 의사결정론 -제2판-

저 자 안성진
발행인 김지영
발행처 자유아카데미
주 소 경기도 파주시 회동길 37-42
파주출판도시
전 화 031-955-1321
팩 스 031-955-1322
홈페이지 www.freeaca.com
전자우편 main@freeaca.com (대표)
editor@freeaca.com (편집)
crm@freeaca.com (영업)
등 록 제406-2003-017호, 1980. 7. 12
제2판1쇄 2020년 3월 10일 발행
정 가 35,000원

저자와의
협의하에
인지생략


ISBN 979-11-5808-257-4 93310